《地震安全岛》编委会

主　编：毛松林

副主编：蔡欣欣　谢志招

编　委（按姓氏笔画排列）

丁俊芳	于洪波	王志鹏	占　惠	叶建辉
叶振民	吕至环	刘仲达	许仪西	李美暖
杨　婕	张　群	陈江驰	陈新泽	陈耀照
林　帆	林　峰	卓　群	周红伟	郑韶鹏
徐　辉	黄松风	黄晓华	梁全强	谢忠云
熊先保	潘震宇			

地震安全岛

毛松林 蔡欣欣 谢志招 等 编著

厦门大学出版社

XIAMEN UNIVERSITY PRESS

国家一级出版社
全国百佳图书出版单位

前言

　　宇宙中的万事万物无时无刻不处于运动之中，地震就是地球运动过程中表现出来的一种极为普通的自然现象。人们可以大胆地猜想，在地球形成的初期，当地球表面固结成硬壳的那时起，就顺应地诞生了覆盖在地球表面的大小"板块"并伴随着它们相互间的离合运动，这种持续运动不仅时刻改变着大地、海洋、山川、河流等地球的面貌，同时伴随着火山、地震的发生，以及地面运动、气候变迁等。

　　近现代世界地震震中分布图展现出，我国位于世界两大地震带——环太平洋地震带和欧亚地震带之间，受太平洋板块、印度板块和菲律宾海板块的相互作用，地壳运动相对活跃，地震频发；从距今约4000年战国时期的《竹书纪年》中有关地震文字记录以来，不难看出，我国是一个深受地震灾害的国家。

　　2012年，习近平总书记在中国共产党第十八届一中全会上强调，要把生态文明建设放到现代化建设全局的突出地位，把生态文明理念深刻融入经济建设、政治建设、文化建设、社会建设各方面和全过程。2013年，中国地震局首次提出坚持防震减灾与经济社会相融合的发展方式。当前面对经济社会和防震减灾事业发展的深刻变化，我们要从理论和实践的结合上，科学把握防震减灾融合式发展的时代内涵、架构体系和主要任务，积极探索和实践融合式发展的基本经验，实施创新驱动发展战略，不断开创融合式发展的新局面，走出一条融合式的发展之路。为适应海峡西岸经济区建设的新要求，根据厦门市所处的大地构造环境和震情形势，促使我们要以更加宽广的视野把防震减灾融入经济社会发展大局，以更高的标准满足海西建设发展的需要。

　　《美丽厦门战略规划》是厦门市委在厦门发展进入新阶段做出的重大决策部署，地震安全是美丽厦门的重要组成部分，按照"美丽厦门　共同缔造"十大行动计划，厦门市地震局提出了打造厦门地震安全岛的防震减灾总体目标，具体体现在十项指标要求方面，为缔造美丽厦门做出应有的贡献。

　　本书以厦门市防震减灾实际工作为基础，凸显市县地震局的职责、地位和作用，认真贯彻落实《中华人民共和国防震减灾法》及其相关法律法规赋予的职责，及时了解、学习国内外地震学、防灾减灾领域的新理论、先进的技术方法，把握学术动态和专业发展趋势以及管理理念，从地震地质环境、地震灾害、防震减灾三大工作体系、社会服务、应对有感和破坏性地震以及打造厦门地震安全岛等方面，力求全面地论述和展望我市防灾减灾各项工作。

在地震及其灾害方面，分析认为，地震的孕育和发生最重要的是与地壳的结构、板块的运动、区域性断裂构造的性质以及地应力等有关。因而，只有深入研究地震发生的机理，才能建立地震发生的物理模型，从而绘制出从地震孕育到发生全过程的清晰图像，为预测地震建立科学的基础。众所周知，地震分类中构造地震不仅数量上占绝大多数、震级最大，而且造成的人员伤亡和财产损失也最严重。为此，本书对地震发生的机理进行了分析和探讨，从地震地质的角度上，探索性地提出了断面凸破模型，以期建立构造地震的物理模型。当然，正是由于断面凸破模型还只是处在推测或分析认识的萌芽阶段，我们建议开展实验研究、数学模型计算和震源地质特征研究三个课题，其中，震源地质特征研究，也即对出露地表的地质历史时期的地震震源进行物质组成、结构构造、构造遗迹以及特征矿物（高压、高温矿物等）研究，从而获得地震发生后震源处的实际资料，进而分析地震发生过程中不同阶段震源处岩体的地球物理场、地球化学场特征、标志矿物、岩体破裂特征等，为研究地震的孕育和发生提供可靠的理论支撑。依据"断面凸破"模型，笔者进一步探讨了地震在孕育和发生过程中，震源附近岩体中的地球物理场和地球化学场的各种变化，并通过分析地震前兆监测方法的物理原理和数据异常的特性，从而构建起地震前兆监测技术体系。技术体系内所监测到的异常数据，从不同角度反映了地震发生前后的岩体特征，这些异常现象相互验证，相互支持，可为地震的预测奠定科学的基础。某一特定地区（市县）应根据本地区发震构造特点、地壳运动和历史地震选取有针对性的地震前兆监测技术方法，为此我们提出了寻找本地区发震构造的方法和途径。

地震的预测是建立在科学有效的地震前兆监测数据、地震监测和震源分析等数据以及地质构造背景之上，应凸显地震地质的基础地位，探本穷源；同时，应通过小震，研究大震；重视小震，感知大震。据此，本书分析了当前地震会商工作中的现状，提出了地震地质方法、统计地震学方法和地震前兆方法组成的"三位一体"地震会商思路，并在近几年的闽台地区地震发展趋势报告中探索性地得到应用。实践表明，监测方法是否完善、数据是否完整和监测的目标区在监测期内是否发生有影响的地震，是验证研究思路正确的关键。

厦门市震害防御工作主要有：分析研究厦门市地震地质条件（地下清楚）、抗震设防管理与指导（地上结实）和防震减灾宣传等三项内容。

分析研究区域地质构造发展史，可清晰地定位厦门市现代地质构造运动和地震活动的地质历史阶段。本书第二章论述了福建地壳构造的产生和发展，其演化经历了漫长的杨子和加里东、华力西和印支、燕山、喜山四个大地构造旋回，发展为当今濒临太平洋大陆边缘活动带大地构造环境。而强烈的地壳活动、火山活动和地震活动均由北向南迁移到台湾海峡西侧的滨海断裂带附近。从构造格局分析，厦门市位于北东向政和—海丰断裂、滨海断裂与北西向永安—晋江断裂、九龙江断裂所形成的菱形地块内，滨海断裂带穿过厦门市部分地区，进一步研究现今构造格局及其地应力状态，以期确定厦门市所处的地质构造的空间部位。另外，由于活断层的研究不仅为城市规划提供基础资料，也为地震研究提供依据，因此值得深入探讨。众所周知，活断层在地质上的定义存在多种意见，而在地震研究方面，活断层被定义为晚更新世（10万～12万年）以来活动过的断层称活断层，并以此为标准，近年来在已完成的活断层地质图上可见，一个省或市仅有几条活断层。然而，现代地震监测分析表明，众多中小地震确已发生在非活动断层上，这类断层理应划归为活动断层，如果这样认识，活断层在地震研究方面的定义就需要重新商榷了。在地下清楚方面，还存在着另一个问题，即非活断层在受到地震波影响时，表现出两盘的相对错动或张开，依然对地面上横跨该断层的建筑物造成破坏，在活断层调查中尤其是震害防御，这类断层又如何认识。

我市的震害防御工作中，科普示范学校的创建起步较早，也即在汶川地震发生之前，厦门市地震局与市教育局、海沧区教育局和东孚学校签订了共建防震减灾科普示范学校的协议，于2008年建成并融合于特色学校的建设之中。福建省教育厅和福建省地震局联合召开现场会，肯定并明确"东孚模式"在全省推广。在此基础上，笔者编制了《福建省防震减灾科普示范校——"东孚模式"建设札礼》，介绍了厦门市防震减灾科普示范学校的建设理念、具体内容和建设效果，力求创建防震减灾科普示范学校的建设模式。

厦门市的地震应急救援工作主要有：地震应急救援准备、应急救援和应对地震谣言等三项内容。

近年来，在我国多次破坏性地震发生后，当地地震部门的工作越来越显示出其重要性和不可替代性。本书对破坏性地震发生后社会需求和地震部门的相关职责进行了分析，归纳了地震部门的十项重点工作，其中，棘手的工作体现在，一是震情，尤其是余震的判定；二是为抗震救灾指挥部迅速搭建现场指挥所，这是提高现场应急救灾指挥能力的有效途径之一；三是由于地震灾害的突发性强、破坏性大，其产生的次生灾害所造成的损失往往比直接灾害更加严重，所以灾情的及时获取是抗震救灾的关键。就目前灾情获取的技术途径而言，尚未建立起规范、高效、准确的灾情获取技术体系，这在今后的实践中有待于进一步探索总结。

为应对地震的突发性，提升我市地震应急救援联动单位的地震应急救援能力，强化地震部门的地震应急救援相关职责，笔者提出了平震结合的地震应急救援演练理念，探索性地建立了地震应急救援 521 演练模式和地震部门应急演练模式。

为明确市县防震减灾各项工作及其相互关系（架构），厦门市地震局总结并提出了厦门市（市县）防震减灾工作网络图（包含地震监测预报工作网络图、震害防御工作网络图和地震应急救援平震结合工作网络图）。随着对防震减灾工作认识水平的不断提高，工作领域及其相互衔接、地震社会服务的广度和深度、防震减灾与经济社会融合式发展方式的推进等，厦门市防震减灾总体目标必将在实践中得到检验。

本书编著者为厦门市地震局在职和部分退休人员，福建省地震局厦门地震勘测研究中心和厦门地震台部分在职人员。本书部分资料和数据来源于《福建省地质志》、相关历史文献和地震工作者的成果，同时，中南大学仇勇海教授对资料进行了整理和校对，在此一并表示衷心感谢。由于防震减灾涉及较强的专业知识和社会管理等多个学科专业和社会领域，内容广泛，许多方面仍处于探索阶段，加之笔者的知识和认识水平有限，时间仓促，书中不妥之处在所难免，敬请读者批评指正。

编著者

2013 年 12 月

目录

第一章　地震及其灾害特点

第一节　地震及其灾害特点

地震以及地壳运动监测表明，地震就是地壳运动的一种形式，在我国古代称为地动。众多的历史记载和现代地震监测显示，地震是地球上经常发生的一种自然现象，它是由地壳在运动过程中内部集聚的能量突然释放产生的，能量以地震波的形式从震源处（地震破裂处）向四周传播，当地震波到达地面后，会对地面产生地震作用；同时地震断层的运动，会对地面产生地质作用，使建筑物倒塌，引起地面变形、开裂或山体滑坡以及堰塞湖（地质现象）等，地震灾害就是上述地震作用和地质作用共同的结果。

2008 年 5 月 12 日中国四川省汶川县发生 8.0 级大地震以来，全球的地震活动性均呈现相对活跃的趋势。2008 年 8 月 25 日中国西藏自治区日喀则地区仲巴县发生了 6.8 级地震，2010 年 4 月 14 日中国青海省玉树县发生了 7.1 级地震，2011 年 3 月 11 日日本仙台东部海域发生了 9.0 级强烈地震，2013 年 4 月 20 日中国四川省芦山县发生了 7.0 级地震。

如此频繁的地震活动所造成的巨大人员伤亡及财产损失已经引起了人们极大的关注。地震的弹性波引起地面震动造成的建筑设施破坏及山崩、滑坡、地裂、坍塌、喷砂、冒水等称为直接灾害。由直接灾害导致的其他灾害均属次生灾害，如房屋倒塌后火源失控导致的火灾；河堤、水坝决口和滑坡、崩塌造成的河道淤塞、水位上涨及此后堵塞物溃决形成洪水而产生的水灾；地震造成的海水、湖水水体扰动引起的地震海啸、湖啸；地震引起的管道破坏、装载化学物品的容器破坏致使煤气、毒气、毒液和放射性物质的泄漏等等均属次生灾害。在一定条件下，由于直接灾害、次生灾害进一步造成的各种社会性灾害，如工厂停工停产、社会秩序混乱、饥荒、瘟疫等则属于诱发灾害。上述不同成灾机制形成的不同灾害可或此或彼、或长或短地连锁而成系列，被称为"灾害链"。

地震的历史经验表明，一次强震发生后，因直接灾害将造成一定的人员伤亡和经济损失，但由直接灾害引发的次生灾害和诱发灾害所造成的伤亡和损失往往大于直接灾害所造成的伤亡和损失，甚至达数倍到数十倍。

1920年12月26日在中国西北甘肃与宁夏交界处的海原县发生了8.5级强烈地震。大地疯狂地颤抖了几分钟，使东起固原经西吉、海原、静宁，西迄景泰的约2万km²的极震区内，山崩地裂，房倒屋塌，山河改观，劫尘弥天。地震有感范围遍及北京、上海、广州及越南的西贡。极震区烈度Ⅻ度，区内海原、固原、静宁和西吉四县城全部被毁。海原县城除一座钟楼外，其余建筑物和崖窟、拱窟尽数倒塌，居民被压于瓦砾、土块之下，死伤十之八九，多有全家遇难及几乎全村被埋所剩无几的情况。震后灾区人民"无衣、无食、无住，流离惨状，目不忍睹，耳不忍闻。苦人多依火坑取暖，衣被素薄，一旦失所，复值严寒大风，忍冻忍饥，瑟瑟露宿，匍匐扶伤，哭声遍野，不待饿殍，亦将僵毙"。大批遇难者的尸骨遍布四野，伏尸累累而无力掩埋，数十里内人烟断绝，鸡犬灭迹。而当时的北洋军阀政府不采取有力措施救灾，灾民们呼天不应，哭地不灵，致使灾情进一步加重，共死亡近27万人。空前惨重的灾情令世界怵目惊心，海原地震遂成世界著名大地震。

1923年9月1日中午11时58分，日本关东地区的大多数人都在准备吃午饭。突然，地下传来一阵可怕的声音，紧接着大地剧烈地抖动起来，刹那间房倒屋塌，许多人还没有反应过来就被砸死在屋内，烧饭的炉火翻倒，引起熊熊大火……日本关东8.2级大地震，是日本历史上死伤最多、损失最惨重的一次大震灾。剧烈的震动使横滨近10万处房屋倒塌，众多倾翻的炉火和化学物品的爆炸使全市约60处地点同时起火燃烧，在消防灭火设备及输水管道遭地震严重毁坏的情况下，无法控制的火势迅速蔓延，烧毁了地震时尚未倒塌的全部房屋。在日本首都东京，近200处地点震后同时起火并迅速蔓延，使得整个东京成了一片火海，熊熊大火燃烧了三天三夜。关东大地震死亡人数达到14万人，下落不明人数达到4.3万人，因房倒屋塌压死者不到总数的10%。地震将煤气管道破坏，煤气四溢，遇火即燃，大火使得关东地区变成了人间地狱，绝大部分遇难者是在火魔疯狂的翻卷中，被大火四面包围无路可逃而被活活烧死、烤死，还有许多人因大火造成的严重缺氧窒息而死。

1960年5月21日，智利遭受了一系列强烈地震的袭击。当地时间早晨6点多，濒临太平洋的智利阿劳特半岛发生 7.9 级大地震，此后 3 小时之内又连续发生了 3 次 6.5 级以上的破坏性地震；第二天凌晨，6 级以上的地震频频发生，第二天下午 3 点 11 分再次发生 9.5 级特大地震，这是观测史上记录到的规模最大的地震。大地好像风浪中颠簸的船一样摇摆不定，其持续时间达到 3 分钟之久，数百次的强烈余震接踵而来，使智利南北 600 km^2 范围内的建筑物成为一片废墟。地震后海底地形大幅度变形引发了惊人的海啸。海啸巨浪以 6 m、9 m 甚至 25 m 高的浪头反复冲刷海岸，沿岸的一切物品荡然无存。从首都圣地亚哥到蒙特港全长 800 多公里海岸的城镇、港口、仓库、公用和民用建筑、船舶，不是陷入海中，就是被巨浪摧毁，交通和通讯全部中断。海啸巨浪以每小时 700 km 以上的速度横扫太平洋，使夏威夷、菲律宾、新西兰及日本相继遭灾。海啸于震后 23 小时抵达离震中 1.7 万 km 的日本，在日本海岸，海啸浪高达 4 m，沿海的海港、码头横遭破坏，冲毁房屋 3258 栋，800 人丧生，15 万人无家可归。有一艘大船被海浪抛到高出海平面 2.4 m、距海岸 46 m 已遭破坏的民房的残垣断壁之中。激浪翻腾的太平洋在一个月后才逐渐恢复平静。

1976 年 7 月 28 日在中国唐山发生的 7.8 级大地震是 20 世纪全球损失最为惨重的地震。极震区烈度达到Ⅺ度。百年工业重镇在历时十几秒的震动中被夷为一片瓦砾，几乎没有抗震能力的城市在震源深度 11 km 的城市直下型地震的袭击下几乎全毁，数十万群众被埋压在残砖断壁和水泥碎块、渣土之下。虽经近 30 万军民奋力抢救，但仍有 24.2 万城乡居民失去生命，重伤 16.4 万人，7218 户家庭断门绝户，4204 名儿童失去父母成为孤儿，直接经济损失达到 100 亿元人民币。

2008 年 5 月 12 日中国四川省汶川发生 8.0 级大地震，震中区地震烈度达Ⅺ度，灾害波及四川、甘肃、陕西三省，震感影响半个中国。地震造成了 8.7 万多人死亡（含失踪人数），37 万余人受伤，650 多万间房屋倒塌，2300 多万间房屋损坏，北川县城、汶川县映秀镇等部分城镇被夷为平地。由于汶川地震发生在高山峡谷地区，强烈的震感引发巨大的次生灾害：山体崩塌、滑坡和泥石流，摧毁桥梁道路、破坏通讯设施，给紧急救援造成巨大困难。垮塌的山体阻塞河道，形成数十个堰塞湖，对下游民众的生命安全构成严重威胁。汶川地震是中华人民共和国建立以来破坏性最强、波及范围最大的一次地震。

地震造成的危害不仅取决于地震的强度、震源深度及地震本身的其他要素，还与震中位置、发震时间、地质背景及受灾地区的工程、水文地质和地貌条件有关，与建筑物的结构、材料及施工等情况有关，并因上述各因素的不同组合造成种类不同、形式各异的灾害。

地震以其突发性及释放的巨大能量在瞬间造成大量建筑物的毁坏而成灾，因而使人们对地震产生了一定的恐惧心理，甚至是"谈震色变"。确实，就各种自然灾害所造成的死亡人数而言，全世界死于地震的人数占各种自然灾害死亡总人数的58%，中国大陆地震占全球大陆地震的1/3，因地震死亡的人数占全球的1/2。所以，中国是世界上遭受地震灾害最严重的国家之一，因而地震在中国成为危害最大的众灾之首。但是，我们可以积极应对地震。一方面，由于专业人员的奋发进取、积极探索，人们对地震的认识在不断提高，地震预报的对应率也在逐步提高；另一方面，事实已经表明，只要认真进行预防，实施综合防御，就可以大大减轻地震灾害造成的损失。

1975年海城7.3级地震，因准确的预报，虽然地震使房屋、设施遭到严重破坏，但直接的人员死亡仅1328人，至少使10万人免遭死难。1995年7月12日云南孟连西南中缅边境7.3级地震是当年中国大陆最高级别的地震，对该地震做了较成功的中、短、临预报，把震灾的损失降到最低限度，取得了防震减灾的实效。

了解地震，认识地震灾害及其特点，有利于防震减灾工作的进一步深入，从而有效地防震减灾。基于构造地震的活动特点，结合我国的地震地质条件以及社会和历史因素，中国的地震灾害具有如下特征：

1. 突发性

目前，在地震还无法准确预报的今天，一方面，我们不知道下一次具有破坏性的地震将要发生在何时、何地以及震级有多大；另一方面，许多破坏性地震发生前，没有监测到明显的前兆信息，或者有一些信息不能确定与地震有关，如此构成了地震及其灾害与其他许多自然灾害所共有的一个显著特点，即突发性。虽然地震的孕育是一个缓慢的地质过程，但地震的发生却猝不及防。一次地震持续的时间往往只有几秒至几十秒，在如此短暂的时间内却造成大量的房屋倒塌、人员伤亡，其他的自然灾害难以与之相比。汶川地震事前没有明显的预兆，以至来不及逃避，造成大规模的灾难，这是它的第一个特点。

2. 破坏性

板块俯冲带内发生的地震有深有浅，而大陆内部地震一般震源较浅，大都在地壳内10～25 km左右。如果强震发生在人口稠密、经济发达地区，加之震源浅，往往可能造成大量的人员伤亡和巨大的经济损失。中国广大的农村，由于历史原因，民居的抗震能力普遍低下，所以，近震4.5级以上、远震6级以上就会造成倒房，致人伤亡。如 1974 年 4 月 22 日江苏溧阳 5.5 级地震，倒房 1 万余间，死亡 18 人，214 人受伤；1995 年 7 月 22 日甘肃永登 5.8 级地震，死亡 12 人，伤 60 余人；1995 年 1 月 4 日的广西大化地震，震级仅 3.8 级，但因震源深度浅，仅 2.5 km，因而造成倒房 1100 多间的损失。

3. 多灾种性

地震不仅产生直接灾害，如房屋倒塌、地面开裂和变形、喷砂冒水等，而且不可避免地要产生次生灾害。在一定的条件下，地震的直接灾害常引发火灾、水灾、滑坡、泥石流、海啸、瘟疫及恐震、盲目避震等物理性、心理性多灾种次生灾害，造成数倍于直接灾害的严重损失。例如 1786 年 6 月 1 日四川康定南发生的 7.5 级地震，大渡河沿岸山崩引起河流壅塞，断流十日后突然溃决，水头高十丈的洪水汹涌而下，淹没民众十万余，为地震—滑坡—水灾灾害链；1556 年陕西华县 8 级地震，震后"疫大作，民工疫饿而死者十之四"，该次地震共死亡 83 万人，为地震—瘟疫—饥饿灾害链。

4. 成灾的面积性

一次较大地震，直接灾害可分布在震中周围几十或一二百公里范围，受影响地区则更大。1976 年唐山 7.8 级地震，震源深度 11 km，极震区烈度Ⅺ度，造成严重破坏的Ⅸ度区面积达 1800 km²。唐山地震使百公里之外的天津地区达Ⅶ度破坏，造成直接经济损失 60 亿元；使二百公里外的北京为烈度Ⅵ度，老旧建筑物遭不同程度的破坏。

5. 防御的难度性

地震的预报是一个世界性的难题，建筑物抗震性能的提高也需要大量资金的投入，要减轻地震灾害需要各方面的协调与配合，需要全社会长期艰苦、细致地工作，因此，与洪水、干旱和台风等气象灾害相比，地震灾害的预防要困难得多。

6. 影响的长久性

一方面是主震之后的余震往往持续很长一段时间，也就是说地震发生以后相当长的一段时间内，还会有不同程度的余震发生，这样，地震影响的时间就比较长。另一方面，由于破坏性大，灾区的恢复和重建的周期比较长。地震造成了房倒屋塌，需要进行重建，在重建前要对建筑物进行鉴别，考虑还能不能住人，或者是将来重建的时候要不要进行一些规划，规划到什么程度等等这些问题，所以重建周期比较长。

7. 地区的差异性

中国西部地区的地震活动相对较强，东部地区相对较弱，但东部地区的人口密度大于西部，且东部地区多冲积平原，所以震灾东部重而西部轻。1906年新疆玛纳斯8级地震，死亡300人，伤1000人；发生在1966年东部地区邢台的6.8级、7.2级地震，死亡8000人，伤3800人；1974年4月22日江苏溧阳发生的5.5级地震，倒房1万间，8人死亡。

众多的震后现场调查表明，位于发震断裂的上下盘，其破坏的程度存在差异性，往往上盘地区更严重一些，这可能与地震和地质的双重作用有关。

8. 社会性

地震作为一种自然灾害，震撼了大地，也震动了人们的心，给人类社会带来十分广泛而深刻的影响，引起一系列社会问题。如唐山地震后，地震谣言此起彼伏，中国东部地区有一大部分群众产生了普遍的恐震心理，在长达半年多的时间里，很多人不敢进屋居住，住进防震棚的人数接近4亿人，严重打乱了正常生产、工作和生活的秩序，给国家经济生活造成重大影响。事实上，不是任何地区都会发生地震，在中国5.0级以上地震图上，塔里木盆地、柴达木盆地、鄂尔多斯高原及浙江省、江西省、湖北省、湖南省就很少发生6.0级以上的破坏性地震。由于农村经济、文化、教育水平偏低，在一些交通闭塞地区，防震减灾意识几乎为零，因而个别地区的封建迷信活动伺机兴风作浪。1976年8月27日四川省安县红光村的反动会道门制造地震谣言，蛊惑群众，造成61人集体投水，41人溺水死亡。

9. 防灾意识对灾害程度的决定性

众多震害事件表明，在地震知识较为普及、有较强防灾意识的情况下，可大幅度减少地震发生后造成的灾害损失，如在防震减灾意识强的城市，其建设工程严格按照当地抗震设防要求进行设计和施工，即使在农村，新建民居同样会考虑稳固问题，以增强抗震能力，否则，则会加重灾情，并可能造成很多本不该发生的或完全可以避免的人身伤亡。1994年9月16日台湾海峡7.3级地震，粤闽沿海震感强烈，伤800多人，死亡4人。此次地震，粤闽沿海地震烈度为Ⅵ度，本不该出现伤亡，伤亡者中的90%因缺乏地震知识，震时惊慌失措、争先恐后、拥抢奔逃致伤致死。如广东潮州饶平县有两个小学，因学生在奔逃中拥挤踩压，伤 202 人，死 1 人；而在厦门，中小学校都设有防震减灾课，因而临震不慌，同学们在老师指挥下迅速避震于课桌下，无一人伤亡。

第二节　厦门及其周边地区地震活动性

一、历史地震记载

查厦门地方志及同安县志、金门县志，第一次文字记载的地震事件见于 1600 年（康熙《同安县志》），至 1949 年 300 多年间，有史料 52 条，详见表 1-1 至表 1-3。

表 1-1　厦门市历史地震史料

编号	时间	地震情况	史料来源
1	1878.10.29	早三点钟地震	1878.11.1《申报》
2	1878.11.23	寅初二刻厦门地震，由东北而渐至西南，历时四十秒始止。	1878.11.25《申报》
		早三点钟地震，约三秒钟即止，天未黎明，有已醒而觉有摇动者，有从睡乡惊醒者，屋宇尚无损坏。（福州亦震）	1878.12.9《申报》
3	1879.1.8	晚九点四十七分发生地震，震动持续约四秒，厦门和鼓浪屿的居民都有震感。	1879.1.16《字林西报》
4	1881.6.17	感到地震。（注台湾淡水亦震）	1881.7.2《字林西报》
5	1882.9.22	十一夜十二点，地忽摇动，金铁皆鸣。时因黑甜未返舟篆初吞，故知觉者尚属寥寥。其辗转床褥与未曾就榻者成谓连震二次。	1882.10.18《益闻录》
6	1882.12.9	第一次震动很强烈，自晚上九点五十分开始，历时十五秒，当时居民陷入一片混乱，情绪不安。第二次地震是最强烈的一次，自晚上十点十分开始，持续约二十秒钟。第三次震动，在 10 日一点四十分感到，威力已减弱。据报导，另一次地震发生于 10 日早晨。	1883.1.7《字林西报》
7	1882.12.15	晚上九时到次日上午，共发生地震五次。	1883.4.13《字林西报》

续表

编号	时间	地震情况	史料来源
8	1886.3.25	夜四点半钟地忽震动，一连两次，历半分钟之久，屋瓦皆鸣。	1886.4.7《申报》
9	1887.3.18	下午一时四十五分，在鼓浪屿和漳州感到一次猛烈地震。	
10	1892.4.22	上午九点五十分发生两次震动，其中一次较为严重，当时在淡水（台湾）也有两次震动。	1892.4.28《字林西报》
11	1892.10.26	晚地震，势甚凶猛	1893.11.8《益闻录》
12	1892.12.16	凌晨三时地震，许多居民在睡梦中被惊醒，震动持续了几秒钟。 凌晨三时发生一次地震，持续了几秒钟，人们都被震醒了。	1892.12.30《字林西报》 《The Chinese》4th Edition 1903
13	1894.6.18	6月20日午前六时三十分至六时四十五分厦门及鼓浪屿发生一次剧烈的地震；在这之前两天（即18日）的午后二时左右，已有一次轻微的地震，三幢房屋被毁。	《The Chinese》4th Edition 1903
14	1894.6.20	清晨六时四十五分在厦门和鼓浪屿感到一次剧烈地震。	1894.6.27《字林西报》
15	1895.8.30	午后六点钟时忽然地震，惟为时未久势亦甚微。	1895.9.6《申报》
16	1900.11.22	夜两点半钟地忽震动，门窗震撼有声，为时未久即止。	光绪二十六年十月二十四日《中午日报》
17	1902	少数特别敏感的人感觉此地有一次地颤。福州亦震。	1902.12.18《字林西报》
18	1905.11.15	午刻地震，甚为摇动，幸无所损害。	1905.11.18《时报》
19	1906.3.28	西门外祥鹤宫的佛殿神祠等倾斜，庄严市街，变成惨淡市，死伤甚多，为开港以来未曾有的大地震。迷信严重的中国居民，迷信于种种流言，各行业因而停顿。据云二十九日有三次，三十日有两次，三十一日有一次，其后连日有微弱之震动不断。（厦门归客谈厦门三月二十八日大地震）	1906年日本《地学杂志》
20	1906.4.5	早十一点十三分钟地震，历十五秒钟稍定，至十九分钟又震，历二分钟始定，幸稍微耳。	1906.4.13《时报》
21	1906.8.19	晚五点五十八分钟，厦门忽有地震之事，其声如雷。至六点钟再震，闻该埠东排山顶上有一巨石下坠，压坏该处附近之菜园树木四株。又鼓浪屿之洋楼墙壁当时亦被震裂云。	1906.8.26《时报》

续表

编号	时间	地震情况	史料来源
		厦门附近之古伦苏岛上于上月三十日有四次地震,始于下午四点钟,第一次与第二次势不甚烈,第三、第四次较猛,时在六点一刻钟,居民均由室中奔出,然片时即止,并无损害。	1906.9.10《字林西报》
22	1906.10.23	上午四时许厦岛地大震,居民多有从睡梦中惊觉者。	1906.11.15《时报》
23	1909	地震。(可能系台湾地震之影响)	民国《厦门市志》
24	1910	地震。(可能系台湾地震之影响)	民国《厦门市志》
25	1916	地震。(可能系台湾地震之影响)	民国《厦门市志》
26	1918.2.13	下午二点半钟时忽然地震,霹雳一声,楼屋动摇,哗然鼎沸。	民国七年二月二十六日《时报》
		下午二时地大震有二十分钟之久,房屋坍倒者不多,人畜被压毙者尚幸无几,迤南电杆皆损坏,因之汕头电报不通。	民国七年二月十九日《时报》
		午后二钟余厦埠地震数次,圣堂内钟楼及楼房学堂均有损伤之处。初动时,主教神父皆走避楼外,幸蒙上主默佑,教内妇女婴孩及教外人民均得获安全,惟全埠楼台屋宇,概受损伤,诚厦埠数十年未经之奇灾云。	民国7年3月17日《益世主日报》
		地震,厦门土块造的旧家屋被害较多,坚牢砖瓦造的墙壁龟裂,屋上烟囱也有倒的,台湾银行临海滨的新筑未受震害。(机电所资料)	《中国地震资料年志》
		午后二时地大震,十三日复震,……十月十一日(?)地大震,倒屋无数,圭屿塔尖倒。	民国《厦门市志》
27	1918.2.23	余震	民国《厦门市志》
28	1919	地屡震(可能系台湾戈南澳地震影响)	民国《厦门市志》
29	1920.7.16	地震	民国《厦门市志》
30	1921.11.20	地震	民国《厦门市志》
31	1922.8.10	地震	民国《厦门市志》
32	1923.10.29	地震	民国《厦门市志》
33	1927.8.25	晨二时二十五分地震,约历十秒钟。	1927.8.26《申报》
34	1929.5.21	午间一时四十一分三十秒,鼓浪屿地震历六秒止,强震三次,房屋小摇动,屋损伤。	1929.5.22《时报》
35	1929	地震	民国《厦门市志》
36	1936.8.22	午后三时,本市地微震,凡玻璃窗,百叶扉未下钩者,均摇动瑟瑟作响,约历二分钟始已。	1936.8《厦门大报》
37	1937.6.28	下午一时十五分地震,历二十秒钟,屋宇动摇。	1937.6.29《时报》

表 1-2 同安县历史地震史料

编号	时间	地震情况	史料来源
1	1600.9.29	八月地大震（系广东南澳震）	万历《泉州府志》
2	1604.12.29	酉时地大震，其声如雷，城垛子及庐舍多有倾颓者，地有裂开丈许，泥水溢出者，连日微震，逾月乃止。自广东、江西、浙江、江南、北直皆报地震。	康熙《同安县志》
		县城：在府城南一百三十里，送绍兴十五年筑，周围七百九十五丈，高一丈三尺，壕深广各一丈二尺，至正十五年砌内外城以石，嘉靖三十七年改筑高三尺，周围八百四十六丈八尺，西南各为重门，设窝铺五十有九，三十八年积雨城半圮，万历二十五年增高三尺。万历三十三年（？）地震，城崩，知县王世德修之。三十五年怪风淫雨，城又坏，知县鲍际明修之。（系福建泉州大震）	万历《泉州府志》
3	1640.6.11	地震	《明怀宗实录》
4	1711.7	地震，栋宇几倾。	康熙《同安县志》
5	1711.8.31	7月又大震，人至不敢处宇下者。	康熙《同安县志》
6	1811 夏	地震，越日地生黑毛，长寸许，类猪鬃。	民国《同安县志》
7	1862.6	地震	民国《同安县志》
8	1908	全年地震三十二次	民国《同安县志》
9	1918.2.13	地震。个别土墙倾倒，屋瓦有掉落者。	民国《同安县志》
10	1919	吾峰有小山磺见，地小震。	民国《同安县志》
11	1921.11.20	下午二时三十五分二十五秒地震，震向北偏东，历时二十秒。	《中国地震资料年表》
12	1922.8.10	上午四时三十分地震，历时十二秒。	《中国地震资料年表》

表 1-3 金门县历史地震史料

编号	时间	地震情况	史料来源
1	1811 夏	夜有声自东南来，地震。明日地生黑毛，长寸许，类猪鬃。	光绪《金门县志》
2	1862.6	地震	光绪《金门县志》
3	1918.2.13	午后地大震，榜林乡之路裂开寸许，有黄水流出。	民国《金门县志》

二、邻区强震对厦门的影响

厦门市位于滨海断裂（长乐—诏安）地震带的中段。自公元 963 年以来，滨海断裂（长乐—诏安）地震带共发生 $M \geqslant 4\frac{3}{4}$ 级地震 46 次。该带经历过两次地震高潮期，第一次地震高潮从 1574 到 1642 年，历时 68 年，曾发生过 1604 年的泉州海外 7.5 级地震及 1600 年南澳 7.0 级地震，此后平静了 240 多年。1906 年金门海外 6.2 级地震，1918 年南澳 7.3 级地震。

此外，处于厦门岛东南侧 200～300 km 的台湾西带（新竹—高雄一带），历史上曾发生过 7.0 级的地震（1935 年 4 月 21 日苗栗，东经 120.8°、北纬 24.5°），对厦门岛的影响烈度小于Ⅳ度。1927 年 8 月 25 日甲仙 $6\frac{3}{4}$ 级地震（东经 120.5°，北纬 23.0°），1927 年 8 月 26 日《申报》云："厦门晨二时二十五分地震约历十秒钟"，未提及建筑物受损。1999 年 9 月 21 日台湾南投集集 7.6 级地震，距离厦门约 300 km，对厦门影响烈度小于Ⅳ度。

1900—2013 年，台湾地区发生 6 级以上地震共 343 次，其中 7 级以上地震达 47 次，但均未造成厦门地区建筑物损坏，厦门市的建筑物仅发生程度不同的摇动而已。历史上曾经遭受邻区强震和台湾地震带内强震的影响而产生不同程度的破坏情况见表 1-4。

表 1-4　历史上厦门邻区主要强震活动对厦门的影响烈度

序号	年份	震中地点	震级 Ms	震中距（km）	影响烈度（度）
1	1185	漳州	6.5	38	Ⅵ～Ⅶ
2	1445	漳州	$6\frac{1}{4}$	41	Ⅵ
3	1600	广东南澳	7.0	133	Ⅵ
4	1604	泉州海外	7.5	163	Ⅷ
5	1906	金门海外	6.2	56	Ⅶ
6	1918	广东南澳	7.3	133	Ⅶ
7	1994	台湾海峡南部	7.3	175	Ⅴ～Ⅵ

现将历史上邻区四次对厦门市影响较大的地震综述如下：

（一）1604 年 12 月 29 日福建泉州海外 7.5 级地震

1604 年 12 月 29 日福建泉州海外发生 7.5 级地震。据中国强震目录，震中位置为北纬 24.7°、东经 119.2°。本次地震的有感范围最远可达 1000 km，在当时的闽、赣、浙、皖、苏、沪、鄂、湘、粤、桂等 10 个省（市、自治区）内的 124 个县均有记载。福州、沙县、九峰以东均有破坏，泉州尤甚，郡城楼铺、雉堞倾圮殆尽。城内外户舍圮，地裂，清源山崩。康熙《同安县志》载："酉时地大震，其声如雷，城垛子及庐舍多有倾颓者，地有裂开丈许，泥水溢出者，连日微震，踰月乃止。"对厦门影响烈度达Ⅷ度。

1. 地震序列

1604年泉州大震前小震活动已非常活跃，主震后又发生了一系列余震，属于有较多前震的主震—余震型地震。

前震分布范围颇广，但仍相对集中于福建沿海的湄洲湾至厦门的北东向条带内，与现今弱震活动区一致。主震发生后的数天至半月内，余震活动特别频繁，一个月间余震尚未减弱，其中两次强余震为：

1607 年秋	E119°	N24.8°	$5\frac{1}{4}$ 级
1609 年 6 月 7 日	E119°	N24.8°	$5\frac{3}{4}$ 级

2. 地震地质条件

（1）震中所处的地形地貌

震中位于乌丘屿东不远的海域 40 ～ 50 m 等深线处，是水下堆积台地与水下侵蚀—堆积平原的过渡带。震中区附近，海底地形极为复杂，岸坡陡峻，峡谷、岛群等犬牙交错分布。

据乌丘屿等地岩石出露的岩性判断，震中区附近岩石组成应为燕山早期的花岗岩类。

（2）震中所处的活动构造部位

震中位于滨海断裂（长乐—诏安）活动构造带中段的东侧，北东向的牛山岛—兄弟屿断裂与北西向的沙县—南日岛断裂交汇的地区。

（3）震中及其邻近地区的活动断裂

区内主要有北东及北西向两组活动断裂展布：

①牛山岛—兄弟屿断裂，从震中东面的海域通过，是滨海断裂（长乐—诏安）活动构造带的东界断裂，亦为闽东南断块隆起区与台湾海峡的边界断裂，即为滨海断裂。沿 40 ～ 50 m 等深线呈北东 40° ～ 50° 方向延伸，向北走向偏北，向南走向逐渐偏西，总体近平行于福建省海岸线，呈弧形展布，本段为弧形顶点所在。该断裂在卫星影像上线性构造清晰可见，东西两侧色调反差明显。断裂在地貌上亦有明显反应，成为滨海丘陵、半岛、岛链带、水下岸坡带与东海海盆的分界，为一条全新世活动断裂。沿断裂带，历史上曾发生过多次 6 级以上的强震，近代小震活动仍十分频繁。

②平潭—东山澳角断裂，震中西面为滨海断裂（长乐—诏安）带，沿莆田平海—湄洲的海岛、海岸带展布。断裂具正断层活动兼具有右旋走滑特征。断层造就了一系列北东向的地堑、地垒构造，断裂两盘分布的晚更新世的"老红砂"及泥炭层的高差可达 40 ～ 50 m。据粗略估算，其晚更新世以来垂直活动速率为 1.42 mm/a，全新世以来仍具有较强的活动性。

③沙县—南日岛断裂，为北西向断裂通过震中区北面，沿南日岛的南侧展布，向北西方向则沿兴化湾南侧海岸带延伸，断层具正断层活动特征，上盘断陷成海湾，下盘相对海平面的上升速率估算，晚更新世以来为 0.44 ～ 0.1 mm/a，全新世则为 0.85 ～ 1.02 mm/a。

（4）深部构造

①重力异常

震中区处于福建沿海北东向的负重力异常带与台湾海峡北东向正重力异常带之间的交变带上，其偏向于靠正带一侧。

②地壳厚度

福建沿海的莫霍面大致呈向东倾斜状，而在近岸海域，分别在泉州湾以北及九江以南，出现长轴北东向的隆起，隆起顶部的地壳厚度仅有 27 km。1604 年 7.5 级地震震中恰好位于泉州北西莫霍面隆起区内，震中区地壳厚度 27 ～ 28 km 左右。

（二）1906 年 3 月 28 日福建金门海外 6.2 级地震

1906 年 3 月 20 日在福建金门海外发生了一次 6.2 级地震，根据历史地震资料，确定宏观震中位置为北纬 24.5°、东经 119.0°，微观震中位置为北纬 24.3°、东经 118.6°。

据史料记载，泉州破坏最重，其民房倒坏，清源书院假山后之石坊崩倒，东门外赐恩岩上的魁字石滚落平地。1906 年日本《地学杂志》卷 18 记载厦门归客谈厦门三月二十八日大地震："西门外祥鹤宫的佛殿神祠等倾斜，庄严市街，变成惨淡市，死伤甚多，为开港以来未曾有的大地震。迷信严重的中国居民，迷信于种种流言，各行业因而停顿。据云二十九日有三次，三十日有两次，三十一日有一次，其后连日有微弱之震动不断。"对厦门的影响烈度达Ⅶ度。

该次地震，徐家汇天文台有仪器记录资料。

1. 地震序列

本地震序列有两个前震，19 次余震，属前震—主震—余震型序列。两次前震均发生在厦门，最大震级 4.0，余震 19 次，其中主震后 3 天内在主震区发生余震 9 次，其他余震发生在主震区西侧厦门岛附近，震中密集于牛山岛—兄弟屿断裂与九龙江下游北西向断裂的交汇区，主震发生于该地震密集带的东北侧，在 19 次余震中 4 次余震大于 4.0 级，2 次余震大于 5.0 级，最大 5.5 级强余震发生于主震后第二天。

据 1905 年 11 月 18 日《时报》记载，"1905 年 11 月 15 日厦门午刻地震，甚为摇动，幸无所损害"。4 个月后，1906 年 3 月 28 日早 6 时许发生主震，主震后立刻发生余震。1906 年日本《地学杂志》记录"……据云二十九日有三次，三十日有两次，三十一日有一次，其后连日有微弱之震动不断"。1906 年 4 月 13 日《时报》记载"4 月 13 日早十一点十三分钟地震，历十五秒钟稍定，至十九分钟又震，历二分钟始定，幸稍微耳"。1906 年 8 月 29 日《时报》记载"8 月 19 日晚五点五十八分钟，厦门忽有地震之事，其声如雷。至六点钟再震……"，《字林西报》云："厦门附近之古伦苏岛于上月三十日有四次地震……"10 月 23 日"上午四时许厦岛地大震，居民多有从睡梦中惊觉者"。总之，本序列的前震不多，但强度不弱，余震丰富，密集分布在厦门附近，故又称之为"厦门海外地震"。

2. 地震地质条件

（1）震中区附近地形地貌

震中位于闽浙隆起区的东南缘，与东山隆起及厦澎坳陷三者的交界处。震中处水深达 40 ～ 50 m，海底地形复杂，起伏不平，坎坡陡峭。震中西侧为九龙江口水下三角洲及陆架平原，东侧为水下砍坡及中央深水盆地区，震中处于四者的结合部上。

由于震中在海上，其岩石组成不详。据推测，应为燕山期的花岗岩类及前奥陶纪的深变质岩，其上覆盖有古新—始新世的湖相沉积层和晚渐新世—第四纪的浅海相砂层。

（2）震中所处的活动构造部位

震中区处于北东向的滨海断裂（长乐—诏安）活动构造带的东界断裂—牛山岛—兄弟屿断裂（亦称滨海断裂）与北西向的九龙江下游断裂带的交汇地区。

（3）震中及邻近地区的活动断裂

主要有北东和北西向两组活动断裂通过震中区附近。

北东向断裂以牛山岛—兄弟屿断裂为代表,该断裂亦为闽东南断块隆起与台湾海峡的边界断裂,沿 40 ～ 50 m 等深线呈北东 40°～ 50°方向延伸,其北延部分走向逐渐偏北,南延部分有逐渐偏西,总体平行福建海岸线而呈弧形展布,在卫星影像上线性构造清晰可见,东西两侧色调反差明显。在地貌上,断裂线为滨海丘陵、半岛、岛链带,水下岸坡带与东面的海盆的分界,为一条全新世活动断裂,沿断裂带历史上曾发生过多次 6 级以上的地震,近代地震活动亦十分频繁。

九龙江下游断裂带向南东延伸至震中区附近,其走向为北西 40°左右。

第四纪以来其陆地部分以正断层活动为主,兼具左旋走滑特征,明显地控制着地貌和水系的发育,为一条晚更新世活动断裂,全新世以来活动性有所减弱,但其海域部分全新世仍有较强活动。

(三)1918 年 2 月 13 日广东南澳 7.3 级地震

1918 年 2 月 13 日广东南澳发生 7.3 级地震,根据历史地震调查与中国台网测定,宏观震中位置为北纬 23.5°、东经 117.2°,微观震中位置为北纬 23.3°,东经 117.4°。极震区为南澳、汕头、诏安。据记载,南澳全县屋宇被夷为平地,"塔塌倾斜,山崩石滚",汕头"倒屋百余家,死伤千人","地裂喷泉,海水腾涌",诏安"倒民居 3000,死伤甚多"。《中国地震资料年表》记载:"地震,厦门土块造的旧家屋被害较多,坚牢砖瓦造的墙壁龟裂,屋上烟囱也有倒的,台湾银行临海滨的新筑未受震害。"厦门影响烈度达Ⅶ度。

1. 地震序列

该地震属主震—余震型,据史料记载,1918 年大震的前震不显著,在广泛的调查中,仅极少数人在大震前 1 至 2 年及大震前几天感到有过微震。

2. 地震地质条件

(1)震中地形

震中位于南海与大陆交界的汕头东南面海域,周围分布有大小不等的岛屿,东面为兄弟屿,北面为福建的东山岛及诏安半岛,西面为南澳岛,南面为南澎列岛。但各岛屿延伸方向不同,南澳岛长轴东西走向,东山岛和东山湾近南北延伸,南澎列岛呈北东走向。可见这里地形复杂,反映出多种地质构造交汇于此。

（2）震中所处的活动构造带部位

震中处于北东向的滨海断裂及滨海断裂（长乐—诏安）带与北西向的黄冈水断裂的交汇地带，在构造单元上则处在滨海岛链隆起带与海峡沉降带交接附近。

①滨海断裂

滨海断裂是泉州—汕头地震构造带的组成之一，是位于该带最外边（海域）的断裂，亦称近岸海域断裂或牛山岛—兄弟屿断裂，为全新世活动断裂。该断裂北自福建平潭岛，向南日岛南面通过，往南经兄弟屿，进广东南澎列岛东南，逐渐转向南西西延伸。经担杆列岛、上下川岛南面海域并延至硇洲岛。在地貌新构造上，断裂的东南盘是沉降的现代盆地，沉积了厚达 5000 ～ 7000 m 的新生界地层，断裂北西盘相对上升，形成了平潭岛、南日岛、兄弟屿、南澎列岛、担杆列岛、上下川岛等相对隆起带。滨海断裂还成为两种构造体系的分界线：其南面的断裂构造走向为北东东至近东西走向，有人称之为南海系；其北面的断裂构造为大陆延伸入海的北东方向构造，称华夏系。

②平潭—南澳断裂

平潭—南澳断裂也是泉州—汕头断裂地震构造带的组成之一，位于滨海断裂之西北约 20 km 处，与滨海断裂近平行排列，北始于长乐，经福清、莆田、惠安、诏安、东山入海，长约 450 km，走向为北东 45°～ 50°，倾向南东，倾角40°～ 70°。断裂控制了构造地貌的组合和第四纪盆地的分布。断裂位于红土台地平原带与海湾、岛链带的交接带上，控制着第四纪断陷盆地的发育，这些盆地均为滨海断裂（长乐—诏安）带山的剪切拉张盆地，如福州盆地、龙海盆地、韩江三角洲盆地等，分别沉积了 60 m、80 m 和 160 m 的第四系。此外，第四纪以来，闽粤东部沿海的海岸升降幅度和速率在一定程度上也反映了该断裂的活动强度。发育于闽粤东部沿海的"老红砂"地层常组成沿海的海成二级阶地。"老红砂"是华南地区分布较广、层位较稳定的滨海相堆积物。

近年来，通过对"老红砂"中所夹的泥土进行 ^{14}C 断代或用"老红砂"本身的其他断代手段研究，证明"老红砂"沉积以后经构造运动抬升，现已出露在海拔 10 ～ 30 m 的陆地上。根据平潭、晋江、厦门、惠来等地"老红砂"地层或其他晚更新世滨海沉积所构成的阶地的海拔高度和 ^{14}C 断代估算出闽中（泉州以北）平均抬升速率为 2.8 ～ 2.4 mm/a，闽南粤东沿海平均抬升速率为 2.0 ～ 2.4 mm/a。

③饶平断裂

北西走向的饶平断裂位于饶平黄冈水两侧，由相互平行的多条断裂组成，北面延至梅县丙村，向东南经饶平、西澳岛、南澳岛东侧至南澎岛，全长约

160 km，走向为北西 20°～40°。倾向北东或南西，倾角 60°～80°。断裂切割了北东向的梅县—五华—深圳断裂、大埔—海丰断裂、潮安—普宁断裂和惠东—惠来断裂。在北段控制了石窟河下游，在南段控制了黄冈水下游。在饶平拓林旗头山岩石的热释光年龄为 83900 a，在南澳岛青澳东角山岩石的热释光年龄为 83700 a，表明断裂在晚更新世早期仍有活动。

（3）深部构造

据布格重力异常资料计算出的莫霍面深度分布图可知，震区附近的莫霍面深度约为 28 km。并反映出地壳在北东东总体分布的方向上由东南海域向西北的陆区逐渐加厚。与地壳等厚线延伸方向一致的滨海断裂和平潭—南澳断裂是区域内的深大断裂。

（四）1994 年 9 月 16 日台湾海峡 7.3 级地震

1994 年 9 月 16 日 14 时 20 分台湾海峡南部发生 7.3 级地震，这是有史料记载以来台湾海峡地区发生的最大一次地震，也是 1918 年以来中国东南沿海发生的最大一次地震。福建省沿海震感强烈，尤其是闽南地区受到不同程度的破坏。这次地震福建省直接或间接受伤 119 人，其中重伤 17 人，间接死亡 1 人。建筑物破坏主要是漳州市沿海地区的民房、校舍等房屋，且房屋的破坏大多出现在农村的石条房、砖柱（或石柱）碎石房、卵石房、砖柱（或石柱）土坯房、土坯房等。在厦门市区也有少数的多层砖混楼房出现较大的震害。厦门卷烟厂、饮料厂的车间与仓库遭受破坏，估计经济损失 410 万元。厦门影响烈度 V～VI度。

1. 地震序列

根据闽粤台网资料显示，两台网均未记录到 7.3 级主震前的直接前震，只在震前半年，记录到震区附近海域 3 次 $M_L \geq 3.0$ 级的地震。7.3 级主震后一个月（即 10 月 16 日止）的余震序列中，仅有两次 5 级以上地震，最大震级为 Ms5.2；至主震后一年，余震序列中最大震级为 Ms5.6，其与主震震级差（ΔM）为 1.7，即 $0.6 \leq \Delta M < 2.4$，符合主—余震型判据。用最大似然法求得余震序列的 b 值为 0.84；若取 $M_L \geq 3.0$ 地震，用古登堡公式计算得到的 b 值为 0.85。统计至 1994 年 10 月 31 日止，主震释放能量为 5.63×10^{15} J，占整个序列释放能量的 98%。由此判断，该序列为主—余震型序列。主震发生后的短时间内，序列的频度、能量释放等均迅速下降，随后变化平缓。

2. 地震地质背景

台湾海峡位于欧亚大陆板块与太平洋、菲律宾海板块结合地带。海峡的长轴方向、地形轮廓、等深线方向、地层展布和主要构造均为北北东走向。海峡南北长 380 km，东西宽约 150 km。台湾海峡地形复杂，平均水深不大于 50 m。在澎湖列岛西南，40～50 m 等深线从闽粤沿海岸外向东突出，几乎横亘台湾海峡，小于 40 m 的等深线还有众多圈闭，显示活动沙丘，此乃著名的台湾浅滩。7.3 级地震震中即位于台湾浅滩南。

台湾海峡为一巨型断陷区，中生界基底上覆上第三系及第四系，南、北部较厚，达数千米；中部澎湖列岛一带新生界仅数百米厚。根据布格重力异常资料得到海峡地壳厚约 28 km，属大陆型地壳。台湾浅滩以南的台湾西南盆地是一个规模较大、走向北东的新生代（E_3-N_1）盆地。盆地北侧发育着一系列呈北东东走向阶梯状大断裂。自第四纪以来，由于北东东向断裂的强烈活动，盆地基底断块处于下降运动状态，致使第四纪沉积厚达 1000 m。此次台湾海峡 7.3 级地震就发生在盆地北缘活动断裂上。

台湾海峡 7.3 级震区附近分布有北东东、北东和北西向三组断裂（图 1-1）。其中北东东向断裂具右旋走滑性质，北西向断裂具左旋走滑性质。近年来，有关的研究结果认为，北东向的义竹断裂从台湾西部入海后一直向西南延伸至台湾浅滩南。根据刘光夏的研究结果，北东向义竹断裂实为一系列北东东走向相互平行的正断层组成的断裂带，其向西南斜穿台湾海峡，是台西南最大的活动性大断裂带。

根据地球物理资料，南海北部大陆架的布格重力异常，自东向西异常值降低，布格值 0～20 mGal。深部异常走向以北东东向为主，但不同地段具有不同的特征。特别引人注意的是，自台湾浅滩西南面起，布格重力异常带由北东东转为北东向，并显示由 0～30 mGal 的重力异常高，局部达 60 mGal。这种重力异常的变化，反映出地质构造和深部岩石圈构造的变化。深部探测结果表明，重力异常转折地段的地质构造复杂，该地段正好处于北东东、北东和北西向三组断裂构造带相交汇的部位，也是地壳由大陆壳向大洋壳转变的过渡带。由布格重力异常反演得到，在台湾浅滩南莫霍面的等深线较密集，且由台湾浅滩以南向南海海域，莫霍面深度由 24 km 抬升至 14 km。这次台湾海峡 7.3 级地震及强余震就发生在上述地球物理场发生变异的地段（据《台湾海峡 7.3 级地震的构造环境》，1996，广东省地震局彭承光等）。

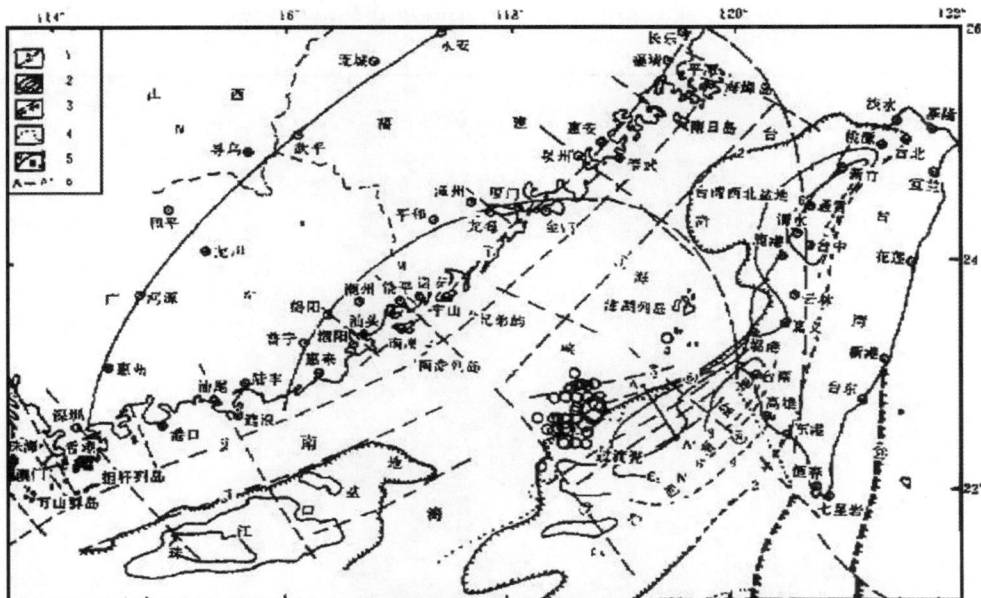

图 1-1 台湾海峡 7.3 级地震构造及等烈度线分布图（据彭承光等）

1—断裂及编号；2—盆地及新生界厚度线；3—板块俯冲带或缝合线；4—不同类型地壳界线；5—地震等裂度线；6—地震剖面线

①南澳—长乐断裂；②担杆—南澎断裂；③珠江口盆地北缘断裂；④台湾海峡中央断裂；⑤台湾浅滩断裂；⑥台湾西南盆地北侧断裂；⑦台湾西南盆地西部断裂；⑧台南断裂；⑨板块俯冲带或缝合线

三、现今小震活动特点

自 1971 年福建省地震台网建立以来，本岛周围 100 km 内共记录到 $M_L \geqslant 3.0$ 级以上地震 157 次（图 1-2，表 1-5），最大地震为 1995 年 2 月 25 日晋江海域 $M_S 5.3$ 级地震。

2008 年 7 月 5 日厦门、龙海交界发生 $M_S 4.4$ 级地震，厦门各区震感较强烈，在灌口等农村地区，个别砖瓦房顶有掉瓦现象。厦门地区值得关注的地震是 1974 年至 1979 年发生在灌口的 2.0 ～ 3.0 级小震群活动，1984 年 11 月 27 日发生在厦门同安的 3.2 级地震，2004 年 11 月 10 日发生在翔安新店的 3.5 级地震。

据厦门周边地区 3 级以上地震分布图（图 1-2），厦门周边现代小震活动集中在厦门—漳浦海外，小震震源深度为 10 ～ 30 km。厦门市区的同安天马、灌口、九龙江口、本岛的东北外海和南侧滨海有相对成丛的微震活动。

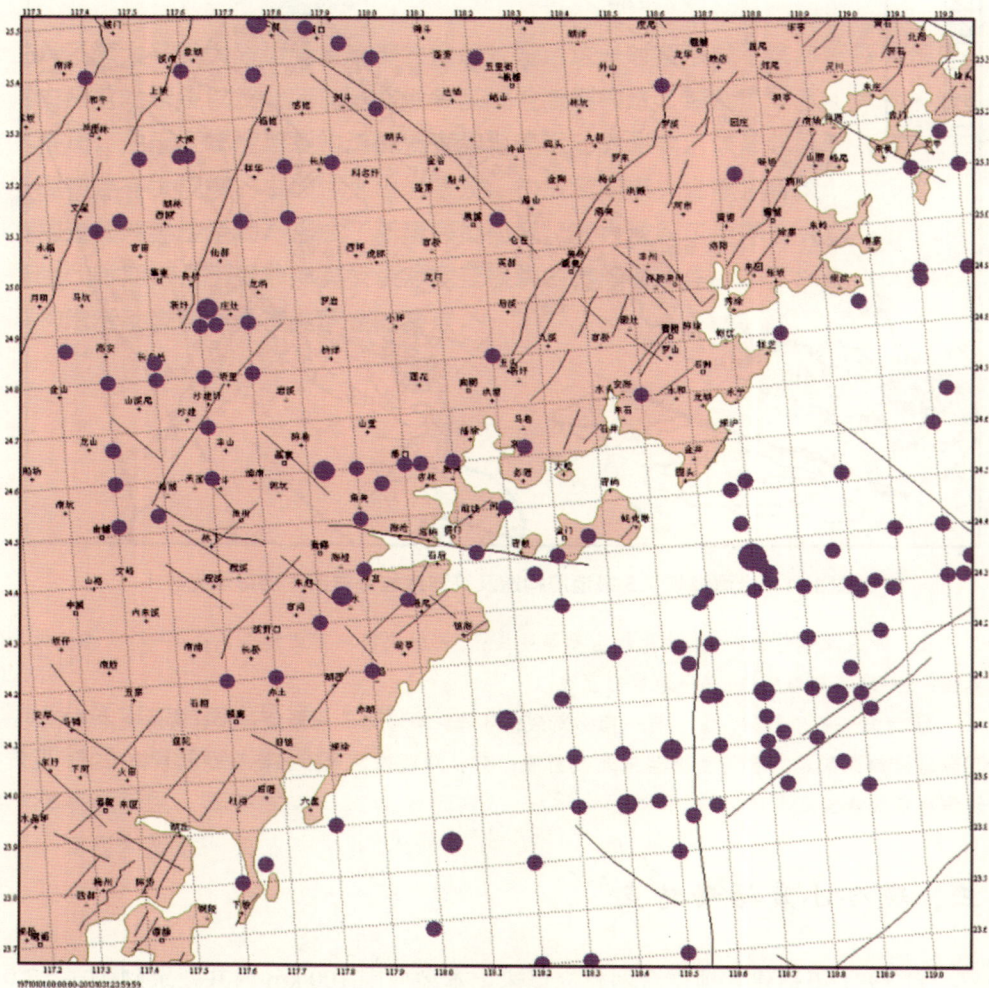

图 1-2　厦门周边地区 3 级以上地震分布图（1971—2013 年）

表 1-5　厦门周边地区 $M_L \geqslant 3.0$（1971—2013 年）

序号	发震时间			震中位置		震级	参考地名
	年	月	日	北纬	东经		
1	1971	01	18	24.90	117.60	3.9	漳州华安
2	1971	02	11	24.60	117.40	3.0	漳州南靖
3	1971	06	05	25.50	119.20	3.0	莆田
4	1971	06	16	25.10	119.20	3.5	莆田海域

续表

序号	发震时间			震中位置		震级	参考地名
	年	月	日	北纬	东经		
5	1971	12	09	23.90	118.30	3.0	厦门海外
6	1972	01	20	24.20	118.80	3.0	厦门海外
7	1972	01	29	24.30	117.80	3.5	漳州龙海
8	1972	03	13	24.40	119.00	3.2	厦门海外
9	1972	05	25	24.80	117.70	3.7	漳州长泰
10	1972	06	25	24.80	117.50	3.0	漳州长泰
11	1972	07	14	24.80	118.80	3.0	晋江海外
12	1972	07	18	24.20	117.90	3.0	漳州漳浦
13	1972	08	05	24.00	118.70	3.2	厦门海外
14	1972	09	09	24.10	118.70	4.3	厦门海外
15	1973	02	09	25.20	117.80	3.0	漳州华安
16	1973	08	14	25.10	119.10	3.0	莆田海域
17	1973	10	23	24.80	117.70	3.4	漳州长泰
18	1973	11	20	25.20	117.80	3.7	漳州华安
19	1973	12	16	23.90	118.40	3.0	厦门海外
20	1974	01	01	23.80	118.20	3.4	厦门海外
21	1974	04	23	24.80	118.20	3.0	厦门同安
22	1974	05	22	25.10	117.70	3.0	漳州华安
23	1974	11	11	23.90	118.90	3.0	厦门海外
24	1974	11	13	24.20	118.60	3.0	厦门海外
25	1974	12	23	24.80	117.60	3.5	漳州华安
26	1975	05	23	24.60	117.60	3.0	漳州
27	1975	09	10	24.80	117.40	3.5	漳州华安
28	1975	10	14	23.80	118.50	3.5	厦门海外
29	1976	01	18	24.80	117.50	3.5	漳州华安
30	1976	02	16	24.70	117.60	3.0	漳州华安
31	1976	02	28	24.40	119.10	3.0	晋江海外
32	1976	04	03	24.80	117.50	3.0	漳州华安
33	1976	04	03	24.80	117.50	3.5	漳州华安
34	1976	06	27	24.10	118.80	3.2	厦门海外
35	1976	08	03	24.60	118.00	3.0	厦门灌口
36	1976	08	16	24.30	118.90	3.0	厦门海外
37	1976	09	26	24.60	119.10	3.2	晋江海外
38	1977	01	09	24.90	117.70	3.7	漳州华安

续表

序号	发震时间			震中位置		震级	参考地名
	年	月	日	北纬	东经		
39	1977	03	31	25.40	117.60	3.2	三明
40	1977	05	19	25.20	117.90	3.0	泉州安溪
41	1977	10	10	24.00	118.80	3.0	厦门海外
42	1977	12	22	24.00	118.30	3.5	厦门海外
43	1978	01	23	24.30	118.30	3.2	厦门海域
44	1978	02	14	24.50	118.20	3.0	厦门海域
45	1978	05	28	24.70	118.50	3.0	泉州晋江
46	1978	08	01	23.80	117.60	3.0	东山海域
47	1978	11	23	23.90	118.40	4.0	厦门海外
48	1979	01	26	24.00	118.50	3.7	厦门海外
49	1979	01	26	23.90	118.40	3.0	厦门海外
50	1979	02	01	24.00	118.40	3.0	厦门海外
51	1979	02	18	23.90	118.40	3.0	厦门海外
52	1979	03	31	23.90	118.40	3.4	厦门海外
53	1979	04	06	25.40	118.00	3.2	泉州永春
54	1979	04	07	25.40	118.00	3.0	泉州永春
55	1979	04	07	25.30	118.00	3.0	泉州安溪
56	1979	06	10	24.00	118.70	3.0	厦门海外
57	1979	07	05	24.30	118.80	3.0	厦门海外
58	1979	08	13	24.90	119.10	3.4	惠安海域
59	1979	09	05	25.10	117.40	3.4	龙岩
60	1979	09	13	24.40	117.90	3.0	漳州龙海
61	1979	11	02	25.40	117.40	3.2	龙岩
62	1979	12	07	24.20	117.70	3.0	漳州漳浦
63	1980	02	04	24.50	118.67	3.5	晋江海域
64	1980	08	06	24.83	117.50	3.0	漳州华安
65	1981	02	02	25.30	118.60	3.0	莆田
66	1981	05	04	23.90	117.80	3.0	漳浦海域
67	1981	07	31	24.00	118.70	3.5	厦门海外
68	1981	08	27	24.00	118.50	4.3	厦门海外
69	1982	05	04	24.30	118.70	3.0	厦门海外
70	1982	09	24	24.20	117.60	3.4	漳州漳浦
71	1982	11	30	24.30	118.30	3.0	厦门海外
72	1983	01	11	24.30	119.10	3.0	台湾海峡中部

续表

序号	发震时间			震中位置		震级	参考地名
	年	月	日	北纬	东经		
73	1983	06	09	24.20	118.40	3.0	厦门海外
74	1983	08	28	24.60	117.90	3.2	漳州长泰
75	1984	11	27	24.60	118.10	3.2	厦门同安
76	1985	04	20	24.00	118.60	3.5	厦门海外
77	1985	10	18	24.10	118.60	3.4	厦门海外
78	1986	08	03	24.50	117.90	3.0	漳州长泰
79	1987	05	03	24.08	118.90	3.0	台湾海峡中部
80	1988	08	04	24.33	117.98	3.0	漳州龙海
81	1989	01	31	25.12	117.45	3.4	龙岩漳平
82	1989	03	27	23.88	118.58	3.0	厦门海外
83	1989	12	09	24.08	118.90	3.0	台湾海峡中部
84	1990	01	25	25.43	117.93	3.0	泉州永春
85	1990	03	23	25.47	117.87	3.0	泉州永春
86	1990	10	17	24.67	117.40	3.4	漳州南靖
87	1990	11	09	25.38	118.22	3.5	泉州永春
88	1990	11	23	23.83	117.65	3.0	东山海域
89	1991	04	05	24.53	117.48	3.5	漳州南靖
90	1991	06	03	23.87	118.53	3.9	厦门海外
91	1991	09	22	25.12	118.73	3.0	泉州
92	1991	10	25	24.87	117.32	3.5	漳州南靖
93	1991	10	26	24.87	117.32	3.2	漳州南靖
94	1992	02	03	24.87	117.32	3.1	漳州南靖
95	1992	03	03	24.08	118.17	4.8	漳浦海域
96	1992	06	02	24.35	117.85	4.1	漳州漳浦
97	1992	06	02	24.35	117.85	4.1	漳州漳浦
98	1992	09	29	25.07	118.23	3.0	泉州南安
99	1992	11	01	24.88	119.10	3.0	惠安海域
100	1993	09	14	24.20	118.53	3.1	台湾海峡中部
101	1993	10	07	24.17	118.55	3.2	台湾海峡中部
102	1995	02	25	24.37	118.70	5.8	晋江海外
103	1995	02	25	24.35	118.72	3.8	晋江海外
104	1995	07	02	24.37	118.70	3.2	晋江海外
105	1996	03	14	24.05	118.70	3.4	厦门海外
106	1997	04	13	24.67	119.13	3.2	晋江海外

续表

序号	发震时间			震中位置		震级	参考地名
	年	月	日	北纬	东经		
107	1997	06	08	23.90	118.47	3.4	厦门海外
108	1997	09	17	24.32	118.73	3.0	厦门海外
109	1998	05	11	24.33	118.73	3.6	厦门海外
110	1999	08	05	25.17	119.17	3.6	莆田东南
111	1999	08	27	24.90	117.63	3.0	安溪
112	1999	09	09	24.20	118.95	3.1	金门东南
113	2000	05	27	23.85	118.03	4.6	漳浦东南
114	2000	10	13	24.57	117.95	3.1	厦门市
115	2001	04	01	25.10	117.80	3.1	安溪
116	2001	08	06	23.97	118.70	4.2	厦门海外
117	2001	12	01	24.28	118.92	3.4	晋江海外
118	2002	03	12	24.52	118.70	3.8	晋江海域
119	2002	06	27	25.48	118.93	3.5	莆田
120	2003	02	27	25.23	117.58	3.0	漳平
121	2003	03	18	25.23	117.58	3.6	漳平
122	2003	07	21	23.95	118.85	3.2	海峡中部
123	2004	03	04	25.23	117.60	3.7	安溪
124	2004	05	30	24.08	118.85	4.5	厦门海域
125	2004	05	31	24.08	118.85	3.2	厦门海域
126	2004	06	02	24.08	118.85	3.0	厦门海域
127	2004	11	10	24.62	118.25	3.5	同安
128	2005	08	09	24.43	118.68	3.6	晋江海域
129	2005	08	12	24.60	118.03	3.1	厦门
130	2005	11	01	24.02	118.73	3.0	厦门海域
131	2006	01	18	25.38	117.75	3.6	福建安溪
132	2006	07	23	24.05	118.92	3.6	台湾海峡中部
133	2006	08	28	24.10	118.58	3.0	福建厦门海域
134	2006	09	22	24.30	118.60	3.4	福建厦门海域
135	2006	09	27	24.12	118.28	3.4	福建厦门海域
136	2007	01	11	24.85	118.97	3.1	福建惠安海域
137	2007	04	24	24.52	117.40	3.3	福建南靖
138	2007	06	04	24.52	118.90	3.4	福建晋江海域
139	2007	06	12	24.93	117.62	4.0	福建华安
140	2007	08	29	25.48	117.77	4.6	福建永春

续表

序号	发震时间			震中位置		震级	参考地名
	年	月	日	北纬	东经		
141	2007	08	29	25.48	117.77	3.0	福建永春
142	2007	09	26	24.42	118.13	3.2	福建厦门海域
143	2007	11	01	24.33	119.15	3.3	福建晋江海域
144	2008	05	14	24.40	118.30	3.1	福建金门
145	2008	07	05	24.60	117.83	4.7	福建长泰
146	2008	07	05	24.37	118.25	3.0	福建厦门海域
147	2008	08	05	24.28	118.58	3.1	福建厦门海域
148	2009	09	26	25.23	117.50	3.8	福建漳平
149	2010	01	24	24.43	118.37	3.2	福建金门
150	2011	06	21	24.90	119.20	3.3	福建惠安海域
151	2011	06	21	24.90	119.20	3.4	福建惠安海域
152	2012	12	15	23.92	118.73	3.0	台湾海峡中部
153	2013	05	09	24.28	118.98	3.5	台湾海峡中部
154	2013	07	16	24.30	118.95	3.0	台湾海峡中部
155	2013	07	22	24.30	119.13	3.3	台湾海峡中部
156	2013	07	31	24.13	118.88	3.2	台湾海峡中部
157	2013	09	22	24.37	118.87	3.3	台湾海峡中部

第二章　厦门地区地震地质

第一节　厦门地质构造发展史

厦门地区地质构造发展历史服从于福建省区域地质发展史，福建省区域地质发展史控制并决定着厦门地区地质构造的发生、发展、区域构造性质及其活动性，因此，它在福建省区域地质发展史中是具有局部性、阶段性，又具有个性的地质发展史。

福建省大地构造位于华南褶皱系东部，以北东向武夷山为界向南东横跨戴云山濒临太平洋大陆边缘活动带，形成了中国独一无二的、完整的板块俯冲带—岛弧—弧后盆地构造体系（图 2-1）。根据地层岩性特征、变质作用、火成岩活动性和构造运动的旋回特性，福建地区自晚元古代以来地壳构造经历了多旋回的发生、发展和演化过程。

一、福建区域地质构造发展史

依据沉积建造、变质作用、岩浆活动和构造格局，福建区域地质构造发展经历了杨子和加里东、华力西和印支、燕山、喜马拉雅四个构造旋回（表 2-1）。

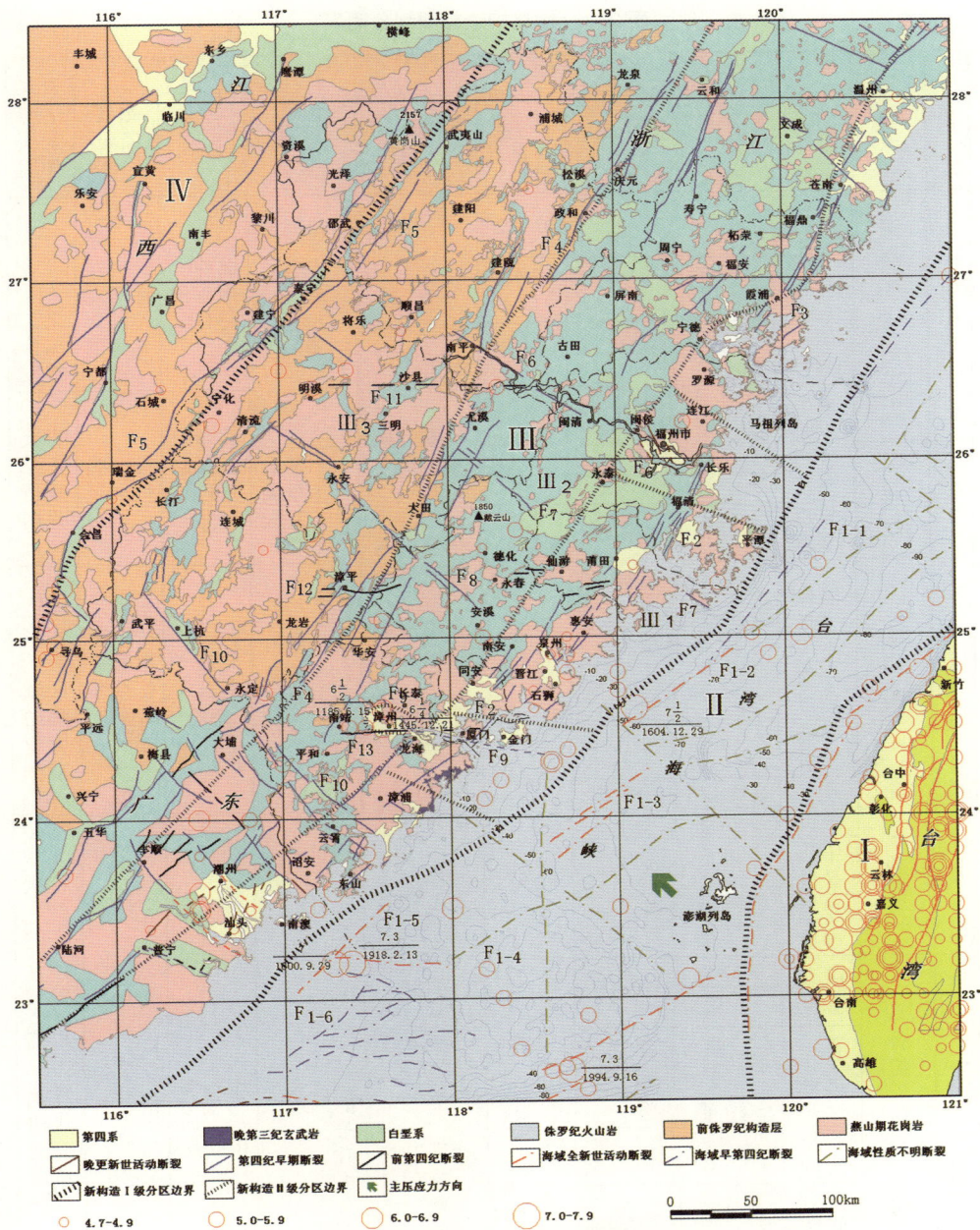

图 2-1 福建省地质构造纲要图

表 2-1　福建构造旋回划分简表

代	纪	世	地层名称		距今年龄同位素年龄（百万年）	构造运动	构造旋回		构造应力场特征	形变特征	岩浆活动变质作用
新生代	第四纪	全新世			0.012		喜马拉雅旋回		北西—南东向挤压	主要为部分断层弱复活活动及断块差异活动	
		更新世			2.48 (1.64)						
	第三纪	中—上新世	佛昙群		23.3	—喜马拉雅运动Ⅱ幕—					火山喷发
		古—渐新世			65	—喜马拉雅运动Ⅰ幕—			北东—南西向挤压	韧—脆性断层	岩浆侵入，变质作用
中生代	白垩纪	晚白垩世	赤石群		135 (140)		燕山旋回	燕山早期亚旋回			
			沙县组								
		早白垩世	禾口组	石帽山群		—燕山运动Ⅴ幕—					
	侏罗纪	晚侏罗世	坂头组		208			燕山晚期亚旋回	北西—南东向挤压	褶皱韧脆性断层	火山喷发，岩浆侵入，区域热动力变质作用
			南园组								
			长林组			—燕山运动Ⅳ幕—					
		中侏罗世	漳平组								
		早侏罗世	梨山组			—燕山运动Ⅲ幕—					
	三叠纪	晚三叠世	文宾山组	焦坑组	250	—燕山运动Ⅱ幕—					
			大坑组								
		中三叠世	安仁组			—燕山运动Ⅰ幕—					
		早三叠世	溪尾组								
			溪口组			—印支运动—					
古生代	二叠纪	晚二叠世	大隆组	长兴组	290		华力西和印支旋回		来自大洋方向的挤压	褶皱断裂	岩浆侵入，区域热动力变质作用
			翠屏山组			—华力西运动Ⅱ幕—					
		早二叠世	童子岩组								
			文笔山组								
			栖霞组								
	石炭纪	晚石炭世	船山组		362 (355)	—华力西运动Ⅰ幕—					
		中石炭世	黄龙组	中下石炭世							
		下石炭世	林地组			—加里东运动—					
	泥盆纪	晚泥盆世	桃子坑组		409						
			天瓦东组								
		中下泥盆世									

续表

代	纪	世	地层名称			距今年龄同位素年龄（百万年）	构造运动	构造旋回	构造应力场特征	形变特征	岩浆活动变质作用
	志留纪					439					
	奥陶纪	中—上奥陶世	罗峰溪群			510					
		下奥陶世	魏坊群		下古生代—上震旦世						
	寒武纪	上寒武世	东坑口群			570（600）					
		中—下寒武世	林田群				澄江运动	扬子和加里东旋回	南东东—北西西挤压	褶皱断裂	火山喷发，岩浆侵入，混合岩化，区域变质
上元古代	震旦纪	上震旦世	黄连组 南岩组	上震旦世							
		下震旦世	丁屋岭组	龙北溪组							
			楼子坝群 吴墩组	迪口组							
			麻源群								

（一）扬子和加里东旋回的构造运动及其沉积建造

早古生代时，地球发生过强烈的构造运动，统称"加里东运动"（即加里东构造旋回），而狭义的"加里东运动"则是指发生在志留纪末期，或志留纪与泥盆纪之交的褶皱运动、造山运动。

发生在福建地区的扬子和加里东旋回则是指晚元古代至早古生代末的构造旋回，本期形成一套巨厚的陆屑建造、细碧角斑岩建造和复理式建造（图 2-2a）。古地理环境展现出一系列北东向不对称的隆起和拗陷，并控制着沉积岩相的变化，其构造变动则以强烈的褶皱运动为主，形成一系列不对称的北东向复背斜和复向斜，强烈的构造运动造成倒转和平卧褶皱。同时，发育有断裂构造，前期由于地槽内部的隆起和拗陷进一步加大，沿着隆起与拗陷的边缘形成以正断层性质的断裂构造，之后随着加里东运动引起的强烈褶皱，产生一系列区域性逆断层。

加里东运动是福建地区最重要的构造运动之一。在扬子和加里东旋回演化时期，福建长期处于优地槽构造环境，经急剧下沉，接受巨厚的地槽型沉积之后，在加里东运动时，由于来自南南东大洋方向的挤压使其发生褶皱，形成一系列北东东向复背斜、复向斜和断裂带。与此同时，区域变质作用产生，在区域变质基础上产生混合岩化，造成闽西北加里东期混合岩、混合花岗岩和变质交代型花岗岩的广泛分布。随之结束了优地槽的发展阶段，留下上泥盆统与下伏更老地层角度不整合接触。

（二）华力西和印支旋回的构造运动及其沉积建造

华力西和印支旋回是指晚古生代的造山运动，时限为泥盆纪至二叠纪。该旋回在本区总体上表现为地壳上下振荡，地层剥蚀和沉积频繁交替，褶皱和断裂均较发育，岩浆侵入与变质作用比较广泛。华力西和印支旋回的构造运动包括华力西运动 I、II 幕和印支运动。华力西运动 I 幕发生于中石炭世，华力西运动 II 幕在闽西南地区表现为上二叠统与下二叠统假整合接触。而印支运动在本区表现比较强烈，闽西南地区可见上三叠统与下三叠统不整合接触。扬子和加里东旋回以强烈的褶皱造山运动为特点，产生了福建的古老基底并造成志留系和泥盆系中下统的缺失，随着加里东运动的结束，福建进入华力西和印支旋回阶段，地壳再次下降接受海侵，表现为上泥盆统沉积了巨厚的滨海相沉积层，以及其他的碎屑岩建造、复理式建造和碳酸盐岩建造等（图 2-2b）。

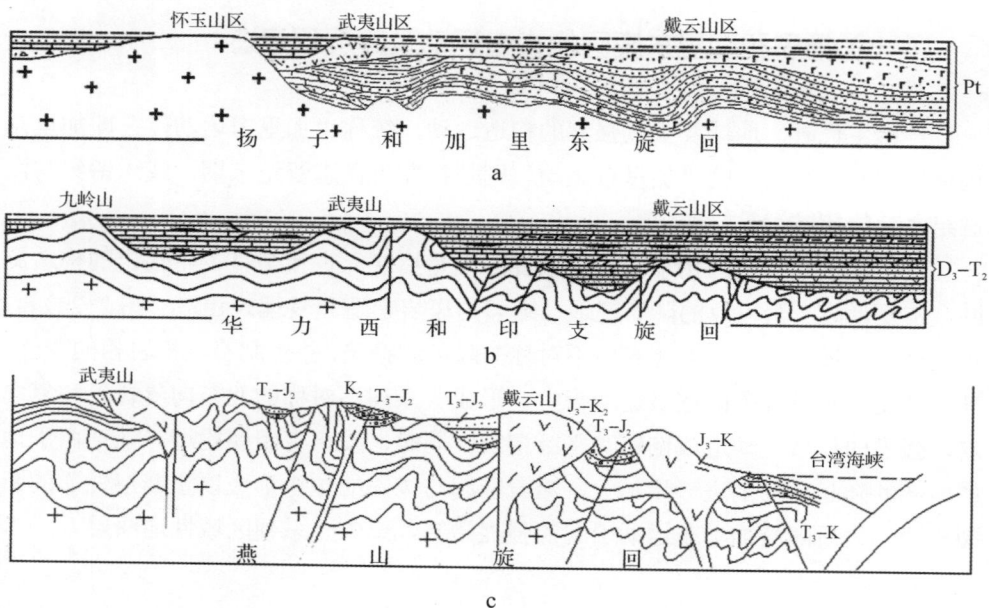

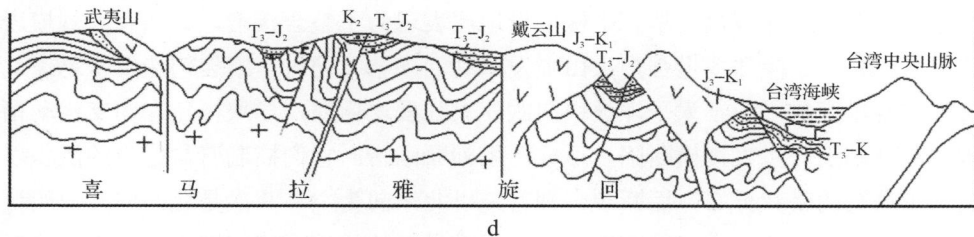

图2-2　福建区域地质构造运动旋回及沉积建造

（据《福建省区域地质志》福建省地壳构造演化示意图改编）

a—扬子和加里东旋回；b—华力西和印支旋回；c—燕山旋回；d—喜马拉雅旋回

1—泥质碎屑岩；2—砂泥质碎屑岩；3—砂质碎屑岩；4—中基性火山沉积碎屑岩；5—细碧角斑岩建造；6—中酸性火山复理石建造；7—砂泥质复理石建造；8—粗碎屑岩建造；9—酸性火山碎屑沉积建造；10—碳酸盐岩建造；11—含煤细碎屑岩建造；12—钙硅泥岩建造；13—含煤碎屑岩建造；14—中酸性火山岩建造；15—基性火山岩建造；16—加里东期褶皱；17—印支期褶皱；18—深、大断裂；19—花岗岩层

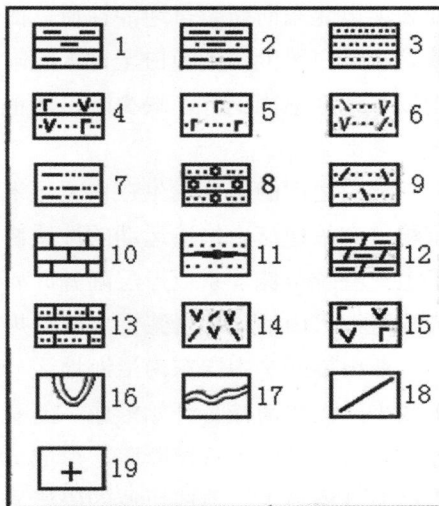

华力西和印支旋回演化时期，在加里东褶皱基础上发生新的拗陷，经接受巨厚的准地台—冒地槽型沉积之后，印支运动时又由于来自东南大洋方向的挤压使其发生强烈褶皱，从而又新形成一系列北东向复式背斜、复式向斜和断裂带，随着构造运动产生轻微区域热动力变质作用，并有较大规模的华力西—印支期重熔型石英闪长岩侵入。印支运动是福建地质构造发展史上重要的构造运动之一，它结束了福建准地台的发展历史，此后再未出现大规模的海侵，构造运动的性质由褶皱造山运动为主转变为以断陷为主的块断造山运动阶段。

（三）燕山旋回的构造运动及其沉积建造

燕山旋回是指晚三叠世至白垩世的构造旋回，包括多个构造幕，它以大规模的断陷活动、强烈的火山喷发和巨大的岩浆侵入为特征。燕山早期的构造幕—断块造山运动使晚侏罗世与早、中侏罗世地层表现为不整合接触，并伴有大规模岩浆侵入，拉开了晚侏罗世强烈火山喷发活动的序幕。同时，断裂构造发育迅速，自晚三叠世开始，由于太平洋板块向欧亚大陆板块俯冲，导致福建在印支运动褶皱断裂基础上产生大规模断陷，形成一系列断陷带。它们控制着盆地内的沉积以及火山喷发的带状分布，而断裂带则首先以北东向为主，其次是北西向，说明这两组断裂是同期的，也正是在这一时期形成了新的长乐—诏安深大断裂带，之后经过巨厚的沉积和火山堆积，并随着太平洋板块向大陆板块俯冲的加剧，使大陆边缘遭受强烈挤压，沿断陷带进一步造成北东向和北西向断裂的继承和发展，主要表现出北东向断裂呈逆冲性质，而北西向断裂则呈张剪性质。燕山晚期的构造幕是从早白垩世初到晚白垩世末的隆起造山运动，在福建表现为政和—大埔断裂带以东地区强烈上升，缺少晚白垩世沉积；以西地区形成一系列小型红色断陷盆地（图2-2c）。

燕山运动的尾幕发生在白垩纪末，表现为隆升性质，使得福建缺失老第三纪沉积。在福建燕山构造运动的性质决定了沉积建造的类型及其分布，该旋回包括了上三叠统至侏罗系巨厚层陆源碎屑、含煤碎屑、红色碎屑岩建造和中酸性火山岩建造，火山活动和岩浆侵入活动规模巨大。

燕山旋回是中国东南沿海地区一次重要的构造活动。燕山旋回演化时期，由于太平洋板块消减带开始形成，随着太平洋板块向欧亚大陆板块的俯冲，导致福建大陆边缘发生大规模断陷，形成一系列北东向断陷带和火山喷发带，且愈往东南沿海规模愈大，造成巨厚的碎屑岩沉积和巨厚的钙碱性火山岩堆积，之后随着挤压的增强，形成一系列深大断裂带。这些深大断裂带具有明显的方向性、分带性和等距性，主要包括北东向五条、北西向四条，以一定间距分布，构成了福建省地质构造的基本格架。同时，区域变质作用产生，形成了东南沿海典型的中生代低压型区域变质带和混合岩化作用，也形成了闽东南沿海中生代混合岩、混合花岗岩和二长花岗岩，以及福建燕山早期黑云母花岗岩和闽东燕山晚期花岗岩的广布。

上述扬子和加里东、华力西和印支、燕山三个旋回的构造演化，使得福建地壳构造经历了由地槽到准地台，再到濒太平洋大陆边缘活动带三个发展阶段。

每个发展阶段的演化全程为：先使地壳下沉并产生拗陷和断陷——接受沉积伴随火山喷发——地壳遭受挤压隆起并产生褶皱和断裂——区域变质作用——混合岩化作用——岩浆侵入作用。从而造成福建省多类型沉积建造、多旋回构造变动、多旋回火山运动、多旋回变质作用和多旋回岩浆侵入活动。

经过上述三个大地构造的演化，基本形成了福建省闽西北隆起带，闽西南拗陷带和闽东火山断拗带三个构造单元框架。

（四）喜马拉雅旋回的构造运动及其沉积建造

喜马拉雅旋回是指第三纪到第四纪的构造旋回。喜马拉雅运动分Ⅰ、Ⅱ幕，其中Ⅰ幕发生于新第三纪末，表现为更新统与上第三系假整合接触，在内地山区可见海拔700～800 m高程的夷平面；喜马拉雅运动Ⅱ幕发生于晚更新世末，主要表现为晚更新世Ⅱ级阶地被抬高到距现今侵蚀基准面10～20 m的高度，与全新世Ⅰ级海积或河流堆积阶地高差5～10 m。喜马拉雅运动以继承性断裂复活活动和断块差异隆起活动为特点。在沉积建造方面，该旋回主要为沿断裂带发育的上第三系基性火山岩、碎屑岩以及沿河流和滨海一带分布的第四纪陆相冲洪积和海相粘土沉积（图2-2d）。

综上所述，福建地壳构造的产生和发展、演化经历了漫长的地质历史时期，从晚元古代—早古生代经历的第一个发展时期算起，后又经历晚泥盆世—中三叠世、晚三叠世—白垩纪和新生代共四个发展时期，相对应的具有杨子和加里东、华力西和印支、燕山、喜马拉雅四个大地构造演化旋回，不同发展时期的大地构造环境又具有鲜明的特点和发生、发展规律，即福建地壳最早形成的是优地槽，在拗陷过程中不仅形成巨厚的深水相浊流沉积，而且伴有强烈的海底岩浆喷溢，形成细碧角斑岩建造，这些沉积岩系遭受了晚期的强烈构造变动，并叠加有广泛的区域变质作用。之后发展为准地台、濒太平洋大陆边缘活动带大地构造环境，一直延续到现代的地形地貌、地质构造格局等大陆轮廓，其地壳构造的活动趋势是从强到弱，由不稳定到较稳定的活动历程，活动带则是逐渐向东南的迁移。

二、厦门地质构造发展史

从大地构造角度分析，厦门位于欧亚板块东南部，浙、闽、粤隆起带中段的东侧，属中国东部活动大陆地壳的组成部分，经岛弧—海沟系与太平洋板块相连。根据福建省地质志，厦门地区位于武夷—戴云隆褶带的闽东火山断拗带内，西邻闽西北隆起带和闽西南拗陷带，东临台湾海峡沉降带（图2-3）。厦门地区地质构造发展史相对于福建全省更短，岩性简单，变质程度浅，且区域范围也小，总体上可分为燕山构造运动和喜马拉雅构造运动，按地质年代分为侏罗纪时期、白垩纪—早第三纪以及晚第三纪—第四纪三个发展时期（表2-1）。

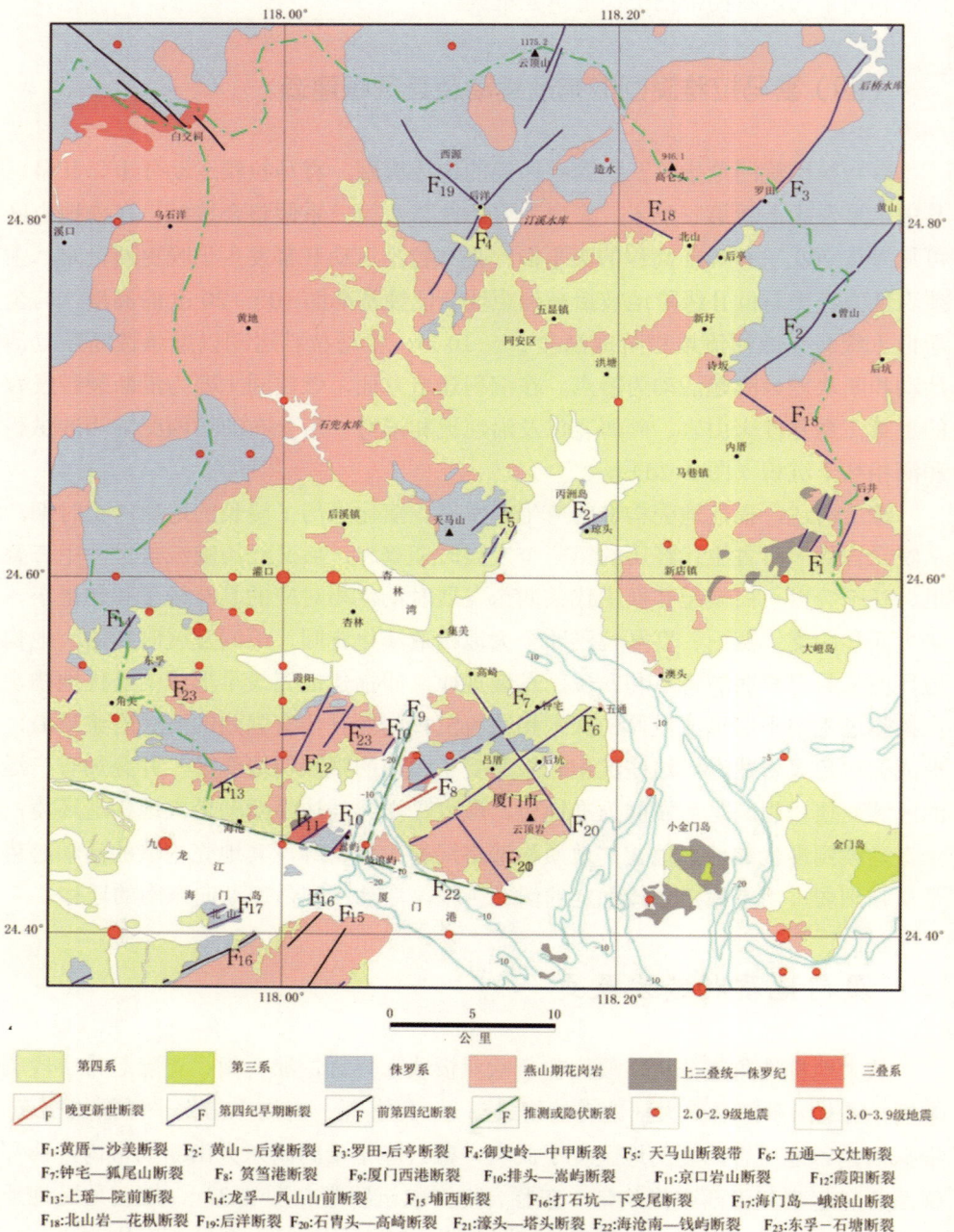

图 2-3 厦门地区地质构造纲要图

（一）侏罗纪时期

厦门地区（以下简称本区）出露的最老地层为下侏罗统梨山组细碎屑岩夹陆相火山岩，是滨海—浅海相火山碎屑沉积岩。因此，本区地壳演化发展史是从侏罗纪开始的，同时，它又是福建地壳演化发展的一部分，而侏罗纪以前则是服从于福建地壳演化发展史。值得一提的是，近几年来在福建省东南沿海所获得的同位素地质年龄中有大于 400 Ma 年的数据，加上本区梨山组岩石中含有较多物理性质和化学性质都不稳定、不可能作长距离搬运的长石碎屑，而石英碎屑的磨圆度也较差，推测本区前侏罗纪时期存在较古老基底和侵入岩，只是受印支造山运动使其被剥蚀殆尽而已。

本区侏罗纪时期，可分为两个不同发展阶段。早侏罗纪，福建处于较为活跃的断陷构造环境。中、晚侏罗世，受太平洋板块与欧亚大陆板块碰撞影响，地壳受北西—南东古构造应力场强烈推挤，伴随着变形变质和岩浆活动，韧性剪切带、变质相带和岩浆岩带呈北东方向带状分布。

（二）白垩纪—早第三纪时期

白垩纪—早第三纪时期，本区区域构造应力场发生了巨大变化，挤压方向为北东—南西向，致使前白垩纪区域性北东向压（剪）性断层和北西向张性断层，分别转化为张（剪）性和压（剪）性，在进入晚第三纪—第四纪时，已形成北东、北西向两组主要断层相互切割的菱形断块构造格局。这一构造发展时期的另一特色是岩浆侵入活动较强烈，同时，混合岩化进一步加强，表现为近海域一侧的小金门岛混合岩十分发育。

（三）晚第三纪—第四纪时期

这一时期，由于菲律宾板块向西北方向朝欧亚大陆板块俯冲，亚洲大陆边缘岛孤—海沟系开始形成。此时区域构造应力场挤压方向复转为北西—南东向，早期形成的北东向和北西向断层不同程度地复活，地壳上升并造成断块差异活动，形成了一系列大小不等的断块隆升块体和拗陷区；同时，在金门—龙海牛头山发育有基性火山岩带。

综上所述，福建自晚元古代以来，经历前泥盆纪优地槽发展阶段；泥盆纪至三叠纪时期，整体抬升进入准地台发展阶段，这一时期处于长期隆起剥蚀环境之下；晚三叠世开始至晚侏罗世，受太平洋板块向欧亚板块的俯冲作用，构造运动进入了濒太平洋大陆边缘活动带的发展阶段，这一时期形成了滨海断裂和长乐—诏安压剪性断裂以及北西向张剪性等区域性断裂构造，造就了本区的大地构造基本格局。由于区域性断裂构造的发育和地壳运动的影响，该隆起区解体破碎并沿断裂带伴有大规模的中酸性火山岩喷发，构成了闽东火山喷发带，同时，由于断裂构造的差异性运动，形成了断隆和拗陷区，区内堆积了巨厚的火山—沉积岩。新生代时期，由于受菲律宾板块对欧亚板块的持续俯冲作用，区域地壳运动和断裂构造活动表现为具有继承性的特点。

第二节　现代地震地质构造环境

一、区域地壳稳定性

从区域大地构造环境、地壳活动性、第四纪地质和地形地貌特征分析福建省及其临区台湾海峡，其区域大地构造可分为四个大区，即武夷—戴云隆褶区和台湾海峡沉降区，其中武夷—戴云隆褶区进一步又可分为三个小区，即闽西北隆起区、闽西南拗陷区和闽东火山断拗区（图2-4）。

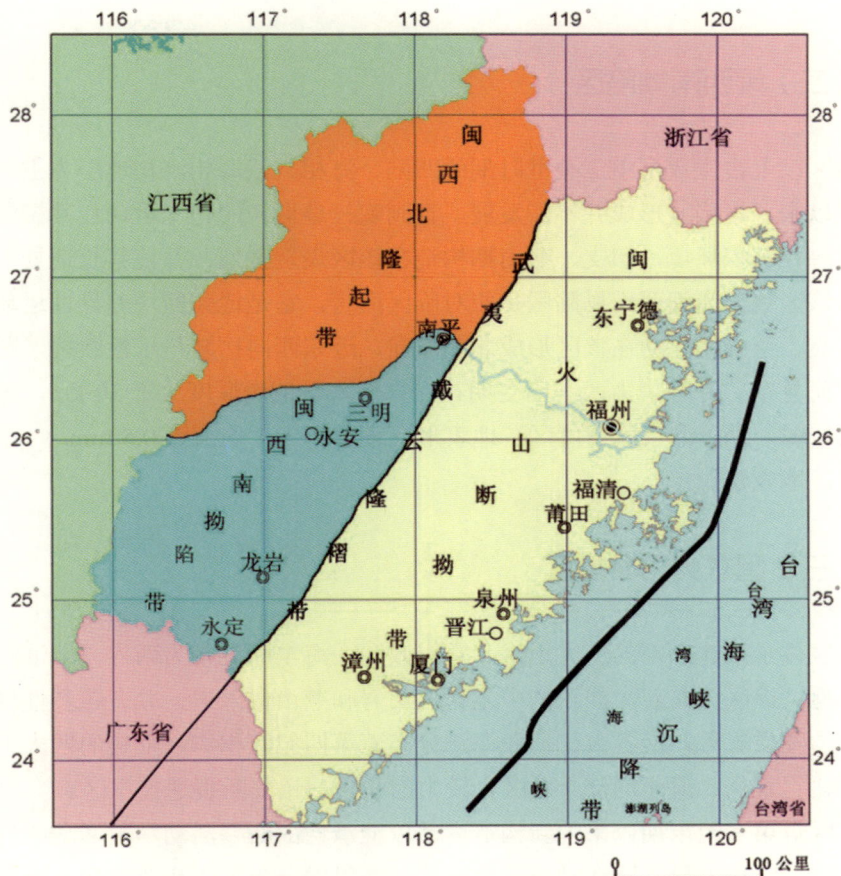

图 2-4 福建省大地构造单元划分图（据福建省地质志，1985）

（一）闽西北隆起区

该区位于福建西北部，地质历史时期在加里东以后长期隆起，前泥盆系广泛发育，除局部外基本缺乏古生界地层。发育各期侵入岩，但以燕山期侵入岩为主。断裂构造以北东向压性与压扭性断裂以及北北东向压性兼压扭性断裂发育，并切割地壳成菱形块体，该区地壳厚度 28 ～ 30 km，地震活动微弱，地震烈度 V ～ VI度，地壳形变速率多年平均值为 0.5 mm/a，地热少，属地壳稳定上升地区。

（二）闽西南拗陷区

该区以上古生代至中三叠世时期的凹陷、海相、浅海相沉积地层为主。自晚泥盆世以来，拗陷区形成并不断发展，直到晚三叠世初的印支运动使其褶皱抬升而结束海相沉积环境，印支、燕山期构造在该区表现强烈，并使其长期处于隆起状态，该区划分为闽西南拗陷区是相对临区而言，它是地壳断块差异性运动的结果。印支、燕山期运动在该区形成北北东向，近东西向褶皱与压性断裂，断裂构造剧烈而复杂，并有华力西—印支期花岗岩侵入。地壳厚度大于 30 km，该区地震活动较弱，地震烈度属Ⅵ度区，地表形变速率多年平均值为 0.5 mm/a，温泉分布较多，地壳较稳定。

（三）闽东火山断拗区

该区位于福建东部的广大地区，它以政和—海丰断裂带为西界，以滨海断裂带为东界。该区分布着大面积的中生代火山岩和燕山侵入岩，并有超基性侵入岩以及动力变质岩等，沿各大江河和海湾分布着第四纪沉积物，福建的四大平原福州、兴化、泉州、漳州均位于此区，较大的长乐—诏安断裂通过本区。

该区自第三纪末期以来的新构造运动以继承性的断裂活动和被活动断裂所分割的断裂—断块差异升降活动为主要方式，并以上升为主。北北东和北东向断裂为主，北西向断裂为辅。活动性较强的断裂为北东和北西向断裂，它们相互切割形成带状分块的构造格局。断裂—断块活动在空间上有明显的差异性，这种差异活动明显地控制了构造带地貌、第四纪沉积物及海岸带，并形成一系列的断陷盆地。长乐—诏安断裂是中国东南沿海地震区中地震活动性最强的一条地震带，具有强度大、频度较高的特点，历史上曾发生过多次强震，最大震级达 8 级。近期漳州、华安弱震频繁，在空间分布上从海域向内地减弱，从北向南增强，地震烈度Ⅵ～Ⅸ度，地壳厚度 32～38 km，震源深度 15～30 km。本区地壳以上升为主，具有各种不同高度的阶面和剥蚀台面（如红土台地），各种海蚀痕迹、海积和海蚀地貌等分布在高潮线以上不同的高度上。地壳上升速率 0.5～3.3 mm/a，温泉出露多，温度较高，地表热流值 2.0～3.6 HFU，水热活动强烈，北东向重力梯级带明显，航磁变化较大（−200～700 NT），主要表现为北西、东西向的负异常带。工程地质条件复杂，岩石的风化带较深，软土地基和沙土液化等均是本区的主要工程地质问题。综上所述本区为不稳定区，但根据不同地区的特点尚可分为：闽东北沿海次稳定沉降区，闽中沿海相对稳定上升区，闽南沿海不稳定持续上升区。

（四）台湾海峡沉降区

该区位于滨海断裂以东，台湾中央山脉西缘山麓断裂以西的台湾海峡和台湾西部平原地区。自新生代初以来，由于陆缘扩张，在晚古新世—中新世，表现出多期次基性火山岩活动，台湾海峡沉降区逐渐发育和发展成具有陆缘张性裂谷性特征，沉降区正断层发育，地层平缓或倾斜，主要由海相白垩系和第三纪以来沉积厚度 3～5 km 的陆源碎屑沉积物组成。受菲律宾板块俯冲作用，晚第三纪中新世以来台湾岛挤压隆起，台湾海峡以区域断块差异升降运动为主，区内缓慢沉积晚更新世、全新世地层并在澎湖列岛附近发育第四纪玄武岩。

二、北东向主要断裂构造及其特征

按照构造应力场的特征，现今断裂构造的格局和性质是发生在第三纪古—始新统末喜马拉雅运动第一幕之后形成的，构造应力场是由之前的北东—南西向转为北西—南东向挤压，以断层的重新活动和断块的差异活动为形变特征，构造线则以北北东—北东向为主导，伴随着北西向及近东西向组合而成的断裂构造格局。受喜玛拉雅期构造应力场作用及菲律宾海板块向亚欧大陆俯冲碰撞的影响，本区第四纪时期的构造活动主要以断裂、断块差异升降运动为主，形成现代断陷盆地、海湾盆地及断谷平原，沉积了 20～25 m 厚的晚第四纪地层，同时，在龙海—漳浦一带，早第四纪期间有基性—超基性玄武岩的喷发活动。据断层活动年代鉴定、形变测量和现代地震活动分析，本区存在晚更新世以来仍有活动的断裂，属活动断裂构造。

厦门位于闽东火山断拗区内的闽东沿海断块差异活动区内，其断裂构造经历了多旋回的发育发展阶段。区域地震构造如图 2-5 所示。

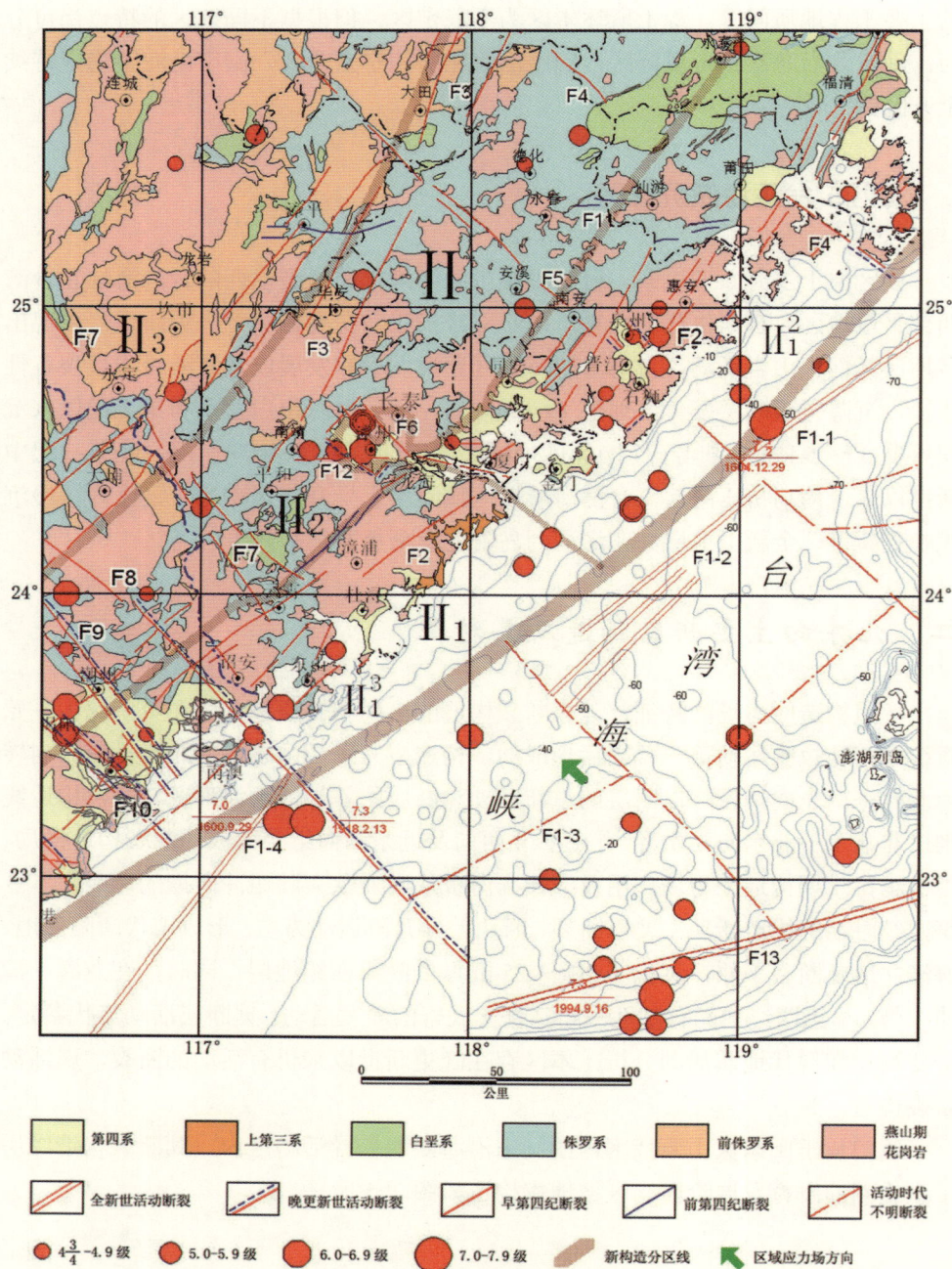

图 2-5　区域地震构造图

I—台湾海峡沉降区；II—武夷—戴云隆升区；II₁—闽东沿海断块差异活动区；II₂—

闽中断块掀斜隆升区；Ⅱ3—闽西断陷上升区；Ⅱ21—中段差异上升区；Ⅱ31—南段上升区；Ⅱ23—闽西南差异上升区

F1—滨海断裂带；F2—长乐—诏安断裂带；F3—政和—海丰断裂带；F4—沙县—南日岛断裂带；F5—永安—晋江断裂带；F6—九龙江断裂带；F7—上杭—云霄断裂带；F8—黄岗河断裂带；F9—梅县—潮安断裂带；F10—兴宁—汕头断裂带；F11—漳平—莆田断裂带；F12—南靖—厦门断裂带；F13—义竹断裂

现将本区和附近地区主要断裂构造及其特征分述如下：

（一）滨海断裂带（F₁）

滨海断裂北起平潭岛东侧，向南经乌丘屿、金门岛东侧、东山海外的兄弟屿，再向南西经汕尾—澳门海外，大致展布在水深 10～30 m 等深线附近，由于断裂发育在海域，故称为滨海断裂。滨海断裂发育的构造部位为弧后盆地边缘，它是台湾海峡沉降带和武夷—戴云隆起带的分界断裂。

滨海断裂错断了晚第四纪地层，是一条活动的深大断裂。其延伸长度大于650 km，走向为北东 30°～50°，倾向南东。依据地矿部广州海洋地质调查局、中科院南海海洋研究所资料和卫星遥感图解译结果，该断裂带是一组北北东—北东向倾角较陡的断层组，受北西向断裂阻隔，在本区域范围内分成三段，即由平潭海外断裂（F₁₋₁）、泉州—南澳海外断裂（F₁₋₂）和汕尾—澳门海外段（F₁₋₃）组成。活动程度具有分段性特点，北段相对较弱，中、南段明显增强。

海洋浅层地震勘探反映被该断层穿切的沉积层是晚更新世及以前的沉积层。断裂通过地段，东侧岛屿突然消失，岛屿东坡多为断崖陡壁，形成明显断层地貌特征，卫星影像上断裂线性构造清晰。在泉州、金门和东山岛海外段，普遍存在10～20 m 水下阶地。据地矿部第一海洋物探队（1990）在泉州湾—湄洲湾海外浅层人工地震反射剖面显示以及中科院南海海洋研究所、福建海洋研究所（1989）研究成果，该断裂为新生代强烈沉陷的台湾海峡盆地的西界，断裂两侧钻孔经资料分析与对比估算，自晚更新世以来滨海断裂东盘下降了约 20～30 m，表现为正断倾滑性质。同时，该断裂是东南沿海地区一条重要的强震发生带，公元1600 年以来发生过 2 次 7 级以上大地震，现代地震纪录显示该断裂带也是一条现今小震活动的相对密集带，属全新世活动断裂。

该断裂带西侧主要为晚三叠世至白垩纪火山岩、混合岩；断裂带东侧沉积了厚度达到 5000 m 的第三纪、第四纪地层。沿断裂带还有晚第三系玄武岩喷溢。

（二）长乐—诏安断裂带（F₂）

该断裂带属于滨海断裂带的一部分，是区域断裂构造的主体，呈北东—北北东向纵贯全区。该断裂带形成于中生代，在以后的各个地质时期中，均有不同程度的活动，并控制两侧地层、岩石类型、岩浆活动、地貌形态和第四系沉积地层的展布，也是本区的主要发震构造之一。

该断裂带具有规模大、深切地壳、多期活动等特点。断裂带北起闽江口以北，经长乐、福清、莆田、惠安、晋江、厦门、漳浦、东山、诏安等地至广东省南澳岛及其附近海域，全长 350 km 以上。该断裂带在陆地上，自东而西由平潭青峰—东山澳角、长乐—东山前梧和福清东张—诏安汀洋埔等三条断裂带组成。

1. 平潭青峰—东山澳角断裂带

该断裂呈北东向沿海岸线断续延伸，成为东侧滨海丘陵岛链带与西侧红土台地、海湾、平原的分界线。沿断裂带发育着晚第四纪的地堑地垒系构造。

龙海流会—漳浦皇帝城滨海地带，沿断裂带有晚第三纪—第四纪早期喷发的玄武岩。在龙海白塘村牛头山海边，可见到完好的火山口。流会海边潮间带海滩玄武岩礁石，据中科院地质所测试，年龄为 148 万年，属第四纪早期的喷溢物。该断裂带晚自更新世以来，有的地段活动性较明显，属晚更新世时期的活动断裂，如金井等地。

2. 长乐—东山前梧断裂带

该断裂大部分发育于红土台地内，部分展布于丘陵与红土台地或长条状断陷盆地的边缘。断裂带以挤压片理化为特征，片理化带较宽，断裂出现在挤压片理化岩石中，在卫星影片上，线性构造清晰、呈断续展布。该断裂多数地段自晚更新世以来已不活动，如厦门筼筜港断裂带。

3. 福清东张—诏安汀洋埔断裂带

该断裂展布于拟建工程场地的西侧，基本上沿西部的中低山丘陵与东部的丘陵、红土台地、平原的地貌转折部位延伸，构成长乐—诏安断裂带的西侧边界。该断裂带第四纪以来，除个别地段仍有微弱活动外，大部分地段主要表现为整体性上升。该断裂带及其北西向断裂交汇部位附近的莆田、泉州、安海、东山和南澳等地，历史上发生过多次 $M \geqslant 4\frac{3}{4}$ 级的地震。

（三）政和—海丰断裂带（F₃）

该断裂带中段，从本区西北部通过，呈北东向展布于政和、南平东、尤溪、大田、漳平、龙岩东一带，向北东延伸与浙江庆元—安仁断裂相接；往西南与广东莲花山断裂相连。在福建境内，全长约 390 km，宽 20 km 左右。总体走向为北东 30° ～ 35°，由一系列平行分布的倾向南东的陡倾角断裂组成。该断裂带为燕山期闽东断拗带与闽西北隆起带及闽西南拗陷带的分区界线。断裂带标志明显，大断裂成束出现，单条断裂延伸长度可达百余公里，多为高角度压性逆冲断层。其中挤压片理化、构造透镜体、糜棱岩化带、劈理化带等十分发育，断裂旁侧的岩层褶皱强烈。

该断裂带北段政和的长城等地，还有超基性岩体分布；政和—南平一带，在区域重力场上有明显的反映。上述资料，表明该断裂切割较深，已达到上地幔。

该断裂带在航卫照片上，线性构造清晰。在部分地区，断裂还控制白垩—老第三纪红色断陷盆地，表明该断裂带喜山期以来还有活动。

断裂带两侧地貌反差强烈，地壳垂直形变测量结果表明：断裂带以东为上升区，断裂带以西相对上升较弱。在华安—大田一带，温泉沿断裂带呈带状分布。

根据福建地震台网资料揭示：在华安一带小震较为频繁，1968 年 4 月 1 日在华安曾发生过 5.2 级地震。该断裂带的两头，即东北段的政和—浙江庆元一带和西南段的海丰一带，历史上曾多次发生过 $4^3/_4 \sim 5^1/_2$ 级的中强地震。

（四）义竹断裂（F₁₃）

义竹断裂为北东东向断裂，展布于台湾海峡南缘浅滩，位于彭湖、玉里之间。该断裂为主要发震构造，断裂两侧曾发生多次破坏性地震，现今地震活动频繁。1994 年 9 月 16 日发生的 7.3 级地震、1994 年多个 5 级以上地震、2005 年 4 月 4 日台湾海峡 5.0 级地震就发生在该断裂附近，该断裂属全新世活动断裂。

三、北西向主要断裂构造及其特征

区内规模较大的北北西—北西向断裂，近乎呈等间距斜贯全区。自北而南，依次为沙县—南日岛断裂（F₄）、永安—晋江下游断裂（F₅）、九龙江下游断裂（F₆）、上杭—云霄断裂（F₇）、黄岗河断裂（F₈）、梅县—潮安断裂（F₉）、兴宁—汕头断裂（F_{10}）。这些断裂的走向大致为北西 290°～330°，倾向南西或北东，倾角较陡，多具张扭性，局部为压扭。沿断裂带构造岩发育，并有小岩体或岩脉循断裂贯入，在与北东向断裂交汇的地段，常有基性—超基性岩体出露，表明该断裂带切割较深，可达下地壳或上地幔。

晚更新世以来，这些断裂与北东向断裂交汇形成断陷平原、海湾或盆地，其断裂活动性明显加强，如漳州断陷盆地，并具有自陆向海活动强度逐渐增强的趋势。在两组断裂带交汇的地段，往往又是中强地震发生的场所。

区内规模较大的断陷盆地、平原和海湾多受北西向断裂的控制。如莆仙平原和兴化湾、泉州断陷平原和泉州洛阳湾、漳州断陷盆地和龙海平原、东山—诏安湾断陷盆地和潮汕断陷盆地等。

九龙江下游北西向断裂带（F_6），在漳州盆地系由江东桥（北溪）断裂、珠坑断裂、康山—覆船山断裂、岱山岩—珩坑断裂、大帽山—刀石山断裂组成，往南东方向延伸与海沧南—钱屿断裂相连，总体走向呈北西 290°～330°，呈断续展布。据研究，在不同的地段具有不同程度的活动，其活动时代为：江东桥（北溪）断裂为早第四纪断裂（Q_{1-2}），珠坑断裂为早第四纪断裂（Q_{1-2}），康山—覆船山断裂为晚更新世活动断裂（Q_3），岱山岩—珩坑断裂的观音山—古湖段为早第四纪断裂（Q_{1-2}），古湖—洪塘段为晚更新世早期活动断裂（Q_3），大帽山—刀石山断裂为早第四纪断裂（Q_{1-2}），海沧南—钱屿断裂为早第四纪断裂（Q_{1-2}）。在与北东向断裂及近东西向断裂交汇部位的漳州盆地发生了 1185 年 $6\frac{1}{2}$ 级地震和 1445 年 $6\frac{1}{4}$ 级地震。

第三节　震中分布与地质构造关系

麦凯（A. Mekey）早在 1902 年就明确指出，断层运动是地震的成因，后来吕德（H.F.Reid）在这一概念基础上，创立了"弹性回跳"这一地震断层成因学说，成为地震学研究的重要理论。100 多年来的认识和实践过程充分证明了地震与断层的关系，且绝大多数的浅源地震均与活动的大断裂带有密切的成因联系，已为各国地震学家所广泛接受。当前，按成因划分的构造地震不仅是地震的一种类型，而且是最重要的一种类型，因为发生的数量最多、震级最大、破坏性最强的往往是构造地震。因此，重点研究地震与地质构造的关系显得十分必要。本章第四节将要论述断面凸破模型，也即地震与地质构造的关系问题。本节主要讨论地震震中与地质构造的关系，其实质是利用现代地震的准确参数（如震中位置、震源深度等）与震中周围断裂构造及其发育特征（如断层走向、倾向和倾角、规模、性质等）之间关系，确定震源所处的断裂构造带或断层面，将地震归并到该断裂带上，也即哪次地震是由哪条断裂活动引起的，以寻找发震断裂。显而易见，一个省或者一个地区的地质构造图上，标注了众多不同规模、不同性质和产状的断裂构造，如何知道哪些是发震断裂，哪些不是，这对人们进行地震发生规律的研究、选取地震监测技术方法和布设地震监测台站、确定工作重点都具有十分重要的指导意义。毋庸置疑，地震与断裂构造有着密切的关系。不仅如此，断层尤其是活断层的分布及其产状决定着地震发生的空间位置，活断层的规模、运动性质、断裂带历史上发生过的地震以及断层产状等属性决定着地震震级的大小。因此，对于断裂构造的分类及其相关特征，有必要先做一简要的叙述。

岩体受地应力作用产生破裂并沿着破裂面两侧岩体有明显相对移动的构造称断层。地壳内岩石所受的地应力按性质分为三种，即张应力、压应力和剪切应力。自然界，岩石常常是受到以上三种力的组合力，组成张应力兼剪切应力和压应力兼剪切应力，力的性质决定了不同性质的断层类型。因此，可以把断层分为张性、压性、张剪性和压剪性等几种类型。

（1）张性断层：其特征是断层面一般较粗糙；断层带较宽或急剧变化，断层带内常填充构造角砾岩等，活动性的张性断裂带常成为地下流体的通道；区域性的张性断裂（如正断层等）沿着断层裂缝常有岩脉、矿脉填充。

（2）压性断层：逆断层多属于压性断层，其特征是断层面的产状沿走向、倾向变化较大，呈波状起伏；断层带中破碎物质常有碾压现象，出现片理、拉长、透镜体等，并生成一些应变矿物（重结晶）如云母、滑石、绿泥石、绿帘石等，多定向排列；靠断层面一侧岩石常形成不对称的挤压破碎带。

（3）张剪性断层：这种断层具有张性和剪性断层的特点，断层面上常显示上盘斜向滑动的擦痕，断裂有时呈雁行状排列。从野外地质露头及其分析研究得知，断层一般形成在地下围压很大的条件下，在压性和剪性应力作用下，主要形成压剪性破裂并进而发展成断层，只有在张应力作用下才形成张性破裂。因此，尽管岩石的抗拉强度远小于抗剪强度，但在地下深处的条件下，岩石中更多形成的是剪切破裂，而不是张破裂。

（4）压剪性断层：其特征表现为上盘沿着断层面向斜上推动的断层——逆断层，带有压扭性质。断层面小范围内显示光滑平直，大范围内常呈舒缓波状，断层面上斜冲擦痕和小陡坎（阶步）发育。区域性的压剪性断层带，宽度可从几米至几百米甚至上千米不等，断层带中的岩石是断层形成过程中两侧岩石强烈挤压、破碎、变形的产物，一般为断层角砾岩和断层泥的混杂体，越靠近破碎带中心，岩石碎裂作用越明显，岩石颗粒也越细，破碎带常夹有一些未破碎的大型岩块，使断层带的结构趋于复杂化。区域性压剪性断层是应力易于积累和发生地震的场所，据统计中国90多个7级或7级以上的历史强震中有80％均位于区域性较大规模的断裂带上。

众所周知，地球内部的运动反映在地壳内，使地壳产生破裂，进而发育成断层，而断面凸破模型则揭示了地震与断层的关系，即先有断层的存在，断层的不断活动造成断面凸体的连续破裂并产生一连串大小地震。因此，对于构造地震而言，有地震必有断层，但有断层未必一定有地震，这取决于断层的活动性。断层活动诱发了地震，地震的发生又促成了断层的生成与发育，这种认识则有利于研究哪些断层是引起地震的断层，它们有一些什么样的共同特点等等，对于地震监测预报具有现实的指导意义。

引发地震的断层称发震断层，既然构造地震是由断层引发的，那么能否利用现代地震的各种参数寻找发震断裂呢？答案是肯定的。人们可通过如下思路寻找发震断裂。1971—2013 年闽西南地区 $M_L \geqslant 4.0$ 地震及其基本数据（主要包括地震发生的时间、震中经纬度、震源深度、震级以及震源机制解等）如表 2-2 所示。

表 2-2　1971—2013 年闽西南地区 $M_L \geqslant 4.0$ 地震及其基本数据

序号	年	月	日	时	分	秒	北纬	东经	震级	深度	位置
1	1971	08	21	09	44	00	23.30	117.30	4.3		广东南澳海域
2	1972	02	20	20	09	00	23.60	117.60	4.0		广东南澳海域
3	1972	09	09	14	34	00	24.10	118.70	4.3		厦门海外
4	1974	07	15	06	09	00	23.40	117.40	4.0		广东南澳海域
5	1977	06	27	21	29	00	23.40	117.90	4.4		广东南澳海域
6	1977	09	15	10	33	00	23.20	117.30	4.8		广东南澳海域
7	1978	11	23	05	49	00	23.90	118.40	4.0		厦门海外
8	1980	05	08	10	37	00	23.45	117.50	4.3		广东南澳海域
9	1981	01	25	03	17	00	23.60	117.70	4.1		广东南澳海域
10	1981	08	27	01	59	00	24.00	118.50	4.3		厦门海外
11	1981	10	28	00	20	00	23.30	117.30	4.0		广东南澳海域
12	1983	03	27	18	26	00	23.30	117.40	4.0		广东南澳海域
13	1988	10	31	06	12	00	25.65	119.48	4.0		福清东南
14	1992	02	18	19	16	00	25.02	119.67	5.3	13	福建南日岛
15	1992	03	03	06	02	00	24.08	118.17	4.8	22	福建漳浦海域

续表

序号	年	月	日	时	分	秒	北纬	东经	震级	深度	位置
16	1992	06	02	00	19	00	24.35	117.85	4.1	12	福建漳州龙海
17	1992	06	02	00	21	00	24.35	117.85	4.1	10	福建漳州龙海
18	1995	02	25	11	15	08	24.37	118.70	5.8	10	晋江海域
19	1997	12	11	03	18	33	23.37	117.32	4.1	21	广东南澳海域
20	1999	04	06	02	02	09	23.48	116.93	4.3	10	饶平
21	1999	08	05	20	07	07	24.82	119.30	4.8	23	惠安东南
22	2000	02	12	19	03	25	23.28	117.25	4.4	18	南澳东南
23	2000	05	27	02	30	50	23.85	118.03	4.6	23	漳浦东南
24	2001	08	06	15	09	27	23.97	118.70	4.2	21	厦门海外
25	2004	01	16	11	29	25	23.57	116.80	4.2	17	广东澄海
26	2004	05	30	16	24	27	24.08	118.85	4.5	25	厦门海域
27	2008	07	05	09	36	25	24.60	117.83	4.7	28	福建长泰
28	2008	07	18	07	10	04	23.28	117.23	4.1	20	广东南澳海域
29	2009	03	23	10	08	35	25.42	119.90	4.3	14	福建平潭海域

　　第一步，把已监测到的、满足精确的地震经纬度和震源深度的地震，绘制地震震中位置分布图，如图 2-6 所示。

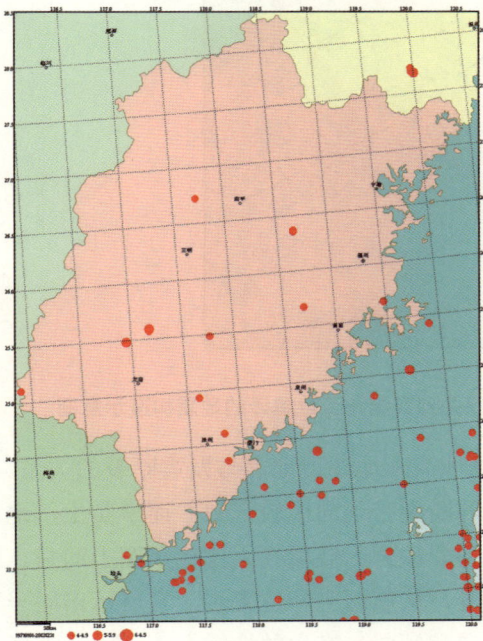

图 2-6　1971—2013 年闽西南地区
$M_L \geq 4.0$ 地震分布图

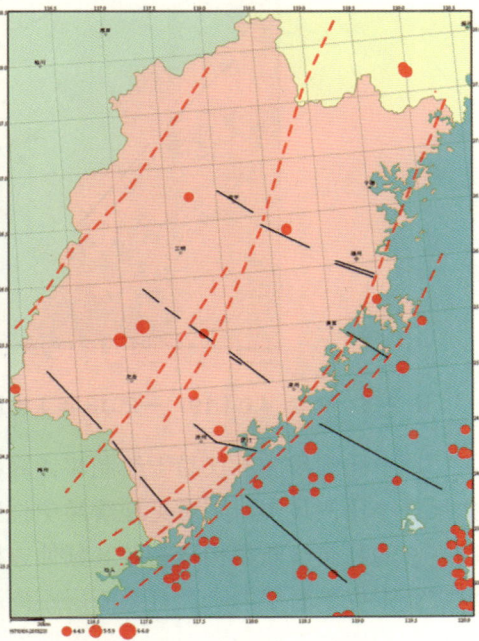

图 2-7　实测和卫片解译地震构造
$M_L \geq 4.0$（1971—2013 年）震中分布图

第二步，在具有可靠的地质构造图和精确的地震监测数据基础上，将地震震中位置分布图叠加在地质构造图上，如图 2-7 所示。

第三步，寻找发震断裂，即利用某一次地震震中位置及其震源深度，关联周围发育的断层及其产状，计算该地震震源落在哪一条断裂带上，至此可认为，该断裂是引起本次地震的发震断裂。以此类推，可将所有的地震归并到发震断裂上，这时可能会发现，地质图上发育的众多断裂中，没有几条是发震断裂，也即寻找到发震断裂，如图 2-8 所示。

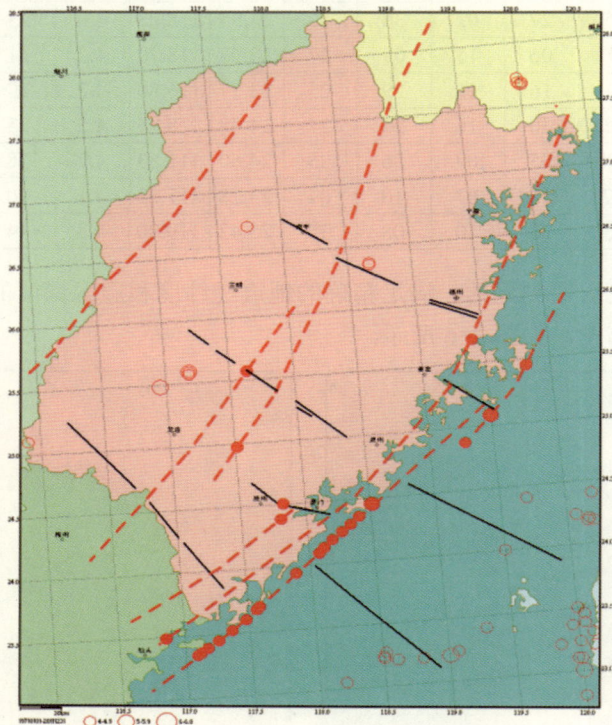

图 2-8　$M_L \geq 4.0$（1971—2013 年）地震归并到实测和卫片解译的地震构造示意图

适中比例尺图不仅易于绘制和计算，更能清晰地展现地震与发震断裂的关系。如果是小比例尺图，则可见地震震中位置与断裂带走向比较一致。而事实上，地震震中的分布与断裂构造带及其延伸方向并非重合。展现在大比例尺图上的是，地震震中位于断层的上盘且距断层距离不等，从震源空间位置看，它展示出同一条断裂构造在不同的断面处（沿着断层走向和倾向）产生的地震，而震中是震源在地面上的投影。因此，由于震源深度不同，震中位置就不同；沿着断层走向方向上发生的地震，震中位置也不同。但它们有一个共同的特点是，震中均位于断层的倾向方向上（即断层的上盘）。

山区里发生的地震，其震中位置往往不在附近的城镇内，但常常给城镇造成严重损失，这是由于断层带上岩石相对破碎，易被风化侵蚀。沿断层带延伸方向常常发育为沟谷、河谷，有时会出现泉水或湖泊，为早先人们的生产生活提供了有利条件，随后便逐渐形成城镇或人口众多的大城市。当地震发生时，穿城而过的发震断裂重新活动，随即使其上的建构筑物破坏，造成人民生命财产损失，而绘制出的震中位置却位于远离城镇的断层倾向方向上。因此，研究并圈定发震断裂对于最大限度地减轻地震灾害损失，具有极其重要的现实意义。

第四节　构造地震机理探讨

一、地震理论及讨论

事实上，由于对地震发生的机理没有一个清晰的图像，地震科学预测依然是世界性的难题，各国科学家也都在不停地努力去探索和建立地震模型并提出相关的地震理论。

就构造地震而言，地震发生的理论模型还不完善，大多停留在宏观分析和概念描述阶段，例如发生在环太平洋地震带上的地震，通常被认为是由于太平洋板块不断俯冲到大陆板块之下引起的；对于大陆上发生的地震，总是被认为由断裂构造的运动引起的，地震位于发震断裂之上，是一次正常能量的释放等。

虽然通过地震专业资料分析，可给出震源的空间位置、发震断层的性质以及破裂过程、余震分布等一系列数据，但是缺乏地震发生机理的物理模型与之一一对应。有关分析认为，构造的规模、性质、地应力的大小及其导致的应变能的积累，岩体（岩石）的力学性质等众多参数以及地震监测水平、震源机制解都直接决定着地震模型的建立，而恰恰是由于这类因素的科学数据位于地下深处的震源附近很难获取，所以，地震物理模型难以建立。

作者认为板块构造理论从地壳的结构及其相互运动给予地震在空间上的发生规律之解释，与实测结果吻合，具有广泛的共识。按照板块俯冲的构造环境，进一步解释了不同震源深度地震的发生规律。

　　根据 1906 年美国旧金山大地震时发现圣安德列斯断层产生水平移动，美国科学家提出了"弹性回跳"地震模式：①岩层受应力作用发生弹性变形；②应力超过岩石弹性强度，发生断裂；③接着断层两盘岩石整体弹跳回去恢复到原来的状态；④弹跳恢复以惊人的速度和力量把长期积蓄的能量于霎那间释放出来，造成地震。弹性回跳理论描述了完整岩体受力变形直至破裂产生地震的过程。

　　除此之外，有关地震成因的假说、学说或理论还有很多，如地震核变成因论、震电论等，然而上述地震成因的理论或者假说对于地震研究及其预测，似乎还处于大尺度的描绘上，没有真正抓到地震发生的物理机理问题，有必要开展创新性的工作或提出大胆的设想，用以打开地震成因的大门。

二、地震"断面凸破"物理模型

　　在分析研究断裂构造在地表的展布形态和在剖面上断面的产状、断层带内充填物以及震源机制解、地震地面断层破裂过程、地下核爆炸地表破坏效应等基础上，作者提出了地震"断面凸破"模型，即地震物理模型，以期解释地震的发生机理。

　　"断面凸破"的"断面"指的是断层面；"凸"指的是由于断层面的不平整而随之造成断面上岩石的相对凸体，称"断面凸体"；"破"指的是断面凸体受到断层两侧应力集中碾压（压剪作用），产生破裂。而断面凸体的破裂随即产生地震，换句话说，断面凸破是指断层面上存在的岩石凸体，受断层应力作用产生破裂，引起地震，这就是"断面凸破"模型对地震发生机理的描述。

　　断面凸体与其断层的形成同步产生，断层形成后，断面凸体便存在于断层的各个部位，位于两个断层面上的凸体和凹区，首尾相连，无论按断层倾向还是断层走向，凸体贯穿于断层始末，如图 2-9 所示。

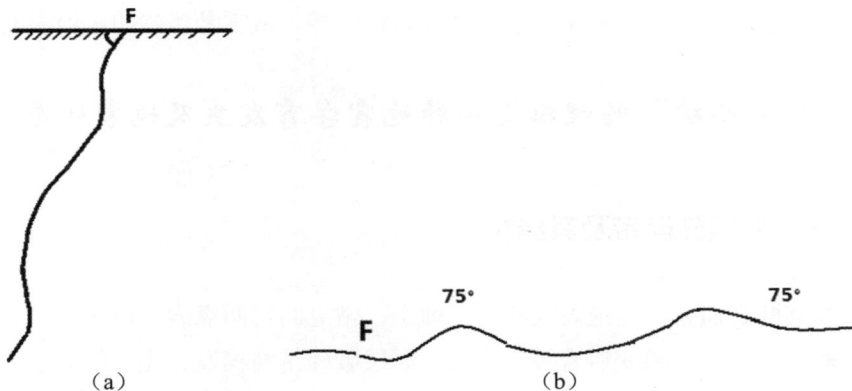

图 2-9　断层及其断面凸体示意图

（a）剖面图；（b）平面图

　　断面凸体为什么会在断层两盘相对挤压剪切应力作用下产生破裂？首先，这是由于断面凸体阻碍了断层的相对运动，其前端成为应力集中点；其次，断面凸体存在于断层面上，相对断层两盘巨大岩体而言，体积较小，因此，基于以上两个因素，断面凸体的破裂是必然的。图 2-10 示意了断面凸破的全过程。断面凸体相对较小，"断面凸破"产生的地震就小；断面凸体越大，"断面凸破"产生的地震就越大。

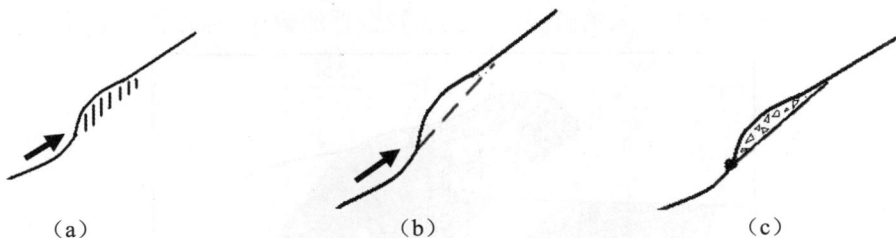

图 2-10　"断面凸破"模型示意图

图例：● 地震震源（断面凸体破裂点）　➤ 地应力及方向　🖝 断面凸体
　　　╱ 断层面　━ 地震破裂面　◢ 地震透镜体

　　按照"断面凸破"模型，不仅可以合理解释发生大小断裂带上的众多小地震，而且可以合理解释发生在大断裂带上的大地震，以及地震的孕育和发生过程中所表现出来的众多效应或现象，对板块俯冲带上的地震发生机理同样能够用断面凸破模型做出合理解释，也即板块内部的地震和板块俯冲带上的地震，其地震发生机理是一样的！

断面凸破模型与其他科学技术的基础理论一样，常常是奥妙的，但不复杂。

三、"断面凸破"物理模型诠释地震孕育发生及地震地质效应

（一）断层破碎带及其结构

对发震断裂而言，在地表或断层剖面上，常见断层两盘岩石以脆性岩性（砂岩、碳酸盐、火成岩和变质岩等）为主。断层破碎带结构发育完整的断层带内，充填断层磨砾岩、断层泥、断层角砾岩等，压剪性断层破碎带内的断层角砾岩大体上与断层走向一致，常常为透镜体状，其原岩仍为断层两盘的岩性。结合断面凸破模型分析认为，断层破碎带内的物质应为地质历史时期多次地震发生后，断面凸体破裂进入断层带内，并在随后的断层挤压、错动过程中不断被压碎、研磨形成大小不一的断层角砾岩和断层泥，进一步在地表或接近地表处，受到风化作用后为人们所见。

这种由断面凸破产生的透镜体状岩体，不断充填在断层带内，构成断层破碎带的主要物质来源。同时，断层两盘岩体却不断被侵蚀，这个地震地质作用过程，可赋予它"地震断层侵蚀作用"的名称和概念。从该点出发，也为常见区域性大断裂宽达几百米甚至上千米的破碎带找到比较合理的解释，如图2-11所示。

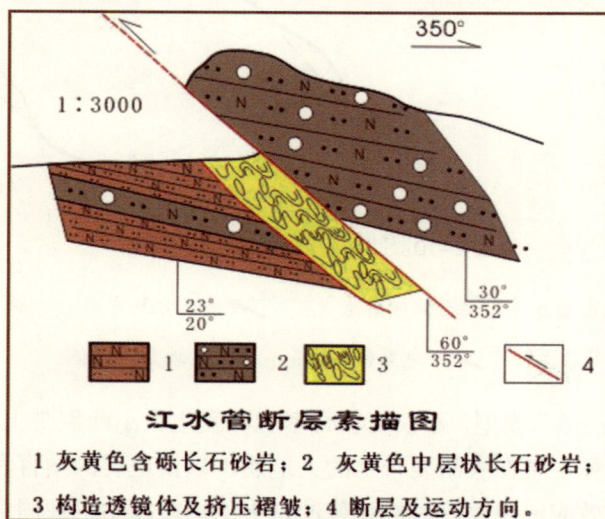

江水管断层素描图

1 灰黄色含砾长石砂岩；2 灰黄色中层状长石砂岩；

3 构造透镜体及挤压褶皱；4 断层及运动方向。

（a）江水管断层素描图

（引自《地球科学概论》野外实习指导书：口镇—花园口地质观测路线）

（b）埃莫森断裂崖的新鲜断面显示 1992 年兰德斯地震后的滑移（称之为擦痕）

图 2-11　震后断层、透镜体及断层擦痕

（二）地震呈串珠状分布于发震断裂带上

　　人们在地震图上常常看到，用不同大小的红点表示已发生地震的震中位置。在地震带上，那些红点密密麻麻，好似一个叠加在另一个上，给人们传递的信息是，同一个地方，同一条断裂带经常重复发生地震。

　　人们一方面会感到地震的发生主要是沿着断裂带发育的，是有规律可循的；另一方面，从地震预测的角度研究同一条发震断裂，又觉得束手无策。如果按断面凸破模型对此现象进行解释就显得较为轻松。

　　板块内部的断面凸体显示出，断层面由首尾相连的凸凹体构成一个不规则的面，断面凸破模型阐述了凸体受力而破裂并产生地震的地震发生机理和过程，凸体的破裂面构成断层面的一部分，并使断层面截弯取直。

　　分析认为，取直的一段断层面（也即发生过地震的该段断层）以及存在一定厚度断层破碎带的断层，再次发生地震的可能性较小，但不排除不同深度上发生地震的可能性。因此，一个凸体的破裂并产生地震后，沿着断层面下一个凸体再次破裂再次产生另一个地震，使得地震沿着断层走向呈串珠状分布，每一个地震均可按其震中位置、震源深度以及发震断裂产状，将其归并到发震断裂上，并分析各自的震源深度，震源理应不会重合。而发生在俯冲带上地震的震源是完全有可能重合的（后面有专门论述）。

（三）发震断层活动遗迹

大地震发生以后，地表常见地震断层活动遗迹，众多地震研究结果给予了"地震断层地表破裂"称谓。然而，现场调查表明，"地震断层地表破裂"不仅发生在发震断裂上，震源附近的其他断裂（非发震断裂）同样在震后留下活动痕迹，如果也称其为"地震断层地表破裂"，则可能与发震断裂混淆。

依据断面凸破模型，则可清晰地解释地震断层破裂与发震断裂以及其他断裂地表活动的关系，即可先定义"地震断层"，它是指断面凸体受应力作用而破裂并释放巨大的能量产生地震，该破裂是与地震同时形成的新的破裂，紧接着沿着破裂面两侧的岩体相互挤压错动，便形成典型的断层，称"地震断层"。显然，地震断层形成于地下震源附近，也可能延伸到地表，从断面凸体的破裂到形成地震断层，伴随着地震的发生，其明显的特征是断层是新产生的，即使存在断层充填物和断层擦痕，也是未经风化的，呈现新的遗迹。其次再定义"发震断裂"，它是指早已存在于岩体之中，并具备断面凸破而产生地震的断裂构造。震后地表暴露出来的发震断层和其它断层的活动，是由地震断层破裂的影响或地震波传播过程中遇到断层不连续面，造成断层两盘相对运动而在地表留下活动痕迹（或虽有活动，但未在地表显露），这种受地震断层破裂影响，且在地表留下活动痕迹的发震断裂地震效应，可称其为断层活动（如果沿用"地震断层地表破裂"一词，从本质上讲不科学，也不准确。因为无论材料学还是物理学对"破裂"的理解，一般是指新产生的），应划归为地震效应的一种类型。

地震造成的地表断层活动与地下核爆炸引起的地表断层活动类似，它是地下核爆炸产生的冲击波或地震波对爆心周围已发育的断裂构造的作用结果，在地表则表现为断层的重新活动，它是地下核爆炸地表破坏效应的一种形式。

地震后地表断层重新活动明显的特征表现在：（1）原有断层的重新活动；（2）发震断裂和其他非发震断裂均存在重新活动的条件和可能；（3）发震断层的活动常常沿一个断层面裂开或上下错动，并暴露出断层在地表的发育方向、破碎带以及近地表的断层产状等。另外，以上分析给出的断层活动的形成过程表明，断层活动在地表留下的长度、两盘相对活动的距离等实测数据，与地震的孕育和发生不太可能建立起互算的关系。

（四）地震断层破裂的空间分布

前已述及，断层两盘的相对挤压和剪切，使断面凸体直接受力一侧超过其强度时，便开始破裂（一般情况是，发震断层的主动盘，顶破被动盘上的端面凸体），破裂初期优先出现并呈羽状展布的微裂隙，此时，岩体会产生"低频前驱波"，微裂隙迅速发展联合，形成显著地破裂面，并释放岩体中的应变能，产生地震。一旦破裂开始，将会沿着凸体的一个边向另一个边扩展破裂，扩展破裂过程是为受应变岩体的恢复而腾出空间的过程，也是受应变岩体不断释放能量的过程，就是地震的发生全过程，这个过程构成一次地震的完整序列。

按照此分析，地震断层被限定在凸体破裂的范围内，空间分布取决于凸体的形状和开始的破裂点位于凸体的所在部位。如最先破裂点位于凸体的下方（断层倾向方向），则破裂应当是从下方开始并向上不对称扩展开来，止于凸体的另一侧，这种形式的地震断层破裂主要由逆掩压剪性断裂产生（图 2-12a）；如最先破裂点位于凸体的侧下方，则破裂应当是从凸体一侧开始，沿断层大致走向不对称扩展出去，同样，破裂将止于凸体的另一侧，这种形式的地震断层破裂主要由压剪性断裂产生（图 2-12b）；如最先破裂点位于凸体的侧上方，则破裂应当是从凸体上方一侧开始，沿断层大致倾向不对称扩展下去，同样，破裂将止于凸体下方一侧，这种形式的地震断层破裂主要由正断层产生（图 2-12c）。

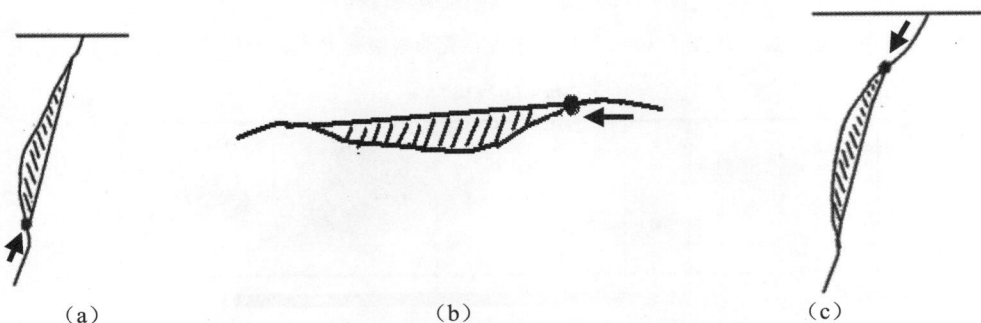

（a）　　　　　　　　（b）　　　　　　　　（c）

图 2-12　地震断层破裂类型示意图

（a）逆掩压剪性断裂产生的凸体破裂方式

（b）左（右）旋压剪性断裂产生的凸体破裂方式

（c）正断层产生的凸体破裂方式

图例：● 地震震源（断面凸体破裂点）　➚ 地应力及方向　〰 断面凸
　　　⌇ 断层面　／ 地震破裂面

2008 年 "5.12" 汶川地震震源及破裂过程反演图支持了上述分析的合理性。整个断层破裂过程经历 80 s，图 2-13 中星号位置为破裂起始点，时间单位为秒，破裂长度 216 km，颜色越深，应力强度越大，对应透镜体越厚。

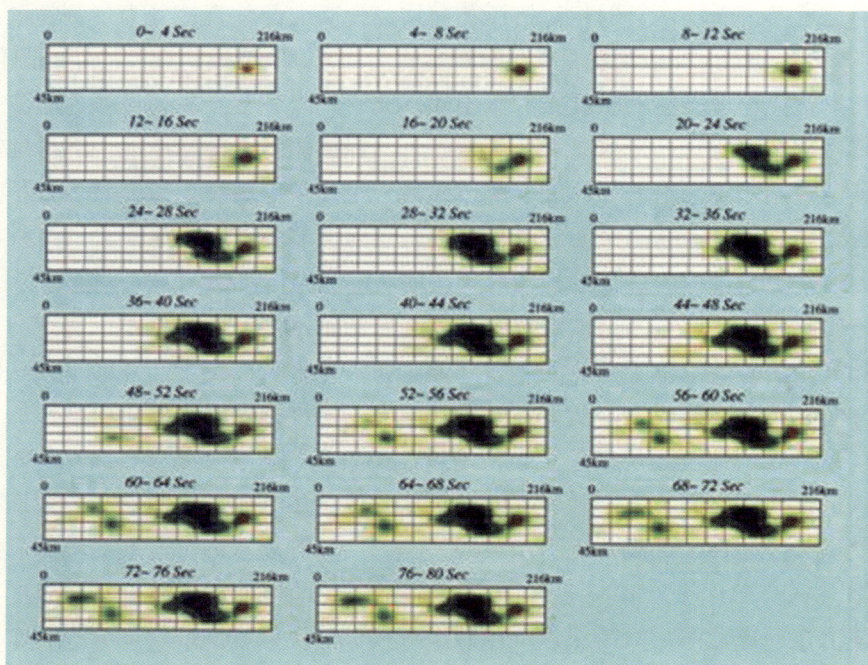

（a）汶川地震断层破裂过程

（整个断层破裂过程经历 80 秒，图中星号位置为破裂起始点，时间单位为秒）

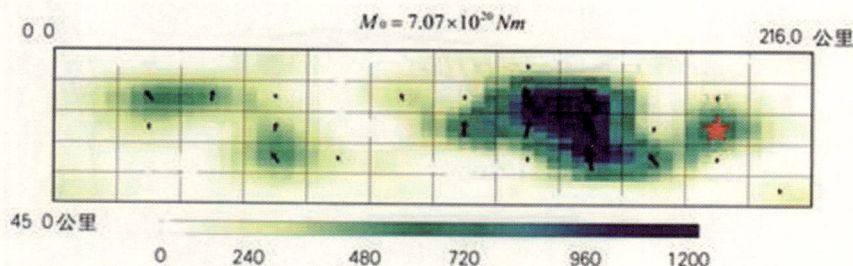

$$M_0 = 7.07 \times 10^{20} Nm$$

（b）汶川地震断层破裂图

[图中可见断层方位（北向东 229°），断层倾角（32°），破裂长度（216 km），宽度（45 km）和应力强度（颜色越深，强度越大）。M_0 为地震矩，表征地震能量的大小（非直接对应），由此可换算成矩震级 M_w）]

图 2-13 汶川地震断层破裂过程（资料来源：Newton 科学世界）

（五）地震引起的地表断层活动常常沿断层走向向一侧扩展

依据断面凸破模型分析，地表断层活动是地震地表效应的一种形式，是受位于地下的地震断层破裂影响而使发震断裂或和其他断裂活动在地表显现出来。显然，由于地震断层的破裂方式是从一个点（震源）开始的，并沿着断层走向迅速向一侧不断破裂扩展，必然影响地震断裂沿此方向不断活动，从地震监测数据的反演可给出地震断层破裂的全过程，而发震断裂受其影响，在地震断层连续破裂的对应上方活动（或错动或张裂），随后在地表则留下活动遗迹，这样就比较合理地解释了地表断层活动的原因及其各种地震效应之间的关系。图 2-13 展示了汶川地震断层破裂的过程和方向，与之对应的发震断层的地表活动过程及其方向完全一致，发震断层在地表的活动长度与地下震源深度、地震断层破裂的大小、震级等有关。事实上，现场实际调查与地震断层破裂反演结果十分吻合。

断面凸体位于发震断裂的其中一个盘上，断面凸破产生地震，而正是由于发震断裂不连续面的存在，必将造成位于发震断裂两盘上的地震监测台站所获得的地震波能量的不同。因此，以汶川地震为例，可进一步研究：（1）汶川地震的地震断层破裂是位于发震断裂（龙门山断裂）的上盘还是下盘？依据震源机制解结果，在已知发震断裂性质（左旋压扭或右旋压扭）和地震断层破裂的方向（以震源为始点，分析破裂方向）的基础上，可进一步研究凸体位于哪个盘上。依据龙门山断裂右旋压剪性质，进一步分析认为，汶川地震发生在龙门山断裂下盘的凸体上。（2）对龙门山断裂带两盘上的地震台站，开展各自的独立分析，其震级的分析结果应当不同，哪个震级更大，也可进一步研究。

（六）前驱波

1972 年，日本学者发现并命名了"前驱波"。陈德福（2006）分析了全国潮汐形变观测的 14 个震例资料，36 个前驱波图像的特点、形态和量级，给出了潮汐形变前驱波的时空特征，总结性地指出形变前驱波具有前兆性、重现性和可靠性。莫纳斯特尔斯基（R.Monastersky）的研究成果显示，已有 107 次浅源大地震前发生过低频振荡，称为慢地震，有 20 次大地震是先从缓慢振荡的起始段开始，随后突然转变为高频地震。

张淑亮（2009）对中国汶川"5.12"8.0 级大地震震前山西地区的前兆观测

数据曲线变化进行了分析研究，他认为：（1）震前前兆变化主要以低频前驱波为特征，优势波动周期为 64 ～ 128 min；（2）异常点的展布方向与汶川地震地面上的断层活动方向一致；（3）低频前驱波出现的时间具有丛集性特点，主要集中在 5 月 11 日 14 时至 16 时。

其他许多学者实际研究了部分地震前多种监测方法所获得的监测数据，表明中等地震到特大地震发生之前都已观测到前驱波，这就说明大的脆性破裂之前，较小的缓慢破裂在震源附近是存在的而且比较普遍，震前长周期波的存在已被国内外越来越多的理论和观测资料所证实。近年来随着国内外宽频带数字地震台网、高采样率数字前兆台网、连续 GPS 台网观测手段的广泛应用，前驱波的特征、前驱波形成机理、前驱波传播等问题愈来愈受到国内外一些学者的关注，因为低频前驱波被认为是来自震源的信息，具有重要的短临预报价值。

然而，前驱波与地震的关系及其形成机理，是进一步研究前驱波的关键。事实上，对于前驱波的形成机理，目前还没有一个令人广泛接受的物理模型。作者采用断面凸破模型，从形成机理方面，比较清晰地解释了这一现象：即断面凸体受到断层的压剪，当凸体的岩石受力超过其强度时，便开始产生缓慢的破裂，破裂初期优先出现并呈羽状展布的微裂隙，在这个过程中岩体会产生"低频前驱波"和慢地震，随着应力的持续作用，微裂隙迅速发展联合，形成显著地破裂面，并释放岩体中的应变能，产生地震。一些学者的岩石力学实验研究结果，证实了岩石在大破裂前能够产生一种长周期、小振幅的低频事件，这一研究结果，同时也证实了断面凸破模型——地震产生的物理模型的合理性。

（七）余震

一个地震序列中最强的地震称为主震；主震前在同一震区发生的较小地震称为前震；主震后在同一震区陆续发生的较小地震称为余震。地震统计资料表明，主震发生后的第二天，余震数量大约是第一天的一半，而到第 10 天，余震数量则是第一天的 1/10。

有学者认为，余震通常由主震区域内背景场地震活动性受到的扰动所引起，该扰动则来自于主震造成的应力场状态的变化。

美国地球物理学家发现，"余震"的主要成因是由地震引起的"动态"地震波的冲击，而不是原先认为的缘于地震引发的断层附近的地壳重整。

作者尝试用断面凸破模型去解释余震的发生机理。前面已论述了断面凸体的破裂产生地震，地震破裂面与发震断层面贯通使得发震断层面"取直"，断面凸体好似从发震断层面上被剥离下来一样。在这个过程中，凸体破裂面是在挤压和剪切应力作用下形成的，因此，新产生的地震破裂面上必将留下深深的擦痕（如图 2-11 所示）。被剥离下来的断面凸体，常常呈透镜体状，如图 2-14 所示。由地震产生的、分布于发震断层破碎带内的透镜体，暂且称为"地震透镜体"，它将构成断层破碎带的组成部分，在地表出露的断层破碎带中比较常见。

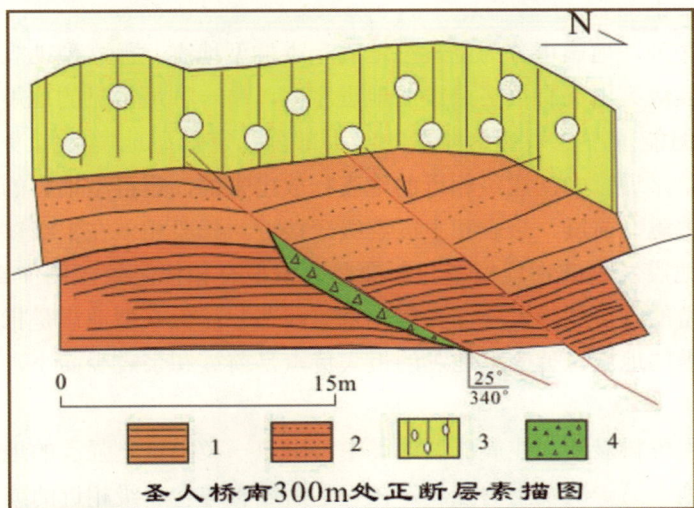

图 2-14　圣人桥南 300 m 处正断层素描图

（引自《地球科学概论》野外实习指导书：口镇—花园口地质观测路线）

1—薄层状细粒长石砂岩；2—厚层状粗砾长石砂岩；3—全新世黄土和砾石；4—构造角砾岩

　　主震过后，断层两盘自然需要调整，而这种调整同样伴随着岩体的破裂，即断层两盘继续对地震透镜体压碾，使其沿着内部已存在的微裂隙扩展形成贯穿性的破裂，同时产生相对主震震级较小的、在时间上晚于主震的地震，称其为余震。进一步分析认为，这种位于地震透镜体内的贯穿性破裂，破裂的频次前期应当很密集，随时间显著减少，并且与地震断层破裂面呈一定的角度切割整个透镜体。例如中国汶川"5.12"8.0 级大地震发生以后，在 5 月 13 日 7 时发生了 6.1 级强余震，震源机制解表明，破裂以逆冲为主具有少量右旋走滑分量，破裂面走向较主震破裂面走向呈现逆时针旋转约 25°，震源深约 10 km。

　　成百上千次余震正是地震透镜体再次不断破裂的结果，因此，余震开始时次数较多，个别余震震级也较大，随着地震透镜体破裂成更小的块体，余震震级也就越来越小,余震次数也越来越少。按此分析,余震具有以下几个特征:(1)与主震产生的机理不同,是岩体的破裂产生的地震,即地震透镜体的再次破裂产生余震,这与美国地球物理学家发现的"余震"主要成因是由地震引起的"动态"地震波的冲击,而不是原先认为的缘于地震引发的断层附近的地壳重整不谋而合;(2)产生余震的破裂面与地震破裂面存在一定的夹角;(3)余震被限定在地震透镜体范围之内;(4)余震在空间上的分布理应呈透镜体状;(5)余震相对主震震级较小。

按地震序列,地震可分为主震型地震、震群型地震、孤立型地震。主震型地震是指主震震级突出又有很多余震的地震序列,是一种最常见的地震序列类型,主震释放出的能量占全系列总能量的绝大部分;震群型地震是指没有突出的主震,主要能量是通过多次震级相近的地震释放出来的,震群型地震的最大特点是没有突出的主震,前震、余震和主震震级较接近,一般相差在1级以内,分析认为,震群型地震发生的物理模型与断面凸破模型有相似之处,例如2013年发生在福建省仙游的震群型地震(详见第七章第四节);孤立型地震是指几乎没有前震、没有余震的地震,孤立型地震的最大特点是前震和余震少而小,且与主震震级相差极大。

历史地震资料显示,在震群型地震中常出现一类叫首发强震的地震,它是指一个地震序列中第一次发生的强震,在它之后还有与它震级相近的或稍大于它的地震。所以首发强震既不同于主震,也不同于前震。如1966年邢台地震和1989年巴塘地震。对于首发强震这类地震,较合理的解释是首发强震与之后紧接着发生的更大地震,震中距离较近,但不属于同一条发震断层,是首发强震的地震效应引起了更大的地震。虽然这种情况的发生比较罕见,但也进一步说明在各类地震序列中,主震—余震型地震次数所占绝大多数的结论是正确的。

地震资料研究表明,有时余震不仅发生在震源附近(或者称为地震透镜体内),相邻的非发震断裂也会在主震过后发生余震(如中国汶川"5.12"8.0地震余震的分布就是如此),此时,采用断面凸破模型来解释所有余震就显得不太合理。假如断面凸破模型是科学合理的,那么,在地震透镜体之外发生的所有"余震",是否可看作是地震效应的一种,也可称其为同震效应,这样,就对余震进行了严格的界定,并可为今后余震的判定和划分提供标准。

（八）板块俯冲带地震

众所周知，世界上主要有三大地震带：环太平洋地震带、欧亚地震带和大洋中脊地震带。全球约 80% 的浅源地震和 90% 的中源和几乎全部的深源地震发生在环太平洋地震带上。根据板块构造学说，大洋中脊中央裂谷处深部岩浆不断上涌产生新的大洋板块，在地幔对流作用的驱动下，以每年 0.5～5 cm 的速度向两侧运动。由于大陆岩石圈较厚、较轻，而洋壳相对较薄、较重，当洋壳与陆壳碰撞时，洋壳自然就会下插到陆壳之下，形成俯冲带。

地震监测资料表明，沿俯冲带约 400 km 深度以上的地震，发生频率随深度呈指数衰减，在 400～600 km 深度，地震又有增加的趋势，在俯冲带延伸方向 600～800 km 之间的深度上，地震突然减少或停止。对此，必须假说洋壳岩石在该深度上，在有效时期内维持弹性剪切应变，积累必要的应变能量才能产生地震。

据一些学者的研究结果，全球 1900—2008 年间 84 次 $M \geqslant 8.0$ 级的大地震，绝大多数是发生在板块俯冲带上的浅源地震（78 次），震源深度约在 20 km 以上；浅源地震震源机制表现为拉张性正断裂活动，可能的原因是在深海沟处洋壳的弯曲。深度约在 20～70 km 之间的浅源地震震源机制，表现为压剪性逆断层活动。在 70 km 以下直至约 700 km 中深源消减带的深震源机制，表现为显著地压缩轴（P 轴）趋向于平行地震带的倾向。

对于板块俯冲带相关的地震信息资料众多，但缺乏建立在统一的物理模型上对其进行系统地、清晰地阐释的理论。事实上，板块构造理论合理地解释了发生在板块边缘以及洋中脊附近的地震分布规律，而对于这些地震的发生机理以及表现出来的众多特点，在此作者试图用断面凸破模型予以解释。

大洋中脊深处不断上涌的岩浆形成了海底火山，熔岩从火山口流出冷却后留下火山锥和新的洋壳，洋中脊便产生了。不同地质历史时期的洋壳连同其上的海底火山锥一起向两侧推移。海底地形观测和地球物理调查发现的众多海底山脉以及地球物理场特征验证了海底山脉的存在、形状和大小。马里亚纳海沟海底地形如图 2-15 所示。

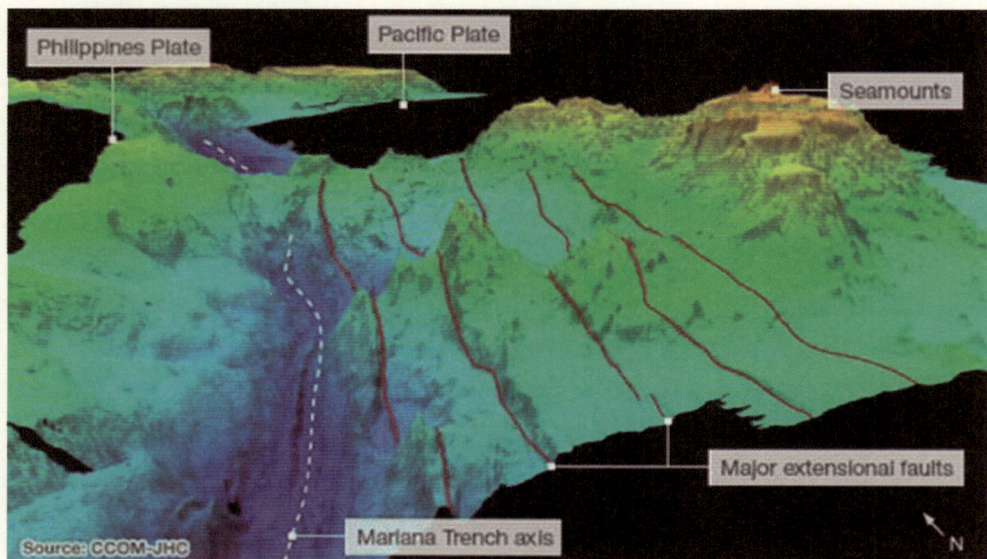

图 2-15　马里亚纳海沟海底地形图

（引自 http://www.hinews.cn 马里亚纳海沟发现巨大桥梁或有生物存在）

　　分布于洋壳之上的海底山脉，就是洋壳的岩石凸体（资料表明，海底山脉大小不等，形状不一。关于平顶山，它被描述为从平坦的海底拔地而起，四周壁立而顶部平坦，峰顶距离海面 1000 多米，比周围海底高出 2000 m，底宽在几十千米），可以说它与地震断面凸体的结构相同或相似。正是由于洋壳的表面存在众多大小不等的岩石凸体，当一个或一排凸体（如夏威夷火山链北部的帝王海底山）被推移到俯冲带的接触面时，受大陆板块的阻挡，必将产生巨大的阻力。也只有将这些大小凸体"铲"平了，大洋板块才能继续俯冲下去，也即，大洋板块表面的海底山脉受到大陆板块的"推挤"，当推挤力超过岩石的强度时，便破裂随之产生地震，而地震释放的能量则来自陆壳和洋壳的应变能（如图 2-16 所示）。

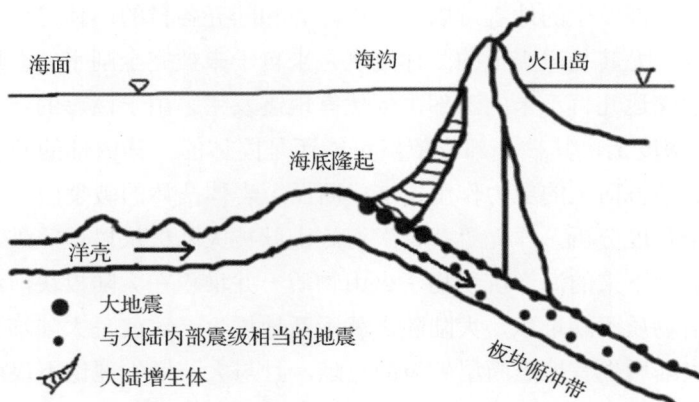

图 2-16　板块俯冲带地震产生机理示意图

　　显而易见，以此分析，发生在俯冲带上的地震具有以下几个特征：（1）海底山脉体形越大，其破裂生成的地震震级也越大；（2）海底山脉越多，发生地震的频次也越多；（3）地球上发生的巨大地震绝大多数或全部理应发生于此，即位于海沟靠大陆一侧，且为浅源地震；（4）由于海底山脉是受到大陆板块的阻挡，相对而言，是大陆板块推挤海底山脉，在这种条件下海底山脉的破裂属于张剪性质，这就为震源机制是张性断裂的分析研究结论找到了依据（如图 2-17 所示）；（5）以环太平洋地震带为例，环太平洋地震带是否进入到活跃期，其决定因素有两个，一是（地质历史尺度）刚刚进入俯冲带的海底山脉是否密集；二是海底扩张速度是否加快了。

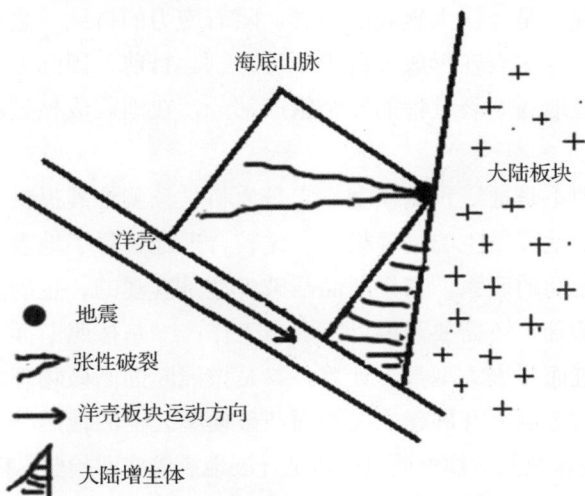

图 2-17　板块俯冲带地震断层破裂示意图

俯冲带中下部发生的地震可以分析为洋壳和陆壳各自的凸体受到压剪作用破裂而产生地震，尤其是洋壳上的凸体更多是来自于未被完全削平的海底山脉。于大洋板块俯冲深达几百千米的深部，依然有地震发生。由于巨厚的洋壳即使俯冲到约 700 km 深度上，其核心部位依然可能还是固体的，其内部的断裂构造同样受到上推和其他方向上的应力作用，造成断面上岩体凸体的破裂而产生地震。

从另一个角度分析，洋壳"背着"海底山脉被大陆板块以地震破裂的形式铲下来，连同被刮下来的海洋沉积物，火山物质一并堆积在大陆板块前缘，使得大陆板块的前沿物质不断堆积，大陆随之就不断地增生，这就是大陆增生理论的核心。因此，大陆增生有地震断层破裂的贡献，且与大陆增生理论不谋而合。

地球上每年发生几百万次大小不等的地震，截至目前，监测到最大的地震震级是 M9.5 级，那么，地球上到底能发生多大的地震呢？从以上分析可知，最大地震发生在板块俯冲带上，在这种环境下，地球上能发生多大的地震取决于海底山脉的大小和岩石的强度两个因素，可进一步开展模型试验等专题研究，以给出比较合理的答案。

（九）静地震与慢地震

观测表明，静地震和慢地震均是地壳能量释放的一种形式。按照断面凸破模型，静地震很可能是在流体的参与下断层两盘的相对蠕动，它一直在缓慢的消减着应力的过分集中，是断层的运动形式之一；而慢地震则不同，它是断面凸体缓慢破裂的过程显现，是一次大地震的前奏，随着应力的持续，它将进一步发展成显著地大地震，并与主震在形成过程中不可分割。目前，国际上比较相同一致的看法是，慢地震是地震断裂过程的一个组成部分，在地震成核过程中可能起着重要的作用。

断面凸破模型不是地震预测模型，它是为科学预测地震提供一个理论支撑。它创新性地提出了地震发生的物理机理，比较合理地解释了地震孕育和发生过程中许多现象及其之间的联系。如果断面凸破模型是客观的、正确的，并使之发展成为地震研究的基础，还需要开展以下四项工作：一是按照断面凸破的物理模型建立数学模型，进而开展大型数学计算；二是按照断面凸破物理模型，开展三轴应力实验研究；三是深入开展建立在断面凸破模型之上的地震孕育和发生过程中表现出来的各种现象及其规律性研究；四是开展地震的实践检验，获得支撑和完善。

不破，不震，破乃地震之源也。

第三章　厦门市地震监测预报

第一节　概述

一、地震活动及地震监测

地震监测按其监测对象可分为对地震活动的监测（通过对地震波的监测来实现）和对地震前兆异常的观测探测两类，《中华人民共和国防震减灾法》中，将地震活动监测和地震前兆监测统一归入地震监测预报之中。

一次地震，其地震波在不同地区的特征为我们做出地震（三要素）速报、地面运动加速度（烈度）速报和地震预警提供了数据，为抗震救灾提供依据，为最大限度减轻地震灾害提供依据；同时，通过地震活动的数据分析，例如震源机制解、地震破裂过程、地震序列等，为地震研究提供基础资料。因此，地震活动监测是最直接、最有效地反映地震特征的监测方法，是能够触摸到地震脉搏的一根长长的"竹竿"，对于防震减灾和最终解决地震预测预报问题具有无可替代的地位和作用。而地震前兆监测则不同，前兆是指事物在发生过程中，提前显现出的特征和预兆。事实上，当前地震系统内部已建立许多地震"前兆"监测方法，其目的就是为了抓到地震发生前显现出的特征和预兆。然而，我们对地震到底是怎么发生的还没有一个明确的认识，没有描绘出地震发生的物理模型，也没有给出每种技术方法的物理原理。在这样的状况下，众多地震"前兆"监测方法所获得的监测曲线数据反映的是什么自然现象，与地震发生前显现出的特征和预兆有多大程度的物理联系，甚至有没有联系（包括被噪声覆盖而无法识别的数据），均需要我们进一步开展深入的研究。

二、厦门市地震监测预报工作指导思想

中国地震局在《关于加强地震监测预报工作的意见》中提出的指导思想，应成为全系统开展地震监测预报工作的指导思想。《意见》中指出，要以科学发展观为指导，以最大限度减轻地震灾害损失为根本宗旨，以破坏性地震特别是强震的监测预报为重点，大力加强地震科学技术研究，坚持不懈开展监测预报实践，探索新思路新方法，履行法定职责，创新工作机制，强化社会管理，拓展公共服务，不断提升监测预报能力和水平。

三、厦门市地震监测预报工作网络图

厦门市的地震观测方法是建立在 30 多年地震观测方法的基础上并不断发展完善起来的，目前，仍以保留与提高为指导，在地震活动监测方面，重点建设"三网融合"（即地震监测、地震烈度速报和地震预警系统）地震活动监测台网；在地震前兆观测方面，依据"断面凸破"模型，重点分析（实验）研究前兆方法的物理原理，进而建立科学系统的地震前兆监测方法体系，并运用"三位一体"地震会商思路，脚踏实际，逐步推进，形成具有特色的地震监测预报之路（图 3-1）。

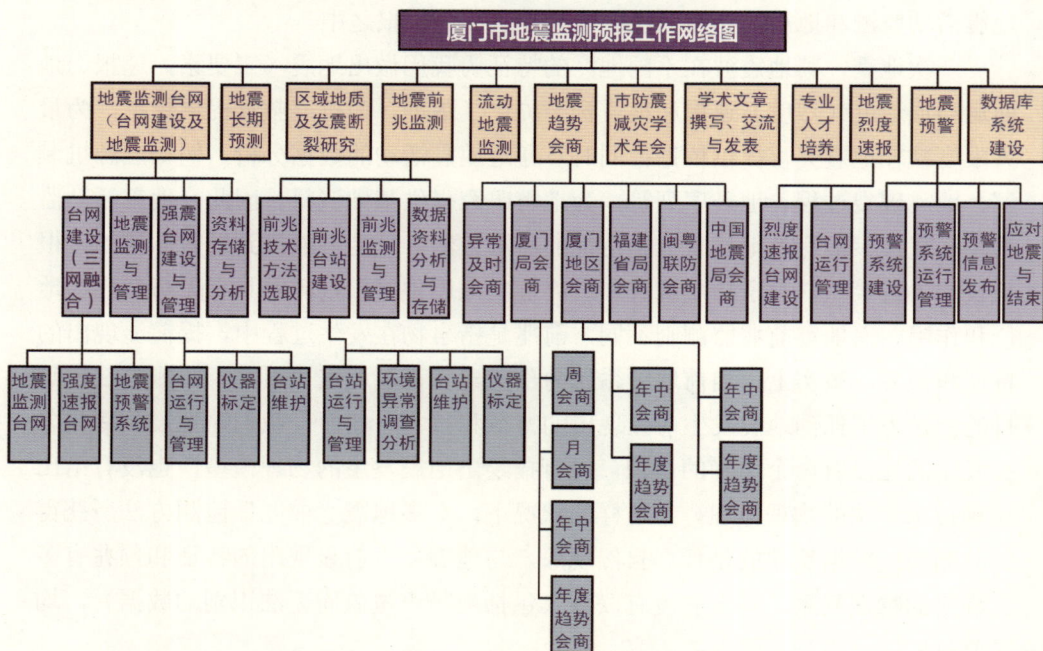

图 3-1　厦门市地震监测预报工作网络图

第二节 地震前兆监测

一、流动重力监测

（一）简述

闽赣重力网建立于1976—1979年，测点沿公路交通线布设。测点分布在福建全省行政区域内以及江西省赣南地区的南丰县、瑞金市、会昌县、寻乌县等地，测网代码为GA，编码为701，全网共有测点268个，测线长度为5000 km左右。

1986年开始至90年代初对闽赣重力网不断进行调整、改造、优化，施测范围由原来的全网调整为福建沿海地区监测的区域（主要针对长乐—诏安断裂带分布区域，图3-2）和赣南地区的20个测段（图3-3）。福建沿海重力网共有测点88个，组成了102测段，形成14个闭合环，同时在邻域地区布设了7条支线，测点分布在北纬22.6°～26.3°、东经117.0°～120.0°地区。

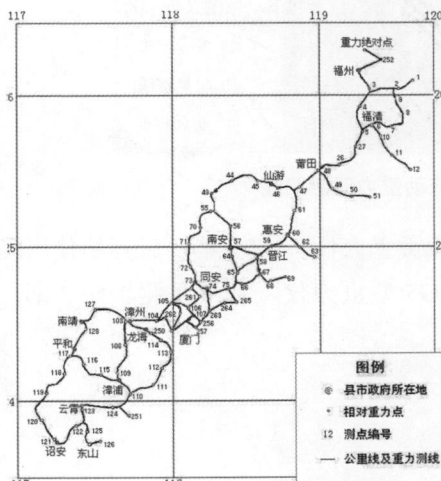

图3-2 福建省沿海重力网线路示意图

图3-3 赣南重力网路线图

2008 年汶川地震后，福建省政府及省地震局为了加强福建大地构造环境、主要活动断裂构造空间分布及地震活动背景的监测能力，对福建省流动重力网进行扩大，扩大后的测网基本控制全省的主要断裂。现全网共有测点 226 个，组成 236 测段，形成 26 个闭合环，9 条支线，测线长度大于 7000 多千米（图 3-4）。

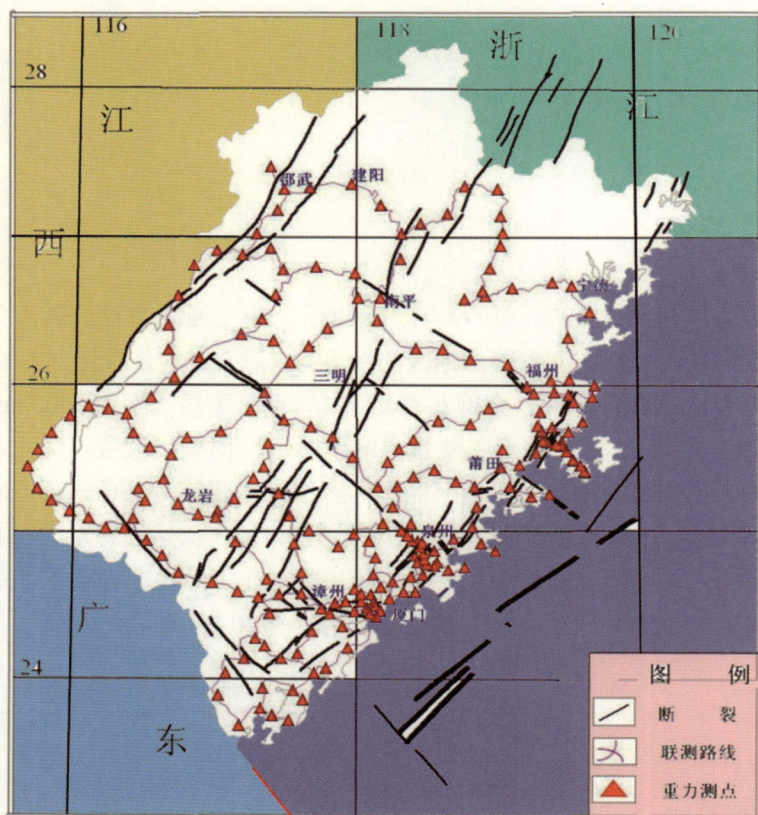

图 3-4　福建及赣南地区流动重力联测路线

20 世纪八九十年代使用的是 CG2 石英弹簧重力仪，1991 年以后开始使用高精度的 LCR-G 重力仪，2009 年后又改用 CG5 型重力仪，每年复测 1 ～ 2 期，至今共有 42 期复测成果。

（二）流动重力选址和标石

闽赣重力网的布设主要是根据贯穿福建境内及赣南地区的三条主要断裂带的分布及走向而建立的，重力测点基本分布在三大构造带区域。1986 年以后监测区域转移为福建沿海地区，重点监测长乐—诏安断裂带的活动情况及该区域重力场随时间变化情况。测网的布设是根据重力测量规范进行，一般沿公路交通路线分布，测点间距离大约在 10 ～ 50 km 之间。

重力点的标石分为三类：

1. 基岩标石：去掉表面风化层后，浇注强度等级为 C18 的混凝土，规格为 60 cm×60 cm 的平台，中闽嵌入水准标志。

2. 专用混凝土标石：标石用 C18 混凝土制作，有两种规格。

标石规格一：基底为 120 cm，标石埋设深度为 100 cm，标石长和宽为 60 cm×60 cm，标石表面嵌入有水准标志；

标石规格二：基底为 120 cm，标石埋设深度为 100 cm，标石长和宽为 80 cm×40 cm，表面嵌入水准标志。见图 3-5 和图 3-6。

3. 固定建筑物标石，在固定建筑物中划出 80 cm×40 cm 规格平面，并嵌入水准标石，标上朝北方向。

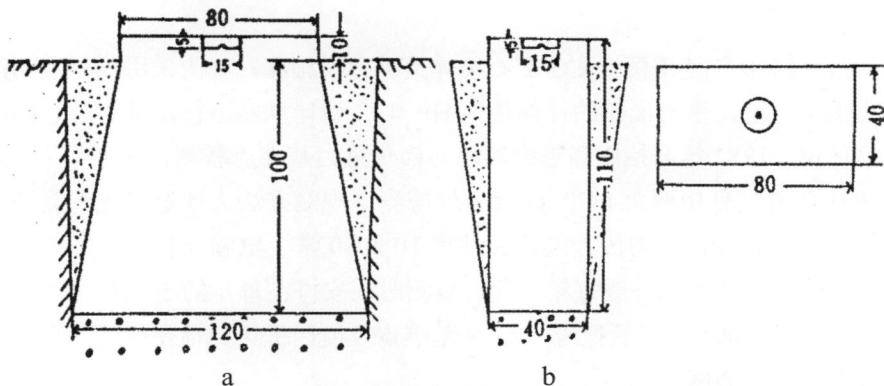

图 3-5 专用混凝土重力点剖面图（单位：cm）

（a）方形标石；（b）长方形标石

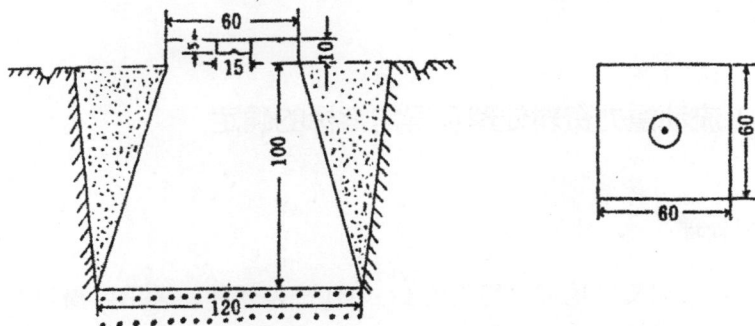

图 3-6 专用混凝土重力点剖面图（单位：cm）

（三）流动重力仪器设备情况

流动重力观测仪器设备情况见表 3-1。

表 3-1　流动重力观测仪器设备情况表

仪器名称	型号	生产厂家	数量	技术指标	观测精度（μGal）	灵敏度	记录方式	投入观测时间	停测时间
CG-2		加拿大	2		±30	16～20 格	手记	1979.04	1990.12
LCR	G	美国	2		±10	9～11 格	手记	1991.04	2009.06
CG-5		加拿大	2		±10		电子	2009.11	至今

（四）流动重力观测

1971—1990 年使用两台 CG-2 石英弹簧重力仪施测，观测采用三程观测法，读数为手工记录，重力段差的计算使用 HP-41C 型计算器进行，每年进行四次仪器格值标定，1982 年开始闽赣重力测网与福州重力基准点联测。

1991 年开始使用两台 LCR-G 重力仪施测，观测方法为往返二程观测法，记录方式为手工记录，重力段差的计算使用 HP2000 掌上电脑计算，仪器观测一般朝北或朝南。复测周期一般每年一期，复测时间安排在每年的 5—10 月间进行。

2000 年和 2001 年先后把厦门 GPS 基准点及厦门机场、福州机场国家重力基本点联入沿海重力网。

2009 年后开始使用两台 CG-5 重力仪施测，观测方法基本同 LCR-G 重力仪，记录采用 PDA 电子记录，一年复测两期，复测时间安排在每年的 4—6 月和 10—12 月。

（五）流动重力资料处理及异常指标的确定

1. 资料处理

成果计算采用国家地震局提供的 LGADJ 平差软件，采用以福州重力基准点为起算点的经典平差或归化到重心基准下的自由网平差方法计算。

2. 干扰因素影响处理情况

地下水的变化对重力场变化的影响是比较大的，所以人们每年复测时间尽量安排在同一季节进行，尽量减少其影响。另外，对于磁场的干扰，复测时同一测点观测时仪器摆放位置方向相同，消除其影响。

3. 重力异常变化指标的确定

根据《重力学地震分析预报指南》及许多文献分析经验，同时考虑到本区域重力网形结构情况，对区域重力段差和重力点值变化分别以不同的指标作为 4.0 级以上地震重力异常的判据。

(1)与上期相比，重力段差、重力点值变化在 ±30 μGal 以上。

(2)与基准相比，重力段差、重力点值变化在 ±35 μGal 以上。

（六）预报科研

重力资料处理采用经典、自由网、拟稳等平差方法对观测的重力段差进行平差，绘制相应的重力场变化图、剖面图、点位重力变化图、段差随时间变化图。

历年来闽赣重力复测为研究福建地区重力场的变化与地震的关系提供了第一手研究资料，同时重力复测的资料为地震中长期预报提供依据。

利用重力资料进行地震科研也取得一定的进展。1992 年张大轩、王志鹏等发表的国家地震局地震科研基金项目《垂直形变场与重力场变化关系的研究》，对福建沿海地区重力场与垂直形变场变化的关系进行了研究，取得了定量的结果，并因此获得福建省地震局科技进步三等奖。

1996—2006 年的重力复测资料分析表明，长诏带重力场变化多年来呈起伏形态变化，变化幅值在 ±30 ～ ±50 μGal 左右，趋势性变化的地区依然存在。

区域重力场的变化呈现分区特性，且各区域重力变化幅值有所差异。其中，漳州地区变化幅值较大，年变化量为 −10.0 μGal/a；福州地区变化幅值为 −6.0 μGal/a；泉州地区及厦门地区变化幅值较小，变化幅值为 +5.5 μGal/a。

由于受到构造的控制，长诏带北段重力场变化呈北东向展布，而南段则呈北西向展布；同时重力场变化沿海大于内陆，重力段差及重力点值出现异常的测段一般分布在沿海地区，在构造较为复杂的区域表现得尤其明显。这说明了不同的构造单元，重力场的变化有所差异。

二、流动地磁监测

（一）简述

　　流动地磁主要是对地磁场总强度 F 值的观测，是应用高精度磁力仪在野外对多个测点进行定期的重复测量，研究监测区域的地磁场在地震发生前的空间分布与时间变化等特征，探索震磁关系，为地震的预测预报服务。

　　主要根据区内的北东向断裂、北西向断裂、东西向断裂的展布和地震活动性、地形等条件布点。1975 年，开始布设流动地磁监测网，测点间距离约 30 ～ 50 km。各测点设立主、副两个测桩，主、副测桩距离约 30 m 左右，以便及时了解仪器稳定性和环境稳定性。到 1981 年先后建立了 87 个测点。1995 年对流动地磁监测网进行改造，保留了 34 个测点。2002 年增加永安、连城、小陶和龙涓、笏石 5 个测点。2008 年 9 月福建前兆流动观测项目启动后，加密原有测区并增设东北部区域，目前全省共设有 95 对磁测点，基本覆盖了福建省的大部分陆域地区，复测周期为每年 2 ～ 3 期。

　　另外，在厦门地区还布设了 15 个测点，其中岛内 4 个，岛外 11 个。流动地磁观测仪器使用 CHD 型核子旋进式磁力仪，1996 年开始使用 G856 质子旋进式磁力仪。福建省流动地磁观测网见图 3-7，厦门地区流动地磁观测网见图 3-8。

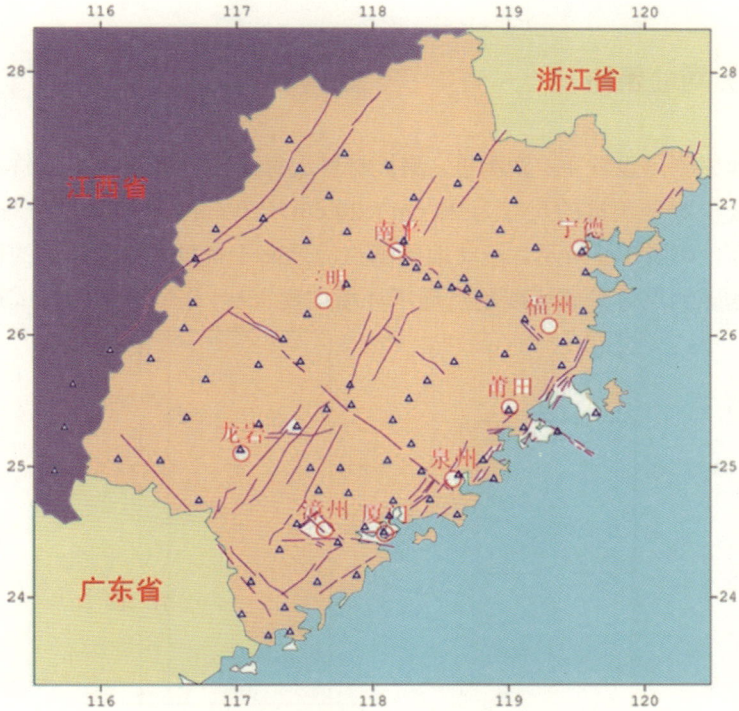

图 3-7　福建省流动地磁观测网

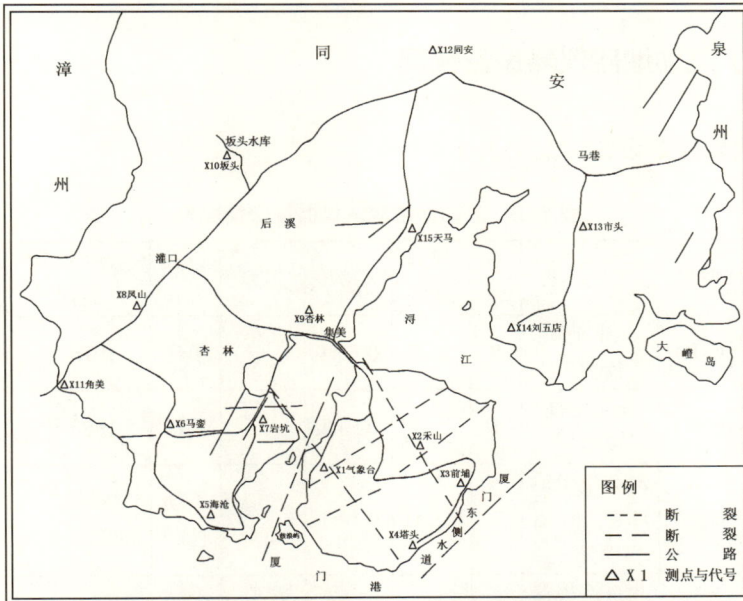

图 3-8　厦门地区流动地磁观测网

（二）网址条件

流动地磁测点设置主、副测桩，测桩材料选择无磁性的石灰岩或竹筋水泥桩，磁化率趋近于零，测桩的尺寸为 20 cm×20 cm×70 cm，测桩大部分埋入地下，以利于保存，如图 3-9 所示。流动地磁测点应远离干扰场，随着经济的快速发展，部分流动地磁测点遭受破坏或测点周围环境出现干扰，采取补埋测桩或迁建新点。

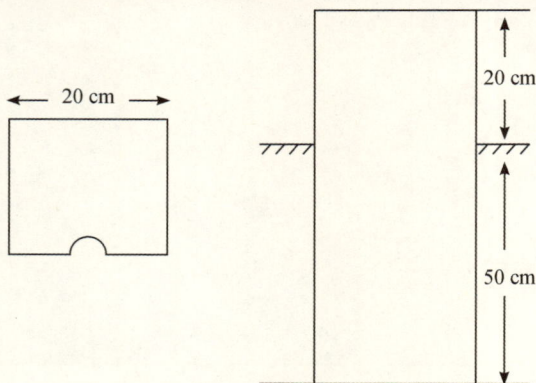

图 3-9　流动地磁测点

（三）流动地磁仪器设备情况

流动地磁仪器设备情况见表 3-2。

表 3-2　流动地磁观测仪器设备情况表

仪器名称	型号	生产厂家	数量	观测精度	灵敏度	用途	记录方式	投入观测时间	停测时间
核子旋进式磁力仪	CHD	北京地质仪器厂	8	1 nT	0.5 nT	F 值观测	手动	1976 年	1995 年
核子旋进式磁力仪	CHD	北京地质仪器厂	1	1 nT	0.5 nT	F 值观测	手动	1980 年	2002 年
质子旋进式磁力仪	G856	深圳华隆地球物理仪器工贸公司	3	0.5 nT	0.1 nT	F 值观测	手动自动	1996 年 2 台 2002 年 1 台	2008 年因故障停用一台
质子旋进式磁力仪	G856F	北京京核鑫隆科技中心	2	0.5 nT	0.1 nT	F 值观测	手动自动	2008 年 9 月	

（四）流动地磁观测

流动地磁观测包含野外测点观测和参考台日变观测。

野外观测使用两台仪器在主副测桩上多组同步交换仪器测量，日变观测是设在测网附近的固定台站与野外做同步的观测。流动地磁资料采用自设日变站通化对比法，将测区内同一期的各测点在不同时间内观测值通化到附近的参考台的某月某日的21时。

在每期观测的前后，进行仪器的比测，在天马台的固定两个测桩上分别放置一台观测仪器与一台标准仪器，进行同步交换观测，以便了解仪器的工作性能。流动地磁测量采用手工、自动观测，手薄与电子记录。

（五）预报科研

为了分析研究福建省地磁场变化特征，主要有两种表现形式：一是以每个磁测点与上期相比较的磁场变化，绘制短期面上地磁场变化图分析研究地磁场在空间上变化特征；二是以每个磁测点每期的变化，绘制每个磁测点多期的连续变化时序曲线，分析研究地磁场在时间和空间上的变化特征。

①资料能及时参加有关的地震会商会，为年度地震趋势意见提供震磁信息。

②能进行初步探讨与分析本地区的震磁信息与关系，为本地区提供大量的第一手资料。

三、GPS 监测

全球卫星定位系统GPS（Global Positioning System）是监测地壳运动进行地震预测的方法之一。中国地壳运动观测网络厦门GPS基准站是中国地壳运动观测网络的组成部分，是25个连续观测站之一，它采用了GPS观测技术，为网络的数据处理分析系统提供相应的24 h GPS连续观测数据。

（一）基准站点位及其地质等背景条件

中国地壳运动观测网络厦门GPS基准站位于厦门市思明区鸿山公园，高程

92.15 m，数据记录室设在厦门地震台，两地相距 140 m。

GPS 厦门基准站设在鸿山公园嘉兴寨一块裸露的基岩上，基岩体致密、坚硬，岩性为灰白色中粗粒黑云母花岗岩。数字短周期微震仪监测表明，岩体具有良好的工程力学性能。站址通视条件好，周边无高大建筑物和山体遮挡，接收机天线架设位置和方向视线在高度角 15°以上，无阻挡物，净空条件满足 GPS 观测要求。

厦门岛内主要断裂有北东向文灶—龙山断裂、湖里—薛岭断裂；北西向石胃头—高崎断裂、塔头—濠头断裂等。其中，文灶—龙山断裂距站点 1 km 左右，从东南方通过，站点附近地表未见断裂。厦门流动地震监测网自 1991 年以来的监测表明，厦门岛地壳水平运动不明显，垂直运动速率小于 1 mm/a。

（二）技术指标

厦门基准站在全网运行后，满足以下主要的技术指标：

（1）GPS 相邻点间基线长度年变化率优于 2 mm；

（2）GPS 卫星精密定轨精度，与 IGS 联网优于 0.5 m；

（3）独立定轨优于 2 m；

（4）绝对重力测定精度测定优于 5 μGal。

（三）技术系统集成

厦门基准站的系统集成以 GPS 接收机为主，以数据采集、数据存储、数据传输、数据管理仪器设备等为辅组成系统。主要的配备如下表 3-3 所示：

表 3-3　厦门基准站 GPS 系统主要设备

序号	仪器设备名称	主要技术指标
1	ASHTECH Z-12 CGRS 型 GPS 接收机，扼流圈双波段天线	标称：±（5 mm＋1 ppm）
2	卫星通讯小站	VAST
3	卫星天线	1.8 m
4	PTH 气象参数测试仪	气压、气温、湿度自动记录
5	UPS 不间断电源	1000 μk
6	太阳能控制系统	CK-120，三路自动稳压转换
7	太阳能电池	24 V，20 W
8	DELL 服务器	

（四）观测资料

厦门基准站24 h连续观测，GPS资料由北京GPS数据中心通过卫星自动取数。多年来，观测数据连续、稳定、可靠。

四、跨断层短水准测量

（一）闽赣跨断层场地

1. 简述

闽赣跨断层短水准测量分布于福建省和江西省南部。福建省位于华东南沿海，与台湾省隔台湾海峡相望，并临近东海，与浙江省、江西省、广东省为邻。本省属亚热带湿润季风气候，西北有山脉阻挡寒风，东南又有海风调节，温暖湿润为气候的显著特色。年平均降水量为 800 ～ 1900 mm，沿海和岛屿偏少，西北山地较多。每年 5 月至 6 月降水最多，夏秋之交多台风，常有暴雨。

主要根据北东向断裂、北西向断裂的展布和地震活动性等条件进行布点。1970 年开始选点、埋石。各个场地水准路线长度约 1 km，水准路线跨断层两侧，路线两端埋设基本水准标石。

1970 年建容卿场地；1971 年建梅岭场地；1973 年建三山场地；1975 年建谢坊和庐山两场地；1976 年建珠坑场地；1977 年建刘下、桂口、玉山和雁石四个场地；1978 年后庐山场地停测；1982 年后雁石场地停测；1982 年建前楼、和溪和东张三个场地；2008 年建狮子山、旺建、坑南、莆田、南山、参内六个场地。

1972—1980 年，跨断层短水准采用蔡司 Ni004 和 Koni007 两种水准仪观测。1981—1987 年采用蔡司 Ni004 水准仪观测。1988 年后，采用蔡司 Ni002 和 Ni004 两种水准仪观测。铟瓦水准标尺采用双频激光干涉仪标定每米真长。1972 年至 2013 年 8 月，17 个场地共完成短水准测量 1636 期处。用测段往返高差不符值计算，每千米偶然中误差 M_4 为 ±0.13 ～ ±0.44 mm。

闽赣跨断层短水准场地分布见图 3-10。

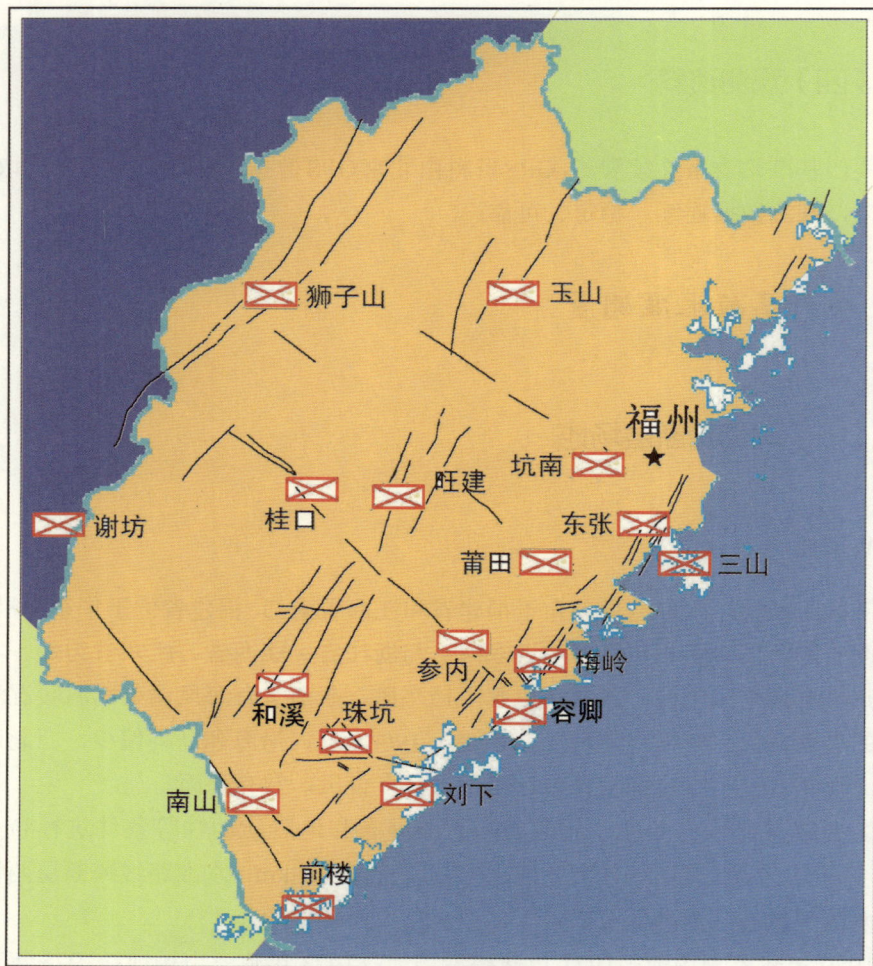

图 3-10 闽赣跨断层水准场地分布图

2. 网址条件

在陆地上北东（包括北北东）向和北西向两组活动断裂最为发育，北东向活动断裂往往"纵切成条"，北西向活动断裂则"横切成块"，共同组成了网格状的构造格架，这些活动断裂控制着福建省地貌和第四系的发育，第四纪以来都有不同程度的活动。

（1）北东向（北北东向）断裂：牛山岛—兄弟屿断裂、平潭青峰—东山澳角断裂、长乐—广东南澳断裂、福清东张—诏安汀洋埔断裂、政和—海丰（广东）断裂、邵武—河源（广东）断裂。

（2）北西向断裂：闽江下游断裂、沙县—南日岛断裂、永安—晋江断裂、九龙江下游断裂、上杭—诏安断裂。

（3）东西向断裂：沙县—连江断裂、仙游—漳平断裂、厦门—南靖断裂。

所埋设的水准标石分为混凝土基本标石、岩层基本标石、混凝土普通标石和岩层普通标石4种。

跨断层短水准测量17个场地概况如下：

（1）东山前楼场地

上盘：QL1-1J、QL4J、QL5J、QL6J为混凝土基本标石，QL2为混凝土普通标石；下盘：QL0J、QL1J为混凝土基本标石。全是土层点。断层走向为北东35°，倾向南东，倾角56°。上下盘岩性为变质砂岩。

（2）漳州珠坑场地

上盘：ZK3为混凝土普通标石、ZK4为混凝土同桩体标石；下盘：ZK1、ZK5为混凝土普通标石，ZK2为混凝土同桩体标石。全是土层点。断层走向为北西37°，倾向南西，倾角57°。上下盘岩性为花岗岩。

（3）南靖和溪场地

上盘：HX3J、HX4JA为混凝土基本标石；下盘：HX1J为岩石基本标石，HX1-1、HX2A为混凝土普通标石。HX1J为基岩点，其余全是土层点。断层走向为北东10°，倾向北西，倾角76°。上下盘岩性为花岗岩。

（4）永安桂口场地

上盘：GK1、GK2、GK2-1、GK3为岩石普通标石；下盘：GK5A、GK7、GK8为岩石普通标石。全是基岩点。断层走向为北东15°～20°，倾向北西，倾角60°～70°。上下盘岩性为火山岩。

（5）会昌谢坊场地

上盘：XF2为岩石普通标石、XF4J为岩石基本标石；下盘：XF3J为岩石基本标石、XF3-1为岩石普通标石。全是基岩点。断层走向为北东30°，倾向南东，倾角50°。上下盘岩性为花岗岩。

（6）建瓯玉山场地

上盘：YS1A、YS2为岩石普通标石；下盘：YS3A、YS4A、YS5A、YS6为岩石普通标石。全是基岩点。断层走向为南北向，倾向西，倾角50°。上下盘岩性为变质砂岩。

（7）福清东张场地

上盘：DZ3A为岩石普通标石、DZ4J为岩石基本标石；下盘：DZ1J为岩石基本标石、DZ2A 为岩石普通标石。全是基岩点。断层走向为北东 35°，倾向南东，倾角 80°。上下盘岩性为花岗岩。

（8）福清三山场地

上盘：SS0J 为混凝土基本标石、SS1 为混凝土同桩体标石；下盘：SS2、SS3 为混凝土同桩体标石，SS2-1 为混凝土普通标石。全是土层点。断层走向为北东 30°～40°，倾向北西，倾角 60°。上下盘岩性为花岗岩。

（9）惠安梅岭场地

上盘：ML3、ML4、ML5 为岩石普通标石；下盘：ML1J 为岩石基本标石，ML2 为岩石普通标石。全是基岩点。断层走向为北东 30°，倾向南东，倾角 75°。上下盘岩性为花岗岩。

（10）晋江容卿场地

东盘：RQ1、RQ2、RQ4 为岩石普通标石；西盘：RQ5、RQ6、RQ8 为岩石普通标石。全是基岩点。断层走向为北东 20°，倾角 90°。东西盘岩性为花岗岩。

（11）刘下场地

上盘：LX5、LX6 为岩石普通标石；下盘：LX2J 为混凝土基本标石，LX3、LX4A 为岩石普通标石。LX2J 为土层点，其余是基岩点。断层走向为东西向，倾向北，倾角 70°。上下盘岩性为玄武岩。

（12）平和南山场地

上盘：NS1J、NS2J；下盘：NS3J、NS4J。以上均为混凝土基本标石及土层点。断层走向为北西向，倾向北东，倾角 70°。上下盘岩性为砂岩。

（13）安溪参内场地

上盘：CN1J、CN2J；下盘：CN3J、CN4J。均为混凝土基本标石及土层点。断层走向为北西向，倾向北东，倾角 65°。上下盘岩性为火山岩。

（14）大田旺建场地

上盘和下盘点位不明。均为混凝土基本标石及土层点。断层走向为北东向，倾向南东，倾角 80°～85°。上盘岩性为砂岩，下盘岩性为花岗岩。

（15）莆田场地

上盘：PT3J、PT4J；下盘：PT1J、PT2J。均为混凝土基本标石及土层点。断层走向为北西向，倾向南西，倾角 75°～85°。上下盘岩性为火山岩。

（16）闽侯坑南场地

上盘：KN3J、KN4J；下盘：KN1J、KN2J。均为混凝土基本标石及土层点。断层走向为北西向，倾向北东，倾角 70°。上下盘岩性为火山岩。

（17）泰宁狮子山场地

上盘：SZS3J、SZS4J；下盘 SZS1J、SZS2J。均为混凝土基本标石及土层点。断层走向为北东向，倾向南东，倾角 40°～50°。上盘岩性为砂岩，下盘岩性为花岗岩。

跨断层短水准观测场地的标志埋设按国家地震局有关规范执行。一般每个场地有四个点，分别布设在断层的上下盘。观测标志的剖面图如图 3-11 所示。

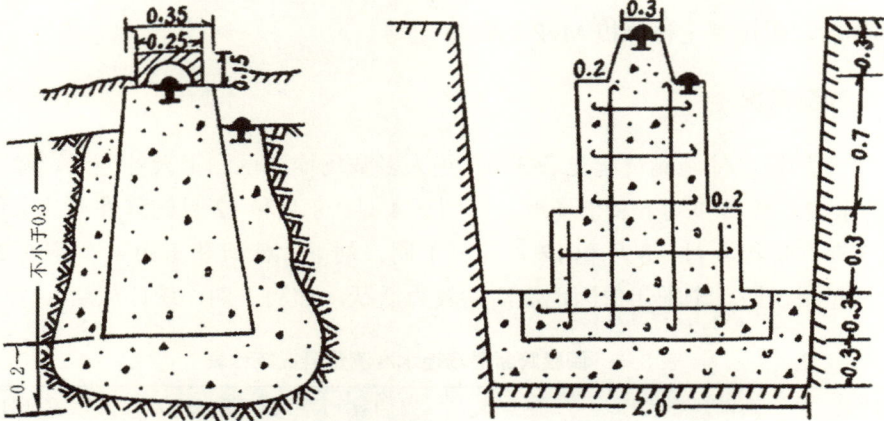

图 3-11 跨断层短水准观测标志剖面图（单位：m）

3. 跨断层短水准测量仪器设备情况

跨断层短水准测量仪器设备情况见表 3-4。

表 3-4 跨断层短水准测量观测仪器设备情况表

仪器名称	型号	生产厂家	数量	技术指标	观测精度	用途	记录方式	投入观测时间	停测时间
Koni007	DSZ05	德国蔡司厂	3	$m \leqslant \pm 0.5$ mm	$\pm 0.3 \sim$ ± 0.4 mm	水准测量	手工	1972 年	1980 年
Ni004	DS05	德国蔡司厂	4	$m \leqslant \pm 0.5$ mm	$\pm 0.3 \sim$ ± 0.4 mm	水准测量	手工	1972 年	1982 年
Ni004	DS05	德国蔡司厂	2	$m \leqslant \pm 0.5$ mm	$\pm 0.3 \sim$ ± 0.4 mm	水准测量	计算器	1983 年	1984 年
Ni004	DS05	德国蔡司厂	5	$m \leqslant \pm 0.5$ mm	$\pm 0.3 \sim$ ± 0.4 mm	水准测量	计算机	1985 年	还在使用
Ni002	DSZ05	德国蔡司厂	1	$m \leqslant \pm 0.5$ mm	± 0.3 ± 0.4 mm	水准测量	计算机	1988 年	1992 年

4.跨断层短水准测量

1972—1992年每期测两个往返；1993年只有一期测两个往返；1994年每期只测一个往返；1995年只有东山前楼场地一期测两个往返；1996年以后每期只测一个往返；1972—1982年观测数据采用人工记簿；1983年后，开始使用HP-41C计算器记簿；1985年后，逐步采用PC-1500计算机记簿；1998年后，采用掌上型计算机HP-200LX记簿；2006年后，采用掌上计算机MyPal A620记簿；2008年后，采用掌上计算机MyPal A626记簿。

5.观测概况

17个场地具体施测情况见表3-5。绝大多数场地往返测工天各半天。除了测1期的玉山、桂口和刘下3个场地，分别于4月、8月和12月施测外；其余场地均测3期，每年4月、8月和12月各测1期。刘下、桂口和玉山三个场地2008年8月起测3期。个别年份因地震活动较为活跃，加测1期，统计从略。

表3-5 闽赣跨断层场地水准测量概况统计表

场地名	所跨断裂名称	测点数	周期数	测线长度（km）	开始观测时间
前楼	坑北—前梧	6	3	0.86	1982年9月
珠坑	珠坑	5	3	0.70	1977年9月
和溪	政和—海丰	5	3	0.94	1982年8月
谢坊	谢坊—右水	4	3	0.64	1975年5月
桂口	永安—桂口	7	3	0.96	1977年9月
刘下	白竹湖	5	3	1.76	1977年8月
南山	上杭—云霄	4	3	0.84	2008年12月
参内	永安—晋江	4	3	1.01	2008年12月
旺建	政河—海丰	5	3	1.37	2008年12月
容卿	罗裳山	6	3	1.33	1972年7月
梅岭	惠安—岭头	5	3	1.25	1972年6月
三山	三山	5	3	1.09	1977年4月
东张	东张	4	3	1.30	1982年10月
莆田	莆田—南日岛	4	3	0.81	2008年12月
坑南	闽江	4	3	0.98	2008年12月
狮子山	邵武—河源	4	3	0.91	2008年12月
玉山	玉山	6	3	0.81	1977年10月

6. 资料处理

1983 年开始，利用计算机采用傅里叶级数对观测值进行拟合计算以排除雨量、温度、地下水等干扰因素，绘制相应的拟合曲线、残差曲线和断层运动模式图，对个别场地也采用直接图示法或高程变化分析法。1992 年建立跨断层短水准数据库，应用实用化攻关成果软件，使数据资料处理更加规范化并大大提高图件绘制速度。

表 3-6　水口库区场地水准测量概况统计表

场地名	所跨断裂名称	测点数	周期数	测线长度（km）	开始观测时间
大坝环	水口库区坝体	6	3	4.95	1995 年 12 月
湾口支	无	3	3	1.69	1996 年 12 月
湾口	湾口	8	3	2.09	1996 年 12 月
西瓜洲	西瓜洲	5	3	0.69	1996 年 12 月
西塘	西塘	4	3	1.60	1996 年 12 月
黄田	黄田	4	3	0.76	1996 年 12 月
斜溪	斜溪—塔兜	3	3	1.09	1996 年 12 月

（二）水口库区场地

1. 水口库区地质构造背景

水口库区位于闽江流域的中下游地区，区内断裂构造发育。主要的断裂有：北东向的政和—海丰断裂带、福安—闽清断裂带、湾口断裂带、北西向闽江断裂带，东西向的尤溪口—莪洋断裂带，其中湾口断裂对目前库区地震的影响最大。

2. 仪器使用和观测情况

水口库区共 7 个场地，见表 3-6，图 3-12。水准测量仪器采用 Ni002，编号：460114。标尺采用铟瓦标尺，编号：13435/13434。所有场地每年 4 月、8 月和 12 月各测 1 期。绝大多数场地往返测工天各半天。个别年份因地震活动较为活跃加测 1 期，统计从略。

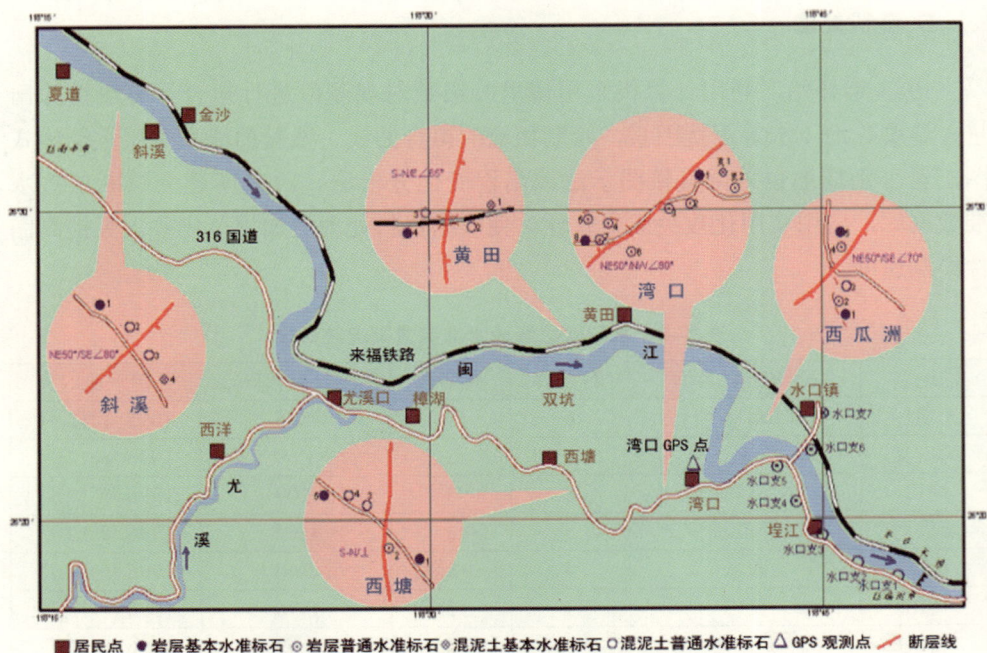

图 3-12 水口库区跨断层短水准场地布设图

3. 网址条件

大坝环场地跨水口库区大坝。闽江北岸：DBK1J、DBK2B、DBK3A；闽江南岸：DBK4、DBK5、DBK6A。湾口支线没有跨断层，共有 3 个测点：WKZ1J、WKZ2 和 WK1J。

湾口场地，上盘：WK4、WK5、WK7、WK8J；下盘：WK1J、WK2、WK3。断层走向为北东 50°，倾向北西，倾角 80°。上下盘岩性为晚侏罗纪火山岩。

西瓜洲场地，上盘：XGZ1J、XGZ2、XGZ3；下盘：XGZ4、XGZ5J。断层走向为北东 50°，倾向南东，倾角 70°。上下盘岩性为晚侏罗纪火山岩。

西塘场地，东盘：XT1J、XT2；西盘：XT5。断层走向为南北向，为垂直断层。东西盘岩性为晚侏罗纪火山岩。

黄田场地，上盘：HT1J、HT2；下盘：HT3、HT4J。断层走向为南北向，倾向东，倾角 65°。上下盘岩性为晚侏罗纪火山岩。

斜溪场地，上盘：XX4J；下盘：XX1J、XX2。断层走向为北东 40° 向，倾向南东，倾角 80°。上下盘岩性为燕山期花岗岩。

（三）厦门跨断层场地

1. 仪器使用和观测情况

厦门市跨断层两个场地，如表 3-7 所示。水准测量仪器采用 Ni002，编号：460114。标尺采用铟瓦标尺，编号：13435/13434。两个场地每年 4 月、8 月和 12 月各测 1 期。

表 3-7　厦门跨断层场地水准测量概况统计表

场地名	所跨断裂名称	测点数	周期数	测线长度	开始观测时间
东渡	东渡	4	3	1.04 km	1997 年 12 月
虎仔山	虎仔山	4	3	0.42 km	1997 年 12 月

2. 网址条件

东渡场地，跨两条交叉断裂，北东向断层走向为北东 54°，倾向东南，倾角 60°。北西向断层走向为北西 297°，倾向东北，倾角 80°。DDC0、DDC1 在北东向断层上盘，北西向断层下盘；DDC2、DDC3 在北东向断层下盘，北西向断层上盘。虎仔山场地，上盘：HZS3、HZS4J；下盘：HZS1J、HZS2。断层走向为西北向，倾向东北，倾角 63°。

（四）天马定点水准观测

1. 台站概况

为了地震监测和科研的需要，1976 年福建省地震综合队（现厦门地震勘测研究中心）勘选并组建了天马台水准测量场地（图 3-13）。

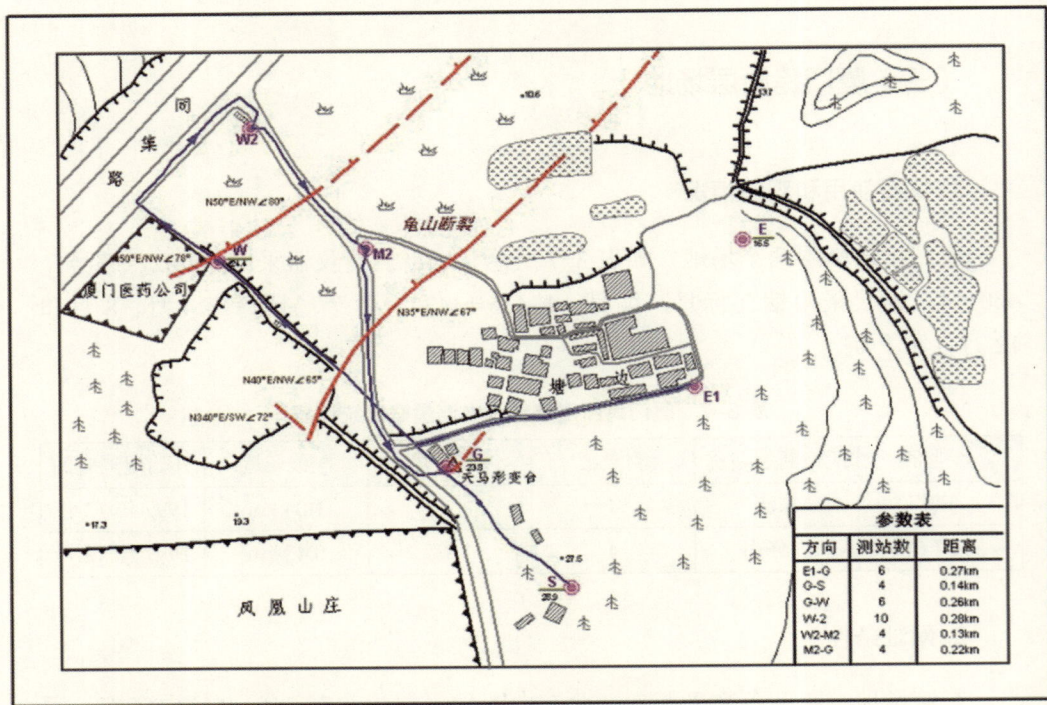

图 3-13　天马水准测量场地图

天马地震台属于国家 II 类形变基本台，是福建省唯一一个跨断层短水准形变台，台站代码：35005，编码：TMX。天马台位于厦门市同安区西柯镇洪塘头村，距同安区主城南约 10 km，地理位置于东经 118°07′、北纬 24°37′，海拔 22 m。天马场地属于第四系冲洪积残坡积地层，基岩为凝灰岩，龟山断裂通过场地。断裂走向北东 35°，倾向北西，倾角 55°～75°，为长乐—诏安断裂带的次一级构造。地貌单元属侵蚀低丘陵，地势西高东低。

天马地震台观测场地位置和有效监测区域分布如图 3-14 所示。天马台的基本任务是：应用精密测量监测断裂运动，为地震研究和中短期预报提供准确、完整的观测资料。

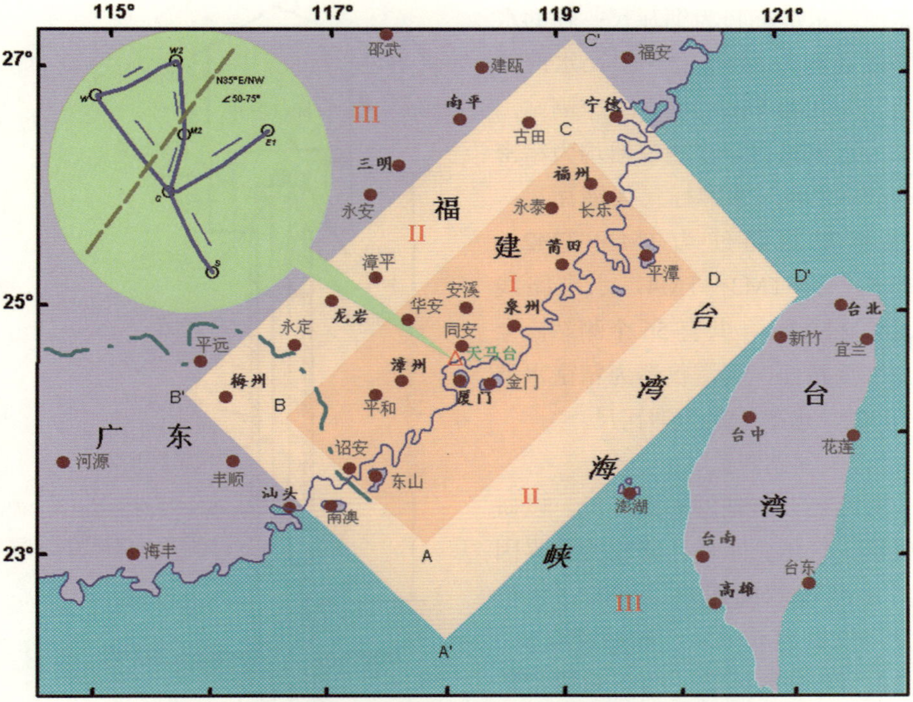

图 3-14 天马台站位置和有效监测区域示意图

2. 台站观测项目

（1）形变观测

天马地震台的主要观测项目为水准形变观测，其发展可分为两个阶段：

第一阶段（1976—2000 年）：1976 年开始勘选，同年开始观测，早期天马台共有三种观测手段：跨断层定点台站水准（又称短水准）、短基线和小三角。定点台站水准观测每天一期，上午往测，下午返测。因点位受破坏，短基线和小三角已先后停测。1982 年天马台正式改为中国地震局 II 类形变台。1983 年初次改造，建立两座钢管基岩标（图 3-15），并建两口地下水位观测井。1984 年又建成钢管基岩标的保护房及点位地面隔热层设施，并安装了两台自记观测仪。1995 年台站更名为国家地震局厦门天马形变基本台。

第二阶段（2000 年至今）：2000 年天马台再次改造，建立了 6 座钢管基岩标，并增加辅助观测路线（5 日一测）及单水准路线（每月一测）。其中，定点台站水准观测路线为 E1—G—S，G—W—W2—M2—G，水准路线总长为 1.30 km，共有 34 个测站，E1—G—S、G—W 和 W2—M2—G 为水泥路面，W—W2 为沙土路面，水准标尺为铟瓦尺；辅助水准路线观测为 M2—E2—E1，水准路线总长为 0.40 km，共有 12 个测站，全部为水泥路面，观测仪器均为精密水准仪 Ni004，水准标尺为铟瓦尺；单水准观测路线为 TM1—TM2—W2—G—S—TM3—TM4，水准路线总长为 2.50 km，共有 56 个测站，全部为水泥路面，观测仪器为精密水准仪 Ni002，水准标尺为铟瓦尺。

（2）辅助观测

台站还设有辅助观测手段，以研究气温、气压、水位、降雨等外界因素对水准观测的影响。气温、水位由专用仪器自动记录，然后读取 2、8、14、20 时的读数，改正后取中数为当天的气温、水位；气压每天 8、14、20 时分别观测记录，加以改正，并取改正后的中数为当天的气压；降雨量每天量取一次。

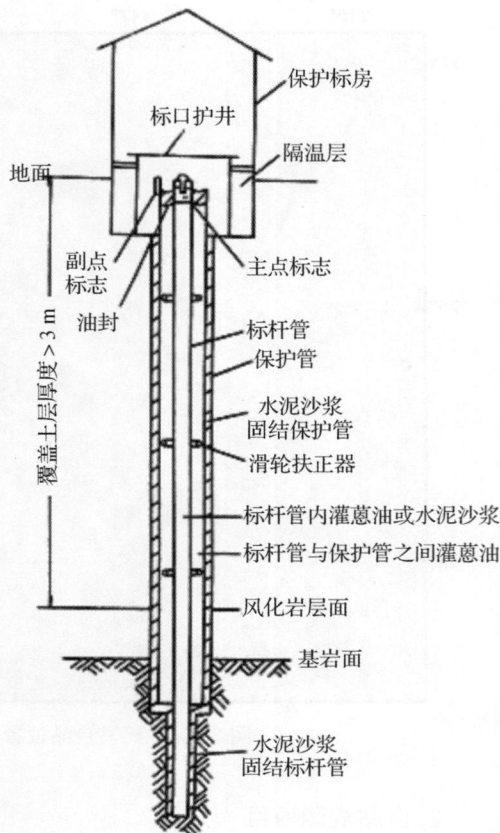

图 3-15　天马台钢管基岩标剖面

五、流动形变监测网

（一）面水准观测

1. 面上水准观测简述

福建位于华东南沿海，与台湾省隔台湾海峡相望，并临东海与浙江、江西、广东等省为邻。闽赣水准网主要分布在福建境内和江西南部。

福建省属亚热带湿润季风气候。西北有山脉阻挡寒风，东南又有海风调节，温暖湿润为气候的显著特色。年平降水量 800 ～ 1900 mm，沿海和岛屿偏少。西北山地较多。每年 5—6 月降水最多，夏秋之交多台风，常有暴雨。

1971 年 9 月开始选点、埋石。1972 年 4 月开始观测。1972—1982 年，水准观测采用蔡司 Ni004 和 Koni007 水准仪。1983 年后，采用 Ni002 和 Koni007 水准仪进行观测。水准标尺采用双频激光干涉仪标定每米真长，其测定误差由 ±20 μm 提高到 ±4 μm。1971 年 9 月至 1998 年 6 月，建成 24 个水准环，10 条支线。福建水准网共有 75 条路线，总长度 6964.4 km，共有 2236 个水准点，分布在闽赣两省东经 114.75° ～ 120.25° 和北纬 23.72° ～ 27.58° 广大地区。1972 年 2 月至 1998 年 6 月，完成精密水准观测（含复测）16739 km，每千米偶然中误差为 ±0.3 ～ ±0.4 mm。2002 年 6 月至 2003 年 1 月由天津一测完成一等水准观测 1529.7 km，每千米偶然中误差为 ±0.32 ～ ±0.43 mm。具体分布如图 3-16 所示。

图 3-16 福建省精密水准观测网络示意图

2. 网址条件

全境山峦起伏，河谷、盆地穿插其间。海拔 1000 m 以下的丘陵、山地占全省总面积的 90%，地势大体西北高、东南低，平原主要分布在沿海地区。山脉呈东北—西南走向平行分布，大体可分两带；西带为武夷山脉，绵亘闽赣边境；东带为博平岭、戴云山、鹫峰山等。山脉被闽江、九龙江等切割，形成许多峡谷。并有山间盆地。再向东则为海拔 500 m 以下的低丘和海拔 200 m 左右的平原。丘陵为峡谷、急流切割，互不连续；东南部平原较广，其上有孤丘散布。本省山地与海岸斜交，形成曲折的海岸线，多优良港湾。沿海有很多岛屿，系大陆山脉没入水中而成。

在陆地上北东（包括北北东）向和北西向两组活动断裂最为发育，北东向活动断裂往往"纵切成条"，北西向活动断裂则"横切成块"，共同组成了网格状的构造格架，这些活动断裂控制着福建省地貌和第四系的发育，第四纪以来都有不同程度的活动。所埋设的水准标石分为基准标石、基本标石和普通标石 3 种。区域内共埋设福州、诏安、建瓯和朋口 4 个基准点。基本水准标石在水准线路中每隔 20 ～ 30 km 埋设一座，普通水准每隔 2 ～ 4 km 埋设 1 座。

3. 流动形变仪器设备情况

流动形变仪器设备情况见表 3-8。

表 3-8　流动形变观测仪器设备情况表

仪器名称	型号	生产厂家	数量	技术指标	观测精度	用途	记录方式	投入观测时间	停测时间
Koni007	DSZ05	德国蔡司厂	6	$m \leqslant \pm 0.5$ mm	$\pm 0.3 \sim$ ± 0.4 mm	水准测量	手工	1972 年	1982 年
Koni007	DSZ05	德国蔡司厂	4	$m \leqslant \pm 0.5$ mm	$\pm 0.3 \sim$ ± 0.4 mm	水准测量	计算器	1983 年	1984 年
Koni007	DSZ05	德国蔡司厂	4	$m \leqslant \pm 0.5$ mm	$\pm 0.3 \sim$ ± 0.4 mm	水准测量	计算机	1985 年	1990 年
Ni004	DS05	德国蔡司厂	7	$m \leqslant \pm 0.5$ mm	$\pm 0.3 \sim$ ± 0.4 mm	水准测量	手工	1972 年	1982 年
Ni004	DS05	德国蔡司厂	1	$m \leqslant \pm 0.5$ mm	$\pm 0.3 \sim$ ± 0.4 mm	水准测量	计算机	1987 年	1987 年
Ni002	DSZ05	德国蔡司厂	1	$m \leqslant \pm 0.5$ mm	$\pm 0.3 \sim$ ± 0.4 mm	水准测量	计算器	1983 年	1984 年
Ni002	DSZ05	德国蔡司厂	1	$m \leqslant \pm 0.5$ mm	$\pm 0.3 \sim$ ± 0.4 mm	水准测量	计算机	1989 年	1989 年

仪器 名称	型号	生产 厂家	数 量	技术 指标	观测 精度	用途	记录 方式	投入观 测时间	停测 时间
Ni002	DSZ05	德国 蔡司厂	2	$m \leq \pm 0.5$ mm	$\pm 0.2 \sim$ ± 0.3 mm	水准 测量	计算机	2002 年	2003 年
Ni002A	DSZ05	德国 蔡司厂	2	$m \leq \pm 0.5$ mm	± 0.2 mm	水准 测量	计算机	2002 年	2003 年

4. 流动形变观测

1972—1975 年两台仪器两组人员各测一个单程。1976 年以后单台仪器一组人员往返观测。1972—1982 年观测数据用人工记簿。1983 年后，开始使用 HP-41C 计算器记簿。1984 年后，采用 PC-1500 计算机记簿。1997 年后，采用掌上型计算记簿。

（二）综合场地水准路线概况

为了对长诏断裂带中北段断裂构造运动进行精细综合观测，2008 年对断裂运动进行综合观测尝试，跨过长诏断裂带布设了福清、泉州两处跨断裂综合观测场地，进行 GPS 剖面、重力剖面和水准剖面综合观测。

1. 福清综合场地

福清跨断层综合观测场地东起福清市东翰镇东翰村西北至福清市镜洋镇墩头村，东经 119° 36′ ～ 119° 18′、北纬 25° 25′ ～ 25° 45′，该场地自北西—南东分别跨越东张—诏安断裂带中的东张北东向断裂，长乐—东山北东向断裂和平潭平原—东山澳角北东向断裂（见图 3-17），由 10 个 GPS 测点、10 个流动重力测点、20 个水准测点构成，总长约 75 km。2009 年起 GPS、重力、水准每年各复测一期。

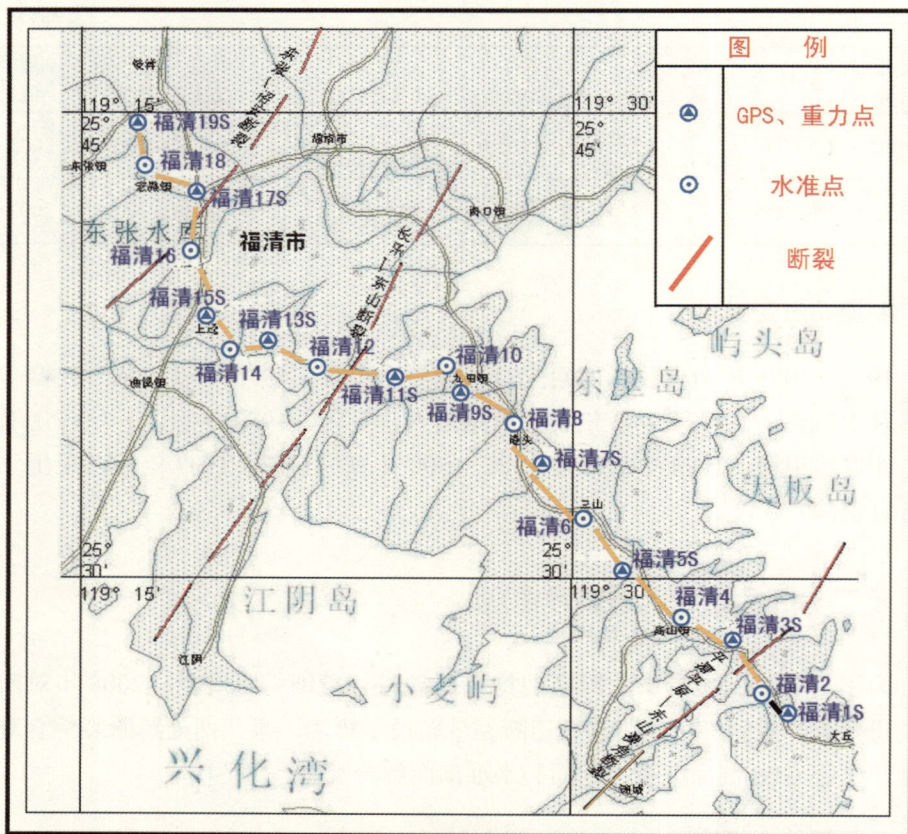

图 3-17　福清跨断层综合观测场地

2. 泉州场地

泉州跨断层综合观测场地场起晋江市社店大队尾厝村西至南安市仑苍镇大泳村，东经 118° 32′ ～ 118° 19′、北纬 24° 46′ ～ 25° 01′，该场地跨越东张—诏安断裂带中的南安李西—东田北东向断裂和长乐—东山断裂带中的晋江罗裳山—灵源山北东向断裂（见图 3-18），由 10 个 GPS 测点、10 个流动重力测点、20 个水准测点构成，总长约 75 km。2009 年起 GPS、重力、水准每年各复测一期。

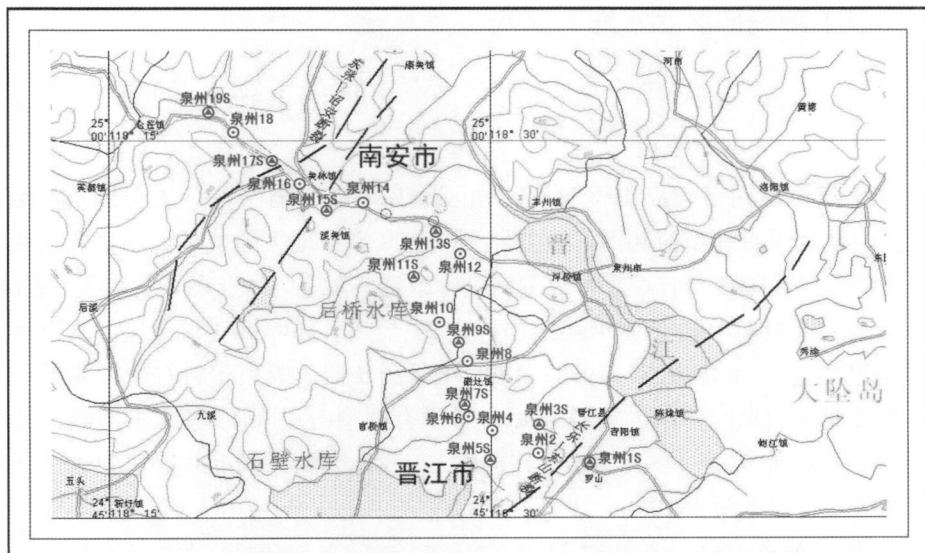

图 3-18　泉州跨断层综合观测场地

3. 杭广南线泉州段

观测路线总长度为 42.4 km，共 11 个测段，每年复测一期。见图 3-19。

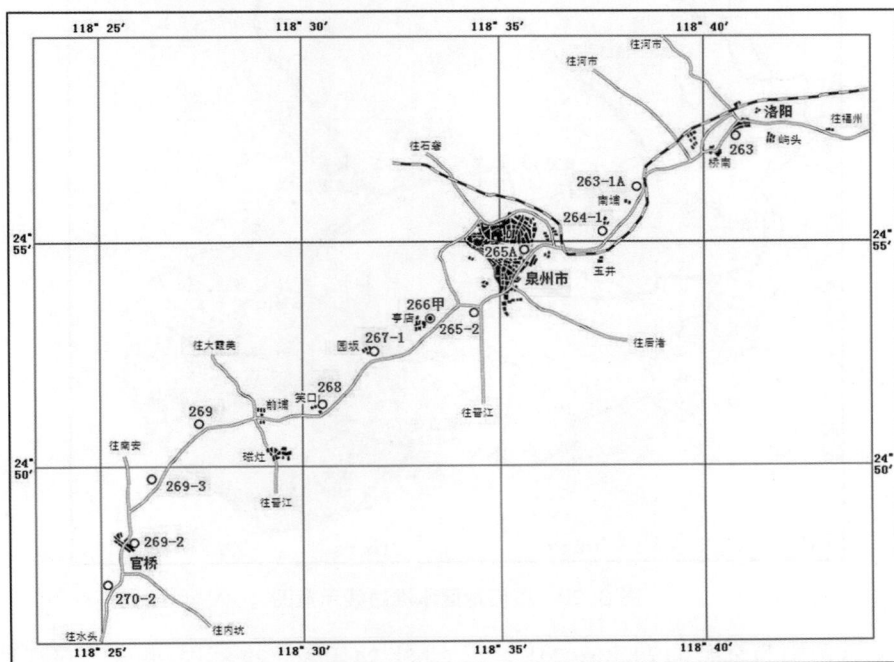

图 3-19　杭广南 I 等水准路线图（洛阳镇—官桥镇段）

（三）厦门地区面水准监测网

1.简述

1991 年由厦门市政府出资对厦门地区原有地震监测网进行加密扩充，配套优化厦门地区原有地震监测网，主要监测厦门及周边地区的地震活动，监视厦门岛的沉降变化。1993 年，对原有观测网进行改造，在厦门岛及岛外的集美、杏林、同安布设全长 284.7 km 的水准路线，构成 23 个闭合环，拥有 2 个深部水准点、24 个基准点、75 个普通点。1994—1998 年复测 5 期，成果资料符合国家地震局一等水准观测规范的要求。1998 年后，对原有网型改进为 13 条水准路线，分岛内（8 条）和岛外（5 条）两个部分，共构成 12 个闭合环，共 244.3 km，71 个点（水准观测网分布图见图 3-20）。

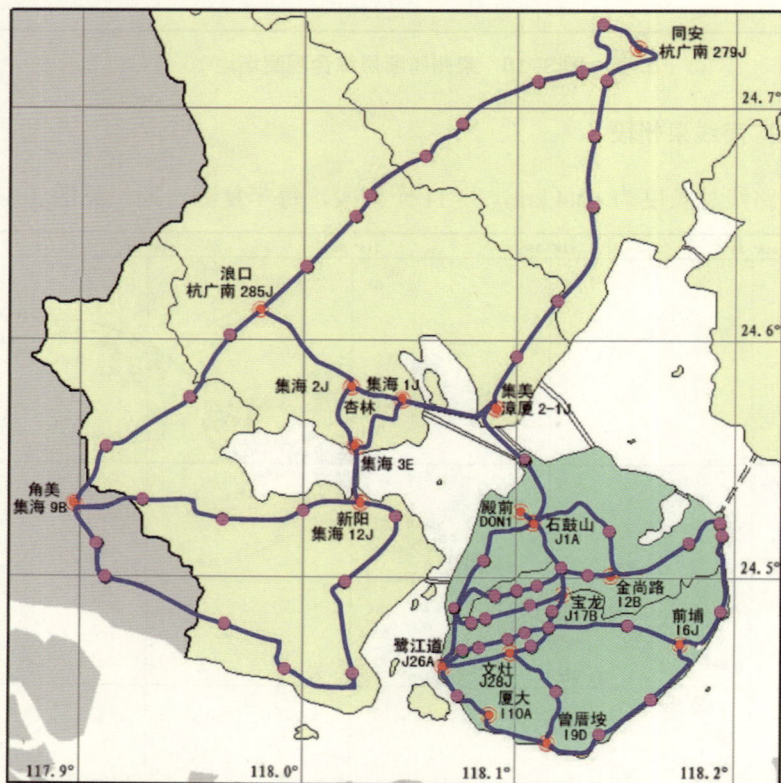

图 3-20　厦门地区水准路线示意图

测区范围为东经 117.8°～118.2°、北纬 24.4°～24.8°，测区内包括岛内部分思明、湖里两个区，岛外部分集美、海沧、同安三个区，以及龙海市角美镇的部分区域。1999—2007 年复测 9 期，岛内外整个网整体平差，成果资料符合国家地震局一等水准观测规范的要求。由 2008 年开始，岛内外两部分分开隔年复测，岛外以杭广南 279 基为基准点，岛内以漳厦 2-1 基为基准点单独平差。2008 年复测岛外一等水准，2009 年复测岛内一等水准，2010 年复测岛外水准，2011 年复测岛内水准，2012 年复测岛外水准，成果资料符合国家地震局一等水准观测规范的要求。

2. 网址条件

测区内人口稠密，经济发达，交通便利，西部有一处农场，自然条件和交通条件较差。区内主要有长乐—诏安断裂，至今地震活动仍较活跃，是中国地震重点监视防御区之一。

测区属海洋性亚热带气候，温和多雨，年平均气温在 21℃ 左右，夏无酷暑，冬无严寒。厦门地区年平均降雨量在 1200 mm 左右，台风的影响多集中在 7 至 9 月份。区内多丘陵地形，平均海拔 0 ～ 500 m。13 条水准路线（段）测线基本沿国道、省道或市政公路布设，作业路面以水泥路面为主。随着经济建设的发展，公路上汽车流量越来越大，各种干扰因素对水准观测精度和速度带来很大影响。

3. 观测

1972—1975 年两台仪器两组人员各测一个单程。1976 年以后单台仪器一组人员往返观测。1972—1982 年采用蔡司 Ni004 和 Koni007 水准仪，观测数据用人工记簿。1983 年后，开始使用 HP-41C 计算器记簿。1984 年后，采用 PC-1500 计算机记簿。1997 年后采用 HP-200LX 计算机记簿。1987 年后使用蔡司 Ni002 水准仪进行观测，水准尺采用双频激光干涉议标定每米真长。2006 年后采用 Ni002 水准仪铟瓦标尺及 PDA 电子水准手簿。1974 年以前，水准网观测执行国家测绘总局 1963 年版《水准测量细则》和国家地震局的《形变测量工作几项规定》。1974—1981 年，执行国家测绘总局 1974 年版《国家水准测量规范》、《大地测量技术补充规定》。1981 年起，执行国家地震局《大地形变测量规范（施行稿）》。1983—1998 年，执行国家地震局颁发的《大地形变测量规范（一、二等水准测量）》。现执行《国家一、二等水准测量规范》，GB12897—2006。多年来的精密水准资料为厦门地区的中、长期地震预报和科研提供精确的数据，为厦门地区的防震减灾提供基础资料。

六、地倾斜监测

地球上的一切物体，包括大气和海洋等，都会在太阳和月亮等天体的起潮力作用下发生周期性的变形，最明显、最直观的周期性变化现象就是海水的涨落——海潮。

固体地球也会发生周期性的涨落现象，但人们肉眼是看不出这种变化的，必须通过专门的仪器才能监测到。地倾斜仪就是监测地表变形而导致地面倾斜的仪器，是进行地震前兆监测的重要手段之一。

引起地倾斜变化的因素很多，除了地球内部构造运动以外，最明显的引起地倾斜变化的就是太阳和月亮的起潮力。地倾斜仪测量灵敏度高达 1/1000 角秒，可测量太阳和月亮位置变化引起的铅垂线方向的变化，可用于测量倾斜固体潮。

人类在监测地倾斜变化的历史上，首先自然想到的是利用铅垂摆的原理来测量摆线偏离铅垂线的角度，由于地倾斜引起的角度变化极其微小和当时技术条件的限制，虽然进行了大量的实验，但最终还是失败了。直到 19 世纪德国人 Hengler 发明了水平摆，人类才开始真正意义上的地倾斜监测。水平摆巧妙地将微小的地倾斜变化角度通过机械放大的原理进行放大，再利用光杆距作用以照相的形式记录下来，得到地倾斜变化图像，直到目前，水平摆倾斜仪还在使用。随着现代测微技术的发展，早期看来不能实现的测量由地倾斜引起的摆线偏离铅垂线的微小角度，现在也变成了现实，这就是现在的垂直摆地倾斜仪监测原理。在两个钵体之间用一根水管连接，钵体中注入适量的水，放置在水平地面上，当地面发生微小倾斜时，两钵体势必会产生微小高差，这个微小高差通过两钵体中水位的变化被高精度测微仪器检测到，经过一定换算，就能得到地倾斜变化，这就是水管倾斜仪观测原理。

（一）地倾斜观测原理

1. 水平摆地倾斜仪观测原理

生活经验告诉人们，当门框安装不正时，门会自动旋转一定的角度后静止。如果门框向外倾，门会自动打开；如果门向内倾，门会自动关闭。在图 3-21 中，A、M、O、G（图中的实线部分）构成了水平摆观测系统原理图，如果 $i=0$，摆锤 M 在任何位置都能平衡，水平摆失去意义；如果 $i=\dfrac{\pi}{2}$，则系统 A、M、O、G 实际上就是铅锤摆，其周期为：$T_0=2\pi\sqrt{\dfrac{a}{g}}$。

当 i 很小时，就组成了一部高灵敏度的水平摆，此时，有：

$$T=2\pi\sqrt{\frac{a}{g\sin i}}\approx 2\pi\sqrt{\frac{a}{gi}}=\frac{T_0}{\sqrt{i}}=2\pi\sqrt{\frac{b}{g}}$$

式中，$b=\dfrac{a}{\sin i}\approx\dfrac{a}{i}$。

b 称为水平摆的等效单摆摆长，T_0 为单摆的固有振动周期。假设 $i=20''$，则有：

$$\frac{T}{T_0}=\frac{1}{\sqrt{i}}\approx 100$$

$$\frac{b}{a}=\frac{1}{i}=10000$$

这就说明当摆轴倾角 i 由 $\dfrac{\pi}{2}$（单摆）变到 $i=20''$ 时，自振周期增大至 100 倍，折合摆长增长至 10000 倍，相当于人们使用了一架摆长极大的单摆，通过机械放大得到微小的地倾斜角度。

由于地面倾斜变化极为缓慢，摆系在每一瞬间都可视为一静平衡状态。根据静平衡方程（冯锐，地倾斜与地震），可得，

$$\psi\approx i\alpha$$

其中，ψ 为欲观测的地倾斜角，通常为百分之几至几角秒；i 为摆轴与铅锤线夹角，要比地倾斜角 ψ 小很多（i 越小，仪器越灵敏，就越难调到平衡状态），这样摆杆偏转角 α 将比地倾斜角 ψ 大很多，使得通过观测宏观的 α 间接观测出地壳形变的微小变化。

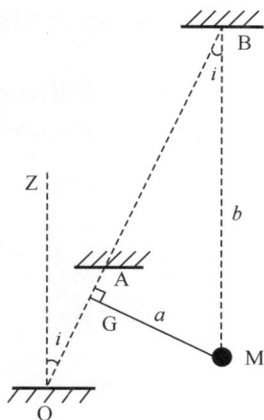

图 3-21　水平摆观测原理

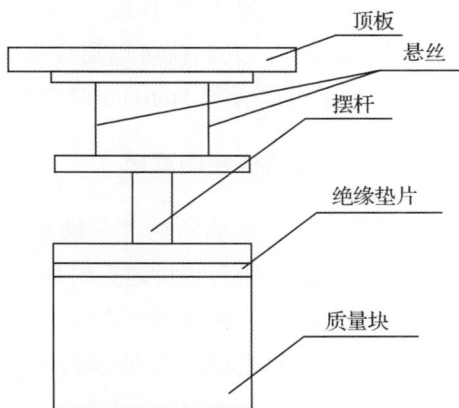

图 3-22　VS 型垂直摆摆系组成

2. 垂直摆倾斜仪观测原理

垂直摆倾斜仪的观测原理要比水平摆的简单，但是它所使用的技术要复杂的多。垂直摆倾斜仪的摆系主要由柔丝、摆杆和质量块三部分组成，摆系采用双丝悬挂（如图 3-22 所示），这种悬挂方式使摆系只有一个自由度。摆的质量块为一长方体薄板，作为动片，置于两定片（电容传感器）之间，由于板与板之间相互平行且其缝隙及其微小，故在两定片之间加上某一电压时，两缝隙之间的电场可看成是匀强电场，

$$\frac{U_1 - U_3}{L_1} = \frac{U_3 - U_2}{L_2} \cdots\cdots (2\text{-}1)$$

其中 U_1 和 U_2 是振荡源和其经过反相后加到固定板上的电压（瞬时值），U_3 是活动板受电场感应所产生的电位，L_1、L_3 分别是活动板（动片摆锤）与电容板（定片 1）和电容板（定片 2）之间的距离。由上式进一步可得：

$$\frac{U_1 + U_2 - 2U_3}{U_1 - U_2} = \frac{L_1 - L_2}{L_1 + L_2} = \frac{\Delta L}{L_0} \cdots\cdots (2\text{-}2)$$

其中 ΔL 为活动板偏离零位的距离，L_0 为间距 L_1 和 L_2 的平均值，$L_0 = (L_1 + L_2)/2$。假定加在两固定板的电压大小相等而相位相反，即 $U_1 = -U_2$，代入（2-2）式得：

$$\Delta L = L_0 \times U_3 / U_2 \cdots\cdots (2\text{-}3)$$

由（2-3）式可以看出：偏离零位的距离 ΔL 是与传感器的输出电压成正比。一般来说，ΔL 是极其微小的，可以认为 ΔL 与摆长 L 之比就是地倾斜变化角度。通过式（2-3），人们就可以通过高灵敏度传感器测量电信号变化量来得到机械位移变化量 ΔL，使得 Hengler 时代不易得到的 ΔL 通过测量电信号而间接得到。

3. 水管倾斜仪观测原理

水管倾斜仪观测的物理基础基于普通物理学中的连通管原理（图 3-23）。水管倾斜仪也是精密测量地壳岩体垂直方向上的相对变化，主要用于倾斜固体潮及地震形变前兆监测与研究。由于测量灵敏度高，故也能用于测量倾斜固体潮，也是进行地震前兆观测的重要手段之一。水管倾斜仪观测的对象也是地面发生倾斜时地面的瞬时平面相对于参考平面变化的一个相对角度。

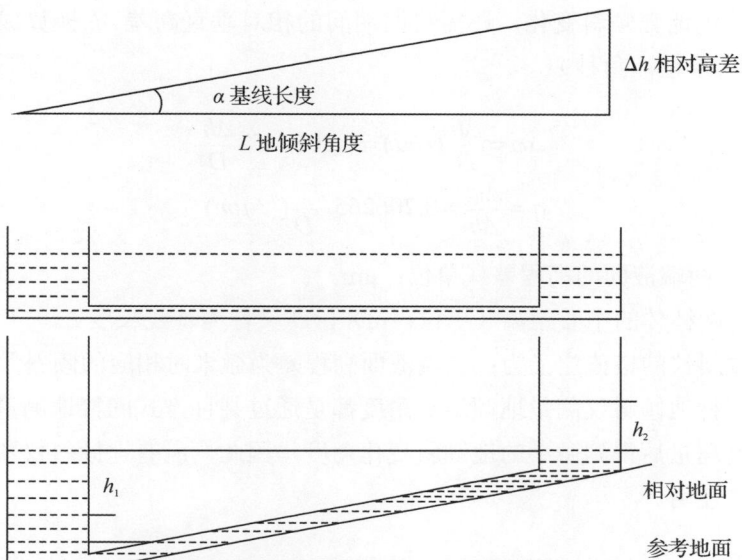

图3-23　水管倾斜仪观测原理图

　　在地面不发生倾斜时，两钵体内的液面会保持在同一水平面，但当瞬时地面相对于参考地面倾斜一微小角度时，两钵体内的液面为了要保持同一水平面，就必然会相对于原来的位置发生变化，即：相对上升的钵体液面下降，相对下降的钵体液面上升，这种相对变化的高差被高灵敏度的传感器探测到，以电信号的方式被记录下来。

$$\alpha = tg\alpha = \Delta h/L（当 \alpha 很微小时）\qquad \Delta h = h_1 + h_2$$

式中，α 就是地面倾斜角。

　　设 S_1、S_2 分别为两钵体的截面积，ρ 为液体的密度。对于仪器中不可压缩的液体有下边的公式：

$$\rho h_1 S_1 = \rho h_2 S_2$$
$$\Delta h = h_1 + h_2 = H_2 - H_1$$
$$h_1 = \frac{S_2}{S_1 + S_2} \Delta h$$
$$h_2 = \frac{S_1}{S_1 + S_2} \Delta h$$

式中，h_1、h_2 分别为两端液面偏离平衡面的距离。

　　实际上，$S_1 = S_2$，则 $h_1 = h_2 = \Delta h/2 = h$。即两钵体横截面积相等的仪器，两液面的垂直位移量大小相等，方向相反，台基相对上升的一端液面下降，另一端液面上升。

为了测定地壳倾斜变化，还需将两端间的相对垂直高差 Δh 换算成相应的地倾斜角 $\Delta\varphi$（单位：角秒）。

$$\Delta\varphi = \frac{\Delta h}{D}(rad) = 0.206265'' \frac{\Delta h}{D}$$

$$\eta = \frac{\Delta\varphi}{\Delta h} = 0.206265'' \frac{1}{D}('' / \mu m)$$

式中，Δh 为两端液面的高程差（单位：μm）；

D 为两钵体的中心距离（单位：m），D 又称为基线长度 L。

水管倾斜仪的格值定义为：二端液面高程差为微米时相应的倾斜量。

以上三种地倾斜仪测量地倾斜的角度都是通过某种方式间接地测量和该角度有关系的物理量后得到微小的地倾斜变化角度，因此，所有地倾斜仪器都必须经过标定才能使用。

（二）厦门地区地倾斜监测历史沿革

厦门地区地倾斜监测可以分为两个阶段：

第一阶段（1972—2007 年）为模拟量图观测阶段；

1972 年开始使用的仪器为 JB 型金属水平摆倾斜仪，1985 年 5 月 SQ-70 型石英摆倾斜仪投入运行，取代了 JB 型金属水平摆倾斜仪进行观测，直到 2007 年 4 月，SQ-70 型石英摆倾斜仪停止观测。这两种仪器原理与观测系统上完全相同，如图 3-24 所示，只是连接摆锤的吊丝不同而已，前者为金属丝，后者为石英丝。观测系统如图 3-25 所示。

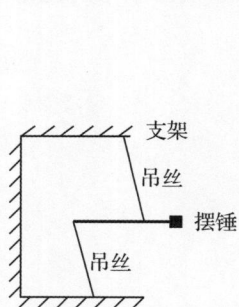

图 3-24　倾斜仪观测原理　　图 3-25　倾斜仪观测系统

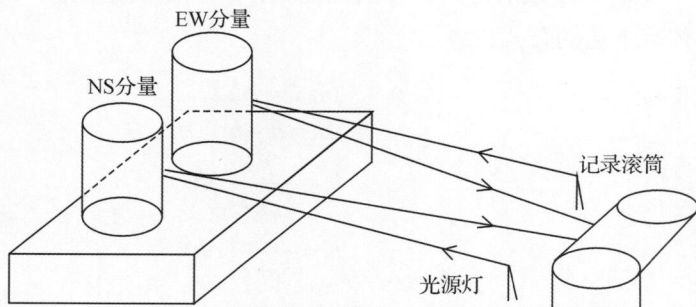

1. JB 型金属水平摆倾斜仪

光记录的水平摆倾斜仪由主体水平摆系（NS 分量与 EW 分量互成 90 度角布设）、记录滚筒（其上铺设感光相纸）、光源灯（两个，含变压电源箱或直流电源）、时号系统等组成，记录时要保证光源灯发出的光线经本体反射后，能落入到记录滚筒的狭缝内，并且保证所有光线都在同一平面内。

应用水平摆的高放大性能，该仪器能对所在地一定区域的地球表面和地块的微小地倾斜变化、倾斜固体潮汐进行光记录连续观测，对震前短临异常图像有较好的映震效能。

（1）JB 型金属水平摆倾斜仪技术特点

由摆锤组成的摆系用金属丝悬挂和固定在支架上，支架固定在一块呈等腰直角三角形的底板上，底板上又三个螺丝，分别位于三个角，其中直角处的螺钉是固定不能调的，两个锐角处的螺钉是用来调试仪器的。和摆锤连在一起的摆杆上固定有一面很小的曲面反光镜，在地壳发生倾斜变化时，摆锤发生转动，曲面反光镜亦随之偏转，光源灯发射来的光线经曲面反光镜反射后，经过光杠杆放大，将转动变化值通过照相记录，连续地记录下水平摆随地壳的微倾斜运动变化。

（2）JB 型金属水平摆倾斜仪主要技术指标

JB 型金属水平摆倾斜仪主要技术指标见表 3-9。

（3）观测条件

在年温变幅小于 0.5℃的岩体硐室内进行连续观测。

表 3-9　主要技术指标

折合摆长	（14.5±0.4）cm
设计格值	0.010″ ～ 0.002″/mm
摆锤	直径 16 mm；质量 10 g
摆杆长度	15 mm
两直角边跨距	200 mm
光杆距	1.0 ～ 5.0 mm
记录器	光记录纸 430 mm×200 mm，日记滚筒 Φ130 mm，一日转动一周。此外，还有时号灯、时号钟、电源控制器等。

2. SQ-70 型石英水平摆倾斜仪

该仪器的观测原理与上述金属摆水平摆倾斜仪的完全相同。和金属摆相比，SQ-70 型石英水平摆倾斜仪具有灵敏度高、稳定性好、观测精度高等优点。

（1）SQ-70 型石英水平摆倾斜仪技术特点

除了技术构成和金属摆水平摆倾斜仪相同外，石英水平摆倾斜仪还有以下特点：一是支架摆杆、吊丝选用熔凝石英烧焊成一体制成；二是设有夹摆装置、电源控制器和时间控制器等。

（2）SQ-70 型石英水平摆倾斜仪主要技术指标

SQ-70 型石英水平摆倾斜仪主要技术指标见表 3-10。

表 3-10　主要技术指标

灵敏度	0.001″/mm
折合摆长	700 mm
摆锤直径	10 mm
摆锤质量	10 g
光杠杆长度	5 m
摆自振周期	76.22 s
I 角	5.5″
记录纸尺寸	920 mm×300 mm
走纸速度	5.3 mm/h
记录器（滚筒）	Φ130 mm，一日转动一周。
石英丝直径	Φ40 μm
石英丝长度	110 mm
石英丝抗断强度	71.2 g
石英丝扭力系数	0.534×10^{-5} Ncm/rad
摆系放大	2.06×10^{-4}，光杆距放大 142

（3）观测条件

在年温变幅小于 0.5℃的岩体硐室内进行连续观测。

第一阶段（1972—2007 年）的工作程序是：每天早晨 8：00—8：15，工作人员下地洞换相纸，洗相、量图和用计算器换算，最后以电报的形式将数据上报到主管部门。这一套程序全部手工操作，得到的只是整点值数据（图 3-26）。

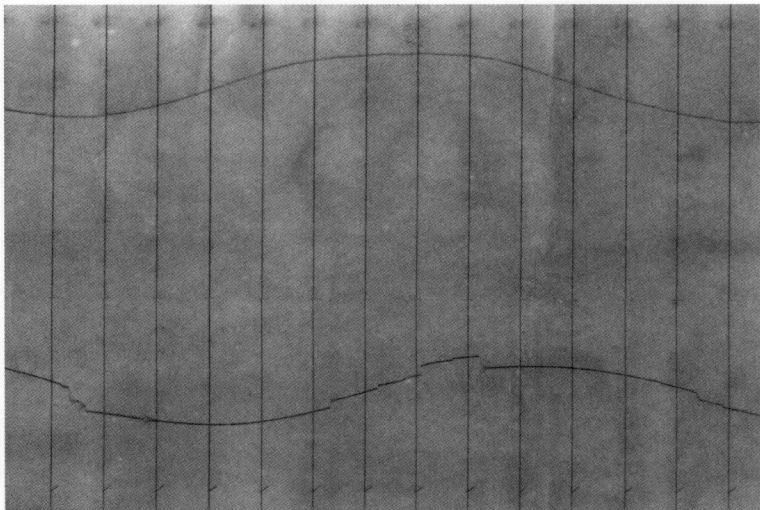

图 3-26　模拟观测数据图

第二阶段为数字化观测阶段（2000—至今）：

1999 年，厦门地震台成为全国第二批、福建省第一批数字化改造试点台站，"95-01-02"项目的成功实施标志着厦门地震台走入了数字化观测时代。随着电子测微技术与数字技术的发展，人们可以直接测量由于地面倾斜而引起的摆线与垂线之间的微小角度。垂直摆倾斜仪和水管倾斜仪就是将摆锤或水位发生的微小位移或高差以电信号的方式记录下来，通过一定的公式和格值计算，再换算成所需的地倾斜角度。

3. VS 型垂直摆倾斜仪

VS 型垂直摆倾斜仪由五部分组成：两个摆体、主机、数据采集器、电源机箱及传输电缆。仪器连接示意图如图 3-27 所示。

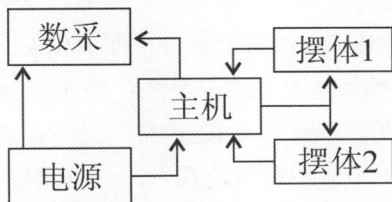

图 3-27　VS 型垂直摆倾斜仪链接示意图

在上述观测系统中，又可简单分为记录系统、数据采集系统和供电系统，这三个系统通过主机有机地结合起来，协同完成数据的记录、采集和存储等功能。

整个系统取得数据的过程大致如下：摆体 1 和摆体 2 一般是正南北和正东西架设，通过它完成两方向由于地倾斜发生的微小位移变化的记录，这个记录数据以电信号的形式通过电缆传输到主机，数据采集器通过每分钟采样获得电信号，再通过格值转换，变成一组组地倾斜变化的角度。

（1）VS 型垂直摆倾斜仪技术特点

垂直悬挂的摆系机械结构简单，体积小，装校方便，操作简单，便于管理；电容传感器有足够高的精度和稳定性；自动标定、自动数字采集，提高了仪器的精度和智能化程度。

（2）VS 型垂直摆倾斜仪主要技术指标

VS 型垂直摆倾斜仪主要技术指标见表 3-11。

表 3-11 　主要技术指标

折合摆长	10 cm
电容测微器精度	0.0001 μm
仪器分辨率	0.0001 角秒
仪器线性度	＜ 1.0%
仪器日漂移	0.005 角秒
输出信号量程	±2 V
电源范围	AC 220 V±10% 　 50 Hz±5%，DC＋12 V±10%
电源功耗	20 W
机械本体尺寸	450 mm×390 mm×440 mm

4.DSQ 型水管倾斜仪

水管倾斜仪也是精密测量地壳岩体垂直方向上的相对变化，主要用于倾斜固体潮及地震形变前兆监测与研究。由于测量灵敏度高，故也能用于测量倾斜固体潮，也是进行地震前兆观测的重要手段之一。因此，水管倾斜仪观测的对象也是地面发生倾斜时地面的瞬时平面相对于参考平面变化的一个相对角度。

DSQ 水管倾斜仪基本上也由五部分组成：两个本体、主机、数据采集器、电源机箱及传输电缆。观测示意图如图 3-27，只不过将其中的摆体 1 和摆体 2 分别换成水管 1 和水管 2。地倾斜数据的获得流程也类似于 VS 型垂直摆倾斜仪。

（1）DSQ 水管倾斜仪技术特点

该仪器具有独特的导向装置及标定装置；具有自动标定、数据采集和网络通讯功能；仪器安装在岩石坚硬完整的山洞内，洞体内温度日变幅度＜ 0.03℃，年变幅度＜ 0.5℃。

（2）DSQ 水管倾斜仪主要技术指标

DSQ 水管倾斜仪主要技术指标见表 3-12。

表 3-12 主要技术指标

灵敏度	0.001 角秒
基线长度	10 m 以内（大于 5 m），按需要大于 10 m 更好，小于 50 m。
系统稳定性	日漂移量小于 0.005 角秒
标定精度	优于 1%
标定、调零	全自动化
记录方式	数据采集、打印和模拟可见记录并存

（三）厦门地区地倾斜监测与地震预测

毫无疑问，地倾斜监测的重要目的之一就是地震预测。从厦门地区开始地倾斜观测的第一天起，地震预测预报工作便开始了。厦门地区的地震预测预报工作也经历了两个阶段，即：模拟观测时代的地震预测与数字观测时代的地震预测阶段。

1. 第一阶段：手工作图与"看图识字"阶段（2000 年以前）

这一阶段主要对应的是地倾斜模拟监测阶段。20 世纪 90 年代以前，个人电脑的拥有量几乎为零，普及率极低，就连手持式 PC-1500 型号 BASIC 语言编辑器也没有人手一台。当时别说个人拥有电脑，就连整个单位拥有一台电脑都是很稀罕的事情，厦门地区地震部门拥有电脑的数量估计也就二至三台，即便是拥有了电脑，电脑的使用人才也奇缺，会利用电脑编程计算的人员更少，同时懂得电脑编程和业务知识的人更加是少之又少。在这种状况下，技术人员主要就是利用每天的 24 h 整点值及日均值，对照观测记录曲线，通过一些简单的数学方法来进行地震预测。有些方法在数学原理上描述得都比较完美，但在实际操作上还存在着一定的困难，一是样本数较少（就只有整点值），二是计算工具不利（普通计算器），这样，第一手资料—模拟记录图像就显得尤为珍贵。这些方法主要有：1. 形态法；2. 矩平法；3. 差分法；4. 最大相关系数法；5. 矢量图法。

（1）形态法

在原始记录曲线、整点值与日均值等分量、矢量曲线常态变化的背景上，若出现曲线异常的倾斜速率、阶跃、脉冲、波动（或脉动）、鼓包等情况，矢量图显示急拐弯、打结、变速，经查实又无其他因素的突变干扰，可当作是地壳异常运动的反映来处理。

（2）矩平法

又叫时序叠加法。某些台站的季节性变化较为明显（年年相似），但又非一、二次函数能描述，可以求出历年相同月份的（日，5日，旬）均值，并以实测值减去相应的均值，视其余差变化，以发现异常。

（3）差分法

一阶差分分析是一个较为普遍而又成熟的分析方法，对定点形变观测的各个手段都适用。它所反映的物理实质就是该观测物理量的变化速率。二阶差分反映的是地形变加速度的变化情况。人们知道，理论固体潮资料是由多种不同频率的谐波组成，其对时间的一阶导数也是一系列的正弦波和余弦波，故其一阶差分在正常的情况下，不会超过某一限差，在有异常的情况下则会突破。

有关公式：

$$\Delta_i = \varphi_{i+1} - \varphi_i$$

式中，φ_i 为某时（日、月）形变单分量累积值。

$$A = \frac{1}{n}\sum_{i}^{n}\Delta_i$$

$$\mu = \pm\sqrt{\frac{\sum_{j=1}^{n}(\Delta_i - A)^2}{n-1}}$$

经多台数据进行 X 平方检验得知：一阶差分基本上服从正态分布，一般不会超限，若出现超限，又无其他原因，则要考虑构造方面的异常。

（4）最大相关系数法

许多震例表明：在大地震之前地倾斜会偏离正常状态，视台站地下介质的不同，有的台站会背离未来震中，而有的则会指向震中，并且在台站与未来震中连线上的一系列台站地倾斜的背离和指向有时会相互交错。通过适当的数据处理，突出地倾斜方向的改变。

在良好的观测条件下，矢量曲线是一条相当好的光滑曲线，如果时间尺度不大，可以近似为直线，表明两分量及其与环境的关系均近似为线性，于是两分量之间的相关系数 ρ 应当稳定，至少也应在某一稳定值附近摆动。旋转坐标轴至某一方位，可以使 ρ 达到最大，以此作为矢量方向处于正常状态的标准。如果地震异常使地倾斜在短时间内发生剧变，则必然引起最大相关系数的急速下降。

有关公式如下：

$$\rho_{max} = \frac{2\sigma_{xy}}{\sigma_N^2 + \sigma_E^2}$$

式中，$\sigma_{xy} = \sigma_{NE} \cdot \cos(2a) + \frac{1}{2}(\sigma_N^2 - \sigma_E^2) \cdot \sin(2a)$；

$\sigma_{NE} = \overline{\varphi_N \varphi_E} - \overline{\varphi_N} \cdot \overline{\varphi_E}$；

$\overline{\varphi_N} = \frac{1}{n}\sum_{i=1}^{n}\varphi_{Ni}, \cdots, \overline{\varphi_N^2} = \frac{1}{n}\sum_{i=1}^{n}\varphi_{Ni}^2, \cdots, \sigma_N^2 = \overline{\sigma_N^2} - (\overline{\varphi_N})^2$；

$\overline{\varphi_E} = \frac{1}{n}\sum_{i=1}^{n}\varphi_{Ei}, \cdots, \overline{\varphi_E^2} = \frac{1}{n}\sum_{i=1}^{n}\varphi_{Ei}^2, \cdots, \sigma_E^2 = \overline{\sigma_E^2} - (\overline{\varphi_E})^2$；

$2a = arctg\frac{\sigma_N^2 - \sigma_E^2}{2\sigma_{NE}}, \cdots, \overline{\varphi_N \varphi_E} = \frac{1}{n}\sum_{i=1}^{n}\varphi_{Ni} \cdot \varphi_{Ei}$。

φ_{Ei} 与 φ_{Ni} 分别为地倾斜的 EW 和 NS 分量，n 为样本量。

（5）矢量图法

从理论上讲，地倾斜仪器记录到的固体潮曲线是由日波、半日波等各种谐波组成的，其中 M2 波占有绝大部分。其纬度（南北分量）或经度（东西分量）上的变化基本上可近似看成是按照正弦或余弦交替变化的。如果将南北分量和东西分量各看成一个矢量，并进行合成，可以预计其合成的矢量图像大致是一条不能闭合的椭圆光滑曲线。如果实际观测到的矢量曲线出现了各种各样的打结、扭曲、畸变等现象，就必须要考虑到地下介质结构发生了变化，或地震孕育过程导致的地震前兆现象。

2. 第二阶段：电脑作图与"看图识字"阶段（2000 年至今）

数字化资料分钟值的出现，使固体潮汐观测及其辅助观测如重力、倾斜、应变潮汐以及气压等测项的观测信息量大为丰富，使得原来在 24 h 整点值基础上的信息量一下子提高了 60 倍。更为重要的是，数字化潮汐形变观测（中频段）填补了测震学（高频段）和大地测量学与 GPS（低频段）的频带空白，使得人们在传统观测的物理量以及传统的分析方法上去研究发展。

国内大型地震预报预测分析软件 EIS2000 的出现，标志着传统的地震模拟预测预报向数字化方向转变。这一切都是建立在个人电脑的普及与网络飞速发展的基础之上的，信息的快速交流也使得资料的使用上不再只限于本台内部，而是遍及全省台站，甚至还利用国内、国际上的资料。

（1）调和分析法

一般来说，对某一地点的某一特定记录仪器来说，其记录到的潮幅因子应该是稳定的。然而，由于外部环境的复杂多变以及当地的地壳形变，或者由于仪器格值的不稳定，都会引起潮幅因子的变化。潮幅因子的物理意义就是观测值幅度和其理论值幅度之比。

（2）各种滤波法

正常的地倾斜固体潮曲线记录的是地表某点在日月等天体作用下，在垂直方向上发生的有规律性的形变。在频率域内，它一般表现在低频段上。为此，设计各种滤波器，滤掉常规的、正常的变化信息，而得到和地质构造、地震孕育有关的信息，从而提取到地震前兆。

（3）拟合法

地倾斜仪器记录到的信息中，包含有各种各样的信息，主要的有三种：（1）正常的、有规律性的固体潮变化；（2）地表的各种干扰信息，包括仪器方面的各种零飘、干扰等；（3）地下岩石圈中地质构造、与地震孕育有关的应力应变调整信息等。毫无疑问，第（3）种信息是人们要重点关注的。但不幸的是，第（3）种信息在仪器所记录到的全部信息中的占有量还不到1%。拟合法的目的就是要得到某地正常的地倾斜变化规律，包括仪器零飘在内的长周期变化规律，从而得到地倾斜变化残差，再进一步从残差中分离出地震前兆信息。

（4）小波分析法

快速傅里叶（FFT）方法与各种滤波方法有一个共同的不足，即：只能同时在一个域内分析地倾斜记录资料，要么只在时间域，要么只在频率域。小波分析法填补了这一不足，它能同时精确给出在某一时间段内，哪些频率占有优势、幅度是多大等，更进一步地，能提取哪一类干扰或异常所对应的频段范围。

以上简单介绍了目前常用的地震预测预报方法。实际上，从专业角度来讲，还有很多种方法人们还没有涉及，但无论方法有多少种，目的就只有一个，即从实际观测资料中提取与地震孕育有关的信息，从而能对地震"四要素"（地震发生的时间、地点、震级及破坏程度）做出尽可能精确的预测。

七、地应变观测

地应变仪有两大类：第一类为水平应变型（如 SS-Y 型伸缩仪），第二类为钻孔应变仪（如 TJ 型体积式应变仪等）。它们是连续监测地壳应变状态的仪器，其所测得的资料在地球科学的许多方面有重要意义。

潮汐应变资料是固体潮研究的一个重要组成部分，它不仅为地球弹性研究提供了重要数据，而且是地震预报研究的一个重要手段。在定点形变观测仪器中，国外对水平应变仪的研制一直是比较重视的，各类应变仪都得到了很大的发展，投入观测的仪器数量也较多。

自 1935 年美国地震学家本雷奥夫（H.Benioff）研制成第一台有价值的棒式应变仪以来，美、英、前苏联、日、德等国都相继研制出高灵敏度的伸缩仪。

中国自 1966 年邢台地震以来，地震预报事业得到了全社会的深切关注，地震监测预报工作得以蓬勃发展。20 世纪 70 年代以来，国家地震局地震研究所研制成功了目视伸缩仪，也在多个台站上安装使用，为人们研究应变与地震的关系奠定了初步基础。

1980 年初在灵敏度、稳定性、观测精度等处于起步阶段的第一代观测仪器基础上，开始研制能清晰准确记录固体潮汐为目标的第二代观测仪，1983 年又研制成功了自动、连续、可见的 SSY-Ⅱ型水平石英伸缩仪，在"九五"期间，中国地震局成功推出了新型的洞体应变观测仪器——SS-Y 型伸缩仪，该仪器在保持高精度、高稳定性的同时缩短基线长度，彻底解决了基线炸裂和水银胀盒汞泄露的问题，提高了自动化、智能化程度。

伸缩仪基本原理如图 3-28 所示，以 A 点为基点（固定端），B 点为测量端，L 为基线长。上半图为初始架设状态。当地面发生拉伸（或压缩）时，B 点相对于 A 点产生微小变化 ΔL，以电涡流传感器为例，探头与金属极片的间距约为 0.4～1.2 mm，相对于基线 L 可以忽略不计。当固定墩与测量墩之间距离变化时，在特定的环境下，视基线长度 L 不变，探头与极片之间的间距随之变化 ΔL。每一个支架墩相对于基点 A 也产生变化，假定地面是均匀结构，如基线中点 C 相对于基点 A 伸长 $\frac{1}{2}\Delta L$。测量端相对于固定端 A 变化 ΔL，位移传感器将此变化转换成电压变化，经过前置放大器。由电缆传输至主机输出。通过灵敏度、格值等换算，便可计算出应变量的变化。

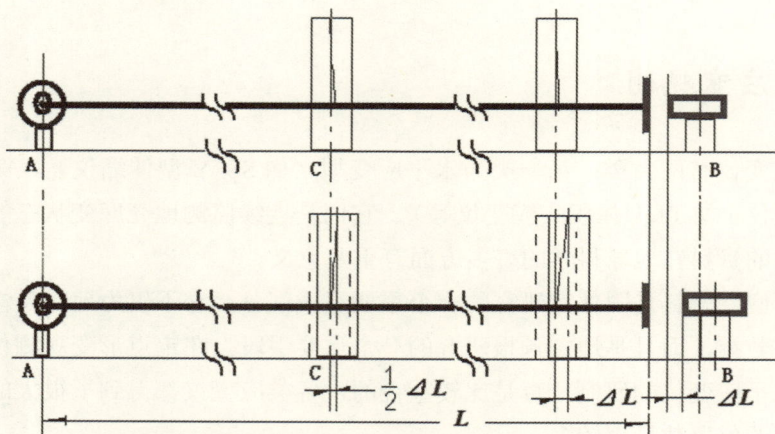

图 3-28　伸缩仪原理示意图

　　"九五"期间，福建省地震局在厦门台安装数字化 SS-Y 型伸缩仪，这是福建省第一台观测洞体应变的仪器，仪器的基本情况见表 3-13。

表 3-13　厦门台伸缩仪基本情况表

仪器型号	正式观测时间	观测室情况						分辨力	记录方式
		进深（m）	覆盖（m）	NS		EW			
				方位（°）	长度（m）	方位（°）	长度（m）		
SS-Y	2001-06	51	26	215.5	15.06	122.5	16.78	优于 1×10^{-9}	数字

　　SS-Y 型伸缩仪于 2001 年 6 月份开始正式观测，日分钟值曲线见图 3-29，从图中可看出厦门台伸缩仪能够清晰地观测到固体潮曲线，潮波清晰完整，有正常的峰谷变化。EW 向仪器安装初期漂移较大，于 2003 年 12 月份更换仪器探头，2005 年仪器开始稳定。

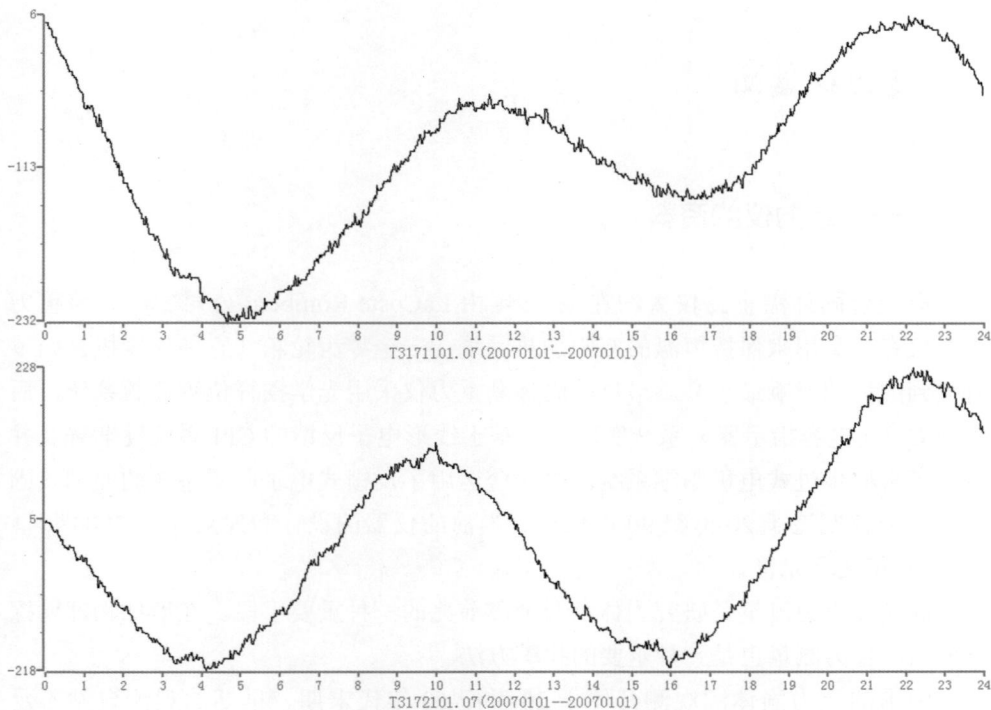

图 3-29　厦门台伸缩仪日观测曲线图

　　在地震前发现水平应变异常现象的震例是较多的。如日本名古屋大学大地震观测站有两次 6 级以上地震，在震前 250 d 都有应变异常，在距离前苏联境内塔尔加地震台 200 km 远的南天山发生 6 级地震前 15 d 记录到有显著的压缩异常。

　　中国地震前监测记录到水平应变异常的震例有：1989 年大同—阳高 6.1 级地震、北京西山台日均值图三分量都显示了明显的前兆异常图像；又如 1992 年 4 月 22 日中缅 6.9 级地震，四川攀枝花台伸缩仪在震前 28 d 出现了 40 mm 的阶跃异常。厦门地震台伸缩仪北南向自观测以来具有较规律的年动态曲线，但自 2006 年 8 月份开始，观测曲线出现急剧的趋势性压缩异常，这种异常一直延续至 2008 年 5 月 12 日汶川地震后才结束。但由于观测时间短，缺乏类似的震例验证，因此，这种趋势性压缩异常是否为汶川 8.0 级大地震的前兆异常还需进一步的分析探讨。

八、重力仪监测

（一）重力仪的资料

第一台固体潮重力仪大约在 1952 年由 LaCoste Romberg 公司生产。该重力测量仪有一套用来保持恒温的双胆加热系统，一个零齿轮箱（它使仪器机械归零时受到的齿隙影响最小）。最早的固体潮重力仪采用光学摆杆位置读数系统，后来被 CPI（电容指示器）系统所取代。基于线形电子反馈的 CPI 系统逐渐普及并取代了机械步进式电机归零系统。第一台运用了反馈式电子归零系统的便携式固体潮重力仪制造于 20 世纪 90 年代初。当前的仪器的设计和发展始于 2004 年，于 2006 年达到完善。

高精度重力测量是研究固体潮及地震前兆的一种重要手段。在地球物理勘探领域内，重力测量也是一种重要的找矿方法。

中国的重力固体潮观测开始于 20 世纪 60 年代末期。早期的观测台站不足 10 个，后来为满足监测与研究工作的需要，增加了部分台站，并淘汰或迁移了部分由于仪器老化或研究目的转移的台站。其中某些台站实施了多台仪器的并行观测，如武昌台至少有 13 台仪器进行过并行观测，从而被国际固体潮中心确定为亚洲基准站。到目前为止，中国定点重力观测已有 30 多年的历史，取得了大量丰富的观测资料和成果。

"九五"期间，中国地震局为适应地震监测预报和防震减灾工作的需要，加大投入，对部分台站进行了数字化改造，同时恢复和新建了部分台站。现有常规观测台网包括了 22 个台站。这些台站主要分布在沿海、华北和南北地震带，同时在西部增加了拉萨台，并将乌鲁木齐台 G218 迁往库尔勒，使西部地区的观测有所加强。

中国重力固体潮观测在早期使用的是加拿大 Scintrex 公司的 CG-2 型金属弹簧重力仪，采用光记录。目前这些重力仪已完全淘汰。20 世纪 70 年代末期，中国地震局地震研究所开始研制台站观测重力仪——DZW 型 μGal 重力仪，并于 1985 年研制成功，此后陆续推广在台站观测使用，目前已有 10 多台这一类型的仪器在观测和使用。

目前用于重力固体潮观测的仪器主要分为两大类。一类是弹簧重力仪，其精

度为 μGal 级，国际上使用较多的是西德的 GS 型重力仪；另一类是非弹簧重力仪，其精度优于 μGal 级，这类仪器主要指超导重力仪。目前中国地震局系统使用的重力仪均为弹簧重力仪。

G-Phone 便携式固体潮重力仪安装在平洞内，该系统由三大部分组成：装有数据采集系统的仪器箱、装有 UPS 和定时模块的电子箱、一台运行控制软件的笔记本电脑，这三部分通过若干电缆连接。

仪器设计为单台运行方式随仪器附带的笔记本电脑进行数据记录，无法满足地震前兆重力台网组网运行的要求。

刘子维等对 G-Phone 重力仪的数据采集系统进行了改进，采用更加稳定可靠的工业控制计算机（以下简称工控机）对数据进行采集，以满足中国数字地震观测网络技术规程要求的网络化数字传输及仪器控制。

（二）厦门地震台重力仪观测

厦门市地震台主要的重力观测仪器有两套，安装在人防山洞内。人防山洞处在台站内，岩性为花岗岩，被覆层约 30 m 厚，山洞洞内面积 300 m²，洞内年变温差 < 0.5℃，日温差 < 0.03℃。山洞由主通道、支通道及洞室组成。主通道进深 71.5 m、宽 3.0 m、高 2.5 m，总体走向为南东 122°31′04″，由洞口向里坡度缓降，靠近东南端一段近 20 m 左右坡度较小，高程海拔 44 m，比洞口低 4.8 m。支通道有两种，一种与主通道同宽、同高，另一种宽 1.5 m、高 2 m。

重力仪安装处，顶覆盖 28.4 m，年温变幅度 0.5℃，日温变幅度 0.01℃，相对湿度 95％，仪器墩基础 1.5 m。厦门市地震台主要的重力观测仪如表 3-14 所示。

表 3-14　厦门台重力仪基本情况表

仪器名称	型号	生产厂家	数量	观测精度 m/s²	灵敏度 m/s²	记录方式	投入观测时间
重力仪	DZW	武汉地震研究所	1	$3×10^{-8}$	$0.01×10^{-8}$	数据采集、打印和模拟可见记录并存。2008 年停止模拟观测。	2001.06.08
	G-Phone	美国 Micro-g 公司	1	$1×10^{-8}$	$0.01×10^{-8}$	数字化观测	2010.3

（三）观测资料研究

作为精确测量地球重力场微小变化的重力固体潮观测是研究固体潮和地震前兆的一种重要手段。重力观测中高频信息及其与地震的关系早已被国内外地学工作者关注并研究。1964 年 3 月 28 日美国阿拉斯加地震和 1964 年 6 月 16 日日本新潟地震，在震前几天日本东京气象研究所 GS12 型重力仪潮汐记录图出现高频扰动并一直延续到地震发生；1976 年唐山 7.8 级地震、1975 年海城 7.3 级地震、1986 年 11 月 15 日台湾 6.5 级地震和 1988 年 11 月 6 日澜沧—耿马 7.6 级地震时，潍坊地震台重力仪、北京地震台重力仪和下关地震台重力仪均记录到地壳脉动增强异常变化。2011 年 3 月 11 日日本本州 9.0 级大地震前，我国沿海的一些重力台站也分别记录到重力高频信息的异常。

随着数字观测逐渐代替了模拟观测，采样率和观测精度的提高使地震前兆观测仪器能够记录到更加丰富的信息。

厦门地震台重力仪自观测以来多次出现曲线加粗变化，这些叠加在正常固体潮上的高频信息是如何产生的？与地震的关系如何？针对这些问题，在对厦门地震台重力仪固体潮观测资料进行整理分析之后，利用数字高通滤波法滤去了观测资料中存在的日波、半日波和 1/3 日波等长周期成分，分离出观测资料中存在的高频信号。结果发现，除去台风对重力观测造成的影响外，这些高频信息同国内外中强以上地震有较好的对应。国内外很多专家学者也认为，大地震发生前，在震源区及其附近会产生许多微小的错动和裂缝，大量微裂缝串通和位错的进一步发展，将导致断裂发生大的错动。震前这种微裂位错动产生可以引起频带较宽的振动，在重力仪固体潮观测上则表现为曲线变粗的现象。

九、水氡观测

氡及其子体的观测是地震监测预报中前兆观测的重要测项。在地震监测领域，氡观测根据观测对象分为水氡测量、逸出气氡测量和土壤中氡测量三大类。

对氡及其子体测量的分类主要按测量的时间长短来划分为微分（瞬时）测量和积分（累积）测量，微分测量一般指测量时间在数秒到数十分钟，而积分测量时间一般在数小时到数十天范围内。

氡的瞬时测量方法或称微分测量，有时也称常规测量，主要的测量仪器有金箔静电计、FD-105 型静电计、FD-105K 型静电计、FD-125 型氡钍分析器、FD-3017RaA 测氡仪、SD-3A 型自动测氡仪和 FD-3B 型水氡仪等。

水氡是中国最先作为地震地下流体前兆之一的观测项目。早在 20 世纪 60 年代中期就开始氡的观测，积累了大量的观测资料，取得了很好的震例，使氡观测成为地震地下流体观测的重要组成部分。

（一）水氡前兆特征及其物理解释

氡（^{222}Rn）是一种非常易溶的惰性气体，很少与岩石基质发生化学反应。由于这种保守性质和较短的半衰期，以及采样和测量都相对比较容易，使它成为地震地下流体学科研究的重要对象。

孕震介质中微裂隙破裂的生长是导致地下水氡含量升高及地震前出现水氡异常的原因。

①微裂隙的产生使岩石的射气表面积增大，射气能力增加。

②形成岩石裂隙时产生的超声振动也将影响岩石的射气。正常条件下气体原子主要吸附在岩石内部的孔隙、微裂隙和其他空洞壁上。当孕震岩石在应力场的作用下产生裂隙时，裂隙的产生引起高频振动，使"岩石—水"体系内吸附气与溶解气之间的平衡向溶解气一方转移，引起地下水中氡浓度的升高。

③微破裂的产生还会导致地下水动力学状态的变化，即孔隙压下降，促使吸附氡向溶解氡转化。

④岩石应力增长地段扩散过程的加速也会导致地下水氡浓度的升高。

孕震的最初阶段，在区域应力场的作用下岩石被压密，由于没有大量微裂隙的产生，因此地下水氡浓度不会发生明显的变化；到了孕震的中期阶段，震源区首先发生膨胀变形，产生了大量的微裂隙，孔隙度增大、孔隙压下降，不仅使岩石的射气能力增强，而且使"岩石—水"体系内吸附气与溶解气之间的平衡向溶解气一方转移，引起地下水中氡浓度的升高，因此地下水氡趋势性异常在震源区最早出现；到了中短期阶段，震源区以外的地区也产生了微裂隙，水氡出现高值异常。也就是说，距离震源区越近水氡异常出现的时间越早。很明显，水氡趋势异常应为逐步升高形态。此外，由于震源区的孔隙度和孔隙压变化数量最大，水氡异常幅度也最大。

（二）厦门东孚井水氡测点观测现状

厦门市地震局的水氡观测井位于厦门市海仓区东孚镇汤岸村，地理坐标为东经 117°56.214′、北纬 24°33.486′，地处长乐—诏安断裂带上。温泉出露于北西向断裂构造破碎带中形成的冲沟旁 I 级阶地边缘，全新世早期冲积海积层（Q_4^{1al+m}）中。Q_4^{1al+m} 是由灰褐色、深灰色淤泥质黏土组成，厚 0.80～1.20 m，下伏侏罗纪火山岩风化残积层——弱风化火山岩。破碎带走向北西 310°～320°，倾向南西，倾角 55°，宽度 150～200 m。此地下水类型为地壳深部断裂承压而上的裂隙水。井孔深度为 40.20 m，套管长 6.30 m，套管内径为 150 mm。地下水化学类型为 NaCl 型，井孔涌水量为 0.5～0.6 m³/h。该井水温为 85℃左右，主要观测项目为水氡、流量、水温、降雨量。辅助观测项目为气温、气压、观测室温度、观测室湿度及鼓泡水温。

该测点起始观测时间为 20 世纪 70 年代初。氡值测量使用北京的 FD-125 氡钍分析器，自动定标器使用上海新高电子公司 DB-2001 定标器，另备一套同厂家的仪器作为备用仪器。严格依照规定，每日对仪器运行情况进行基本检查，每季度对仪器进行标定检查。对数据资料即时分析，上报省地震局。按规定形成月报、年报等相关报表并按时报送。

（三）典型异常形态特征及其震例

经过 30 多年的水氡观测，水氡在多次地震中出现明显的映震异常，较为明显的有：

1. 2008 年 7 月 5 日 9 点 36 分厦门龙海交界（北纬 24.60°，东经 117.83°）发生 Ms4.4（M_L4.7）级地震，震中距为 15 km。震前氡值在 45 Bq/L 左右跳动，震后持续低值，在 39 Bq/L 左右波动，持续到 8 月 20 日才回升（图 3-30）。

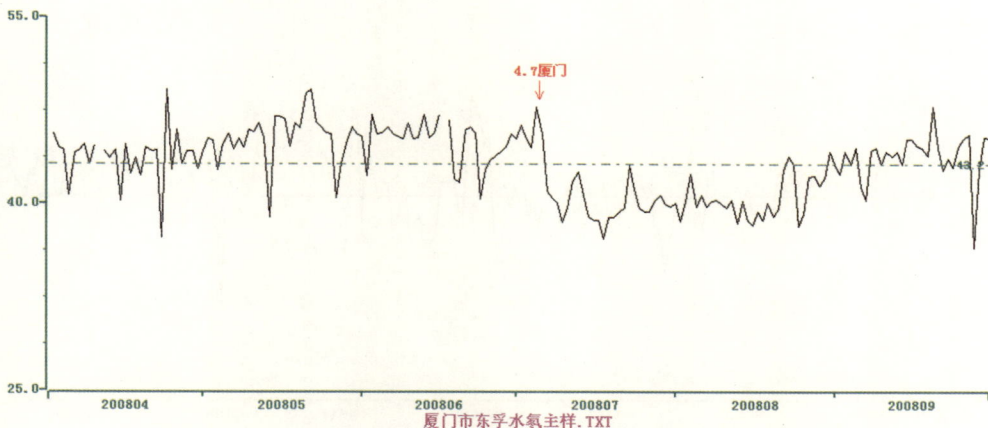

图 3-30　2008 年 7 月 5 日厦门龙海交界 *Ms*4.4 级地震后东孚水氡测值低值异常

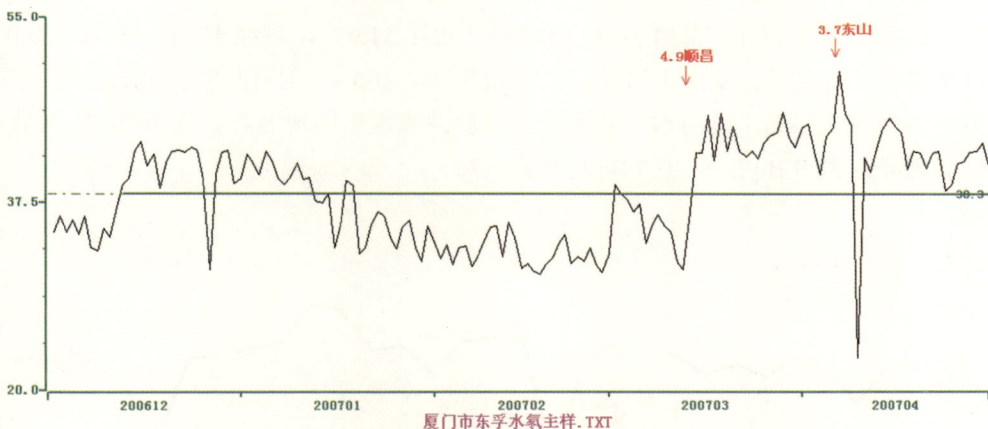

图 3-31　2007 年 3 月 13 日顺昌 *Ms*4.7 级地震前东孚水氡测值低值异常

2. 2007 年 3 月 13 日 10 点 23 分福建顺昌地区（北纬 26.72°， 东经 117.73°）发生 *Ms*4.7 级地震，震中距 241 km。震前氡值在 2007 年中旬到发震前持续低值，低于背景值 42 Bq/L，在 32 Bq/L 左右跳动。13 日由震前一天的测值 31.2 Bq/L 突升到 36.7 Bq/L，14 日测值为 42.2 Bq/L，恢复背景值 42 Bq/L（图 3-31）。

3. 2004 年 10 月 15 日 12 点 08 分台湾花莲海外（北纬 24.52°， 东经 122.63°）发生 6.2 级地震，震中距 475 km，2004 年 11 月 8 日 23 点 58 分台湾花莲海外（23.97°N，122.62°E）发生 6.5 级地震，震中距 479 km，从图 3-32 的厦门东孚井水氡日测值图中可以明显的看出两次地震发震时测值均出现突跳异常。

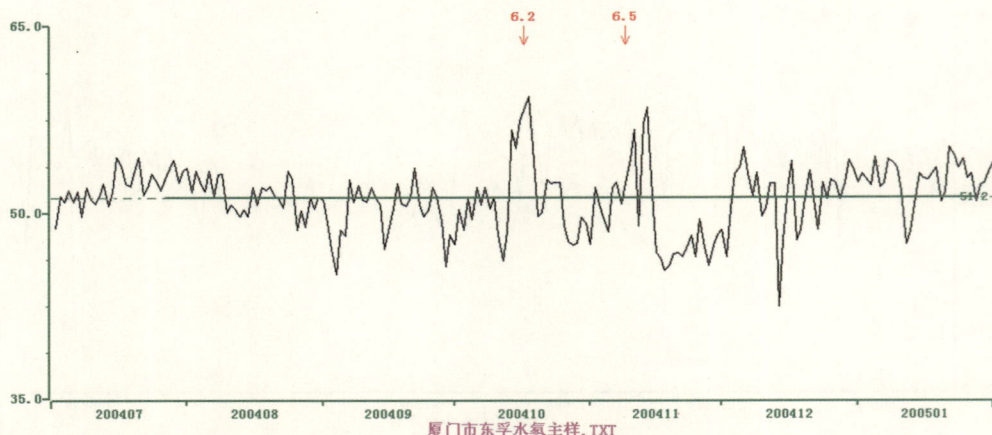

图 3-32　台湾花莲海外 2004 年 10 月 6.2 级、11 月 6.5 级震前东孚井水氡低值异常

4. 2008 年 5 月 12 日 14 点 28 分汶川（北纬 31.0°，东经 103.4°）发生 8.0 级地震和 5 月 25 日 16 点 21 分汶川（32.6° N，105.4° E）发生 6.4 级余震，震中距为 1600 多 km，厦门东孚井水氡日测值曲线震后出现突降。从 46 Bq/L 的背景值突降到 38.9 Bq/L 和 40.5 Bq/L（图 3-33）。

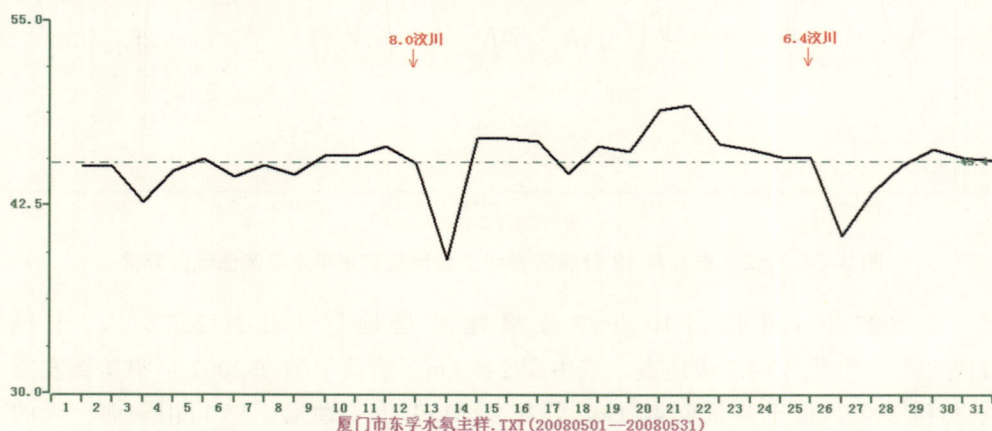

图 3-33　2008 年 5 月 12 日汶川 8.0 级震和 5 月 25 日 6.4 级震东孚水氡同震效应

（四）映震效果与断裂带初探

厦门东孚井地处长乐—诏安断裂带上，地质构造背景是应力易于集中的构造部位，因此对应力场变化反应较为灵敏。水点布设在中酸性岩浆岩上，其含水岩

性主要为花岗岩、花岗闪长岩、花岗斑岩、英安质凝灰熔岩等。首先这些岩石含有大量的 SiO_2，易于积累弹性应变，从而使应力有一个积累的过程，也给各测项一个变化积累的过程。其次，中酸性岩浆岩中富含 U、Th、Ra 等元素，因此这些元素的衰变产物氡在该类岩石中含量较高，惰性的氡气不与其他化学成分发生反应，却对应力反应灵敏而易使氡值发生变化，因此该水点的水文地球化学背景具备了反映地震信息的能力，使其能在震前观测到前兆信息。该水点是温泉水，温泉水来自地下深部，能够带来地壳内部的信息，对应力反应敏感。

对发生在福建及其沿海1999—2009年近10年的地震资料，应用 Mapseis 软件、EIS2000 分析预报软件对厦门东孚井水氡资料进行综合分析，发现厦门东孚井水氡对发生在长乐—诏安断裂带附近的地震映震效果最为敏感。

1999—2009 年发生在长乐—诏安断裂带附近的 3.5 级以上地震共有 18 次，厦门东孚井水氡有异常变化的达到 13 次，异常对应地震率为 72%；发生在福建及其沿海 3.5 级以上地震达到 27 次，其中 3.5 级以上、4 级以下的地震有 17 次，厦门东孚井水氡均无明显异常；4 级以上地震有 10 次，厦门东孚井水氡有异常变化的有 6 次，异常对应地震率为 60%。由此可见，厦门东孚井水氡对长乐—诏安断裂带上发生的地震比较敏感。长乐—诏安断裂带上的地震活动与厦门东孚井水氡异常的相关关系较为明显。对于福建及其沿海地震，厦门东孚井异常持续时间较长。

1999—2009 年发生在台湾地区的 6.0 以上地震有 49 次，对发生在距厦门东孚井 300 km 以外的台湾地震，厦门东孚井水氡有异常变化的仅为 16 次，异常对应地震率为 33%。异常变化主要表现为震前突升异常或震后突降异常。

2008 年 5 月 12 日四川省汶川发生了 8.0 级地震，厦门东孚井离震中的距离为 1600 km，厦门东孚井水氡也出现了震后突降异常。

（五）几点认识

1. 20 多年的水氡观测实践结果表明，由于井点的地质构造条件和地球化学环境，厦门东孚井映震效果较好，特别是对长乐—诏安断裂带上发生的地震更为明显。

2. 厦门东孚井水氡对于福建沿海发生的近场地震，水氡异常持续时间较长。而对于远场地震，水氡异常持续时间较短。

3. 虽然有些异常对应地震，但也存在较多的无震异常，因为地下水氡值变化受多种因素影响，氦值的异常与该地区的地震活动一般都难以呈线形变化。

4. 由于观测资料时间短，地震样本少，特别是近场中强震极少，所得到的资料有限，需要在今后的实践中不断完善。

十、电磁监测

（一）源起、理论发展

1. 地震电磁观测

中国历史上，在 2700 多年前的周幽王二年间，就开始了地震电磁辐射现象的观测，曾经记录到在地震发生前的一些电磁现象。近代，随着科技的发展，观测到的电磁现象也越来越多。例如，在临震期间发现收音机无故突然出现杂音干扰甚至讯号中断，晶体管闹钟无故停摆，有线电话串线（瘫痪），甚至与市电网络脱离的日光灯管自动起辉。

观测到的上述电磁现象，从理论上可归类为如下六个方面：①电磁辐射；②大气电位的扰动；③大地电磁场的变化；④电离层的效应；⑤地震的光效应；⑥地下物体带电。这是人们进行电磁前兆观测时研究的基本内容。

国际上唯有中国进行了大规模、规范化的地震电磁监测。全国电磁扰动台的数量已经达到 100 多个。在"十一五"期间，在怀来盆地、小江断裂新建设两个试验场，新增电磁扰动台站将近 50 个。

法国、美国、俄罗斯、日本、意大利、印度以及一些发展中国家，在地震与火山喷发的电磁监测方面进行了大量工作，并且与中国开展了良好合作关系。

近年来随着空间对地观测技术的发展，国际上从陆基电磁观测向空间观测发展，期望构成天地一体化的地震电磁观测。俄罗斯、美国、法国等先后发射了地震电磁探测卫星，中国计划"十二五"期间发射电磁观测卫星。

厦门市地震局电磁观测历史较长，从 1978 年起就在全市各区布设了电磁观测点，采用的仪器是江苏省地震局研制的电磁观测仪，观测人员是由地震局从各中学选出的物理老师为兼职观测员，定期向地震局上报观测数据。

2. 电磁波的产生

为了探究地震时为什么会产生如此多的电磁现象，国家地震局地球物理所、安徽省地震局、江苏省地震局、北京工业大学、北京工业学院、北京大学、北京市三十一中等单位开展了爆破作业时电磁效应观测及岩石破裂实验、低频波野外发射试验等。中国电波传播研究所、云南大学及江苏省地震局等有关单位的教授、专家与科技人员进行了有关物理模型的理论计算。中国科技大学研究生院郭自强教授通过岩石破裂电磁效应的实验研究，认为岩石裂纹扩展过程中在其端部产生电子发射是岩石破裂时产生电磁辐射的原因。

大量的研究工作结果证实了伴随岩石破裂产生的电磁辐射效应。

（1）岩石破裂和磨擦过程中的发光现象

岩石破裂和磨擦过程中的发光现象和电磁辐射是与裂隙发展过程中电荷的形成和驰豫联系着的。形成电荷的本质乃是在接触面上分子间相互作用时，根据"给"电与"受"电的机制，电子和离子发生重新分布，或者是与扩展着的裂隙边缘的不均一变形和带电位错出露到表面有关。

（2）准静态变形时离子键型物质的生电现象

没有压电效应的物质变形时在标本和裂缝表面伴有电荷出现，晶体变形和破坏时出现电荷是与带电位错的运动有关。位错电荷量是由同一极性的带电阶层的多少所决定的，这在长石生电效应的研究中得以证实。

这一现象的规律是：电荷在不均变形处出现，卸载会使电荷在几分之一秒内驰豫。电荷的极性和多少取决于晶体的纯度、晶体结构的缺陷、温度和加载速度。表面电荷的多少随加载程度和速度的增长而增长。

（3）在应力场作用下电介质的极化

大多数造岩矿物是属于电介质。根据晶系类型，矿物会有压电、热电及压磁性质。岩石压电性质的研究是在交变和脉冲型的机械载荷下进行的。这就是说埋藏在深处的含石英体在改变其机械应力状态时，会产生电场。

（4）动电现象

与液体通过毛细管和物质微孔的运动相联系的动电现象。这是由于在它们的表面形成双电层所造成的。液体流动造成的流动电位大小，取决于溶液的浓度和组分、pH 值的变化、温度和孔隙介质的特性。

此外，有时还可以观测到电磁扰动现象，电磁扰动具有以下特点：

①在尚未发生地震时就可能观测到扰动，而其最大值则发生在临震之前；

②扰动具有准稳态和脉冲的性质，并且既可观测到单个脉冲，也可观测到达

数千千赫的很宽频率范围中的一系列脉冲；

③扰动可以在距震中几十公里乃至数千公里处观测到。

如果第一个特点臆断为与孕震区的破坏特征有关，那么其他特点则是由机电转换体或其组合的特性所决定的。

3. 电磁波传播

（1）从电磁理论上论证了观测电磁扰动的可能性，不同的频率及能量的发射源传播的距离与介质的关系。

（2）地下产生极低频率（例如 1 Hz）电磁辐射的可能性不大；频率较高（数百 Hz）的电磁波在地下介质传播中衰减很快；地下介质中电流体系产生的电场在一般条件下难以观测到。

（3）目前电磁扰动观测到的电磁现象，低频的可能是局部的地电场变化，高频的可能是来自空中。

（4）地震电磁观测不是一件简单的事。在今后工作中做有针对性的探索是很有必要的。

频率平面波在湿土、岩石中衰减情况如图 3-34、图 3-35 所示。地壳深部和接近地表的孕震区，都可能成为电磁辐射源。但其能否到达地表是由介质的电物理特性所决定，并且在很大程度上与被记录信号的频率有关。据估计，只有当岩石的电阻率 ρ 大于 10^7 Ωm 时，电磁辐射的衰减系数才与频率无关，而且不超过 10^{-2} dB/km。地壳中大多数岩石的电阻率为 $10^3 \sim 10^8$ Ωm，地壳上部沉积岩的电阻率则下降至 $1 \sim 10$ Ωm。在该情况下，来自深部的电磁辐射在地壳上面的沉积层中会被全部衰减掉。

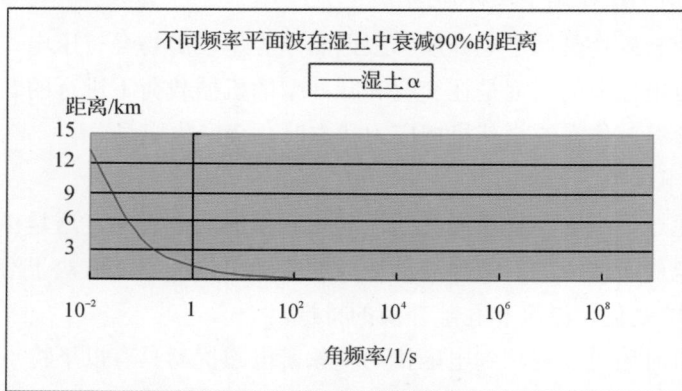

图 3-34 不同频率平面波在湿土中衰减情况

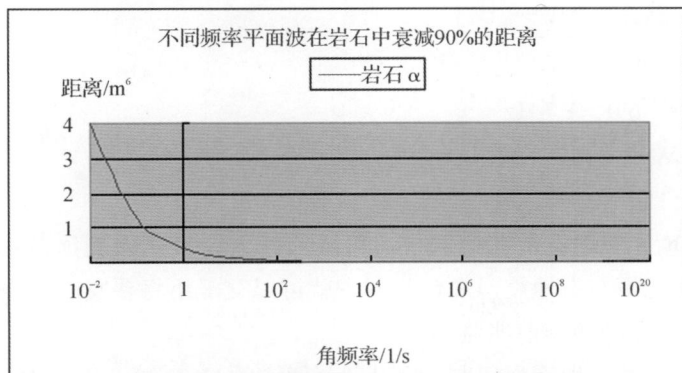

图 3-35 不同频率平面波在岩石中衰减情况

能否传到地表取决如下两因素：一是在地表许多地方电阻率为 $10^3 \sim 10^5 \, \Omega m$ 的结晶块体外露，来自深部辐射源的电磁辐射，通过这类块体进入大地—电离层波导带是可能的；二是在表层，由于不均匀变形，同样可能发生岩石颗粒间粘合破裂导致生电和电动效应。

（二）电磁监测现状

1. 频段选择

①根据各类电子设备在大震前受到的干扰现象分析，在宽频段范围内合理地选择观测频段是可行的。

②从干扰方面考虑，在选择观测频段时应尽可能避免所选取的频段跨入无线电广播、通信等频段。

③人们开展电磁辐射观测的目的，是为了从地震电磁辐射现象中提取短临前兆信息，以便应用于地震预报，尽量利用接收天线的方向特性来确定辐射源的方位，以便用于预报地震。

选取的观测频段可分为：超低频、极低频、甚低频和中频等观测方式。其中，超低频观测方式比较普遍，其次是甚低频观测，少数单位采用中频观测。

2. 使用的仪器

（1）MDCB 型地震前兆监测仪

MDCB 型地震前兆监测仪由陕西煤炭研究院研制，可以进行八方位观测。

仪器的主要参数：

增益：70 db

频点：20、6.0、1.7 Hz

功耗：1 W

电源：±15 V

利用 MDCB 型地震前兆监测仪，可提前几天、十几天测出监测台站 XX 度方向将要发生几级左右地震，多台联网，就可以交汇出将要发震的地点位置。

（2）DUF-I 型地震前兆监测仪

本仪器由江苏省地震局研制。除设置两通道的 ULF（0.1 ～ 10 Hz）超低频外，还配备了两个 38 kHz 的甚低频点频接收通道，兼顾各个方位的接收能力，组成多频段全方位监测的接收系统。4 个通道的接收数据均采用 100 点 / 秒的实时采集与存储，可以记录超低频信号的原始波形和点频接收信号（包络）场强随时间变化的特性。该仪器是目前厦门市地震局采用的主要监测仪器。

3. 台址选择

①需要选择环境干扰场源较小的观测场地。观测点一般选择台站较为僻静的地方，避免与高压线、变压器及主要道路相邻。针对不同的台址类别，对干扰源距离做出相应要求。

②所期望的地震监控能力应与不同的台址条件相适应。通常情况下，对于 I 类台址，大体上可能对 100 km 左右的 3 级以上地震有较明显的反应；II 类台址，大体上可能对 100 km 左右的 4 级以上地震有较明显的反应；III 类台址，大体上可能对 100 km 左右的 5 级以上地震有较明显的反应。

③从台址的地质条件考虑，台址应该选在一些主要断层带上或其附近。

④综合考虑生活、交通、通讯及供电条件。

⑤根据地区性监测台网的规划布局，选择合适的观测场地，应该服从前兆台网的布局。

4. 观测参数及异常特征

观测参数主要包括：地电阻率、电磁扰动、地电场、地磁场、大气电场等。

时间特征：电磁辐射、地磁场、地电场、大地电场异常主要出现在震前几天至两个月，特别是震前十几天到几十天；地电阻率异常出现在短期至 1 年尺度的中短期阶段。

空间分布特征：距震中数百公里范围内与地震孕育有关的地震前兆异常。震中区附近电磁辐射、电场、磁场、大气电场等短周期低频扰动或电噪声明显增强；地电阻率出现与远距离大震临震阶段关联的中短期异常相对应。

各种异常幅度：磁异常场为 10 nT 左右，大地震发生前可以达到 100 nT 以上；大地电场、变化磁场显示 1 ~ 2 数量级的短周期低频成分能量增大；自然电场异常幅度为每公里几十毫伏，甚至达到每公里数百毫伏以上；地电阻率异常一般变化百分之几到百分之十几。

异常形态：大地电场、变化磁场出现日变化波形畸变、短周期低频扰动；大气电场出现低频扰动；自然电场出现急剧变化、低频扰动等；电磁辐射出现脉冲式丛集现象；近震中区的地电阻率中短期异常多数为下降变化。

上述的异常形态都是在震后总结出来的，主要限于理论表述。在电磁辐射方法中，因为天线的摆放基本是固定的，另外在周边地震较多的情况下，其前兆信息就会更复杂，目前还无法有效区分人工干扰异常和地震前兆异常。

（三）影响因素

由于现代通讯信息技术的迅速发展和广泛应用，电磁观测方法所受干扰越来越大，以致于观测数据中无法区分所受的干扰，可以从如下几个方面来讨论：

仪器摆放的位置无法排除电磁干扰。电磁波观测方法都是通过天线接收信号，由机器对信号进行采样，不明信号源的信号同样会被前兆观测仪器所接收，这些信号包括人为通讯产生的信号和大自然产生的信号两个方面。

经观测，有如下几个方面干扰信号：

1. 埋地天线漏电干扰；

2. 电水壶电芯漏电；

3. 勘探爆破振动；

4. 地震振动；

5. 广播；

6. 井天线密封不良漏水；

7. 50 W 高频渔航干扰；

8. 铁器流动干扰；

9. 磁爆干扰；

10. 雷电干扰；

11. 工业游散电流干扰。

因此，实际观测到的电磁信号是各种信号叠加之后的结果，除了人为干扰源之外，观测资料中还包含来自电离层的干扰以及来自地球内部的非地震构造活动引起的电磁干扰，而且有研究表明这些干扰比地震电磁信号本身更强。

因此，如何合理选择台网布局以及如何从复杂的电磁环境中提取与地震活动相关的相对较微弱的电磁信号也是当前地震电磁学面临的主要研究课题。

（四）在防震减灾中的作用

中国自20世纪70年代开展地震电磁辐射观测研究工作以来的30多年中，前10多年主要是在国家重点科研课题下进行最基本的观测原理方面的研究，包括：地下爆破电磁辐射观测试验、地下电磁波发射试验、埋地电极天线野外接收及跨断层试验，从无到有，在中国逐步建立起电磁辐射观测台网。

20世纪80年代末列入国家攻关课题的地震三要素指标，在监测、预报实践中应用取得了可喜的结果。

北京亚运会期间中国地球物理所等对1990年9月22日昌平发生的4.0级地震预报，福建省地震局对1992年2月8日福建南日岛发生的5.2级地震预报，受到国家地震局表扬。

四川攀枝花对1993年8月14日姚安发生的5.5级地震预报，青海局预报中心的龙羊峡、平安驿对1994年2月16日青海共和发生的5.8级地震预报、1994年9月24日青海共和发生的5.5级地震预报和1994年10月10日青海共和发生的5.3级地震预报，受到国家地震局的奖励。

四川攀枝花与宝兴县对1998年10月2日宁蒗发生的5.3级地震、6.2级地震系列预报，获得了中国地震局科技进步二等奖。

十一、水位监测

地震是地壳运动和构造活动的强烈表现形式，在地震孕育和发生过程中，会引起局部或区域尺度深、浅部介质的结构、力学、物理化学性质的变化。

作为地壳中普遍存在和活跃的地下水，其动态变化能较灵敏地反映地震和构造活动的信息。1966年邢台7.2级地震发生后，中国开展了以水文地质学和水文化学为基础的地震流体观测研究。经过40多年的发展，已经形成了通过观测地下水的动态获取地震孕育、发生以及成灾过程中地球物理场变化的观测网，在中国防震减灾工作中发挥着积极作用。40多年中国地震观测研究的实践表明，地震孕育与发生离不开流体的作用，而且由于流体具有很强的信息传递能力，对突破地震预测科学难关有十分重要的作用。陈运泰院士明确提出："要关注地下流体与地震的关系"，"地下水对地震很敏感"。

（一）水位观测概述

1. 水位观测的概念

水位，指井中地下水面的位置，可分为静水位与动水位。静水位指井在无泄流的条件下井口至井水面的垂直深度，相当于地下水面的埋深。动水位指井口有泄流的条件下泄流口的中心面至井水面间的垂向高度，相当于泄流口以上的水柱高度。

水位动态观测，指井中地下水面（静水位观测时为水面埋深，动水位观测时为水面高度）随时间变化过程的测量。水位动态测量的结果，常以时间序列上水位数值的变化表示，水位数值的基本单位为 m。

2. 地下流体变化与地震的联系

地下流体的异常动态变化与地震的孕育和发生过程之间有着密切的成因联系。地震的孕育和发生过程，与地壳其他形式的构造活动之间有着密切的相互制约和相互作用的关系。地下流体是构成地壳介质的一种特殊的、最活跃的组成部分，能够灵敏地反映地震孕育过程中岩石的应力应变；同时，地下流体的动态变化，对岩石的应力应变过程还要产生促进作用。地下水位对固体潮引起的地壳体应变反映的灵敏度可高达 10^{-11}。

地下流体前兆异常产生的机理是多样的。简单的说，在地震及其他构造运动中，异常的产生是由于含流体的岩石产生弹性变形、裂隙发育、断层扩展以及发生破裂，导致"岩——水——气"系统平衡破坏的结果。这既表现为水位、流量、气流量、温度增减的物理动态变化，又表现为气体、离子组分和物理化学性质的化学动态变化。

（二）厦门市地震局水位观测场地及环境

1. 井孔概况

观测井所在"天马形变观测台"位于同安西柯镇后田村内，东经 118.1°，北纬 24.6°，高程 22 m。该地区地貌属于侵蚀、剥蚀台地，地势西高东低。井深 103 m，井口 168 mm，终孔孔径 110 mm，套管下至中、微风化基岩内，底部用水泥封死，禁止地表水渗透。该井穿透的含水层为残积层，混合花岗岩裂隙发育破碎。套管及水泥浆隔绝第四系含水层，因此该井水源属于基岩裂隙水，稳定水位为 14 m。

2. 观测站房建设

井口建有一座 8 m² 的观测房。观测房符合坚固耐用，具有防震、防盗、防火等功能。观测站建有接地地网，接地电阻 3.7 Ω，达到小于 4 Ω 的规范要求。各观测仪器和数采均使用 220 V 市电，另外各前兆仪器和公共数采均备有 12 V 免维护电瓶，仪器用电能得到确实可靠保证，市电经 ZH-1 单相交流电源避雷箱到达 HSV 交流电源进行稳压，并提供给各前兆仪器及数采使用。观测室用电通过铠装电缆提供，在防雷上起了较好作用，且屏蔽了电源线路对前兆信号线路的干扰。确保各种前兆信号传输的正确、完整。ZHDL-1 型电话避雷器提供电话线路的避雷保护，并与系统避雷网连结。

3. 主要测项及仪器

观测井主测项为水位，辅助测项有水温、气温、气压、降雨量。

水位和水温观测仪器为 LN-3 型水位仪，气象三要素观测仪器型号为 RTP-1 型。其中 LN-3 型水位仪主要技术指标如下：水位量程 0 ～ 10 m；水位分辨率 1 mm；水位跟综速度＞ 1 m/s。RTP-1 型雨量气温气压观测仪主要技术指标如下：雨量感应器测量降水强度＜ 4 mm/min；气温传感器测量范围 -30℃～＋50℃；气温传感器分辨率 0.1℃；气压传感器测量范围 500 ～ 1000 hPa；气压传感器分辨率 0.1 hPa。

LN-3 型水位仪主要由传感器与主机构成，同时配装水温传感元件（在水位传感器内）。水位传感器投入井水面以下，传感器中段内置压力传感器电路元件，下段的底部有压力导孔，压力由此导入，上段与电缆连接，传感元件产生的信号由电缆传送到主机。水位仪主机的主要功能是采集水位传感器发出的水压变化的信号数据，水位仪主机采集的数据通过公共数采与调制解调器连接，经过电话线路，在中心一端由计算机通过专门软件接收。前兆仪器工作流程见图3-36。

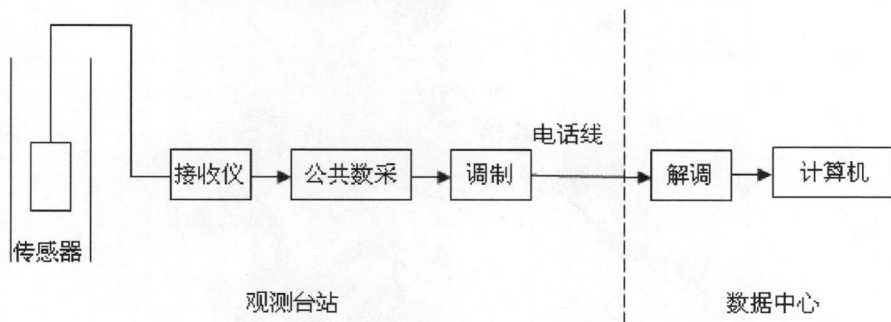

图 3-36　厦门天马水位观测井仪器工作流程图

（三）系统运行情况

1.整体运行情况

厦门天马井每日由值班人员进行远程收数，对数据进行预处理，将数据入库，填写相应报表，并按规定上报省局。按规定定期向省局报送月报表、年报表、台站观测月报、台站观测年报等报表。通过多年来的观测，认为该井的含水层裂隙发育，地下水径流条件较好，水力联系较为明显，水位观测曲线能反映其具有的固体潮特性。观测数据稳定，日变趋势明显，且周围无明显干扰源，观测效果较好。厦门天马水位观测井资料还获得2008年度全国评比第二名。

2.数据处理情况及方法

在闽南地区影响地下水位记录最大的因素为降雨量，因此，降雨量是否能妥善处理是探讨地震活动与地下水位变化的关键。

采用天马井LN-3型水位仪记录的观测数据，时间从2005年1月1日到2008年12月31日，分析天马水位与降雨量的相关关系，同时分析以厦门为中心、半径为300 km内46例5级以上地震（图3-37）与水位的相关关系。

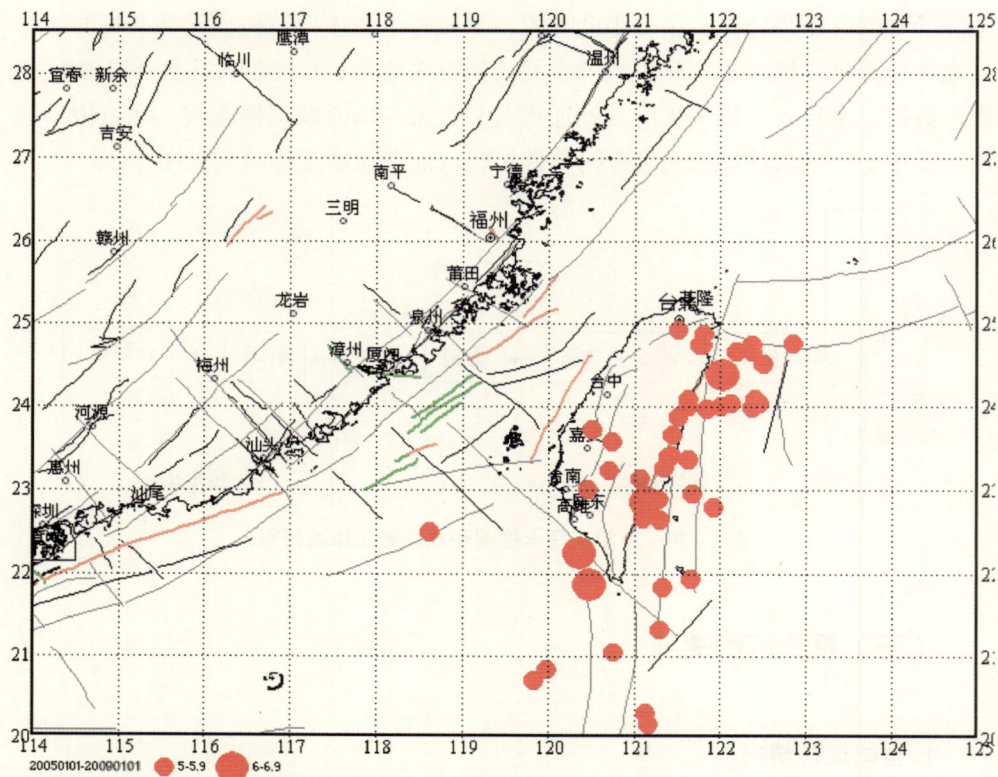

图 3-37　2005—2008 年以厦门为中心、半径为 300 km 范围内 5 级以上地震震中分布图

由图 3-38 可见，当降雨量增大时，地下水位明显上升，在降雨量较小时，地下水位变化缓慢，即地下水位和降雨量呈正比关系。

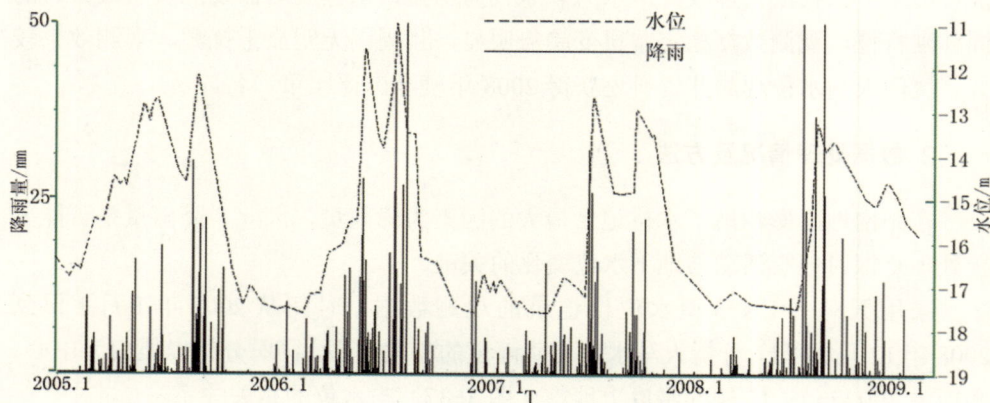

图 3-38　地下水位与降雨对照图

降雨量序列具有明显的周期性，而地下水位的周期性却不如降雨的周期性明显，但是也表现出了一些相应的起伏规律。这种现象说明影响地下水位的因素较多，同时也表明降雨应该是厦门地区影响地下水位的主要因素之一。通常使用的差分函数虽然可以消除观测数据中的降雨对地下水位引起的周期影响，但是差分同时也消除了其他因素对地下水位的影响。因此，不能从该方法中提取地震前兆，所以采用回归法讨论降雨与地下水位的关系。

分别用 $X=(x_1,\cdots,x_n)$、$Y=(y_1,\cdots,y_n)$ 表示降雨量和地下水位观测数据，周期是 1 a。

首先利用 Pearson 函数，讨论降雨量与地下水位的相关性，相关系数为：

$$r = \frac{S_{XY}}{S_X S_Y}$$

式中，$S_{XY} = \frac{1}{n}\sum_{i=1}^{n}(x_i - \bar{x})(y_i - \bar{y})$；

$$S_X = \sqrt{\frac{1}{n}\sum_{i=1}^{n}(x_i - \bar{x})^2}\ ;$$

$$S_Y = \sqrt{\frac{1}{n}\sum_{i=1}^{n}(y_i - \bar{y})^2}\ 。$$

天马井数据可得 $r=0.15186$，再用 ρ 表示地下水位与降雨量之间的相关系数，由 $H0：\rho=0$ 下，可得统计量 $t = \frac{r\sqrt{n-2}}{\sqrt{1-r^2}} \sim t(n-2)$。设 $\alpha=0.001$ 则，可得 $t=6.5836 > 4.3759=t_{0.0005}（1258）$，拒绝原假设 $H0：\rho=0$，即降雨量和地下水位确实有相关关系。

图 3-38 表明地下水位的峰值相对于降雨量的峰值明显滞后，可见下水位只和前 $k_1 \sim k_2$ 天的降雨量有关。而滞后原因为降雨量经地表渗透对地下水位产生影响，该过程比较缓慢，因此地下水位受平均降雨量的影响较大。为了找出降雨量序列作 30 d 滑动平均后的序列与地下水位之间的关系，设滑动平均后的降雨量序列为 $\tilde{X}$，这样第 t 天的地下水位 Y_t 和前 $k_1 \sim k_2$ 天的平均降雨量 $\tilde{X}_{t-k_1}, \tilde{X}_{t-k_1-1}, \cdots, \tilde{X}_{t-k_2}$ 有如下的关系：

$$Y_t = c_0 + c_1 \tilde{X}_{t-k_1} + c_2 \tilde{X}_{t-k_1-1} + \cdots + c_{k_2-k_1+1}\tilde{X}_{t-k_2} + Z_t \quad （1）$$

式中，$c_1, c_2, \cdots, c_{k_2-k_1+1}$ 分别表示前 $k_1, k_1+1, \cdots, k_2$ 天的降雨对当日地下水位的线性影响系数；Z_t 是模型的残差，表示地下水位不受降雨因素影响的部分。

由 BIC 信息准则可知，$0 \leqslant k_1 \leqslant k_2 \leqslant 100$。经计算，发现在 $k_1=0$，$k_2=81$ 时 BIC 的值达到最小，即当天的地下水位和当天的平均降雨量及前 81 d 的平均降雨量有关。当 $k_1=0$，$k_2=81$ 代入模型（1）式，可得到参数向量 $c = (c_0, c_1, \cdots, c_{82})'$ 的最小二乘估计值 $\hat{c} = (c_0, c_1, \cdots, c_{82})'$ 再令

$$Y_t^e = \hat{c}_0 + c_1 \tilde{X}_t + c_2 \tilde{X}_{t-1} + \cdots + c_{82} \tilde{X}_{t-81} \quad （2）$$

序列 Y^e 则表示降雨对地下水位影响的累积。图 3-39 中给出了序列 Y^e 随时间变化的图形，同时还给出了地下水位序列 Y。和图 3-40 相比较，Y^e 的峰值和谷值与 Y 的基本相对应，已没有滞后的现象，与降雨量序列相似，Y^e 也呈现出明显的周期性。

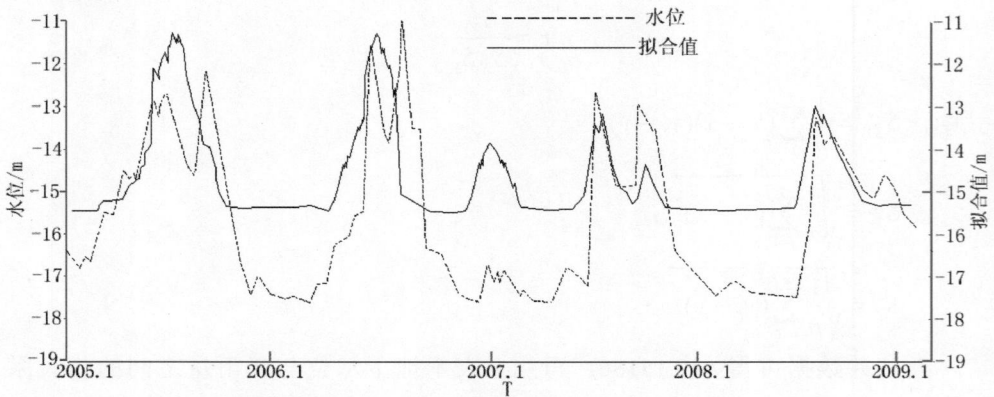

图 3-39　降雨对地下水位的回归曲线与地下水位对照图

令 $Z=Y-Y^e$，则 Z 为去掉降雨影响后的地下水位的变化情况，Z 的变化则反映地震前兆。图 3-40 为序列 Z 与地下水位序列 Y 以及震级 M 的对照图，图中分别将 Z 平移变换为 $Z-19$，震级 M 变换为 $M/2-23$。

如图 3-40 所示，Z 的周期性较原地下水位序列的周期性更弱，并且整体的变动范围减小，但仍然为非平稳序列。这说明除降雨外，还有其他的因素影响着地下水位的变化，其中地震是主要因素之一。进一步分析还可发现在大震发生前，Y 基本呈下降趋势，但有几个例外的情况，如带 * 的震例；再看序列 Z 和 M，在大震发生前，Z 同样呈下降趋势，而且在 4 个例外震例前也呈下降趋势；再者，在无震的时间段，Z 较 Y 要平稳。这几点说明序列 Z 保留了以地震为主的其他因素的影响而去除了降雨的影响。

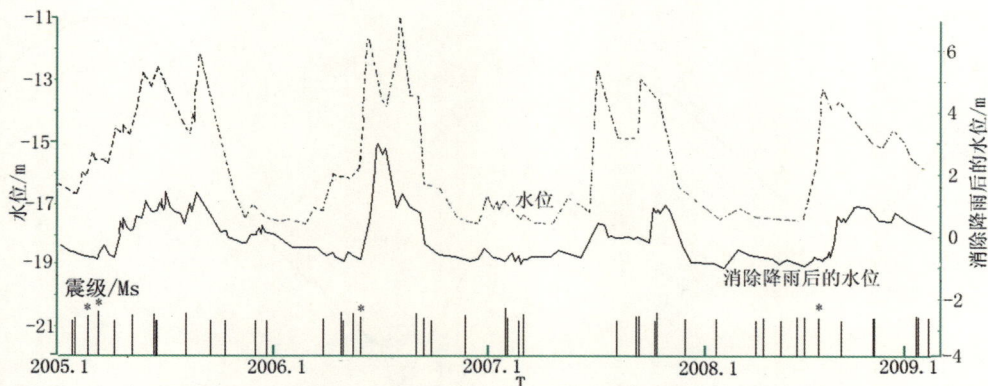

图 3-40　消除降雨影响后地下水位的变化趋势

3. 同震效应震例分析

地下水同震效应是地震在传播过程中，沿途井孔含水层发生应变而引起的地下水动态响应变化，一般以弹性形变引起的升降为主。井孔记录到地震波引起的水位变化，一般称为水震波，是一种最主要的地下水同震效应形式。水震波是水位对瑞利波的频响，水位记录形态一般为振荡型或阶变型。同震效应结束后，一般能恢复到震前日变及趋势变化。

2008 年 5 月 12 日四川汶川县发生 $Ms8.0$ 级地震，水位分钟值出现了明显的变化，在 14 时 28 分突然上升至 0.6510 m（图 3-41）。在 5 月 25 日四川青川县发生 $Ms6.4$ 级强余震，水位分钟值在 16 时 30 分左右时仅出现了微小的上升趋势（图 3-42）。汶川"5.12"大地震引起的大幅度水位突跳异常说明水位的响应与地震的震级是相关的。

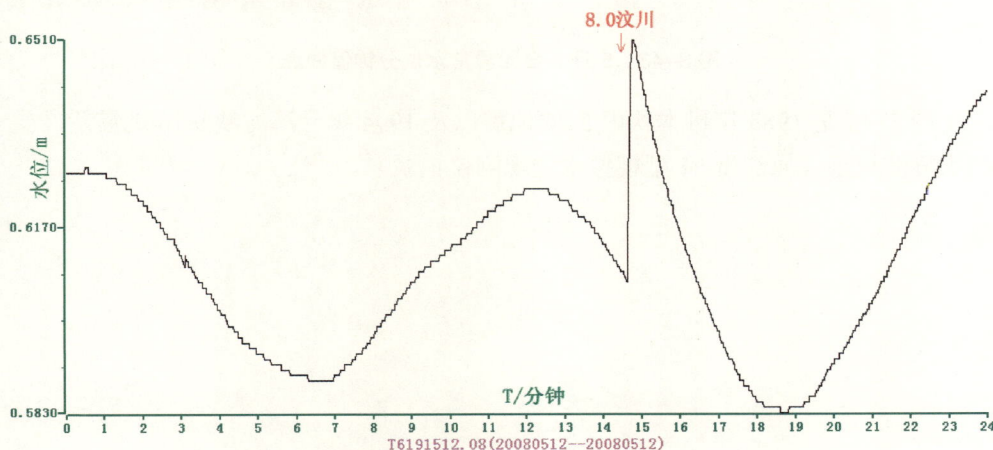

图 3-41　5 月 12 日水位分钟值曲线

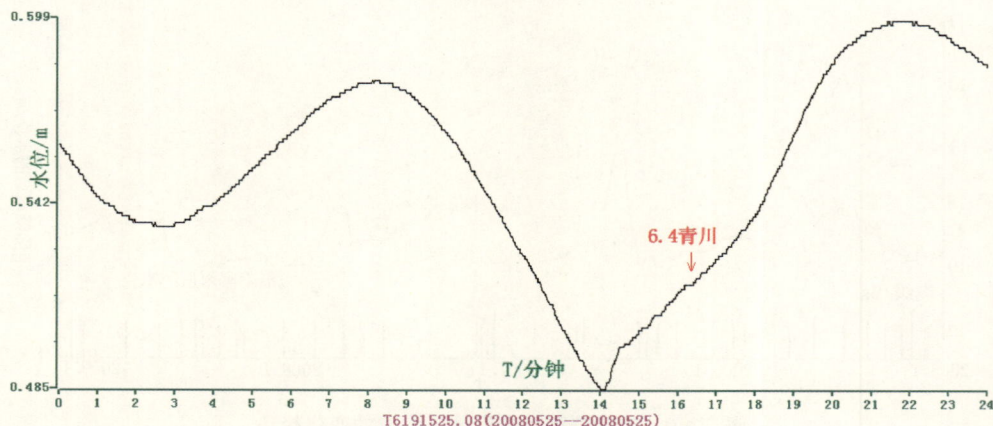

图 3-42　5 月 25 日水位分钟值曲线

在没有异常发生的情况下，水位分钟值曲线图接近一平滑的正余弦曲线（见图 3-43）。

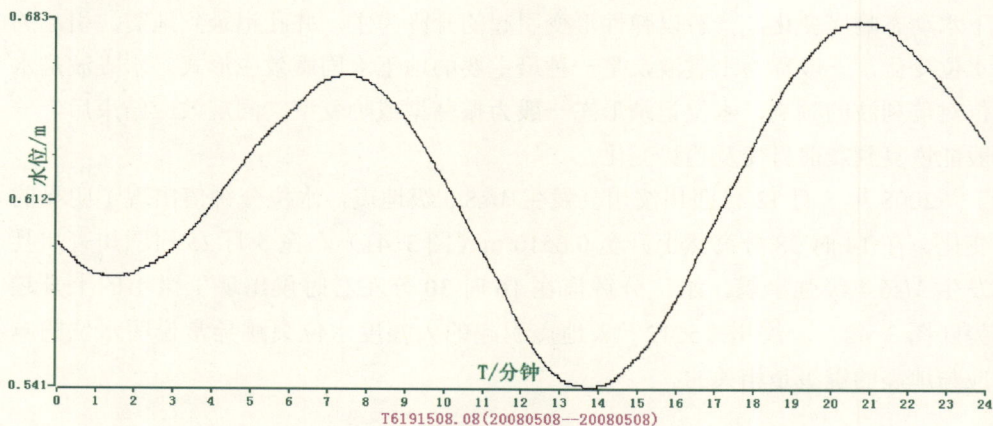

图 3-43　5 月 8 日无异常水位分钟值曲线

图 3-44 是 1983 年日本秋田 5.26 地震以及 1994 年台湾海峡 9.16 地震所产生的水震波记录（原红旗 -1 型模拟水位观测仪记录）。

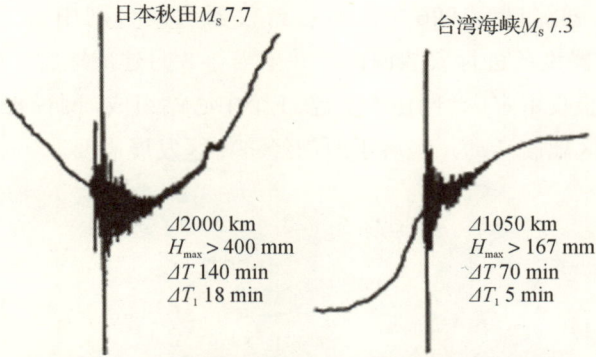

图 3-44　日本秋田和台湾海峡地震水位振荡模拟图

从初始振荡到最大振荡的时间（$\Delta T1$），一般是 1 ～ 5 min，其振荡持续时间（ΔT）一般是 1 h 左右，在 15 ～ 35 min 之间也十分常见。

通过天马台 LN-3 型数字水位记录的 5 月 12 日当天水位分钟值曲线，可以知道汶川 $Ms8.0$ 级地震水震波 $\Delta T1$ 约为 14 min，ΔT 约为 110 min，$Hmax$ 约为 350 mm，与日本秋田震水震波特征相近，相对于台湾 9 月 16 日地震，水位波形振荡时间长衰减慢。

4. 结语

厦门天马台运行以来，开展了以水位为主测项，同层水温、气象要素为辅助测项的综合观测，能提供有价值的闽台地区和厦门地区地震前兆信息，对区域前兆资料的积累起到一定的作用，为区域防震减灾工作做出一定的贡献。但该井水位受周围深井水的抽水影响较大，除必须加强监测环境的保护，严控周围深水井的抽水外，厦门市地震局也在进行深井前兆综合观测手段（井深在 1000 m 左右）的论证，争取能更好为海西建设保驾护航。

第三节　地震监测及台网建设

一、厦门市地震遥测台网简述

厦门市地震遥测台网是由厦门市人民政府出资建设的地方性区域台网。1995

年进行选址及场强测试。1996 年，对各台仪器房及台网中心工程进行建设。1997 年初，对仪器设备进行安装调试，并于当年 3 月建成运行，6 月通过厦门市科委组织的技术验收审定。台网由 5 个台、1 个中心站组成，网径 83 km（图 3-45），主要监测厦门地区地震活动，服务于厦门经济特区发展需要。

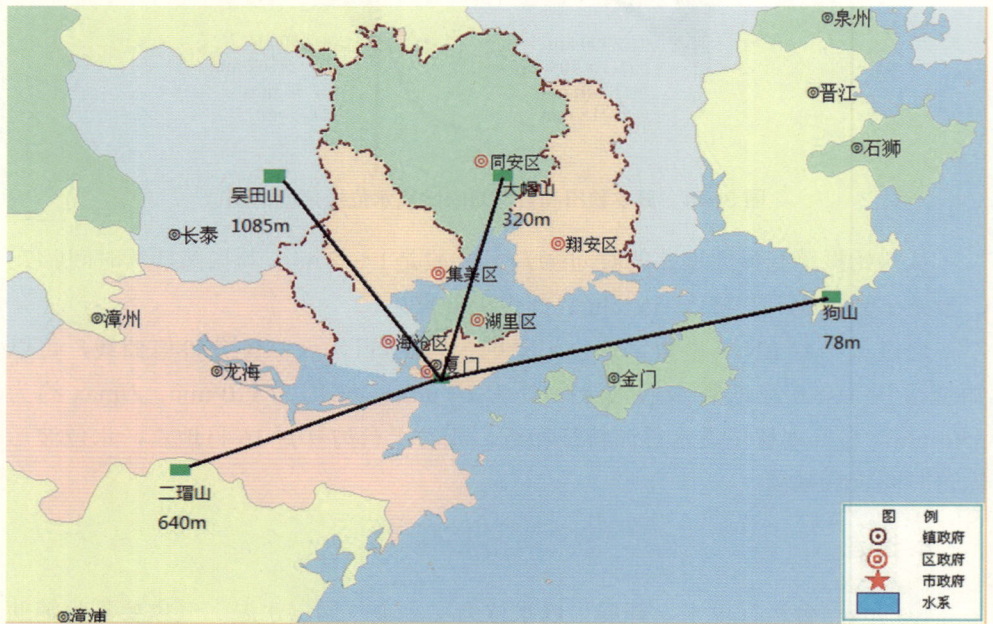

图 3-45 厦门市地震遥测台网分布图

台网对厦门地区的地震监控能力下限可达到 $M_L \geq 1.5$ 级。2000 年 3 月，在厦门中心台站增加 PA-22 型地震加速度计（表 3-15）。

表 3-15　厦门市地震遥测台网情况表

序号	台站代码	台站名称	台站位置		海拔（m）	台基岩性	地震计类型	观测方式	开始观测时间	观测类型	备注
			北纬（°）	东经（°）							
1	GOSA	狗山	24.55	118.60	78	花岗岩	S-13	扩频微波	1997.3	短周期微震	2013 年 8 月传输方式改为 MTSP 数字电路传输
2	DAMS	大帽山	24.81	118.30	320	花岗岩	S-13	扩频微波	1997.3	短周期微震	
3	WUTS	吴田山	24.72	117.86	1141	花岗岩	S-13	扩频微波	1997.3	短周期微震	
4	ERMS	二珰山	24.31	117.80	640	花岗岩	S-13	扩频微波	1997.3	短周期微震	

续表

序号	台站代码	台站名称	台站位置		海拔(m)	台基岩性	地震计类型	观测方式	开始观测时间	观测类型	备注
			北纬(°)	东经(°)							
5	XIAM	中心	24.45	118.08	49	花岗岩	S-13	有线	1997.3	短周期微震	
6	XMAA	中心强震	24.45	118.08	49	花岗岩	PA-22	有线	2000	加速度计	

二、技术构成

（一）仪器设备

根据厦门市地震局政府职能的要求及实际经济能力，同时也注意到设备技术要具有一定的超前性，为科研提供基础观测资料，厦门市地震局在技术与市场调研的基础上，建台初期在仪器的选型上，采用了美国 GEOTECH 公司的短周期地震计 S-13，同时配以 CRS16 位数字采集，浮点动态放大，最大动态范围为 120 db。2000 年起，在厦门中心台增加了 PA-22 地震加速度计。台网中心配有数据汇集、数据处理、脱机处理、后台处理服务器及多台微机对地震事件进行处理分析。2002 年，为提高采集器的动态范围，将数字采集器由原来的 CRS16 位更新为 DR24 位，将增益提高到 133 db。由于设备老化等原因，2013 年 8 月，台网设备进行更新改造，更换成由珠海泰德生产的短周期地震计及数采设备，保证台网运转稳定（表 3-16，表 3-17）。

表 3-16 地震计系统

名称	型号	生产厂家	开始使用时间	停止使用时间
短周期地震计	S13	美国 GEOTECH	1997.3	
加速度计	PA-22	美国 GEOTECH	2000.3	2013.8
短周期地震计	TDV-23S	珠海泰德	2013.8	

表 3-17 数据采集系统

型号	生产厂家	数据采集位数	开始使用时间	停止使用时间
CRS16	美国 GEOTECH	16 位（浮点动态放大）	1997.3	2002.3
DR24	美国 GEOTECH	24 位	2002.3	2013.8
TDE-324CI	珠海泰德	24 位	2013.8	

（二）地震信号传输

为了提高台网运行的可靠性，避免由于电磁干扰造成信号传输的中断，在建台初期，厦门市地震局选用了扩频微波传输方式（图3-46，表3-18、表3-19），并在金源大厦设立了无线传输中继站。2013年8月，由于日益严重的电磁干扰，信号传输改为MTSP数字电路传输。

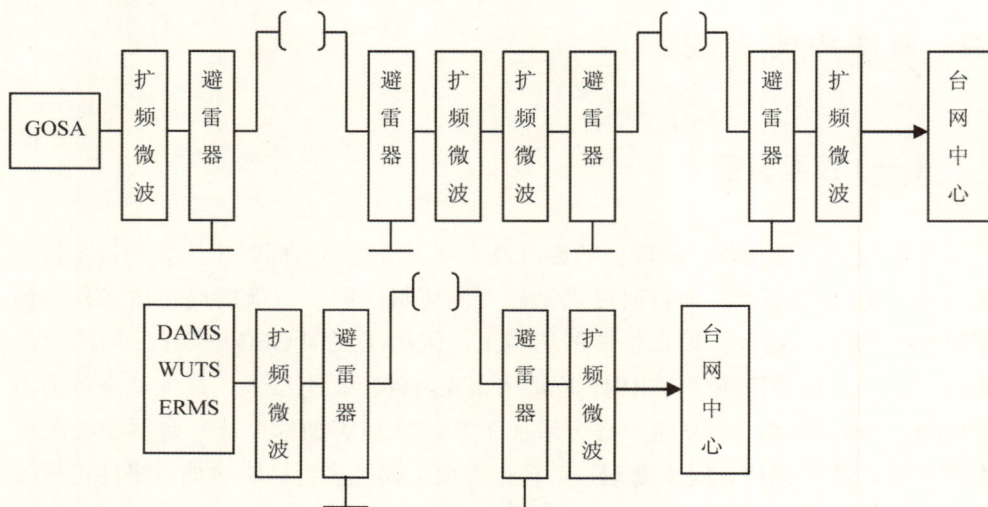

图3-46　子台的扩频微波无线传输示意图

表3-18　无线遥测设备一览表

型号	发射机频率（MHz）	接收机频率（MMz）	使用频道	功率（mW）	生产厂家	停用时间
AirLink 64SMP	2407.67～2479.851	2407.67～2479.851	1～15	1～650	美国 Cylink 公司	2013.8

表3-19　地震信号传输路由表

台站编号	台站名称	传输路由	线路形式	距中心直线传输距离（km）
1	狗山	台站—金源—台网中心	扩频微波＋中继	53
2	大帽山	台站—台网中心	扩频微波	41
3	吴田山	台站—台网中心	扩频微波	38
4	二珥山	台站—台网中心	扩频微波	33
5	中心	台站—台网中心	有线	0.2
6	中心强震	台站—台网中心	有线	0.2

（三）电源设备

台站全部采用无人值守设备，供电系统采用太阳能电池板和免维护的德国阳光蓄电池，保证阴雨天能连续供电 20 d 以上。在电源和信号的输入、输出端加配了避雷器。中心台选用了美国山特在线正弦波不间断电源（UPS），同时配备了发电机。

三、地震遥测台网观测资料的处理

地震遥测台网中心数据采用了 NT 系统，使用地震数据收集软件包、地震数据实时处理软件包、地震数据人工机交互分析系统、可编程地震交互分析工具软件包、地震目录编辑软件及分析预报系统。

震情值班员在地震事件形成后第一时间内处理完毕，并快速通过短信平台，向有关部门速报震情信息。地震分析人员对地震事件进行分析，汇编目录，编辑地震报告，提供分析预报及科研工作使用（图 3-47）。

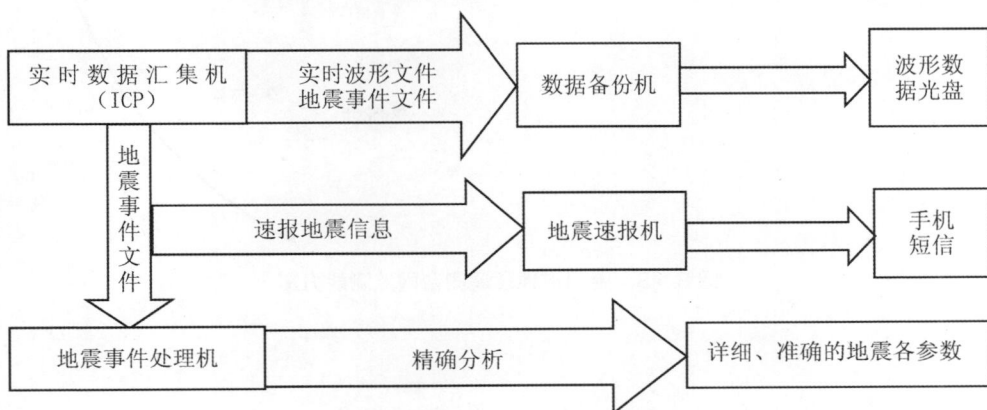

图 3-47　数据处理系统方框图

地震遥测台网中心数据接收汇集机实时接收所有地震遥测子台的全部地面站运动波形数据，并对初动波形大于噪声 12 db 以上的地震事件能自动触发记录，并形成完整的事件波形数据文件（*.EVT）。值班人员对事件波形数据文件实时分析处理，判断出事件波形的性质（即是地震事件还是非地震事件），对地震事件加以分析，快速定位地震三要素，对非地震事件分清是干扰还是人工爆破。

对每一事件文件的分析处理结果都逐一进行核对，详细记录在"事件分析登记表"内。

四、监测能力

网内地震监控能力为 $M_L 1.5$ 级。距中心 $100 \sim 150$ km 内发生的 $M_L \geqslant 2.5$ 级地震和距中心 450 km 内（包括台湾东带）发生的 $M_L \geqslant 3.5$ 级地震处于该台网有效监测范围内（图 3-48）。

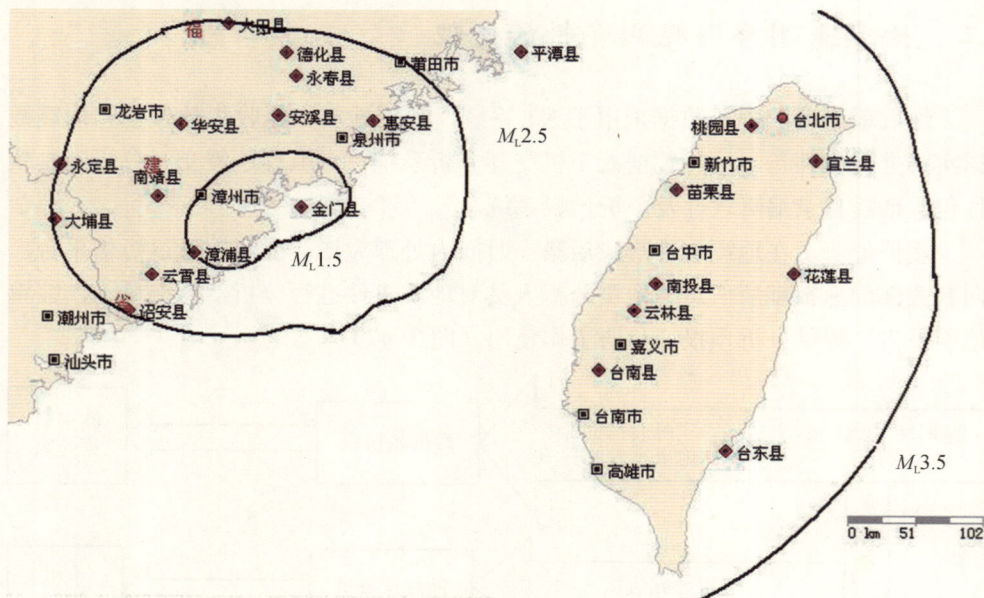

图 3-48　厦门市地震遥测台网监测能力图

第四节　地震强震监测

强震观测（Strong Motion Instrumentation）的确切含义是强震动观测，是利用仪器来观测地震时的强地面运动过程以及在地震作用下工程结构的反应情况，进而为地震工程学和近场地震学提供基础研究资料。

具体地说，其作用在于：

（1）可以提供地面地震动与原型结构地震反应的定量数据；

（2）可以监测地震破坏作用的全过程；

（3）能够分别研究并测量导致建筑物破坏后果的各种因素。

因此，强震观测不但可为地震烈度和工程抗震措施提供定量数据和理论依据，对抗震研究实践中总结出来的理论和方法进行检验，推动地震工程研究的发展（反应谱理论、地震力随机振动理论）；同时，由于强地震动的观测记录比远场记录含有更丰富、更直接的震源特征信息，更利于强震震源机制的研究，推动了近场地震学的形成和发展。

为提高中国地震重点监视防御区的固定强震动观测台网密度，增强获取近场强地震动记录的能力，加快福建省的强震动观测记录的积累，根据"中国数字地震观测网络项目"、"福建省数字强震动台网分项目"的要求，福建省地震局在厦门不同类型场地土上设置了四个强震观测台。

大量有价值的强震动记录的获取，一是为研究震源机制、地震动衰减规律、场地和活断层对地震动的影响、土与结构的相互作用、典型结构的地震反应特性等提供可靠的基础资料；二是为厦门市的地震动参数区划图和各行业抗震设计规范的编制和修订提供依据，并为各种重要工程结构的地震反应时程分析提供典型的输入地震动时程，从而使建设工程的抗震设防要求和抗震设计更为科学、合理；三是有效地减小未来地震时各类结构的破坏程度，减轻地震造成的生命财产损失。

一、台站位置和场地条件

为全面记录厦门市各类场地近场强地震动记录情况，在建设厦门市强震观测台站时，在不同类别场地（自由基岩场地、II类建筑场地、III类建筑场地）分别建立了台站（表3-20）。

表3-20 厦门市强震观测台简表

台站名称	台站代码	东经（°）	北纬（°）	海拔（m）	场地类型	所在地址
厦门台	35XMT	118.083	24.451	49.5	自由基岩场地	厦门市思明区石泉路9号
白鹭台	35XBL	118.084	24.476	13	III类建筑场地	厦门市白鹭洲音乐喷泉北侧
中山台	35XZS	118.084	24.46	13	II类建筑场地	厦门市中山公园
集美台	35XJM	118.09	24.58	5	II类建筑场地	厦门集美敬贤公园南侧

二、仪器设备

厦门市强震子台主要设备包括 GDQJ-Ⅱ型固态地震动强度记录仪、SLJ-100A 型三分向力平衡式加速度计，其中，厦门强震台采用有线 DDN 专线传输方式直接将数据传到台网中心，其余 3 个子台采用电话线拨号方式。上传地震动波形文件见表 3-21，主要设备参数如表 3-22、表 3-23 所示，设备连接图见图 3-49、图 3-50。

表 3-21　厦门市强震观测台仪器设备表

台站名称	传输方式	设备型号	设备供应商	开始观测时间
厦门台	实时传输	数采：GDQJ-Ⅱ、摆：SLJ-100A	工力所	2002.5.27
白鹭台	电话拨号	数采：GDQJ-Ⅱ、摆：SLJ-100A	工力所	2003.12.20
中山台	电话拨号	数采：GDQJ-Ⅱ、摆：SLJ-100A	工力所	2003.12.19
集美台	电话拨号	数采：GDQJ-Ⅱ、摆：SLJ-100A	工力所	2006.12.09

表 3-22　GDQJ-Ⅱ型固态地震动强度记录仪主要设备参数

序号	项目	技术指标
1	通道数	三通道
2	采样率	50 sps、100 sps、200 sps、400 sps（程序可选）
3	通道延迟	0 μs
4	动态范围	125 dB
5	转换精度	24 bit
6	高通滤波	0.01 Hz
7	低通滤波	内置高陡度数字 FIR 滤波器
8	前置放大器增益	1.8
9	记录器满量程	±2.5 V
10	灵敏度	±7.6 μV
11	噪声	1 LSB
12	传感器接口	3 通道接口
13	触发方式	STA/LTA 比值或差值触发（程序可选）；定时触发；外触发
14	存贮介质	每 Mb10 min，250 sps，3 通道数据
15	时钟	内部时间系统 10^{-6}，可选 GPS 同步到 UTC 精度 1 ms

续表

序号	项目	技术指标
16	报警预置	达到或超过预定值时，事件记录完后对数据做出处理并自动拨号向中心发送信息和烈度值，同时存储这些信息
17	电源	浮充电给两个 6 V，12 Ah 的电池
18	功耗	等待状态＜3 W
19	软件	包括通信软件、显示软件及转换软件
20	工作温度	－10℃～＋50℃
21	相对湿度	90%（无冷凝）

表 3-23　SLJ-100A 型三分向力平衡式加速度计主要设备参数

序号	项目	技术指标
1	测量范围	±2 g
2	灵敏度	±1.25 V/g
3	动态范围	＞120 dB
4	噪声	＜1.25 μV
5	自振频率	80 Hz
6	阻尼常数	0.7
7	输出阻抗	＜1 Ω
8	输出电流	8 mA
9	频带	0～80 Hz
10	静态电流（三分向）	＜10 mA
11	横向灵敏度	＜1‰ g/g
12	线性度	＜满刻度的 1%
13	使用温度	-25℃～＋60℃
14	湿度	85%
15	尺寸	12 cm×12 cm×7.5 cm
16	重量	2 kg
17	温度对灵敏度影响（-25℃～＋60℃）	＜0.01%/℃
18	温度对零点影响（-25℃～＋50℃）	＜0.1 gal/℃
19	电源电压波动对零点影响（±12 VDC±30%）	＜满刻度的 0.01%
20	电源电压波动对灵敏度影响（±12 VDC±30%）	＜满刻度的 0.01%

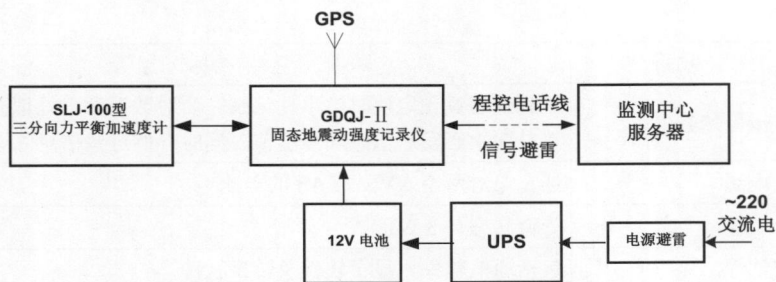

图 3-49 中山公园台、白鹭洲公园台、集美强震台设备连接图

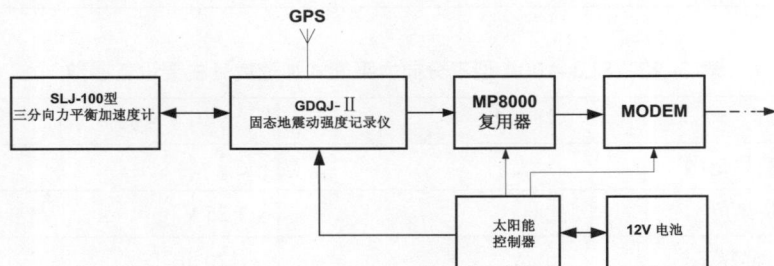

图 3-50 厦门强震台设备连接图

第五节 地震趋势研究

2008 年 5 月 12 日，突如其来的四川汶川 8.0 级大地震不仅给人民生命财产造成了巨大损失，同时，也唤起了民众对自身地震安全问题的极大关注。

从开始的责问到逐步的理解和认识到当今世界上还无法准确预报地震的今天，地震部门在总结和反思汶川地震的过程中，一方面，愈加感到肩负责任的重大和工作具有的挑战性、开拓性；另一方面，面对不得不回答的有关问题时所处的窘境迫使人们要改变目前的状况。

例如，自四川汶川发生 8.0 级地震之后，社会上预测、预报地震甚至地震谣言之声此起彼伏，报告各种地震前兆及"异常"，频繁而多样。一类是以专家学者的身份出现发表地震预测意见，他们的预测意见大多表现为震中范围广，震级偏大，预测地震发生的时间段很长，这类预测意见从技术层面上讲缺乏物理基础，方法原理不十分清楚，依据的监测手段和资料单一，技术落后；另一类、是由群测群防报告的各种地震前兆"异常"，这类"异常"的报告次数和数量众多，形式繁杂，涉及面广。作为市县地震部门对于上述地震预测和地震前兆"异常"报告均难以科学应对，与地震发生有无关联更难以合理解释。

因此，基于目前的现状，也正是因为地震的准确预测仍是当今世界未解决的一个科学难题，我们认为地震监测、预测应走科学化、专业化之路，即在地震监测方面，在坚持监测方法多样化、系统化的同时，摒弃那些监测对象不直接且意义又不大的前兆监测手段，注重方法原理和实验研究，筛选并建立科学系统的地震监测方法。在地震预测方面，在坚持"以震报震"技术方法的同时，改变目前比较单一的统计地震学预测方法，我们认为，研究地震，首先应研究地质，其次再研究地震，如果离开了地质，一味地折腾地震数据，可能就是在建空中阁楼。应充分认识地震地质预测方法的基础性和重要性，积极探讨地震地质学方法、统计地震学方法和地震前兆方法"三位一体"的地震会商思路。

一、当前国际上地震监测预测技术方法及发展趋势

地震在一定程度上的预测还是世界性的科学难题之一，至今仍处于探索阶段。地震预测的困难主要表现在 3 个方面：

一是发生地震的震源状态无法直接接触到或探测到。首先，统计表明，大陆上地震大多发生在 15 km 左右的地壳中，而人们目前最大钻探深度也仅 12 km，因此，人们无法直接触及到震源；其次，人们即使通过地球物理和地球化学技术方法，对可能发生地震的区域进行探测，所获得的数据、图像是一个整体性的概念，达不到精细的程度；再次，即使震源处地下流体产生显著异常，通过裂隙等传递到地面并被监测和分析，其分析结果将反映震源处几十年甚至上千年前地下流体的综合情况，这对于我们分析预测地震又增加难度。

二是地震孕育和发生的复杂性。随着国内外地震监测方法的增多和监测数据的海量增加，专家们越来越认识到地震从孕育到发生的全过程十分复杂。一个能得到广泛认可并能指导实践的地震理论仍处于假说阶段。

三是地震预报实践机会较少。地震尤其是破坏性地震的发生对于一定的区域来讲是一个小概率事件，大陆地区强烈地震在同一区域重复发生的周期往往在百年或千年以上。从全球来看，7 级以上的破坏性地震，近 40 年的统计结果每年平均发生 18 次左右，但大部分发生在深海沟或人烟稀少的地区，客观上也造成人们从事地震预报的实践机会较少。

近年来，尤其是自 2008 年汶川 8 级地震以来，关于地震预报的国际学术会议及其讨论议题，如从地震能否预报这样的根本性问题到涉及广泛的学科范围和领域、预报模型的提出、单一或多种综合性地震预测方法的提出，似乎比以往任何时候都多，也更热烈。

（1）国际地震学与地球内部物理学协会（IASPEI）大会于 2009 年 1 月 10 日至 16 日在南非开普敦召开。美国南加州地震中心主任、著名地震学家 Thomas H. Jordan 做了题为《地震预测预报：模型的发展和进展评估》的主旨报告。此外，大会还组织了 3 个专题讨论会：①地震震源——面向预报的建模和监测；②地球物理异常与地震预报；③地震和断裂概率模型预报检验。

（2）美国地震学会（SSA）大会于 2009 年 4 月 8 日至 10 日在加州举行，其中"地震预报研究的全球合作"专题主要探讨了地震预测能力建设的国际合作研究计划（简称 CSEP 计划），CSEP 计划是由美国南加州地震中心发起并推动的一项关于地震预测能力建设的国际合作研究计划，其初步的目标是构建地震预报的物理基础，开展跨各断层系统的预报实验并进行比较。该计划已在美国加州、新西兰、日本、意大利及西太平洋开展实验，以帮助政府管理部门评估地震预报的可行性，推行地震预报的算法。根据统计模型预测地震发生时空尺度的要求，目前投入该计划竞技的统计预测模型已超过 50 个。其中包括美国加州、西北太平洋、西南太平洋、日本、新西兰和全球等 6 个研究区可用于 1 天、1 年和 5 年等多个时间尺度预测和统计检验的模型；已投入运行的检验中心包括南加州地震中心、新西兰（地质和能源研究协会）和日本（东京大学地震研究中心）3 家。其中，南加州地震中心于 2007 年 9 月 1 日最早投入运行。目前正在积极筹备建设检验分中心的国家还有意大利、冰岛和中国等。

（3）欧洲地球科学联合会（EGU）大会于 2009 年 4 月 19 日至 24 日在维也纳举行，地震预报是众多与会者热议的话题之一。会议讨论的专题包括"与时间相关的地震过程和地震危险性—物理与统计"和"地震危险性评估、前兆现象和预报的可靠性"等。会上更多地探讨了与地震发生可能相关的各因素之间的关系，而不是单纯的地震预报方法，讨论促成了对地震过程的进一步理解，例如，过去人们认为地震就是一条断层带的问题，最多会联系到相邻两个块体之间的运动等，但现在进一步已意识到地震与整个构造块体相关、地球深部和浅部的联动作用等，这使得专家们需要不断修改和完善地震预报的模型。

（4）第二届地震预报国际研讨会于 2009 年 4 月 29 日至 30 日在葡萄牙里斯本举行，这是一次专门探讨地震预报问题的国际会议，中国、俄罗斯、日本等多个国家的研究人员参加并介绍了各自关于地震预报的方法。一些方法在全球尺度进行了 20 年的检验，专家们普遍认为，地震预测预报依然是世界性科学难题，目前尚未发现一种能够实现时间、地点、震级三要素的地震预测方法。虽然可喜地看到地震前确实观测到了一些异常现象，但这些异常现象与地震之间的关系又不太确定。

除上述国际会议组织的讨论专题外，个人、研究单位或专业组织提出有关地震预测的模型、技术方法不少于几十种，从八卦预测、动物地震宏观观测、地震云预测，到低频地磁场预测、地电阻率、GPS、热红外、电离层、合成孔径雷达干涉测量（InSAR）、重力、电磁波等技术方法监测预测地震。一个值得关注的研究对象是静地震和慢地震，它们是地壳能量释放的一种形式，静地震正是断层两盘的相对蠕动，它一直在缓慢地消减着应力的过分集中；而慢地震则不同，它很可能是一次大地震的前奏，随着应力的持续，地震破裂将进一步发展，如果凸体迅速破裂，将产生显著的大地震，因此，慢地震与主震在形成过程中不可分割。目前国际上比较相同一致的看法是，静、慢地震是地震断裂过程的一个组成部分，在地震成核过程中可能起着重要的作用。

与地震预测直接有关的两个研究课题，一是地震机理研究。在应力测量、地震引起的应力变化的计算与强余震预测、地震发生前后震源区介质性质的变化、用钻探方法进行地震断层直接取样等方面，国际上的专家们都有不同程度的科学认识和技术方法上的显著进展，主动源探测、GPS、nSAR 等已开始显现出值得注意的发展前景。二是地震前兆及短期预测方法研究。众多监测数据表明，大多数强震发生前有中小地震平静或活跃现象，重力、形变、地下电磁、地下水位与地下水化学组分也能观测到较大幅度的变化，近年来还发现地震前有电离层扰动异常等。而国际地震研究领域的发展趋势则是更加关注地震前兆和预报方法的严格检验。

还有一个值得关注的研究方向是直接面向地震震源的钻探计划。例如日本在1995 年阪神地震之后开展的野岛断层钻探，试图研究地震断层的物理特性、断层愈合过程以及流体运移属性。"台湾车笼埔断层深井钻探计划"（TCDP）于2004 年 1 月正式启动，主要目标是对车笼埔断层进行钻探和取样，研究 1999 年9 月 21 日台湾集集大地震后的该逆冲型断层的新特征。Ma 等（2006）通过对断层破碎带岩芯进行的断层滑移和断层泥的分析，发现断层岩芯上近 12 cm 厚的滑移带至少滑动过 33 次，且各层形貌非常类似，表明地震具有"重复性"，并由此推出各次地震发生的时间间隔。

另一个与地震预测预报相关的重要推论是，类似于"9.21"大地震的同等震级的大地震可能会在400年后再次发生。而其方法可谓繁多，技术种类百花齐放，这些技术方法归并起来，可概括为统计地震学方法、地震地质（含地球物理）方法和地震前兆方法。分析认为，地震地质预测和地震前兆预测技术方法的建立，核心问题是建立科学的地震发生机理的物理模型，并在此基础上，研究建立地震预测分析方法的物理原理、技术方法的物理模型、技术途径以及仪器设备性能指标、现场布置、数据记录、干扰剔除和有效数据的分析方法，最终目标是力图建立每种异常与未来地震三要素之间的确定性关系。

由于地震与断层带紧密地联系在一起已得到广泛认识，因此，针对断层带的结构探测和模型构建被认为是认识地震破裂的物理过程的一个关键。前已述及，断面凸破模型试图在对地震的成因机制做出深入理解的基础上，提出地震预测的方法（这也是国内外地震学家长期以来的一个重要的工作目标），即建立科学的地震发生机理物理模型——建立一整套地震监测预测技术方法（研究地震发生前后岩体的物理变化过程，分析震源处地球物理场、地球化学场的异常及其存在范畴，并通过建立相应的方法原理计算或实验给出可行性，实施并取得一整套地震监测预测技术方法）——形成比较完整的地震监测预测体系。

二、打造科学系统的地震监测体系

（一）当前国内地震监测方法及其分析

自20世纪中叶以来，中国的地震监测首先从地震监测台（网）建设起步，紧接着利用比较成熟的重、磁、电、震、放射性等地球物理方法、水化学分析方法和红外遥感技术，逐步建立了部分地震前兆观测台（网），尤其是1966年3月河北省邢台发生7.2级地震之后，在总结地震宏观异常以及地震监测预报经验的基础上，进一步完善了中国的地震监测技术方法和技术领域，并逐步发展形成了中国当前的"专业与群测、微观与宏观、固定与流动"相结合的地震监测工作原则，建立了由多方法、多手段构成的地震监测技术体系。

我们基于构造地震的主体地位，按照地震监测对象大致分为地震台网监测系统、地球物理场（重点是深部）、地球化学场（重点是深部）、地壳形变场和慢地震监测系统；按照其作用和意义大致可分为地震监测、地震前兆监测和地质构造运动监测系统；如果按照技术方法大致可分为测震台网、重力、地磁、地热、地壳形变、地电、地下流体、气体和强震动台网等。

不同的地震监测分类方法不仅让人们明晰监测体系的完整性、科学性，而且给人们指出了地震研究的方向性及诸技术方法的作用和重要性（含权重）等。

分析当前地震监测预测工作的现状，不难发现还存在着工作重点和技术方法有待改变，研究思路需要创新的问题。在当前的地震监测预测过程中，常常表现出在监测技术方法取得的数据曲线上用已发生的地震事件去寻找、对应特征异常（点），试图总结带有规律性的特点以便为地震预测提供意见，用于对应特征异常（点）的地震哪怕是发生在千里之外，或非本构造单元上的地震事件。例如，对于重力观测资料的分析，一是应建立在台站观测的范围内，即台站下方或同一构造单元地壳内部一定范围内的重力场变化；二是重力场随时间的变化应与本区地壳运动及其方向相吻合，与地磁场变化甚至地热的变化相互补充，相互验证。我们认识到，地震，地震，离开了地质就不震了！

在地震监测方面还存在着物理基础的研究比较薄弱，监测方法的建立还不够科学等问题。例如，（冲击层内）地下水存在于地表下岩土碎屑的空隙中，不含水的泥土层将地下水分割开，形成潜水和承压水两类。地下水常处于运动状态并与周围物质发生着一系列物理的、化学的相互作用和变化。上述地下水的两个本质特征为人们利用地下水异常变化捕捉地震前兆异常带来了很难逾越的困难。首先，由地震监测得知，大多地震的震源深度几乎都在 1 km 以下，震源处在基岩之中，而开展地下水异常变化监测的水井深度一般在一二百米，深的也不过三四百米。事实上在某些冲积层较厚的地区，水井底下的隔水层还没有打穿，因而，即使由于地应力集中而导致断层中地下流体的众多异常也不太可能传到观测水井之中而被监测到。即使震源周围地球化学场的异常变化通过地下流体缓慢传到地表进而被监测到，其数据结果也是十分滞后的，可能已经过了几年或几十年。其次，地下流体观测作为地震前兆观测的技术方法主要针对地下水物理特征异常变化和化学成分异常变化，如地下水的水位、水温、CO_2、水氡等。这些异常一方面与地质构造单元有关，常常是隔一条断层就显示出较大的差异。而且这些异常与人类活动、大气降水以及气温变化等密切相关，致使人们难以捕捉到真正的地震前兆信息。

再比如，目前，生物异常作为地震宏观观测的一种方法存在着如下现状。首先，许多学者从来不认为生物反常与地震发生之间的联系是必然的，但也不等于否认它们之间没有关联；其次，目前各国报道或总结的生物异常作为地震前兆现象基本上是回顾性的，缺少严格的论证，也无法证明它们是地震前兆。

在这种情况下，作为市县地震部门在经常接到群众报告的地震生物前兆"异常"后，往往先请相关专家现场核查，在考虑各种影响的情况下，给出几乎一致的处理结果，那就是"是正常的自然现象（生物活动），与地震没有关系等"。有时候，群众报告了十次、上百次生物"异常"，随之确有地震发生了，这时地震局又如何进行解释，如何走出尴尬的境地呢？

（二）科学筛选，打造系统的地震监测体系

1. 科学筛选，建立系统的地震监测体系

基于断面凸破模型和上述分析，我们认为应对目前的地震监测方法进行一次科学的筛选，建立系统的地震监测体系（图3-51），就市县地震部门及其所辖范围而言，以有限的人力和财力换取最大的地震观测科学数据。

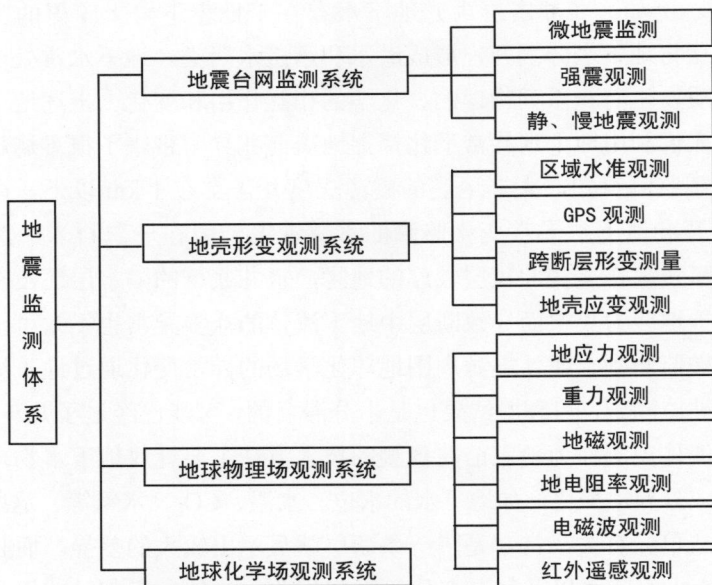

图3-51　地震监测体系网络图

2. 监测方法及其意义分析

对上述地震监测体系网络图中部分监测方法及其意义分析如下：

（1）地震台网监测

地震台网建设走"三网融合"之路，利用测震仪器测定现代地震三要素，实现地震速报；利用强震观测数据，实现本地区烈度速报；利用强震预警系统，实现对周边地区的地震预警。同时，结合历史地震，依据震中位置和震源深度以及震中周围断裂构造的分布及其产状，将地震归并到断裂带上进而探寻发震断裂。

（2）水准和 GPS 监测

获取地壳长期垂直形变速率场和高分辨率的地壳水平运动速度场图像，深入认识强震孕育的大陆形变动力学背景，分析同一构造单元重点是区域性发震断裂活动性（段）或是闭锁状态（段），为地震地质分析提供基础资料。

（3）重力观测

重力场随时间的变化包括了重力潮汐变化和非潮汐变化两部分。利用潮汐变化的观测值与理论值的偏差来研究一些地球内部问题，具有明确的物理基础。地壳内部巨大应力的突然释放是引起构造地震的决定性因素。许多观测资料表明，不断积累的应力会导致地壳的缓慢形变，而且将伴随着观测点地下一定范围内物质密度的变化，这些物理过程引起的重力场随时间的变化在地表是可测的，为研究地震的孕育和发生提供了地球物理前提。

（4）地震电磁监测

在地震孕育过程中，岩石受力变形及破裂，伴随有地下介质（主要是岩石）电阻率的变化及大地电流和自然电场的变化。地震电磁监测主要有地电、地磁、大地电磁测深、电磁波（地震电磁扰动）及红外遥感，其中，红外无源遥感是近年发展起来的新方法。实验证明，岩石的红外辐射及微波辐射能量随压力变化而显著变化。而该变化和温度无关，完全是由压力引起的。说明压力能够直接激发岩石分子的振动态能级发生跃迁，而不需经过岩石生热的中间过程。

（5）地应力监测

地应力的方向、大小及其随时间的变化直接反映了地下岩石应变的缓慢积累过程，直至快速释放引起地震的临界点状态。一方面，虽然当代地应力的实际监测点很难达到应力最集中的震源附近，但位于发震断裂带上的现代构造应力场状况还是具有显著的科学意义。另一方面，震源机制解可给出地震发生时断层的力学机制和地震断层的运动形式。上述两方面的相互结合为人们提供了地震孕育和发生的应力变化过程。

3.地震监测总体思路

按照地震是地下岩石中的应变缓慢积累直至快速释放的地震孕育和发生过程，开展地震监测的总体思路如图3-52所示。

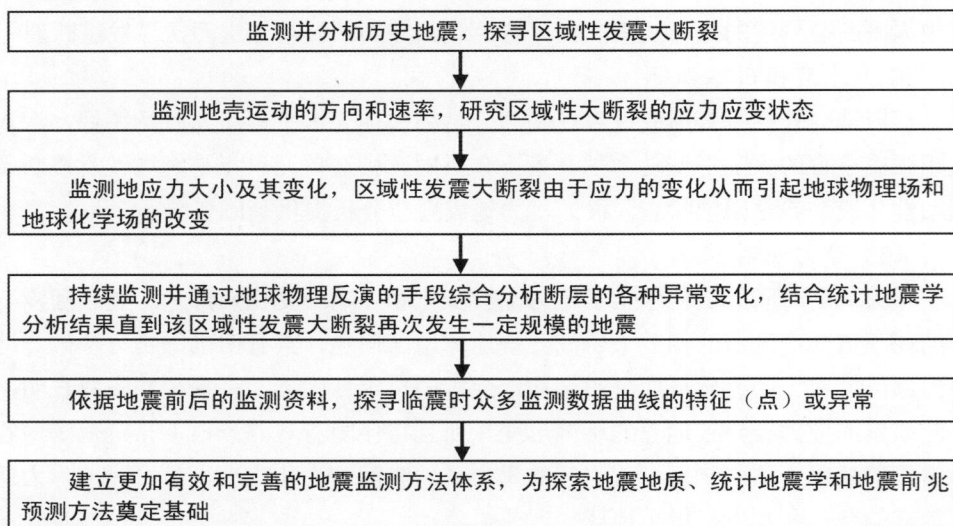

监测并分析历史地震，探寻区域性发震大断裂

↓

监测地壳运动的方向和速率，研究区域性大断裂的应力应变状态

↓

监测地应力大小及其变化，区域性发震大断裂由于应力的变化从而引起地球物理场和地球化学场的改变

↓

持续监测并通过地球物理反演的手段综合分析断层的各种异常变化，结合统计地震学分析结果直到该区域性发震大断裂再次发生一定规模的地震

↓

依据地震前后的监测资料，探寻临震时众多监测数据曲线的特征（点）或异常

↓

建立更加有效和完善的地震监测方法体系，为探索地震地质、统计地震学和地震前兆预测方法奠定基础

图 3-52　地震监测总体思路

三、探讨"三位一体"地震会商思路

（一）地震预测方法

在科学系统的地震监测体系及其取得的有效数据基础上，进一步通过数据资料的深入分析，如地球物理场反演、震源机制解等并积极摸索新的研究思路和研究方法，为地震地质、统计地震学和地震前兆预测方法提供充分的科学数据，进而探讨"三位一体"的地震会商思路。

1.地震地质学预测方法

构造地震是地震的主体。构造地震大多发生在地壳范围以内，特别是在10 ～ 30 km深度更为集中，占浅源地震的绝大多数，是造成财产损失和人员伤亡的主因，是人们监测的重点、研究的核心和地震预测的基础。中国多年来的地震地质研究表明，浅源地震与活动的大断裂带有关，主要表现在：

（1）强震震源位于大断裂上或板块俯冲带上；

（2）强震所产生的地震破裂带，本质上是原断裂重新活动的结果，因此，其位置、产状和位移性质与当地主要的活动断裂一致；

（3）一条发震断裂，常常在不同地质时期，表现出断裂带的不同部位、不同深度上发生多次地震；

（4）强震的极震区和等烈度线的长轴方向与发震大断裂带走向基本一致。

地震地质工作的实践总结表明，地震在空间上不仅受地质构造的控制，而且还有其特殊的发震构造部位，这些特殊构造部位易于地应力的集中，地震更有可能发生：①两组或两组以上活动断裂带的交汇部位，包括不同时期、不同级次、不同方向断裂带的相交；②弯曲（走向或倾向方向上）的活动断裂带，凸体和凹体依存，地震发生在凹体一盘的凹体部位。

从汶川地震科学研究报告得知，汶川大地震的发生是龙门山断裂受到推挤，导致大尺度、长时间、缓慢的地壳应变积累的结果，在发震前龙门山断裂带为显著闭锁状态，表明岩体的可压缩性极大地变小，也即体应变达到极大，应变能高度聚集，这种状态下，极易发生大地震。同时，龙门山地区区域重力场时空动态演化特征表明重力变化与构造活动相关，且重力变化比较剧烈，在其变化显著时段，重力等值线的基本走向总体上与北东向的龙门山断裂带走向基本一致。

研究与发生地震有关的地质构造、构造运动和地应力、地球物理场、地球化学场的状态，可对未来的地震危险区和地震强度做出预测，也可为地震区域划分提供依据。通过已发生的大地震的地质构造特点的研究，有助于判定今后何处具备发生大地震的地质背景。因此，地震地质方法研究可以为人们指出未来可能发生地震的空间位置。

2. 统计地震学预测方法

统计地震学就是从已发生地震的记录中去寻求可能存在的规律，估计地震的危险性或发生某种强度地震的概率。从地震活动性在时间上的非均匀性，大致推断今后数十年至上百年的地震活动趋势；从地震活动的重复性推测一定时期内不同强度地震的频次；从地震活动空间分布的不均匀性及其动态变化，预测强震的大致区域和地段。统计地震学应注意地震样本来源于同一构造单元或同一条断裂构造而非一个行政地域。

现代地震观测提供地震时空强（X, Y, Z, T, M）5维和震源与介质（$\Delta\sigma$, α, Q, vp/vs, f, ⋯）多维空间信息。统计地震学分析方法就是对这些多维信息进行分析，具体有以下几类：

（1）空间图像分析方法

利用地震的条带分布，推测构造活动的变化，进而推测可能发生的中强地震的空间部位，空区是空间图像方法的典型运用实例。

（2）时间进程分析方法

在多维空间中研究不同地点（X, Y）的（M, T）域，古登堡—里克特关系式，描述的就是在时间进程上地震频度与震级的关系，系数 b 反映大小地震比例关系。

（3）地震序列分析方法

这是判定余震的系列方法，主要包括 h 值，震群信息释放均匀程度 U 值、震群信息熵 K 值、ρ 值等参数。

（4）基于震相数据的地震预测分析方法

使用初动符号判定、振幅比、S 波偏振初动半周期、地震波振动持续时间、P 波与 S 波的波速比等方法进行地震波记录数据分析，有可能提取到相关的地震前兆信息。

（5）震源参数和地球介质参数分析方法

从数字化地震台网提供的基本参数（发震时间、震源位置和震级、震源参数和地球介质）中可提取到浅源地震发生的物理实质和孕震物理过程的特征，包括了 Q 值、中小地震应力降 $\Delta\sigma$、S 波分裂等参数的分析应用。在大震孕育过程中，震源区邻近区域的应力水平的增强是孕震过程的一个重要特征。通常情况下震前震源区应力水平越高，地震的应力降 $\Delta\sigma$ 也越大，所以 $\Delta\sigma$ 的明显增大可能是地震的重要前兆信息参数。

3. 地震前兆预测方法

追求地震发生的充分必要条件。目前应首先弄清地壳结构和地下深处物质的演化规律（即注重基础性研究），进而从理论上研究地震发生的机理，在此基础上建立地震发生的充分必要条件，即真正的地震前兆异常。

为此，我们提出地震前兆预测方法的研究分两条路走，一是强调理论和实验的基础性地位，走实验研究之路，建立地震孕育和发生的理论模型，计算地震孕育和发生的不同阶段震源处地球物理场、地球化学场的异常特征（点）及其在剔除了各种干扰后震中的异常特征（点）。二是注重实践总结的客观性作用，弄清大地构造格局；瞄准发震断裂；开展地震监测、"前兆"方法监测；深入分析断裂构造活动特征、地球物理场和地球化学场变化及其相互支持和互相验证（直到本断裂带地震发生）的地震特征全面分析研究；探寻地震前兆异常；重复上述思路程序；再次探寻地震前兆异常；总结提升地震前兆预测方法的研究路径，开展地震前兆预测。

（二）探讨"三位一体"的地震会商思路

近年来厦门市地震局一直在尝试着将地震地质方法、统计地震学方法和地震前兆分析方法综合运用，作为地震趋势会商报告编写的主要思路，对来年或更长时间内的闽台地震趋势做更好的判定。

1. 福建及其沿海大地构造格局

资料显示，福建位于欧亚板块的东南部，地处太平洋板块向欧亚大陆板块俯冲撞带内侧，东部经岛弧—海沟系与太平洋板块相接。自元古代以来，经历过前泥盆纪地槽发展阶段，泥盆纪至三叠纪准地台直至晚侏罗世构造运动进入太平洋大陆边缘活动带发展阶段，在这个时期不仅有大规模的中酸性火山岩喷发从而构成闽东火山喷发带，而且在断陷和拗陷中堆积了巨厚的火山—沉积岩。新生代时期，由于菲律宾板块向台湾岛的俯冲，本区构造运动表现出断块差异性升降兼水平运动为主。地质资料显示，本区发育着北东向和北西向两组共轭断裂带（图3-53）。北东向断裂主要包括邵武—河源地震构造带、政和—海丰地震构造带、长乐—诏安断裂带和滨海断裂带（牛山岛—兄弟屿断裂）；北西向断裂带包括韩江断裂、九龙江断裂、晋江断裂、沙县—南日岛断裂、闽江断裂等。

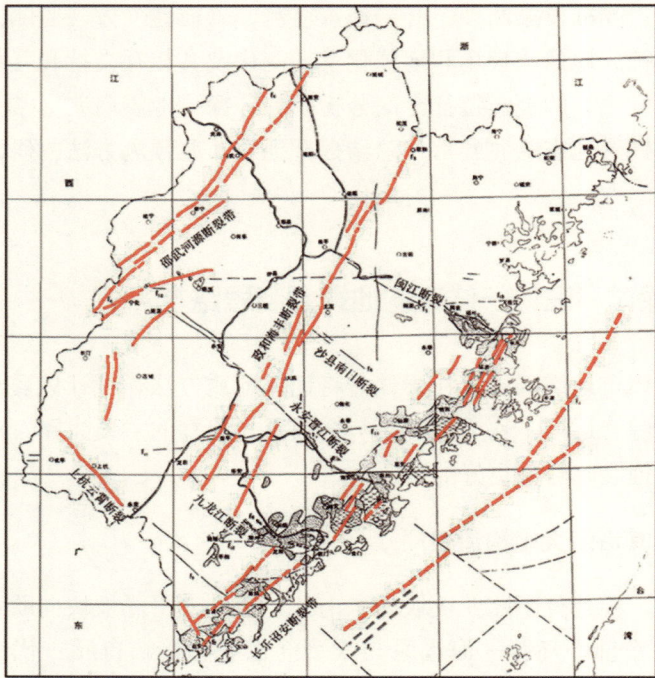

图 3-53　福建省主要地震构造分布图

2. 地面运动方向和速率表明长乐—诏安和滨海断裂带受到挤压

福建境内 8 个 GPS 基准站在 ITRF2000 坐标框架下，运动矢量与中国大陆的地壳运动相似，整体向东南方向运动。2010 年观测数据分析显示，运动速率约为 35 mm/a，其中龙岩站的形变速率最小，南平站的形变速率最大。ITRF2000 框架下的福建地壳水平运动等值线图（图 3-54）显示福建中西部形变速率相对较小，北部和东南沿海形变速率相对较大，沿海地区速度等值线平行于长乐—诏安断裂带，且越靠近长诏带速率越大，这个形变速度场表明长诏断裂带和滨海断裂带受到来自北西大陆方向和来自南东台湾方向的应力，表现为左旋或左旋逆冲的挤压剪切构造状态。同时，由于北西向断裂与主压应力近于平行，使得永安—晋江、上杭—云霄和九龙江等北西向断裂带存在一定量的右行走滑运动（见图 3-55，闽台地表相对运动示意图）。资料显示，区域性长诏断裂和滨海断裂受到长期挤压，促进了地震的蕴育和发生，是地震发生的危险地带。福建省内几条北西走向的断裂构造，表现为张扭性质，显示区域性北西主压应力造成的差异性地面运动的结果。有关分析认为，北西向断裂的右旋运动同样为地震发生的危险地带，只是在能量的积累上不及北东向断裂，进而可推测认为福建省内北西向断裂相对北东向断裂带上发生地震的震级要小。从上述分析得知，区域性地应力在断裂带上的集中指出了未来地震发展趋势的空间位置（见图 3-56，闽台地质构造剖面示意图）。

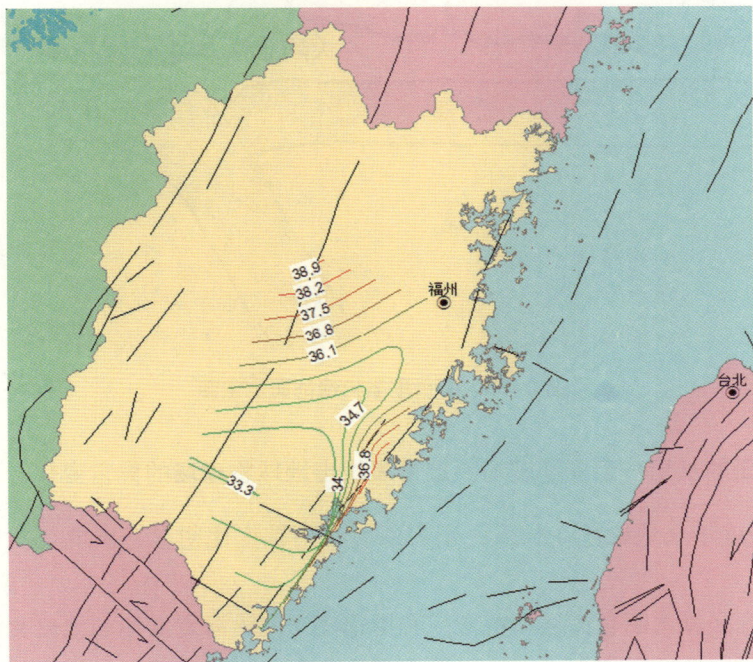

图 3-54　福建地壳水平运动等值线图（2010 年）

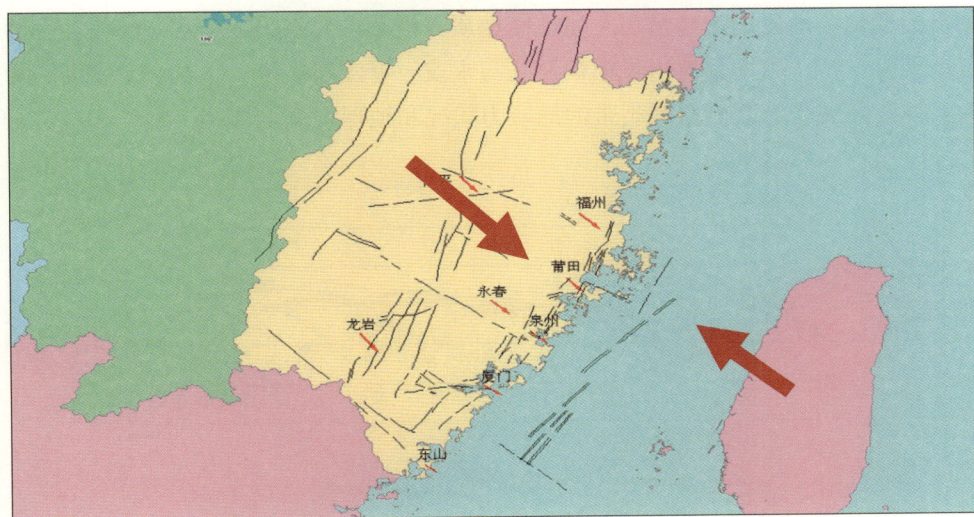

图 3-55　闽台地表相对运动示意图

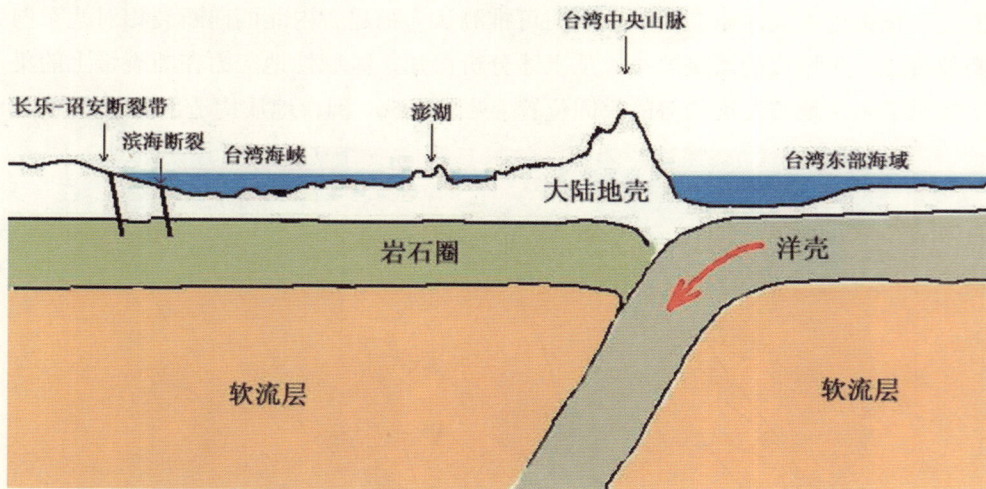

图 3-56　闽台地质构造剖面示意图

3. 受压的长乐—诏安和滨海断裂带表现出地球物理场的异常变化

（1）近年来地磁场在长乐—诏安断裂带两端变化明显，出现正负反向变化格局

为研究区域内断裂的运动特征，利用福建东南沿海近 6 期的地磁复测资料，对长乐—诏安地震断裂带进行地磁剖面变化分析（图 3-57），结果显示：长乐—诏安地磁场两端变化幅度较大，5 条相邻的剖面变化曲线显示该断裂两端均出现相反的变化。地磁场的异常与上述地震地质分析和地壳水平运动观测结果相互验证、相互支持，共同反映出长诏带及其与永安—晋江断裂带、上杭—云霄断裂带和九龙江断裂带等北西向断裂带的地应力状况和地球场变化情况。

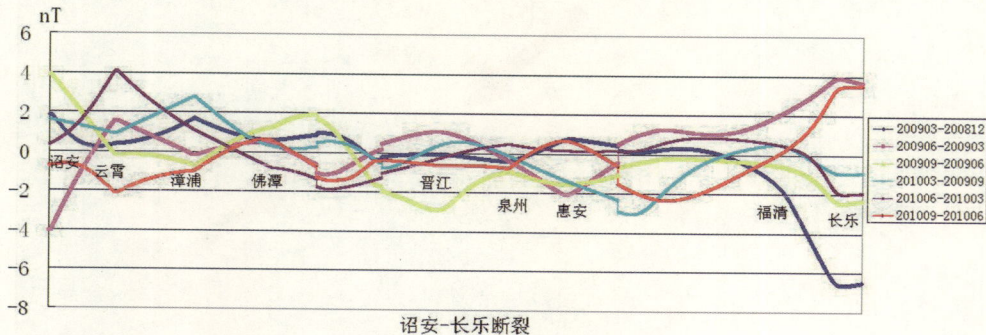

图 3-57　诏安—长乐断裂磁场剖面变

（2）闽粤交界及其沿海存在显著重力场差异性变化

采用自由网平差方法对广东省汕头重力观测网和福建东南沿海重力观测网自2009年6月至2010年6月的3期重力复测资料进行处理，绘制该区域重力场相邻测期变化影像图（图3-58），得出闽粤交界沿海地区存在显著重力场差异性变化。从2010年6月到2009年6月之间两期的重力期变化均在闽粤交界附近呈现出重力值的零变化线，闽粤两侧出现正负值的交替变换。

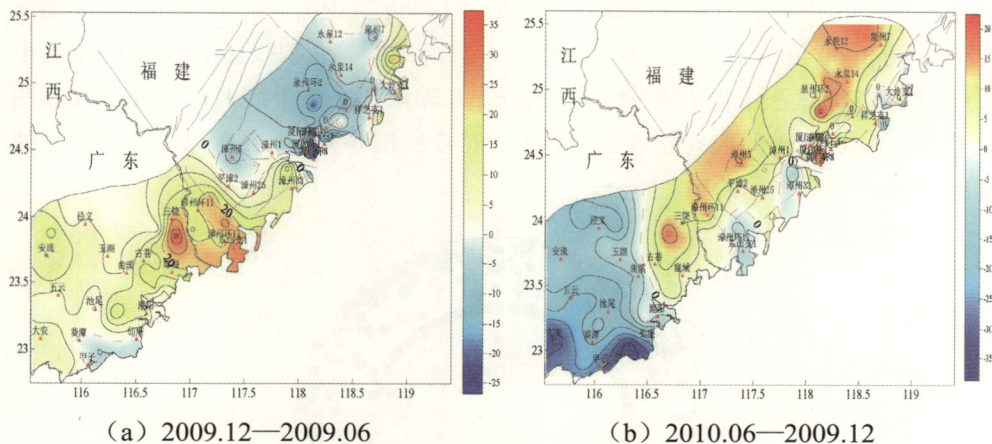

（a）2009.12—2009.06　　　　　　　（b）2010.06—2009.12

图3-58　闽粤交界地区重力场变化

根据福建东南沿海近4期的重力复测资料，对北西向断裂带九龙江下游两侧重力点的段差作剖面分析（图3-59），结果显示：在九龙江下游漳州—厦门交界一带出现重力场明显的上升与下降的交替变化，在漳州沿海地区出现较明显的重力正负变化梯度带。重力变化梯度场的分布映射出长诏断裂带及其与北西向断裂带的地应力概况和地球物理场的变化情况。

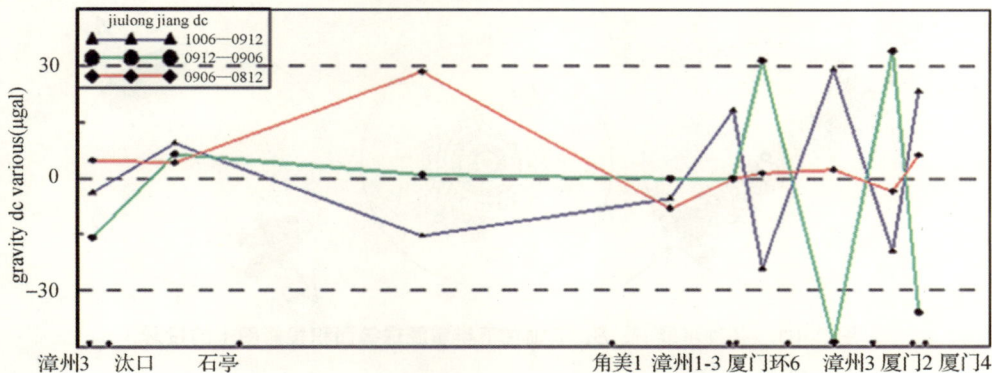

图3-59　跨九龙江断裂下游的重力段差剖面图

　　综上所述，区域性地应力的集中以及断裂带上重力、地磁等地球物理场的持续增强变化在空间上指出了未来地震发展的趋势。

4.震源机制解结果验证了福建及其沿海现代构造应力场

　　利用多个地震的平均震源机制解，可判断地震所发生地区的构造应力场特征的基本理论。通过对区域范围内的 120 个 1.0 ～ 4.8 级地震的 P 波初动方向进行统计，这些地震的震源深度主要分布在 5 ～ 20 km 范围内，而 10 km 左右的地震最多。图 3-60 给出了平均震源机制解下半震源球的等面积投影图，图 3-61 绘出的是由格点尝试法求出的各种可能 P、B、T 轴取向在下半震源球等面积投影图上的表示，这些轴的取向能以最低的矛盾符合比例（变化在 5％以内）符合 P 波初动方向观测数据的约束。

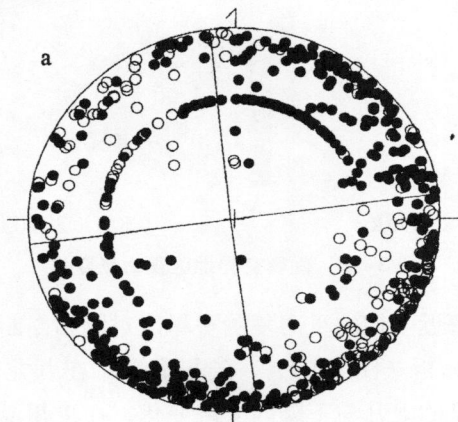

图 3-60　区域内 120 个地震的平均震源机制解（下半震源球等面积投影）*

实圈表示P波初动方向为正（挤压型），空圈表示P波初动方向为负（拉张型）。

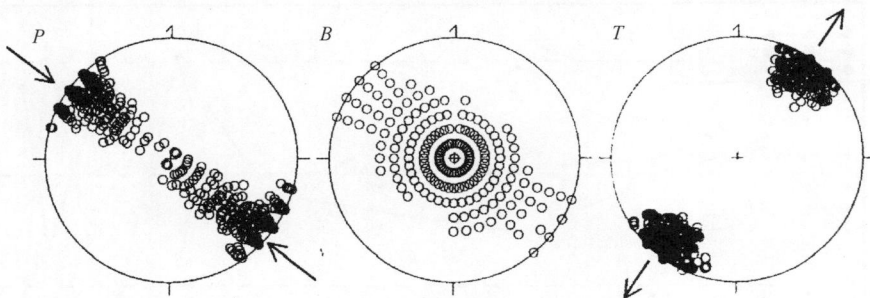

图 3-61　各种可能 P、B、T 轴在下半震源球等面积投影图上的投影

通过对这些资料的综合分析，得出如下结论：

①区域内震源错动方式，多以走滑剪切为主，断层面解的两个大致节面优势走向集中于北东—南西方向和北西—南东方向。

②P轴的优势方位为北西—南东方向，其仰角接近水平。

③T轴优势方位为北东—南西向。

④P轴和T轴的俯角多数（80%）小于45°，接近于水平，表明最大主压力以水平作用为主。

⑤在上述构造应力场的作用下，区域内北东向断裂易发生逆冲兼走滑错动，北西向断裂易发生正断层兼走滑错动。

⑥区域内小震的震源机制解（图3-62）也显示出一定的规律性，并与大震的震源机制解结果接近，表明区域内小震的发生多数也受到区域应力场的制约。

综上所述，区域内现今应力场（震源应力场），显示着继承性地受北西—南东方向的最大水平挤压作用。其力源主要来自西太平洋板块及菲律宾海板块向北西挤压欧亚板块的碰撞作用。

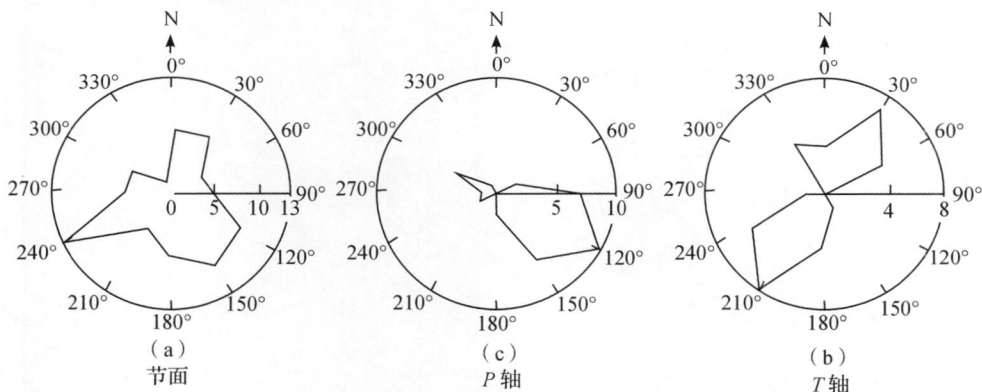

图 3-62 震源机制解

5. 历史地震在空间上的分布特征支持构造运动及其地应力的监测结果

自公元 963 年以来，福建及其沿海地区共记载到 $M \geqslant 4.7$ 级地震 55 次，对厦门影响烈度为Ⅶ度的地震有：1604 年泉州海外 7.5 级地震、1906 年金门海外 6.2 级地震和 1918 年广东南澳 7.3 级地震。对厦门的影响烈度为Ⅵ度的地震有：1185 年漳州 $6\frac{1}{2}$ 级地震、1445 年漳州 $6\frac{1}{4}$ 级地震和 1994 年台湾海峡南部的 7.3 级地震。由福建及其沿海 $M \geqslant 4.7$ 地震震中分布图（图 3-63，963—2011 年）可见，区域内地震分布很不均匀，主要表现出如下特征：区域破坏性地震震中呈条带状分布特征，主要集中在北东向的滨海断裂带、长乐—诏安断裂带、北西向的

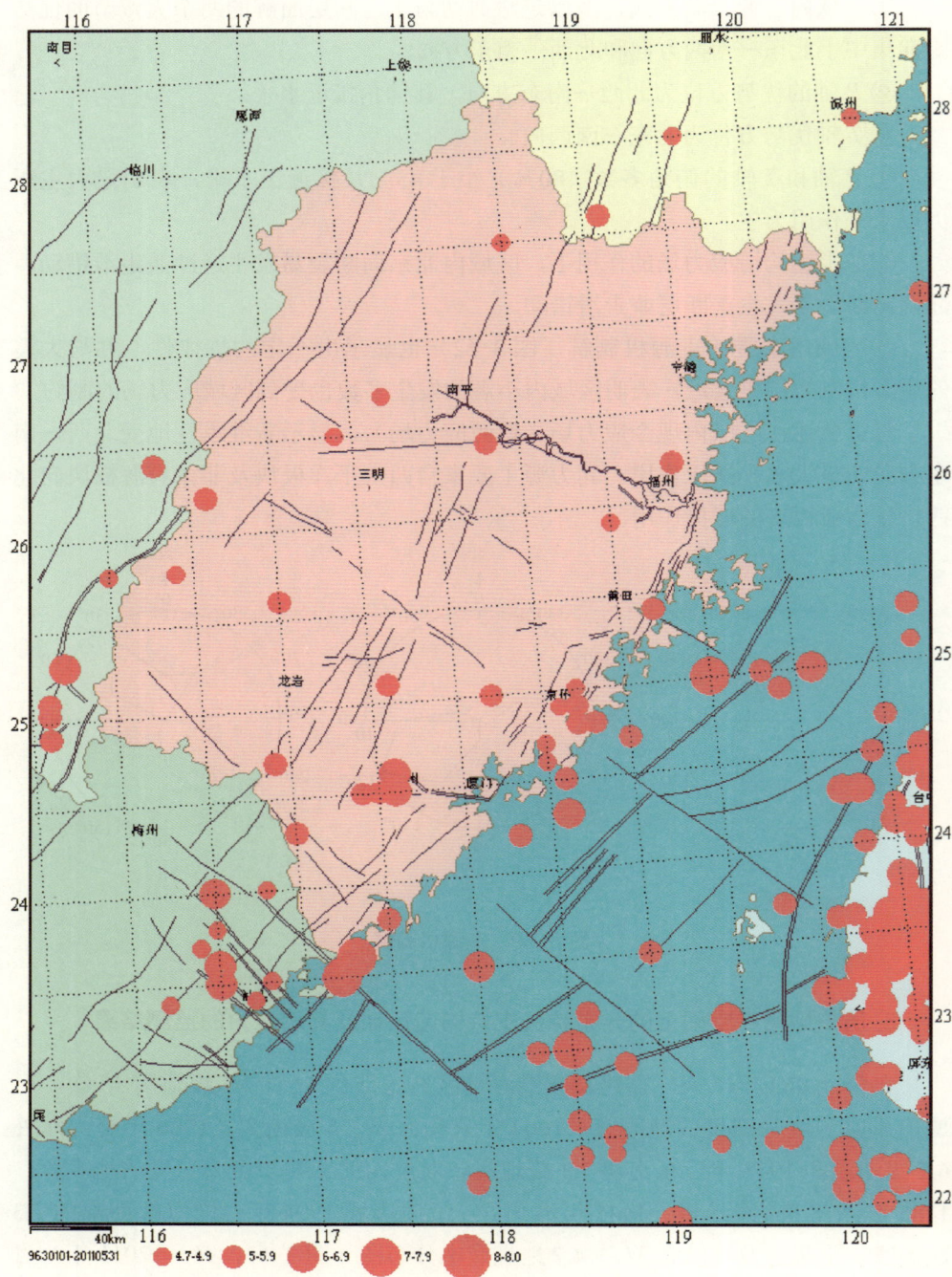

图 3-63 福建及其沿海地区 *Ms* ≥ 4.7 地震震中分布图（1963—2011 年）

九龙江断裂带附近,以及北东与北西向两组断裂交汇部位,在海域及沿海地区成带性尤其明显。总体呈现出从西北往东南,由内陆向海域逐渐增强的趋势。现代地震分布格局与历史破坏性地震的空间分布大致相同,主要集中在北东向的滨海断裂带、长乐—诏安断裂带、政和—海丰断裂带南段,北西向九龙江断裂带以及南澳海外和台湾海峡南缘浅滩两个丛集区。

6. 对福建及其沿海的地震目录,进行各种测震学手段分析,提取测震学指标的异常信息

（1）福建及其沿海地区地震活动大形势的自相似性判定

一个复杂系统,通常是由几个层次的大、中、小系统所组成,自相似性分析表明,大系统具有的某种特征,在子系统上也常呈现类似的特征。研究表明,地震的时空强变化也具有自相似性。

厦门市地震局通过近几年的工作,逐步建立了地域区间大小、时间阶段前后不同层面间的自相似性。

①福建及其沿海地震活动与东南沿海大区地震活动存在自相似

东南沿海地震区包括江西、广东、福建、湖南、广西、海南等六省的大部分地区,主要受菲律宾板块向西推挤作用。据已有的研究成果较为一致地认为,自1400年以来,东南沿海地震区经历了两个大的活动期。第一周期为1400—1700年,第二周期为1701—2020年,平均约为320年。第二活动周期释放的地震能量较第一活动周期偏低,且地震能量释放较分散。就两个活动周期对比,目前已进入第二周期的末期（图3-64）。

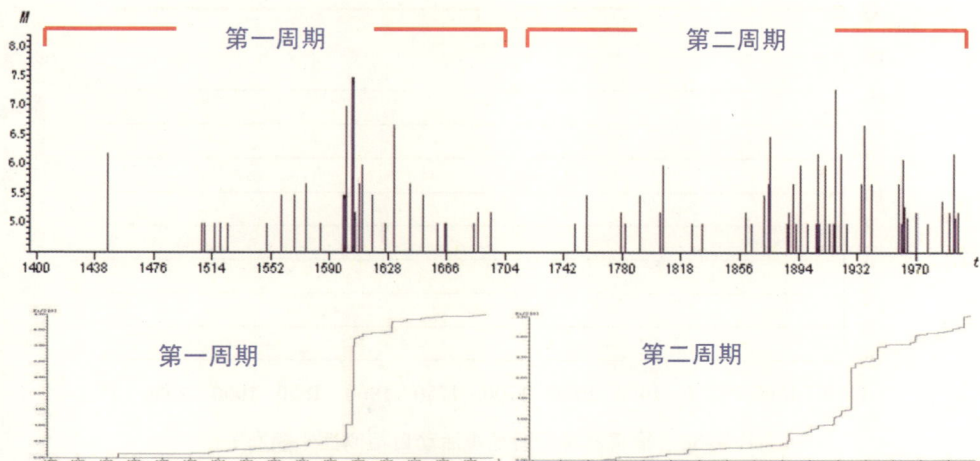

图3-64 东南沿海地震区地震活动周期划分图

福建及其沿海地区位于东南沿海地震带的中段，因此其活动特征根据信息分形理论的观点也应与其所处的"大区"具有自相似性，表现在（图3-65）：前后两个大的能量释放期，时间间隔在1700年左右，第一活动期的高发阶段在1600年左右，延续100年后进入平静；第二活动期在1900年后，也出现地震频发。

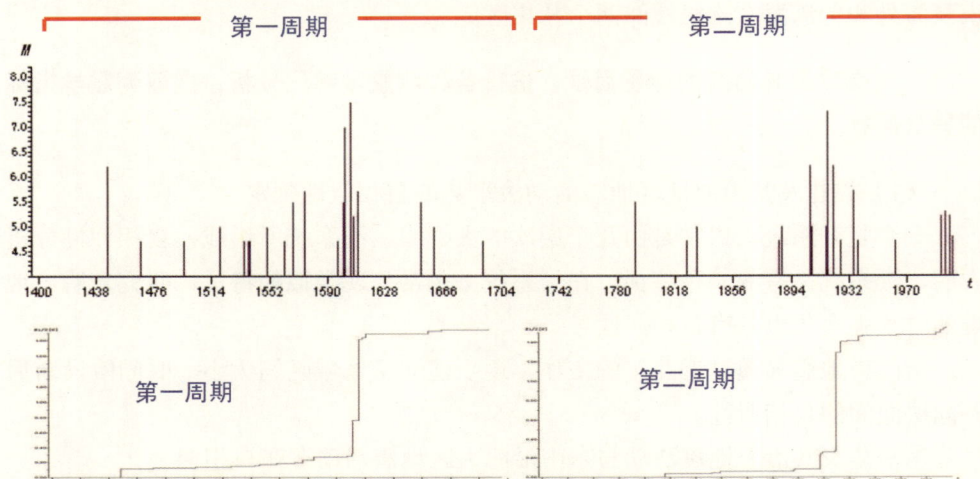

图3-65　福建及其沿海地震活动周期划分图

②福建及其沿海地震活动前后两个活动周期形态存在自相似

对福建及其沿海地区1400年以来的前后两个活动期的地震活动，作了累积频次曲线（$\sum N\text{-}T$），从其形态对比，也可以明显看到两个活动期呈现自相似性。（图3-66）

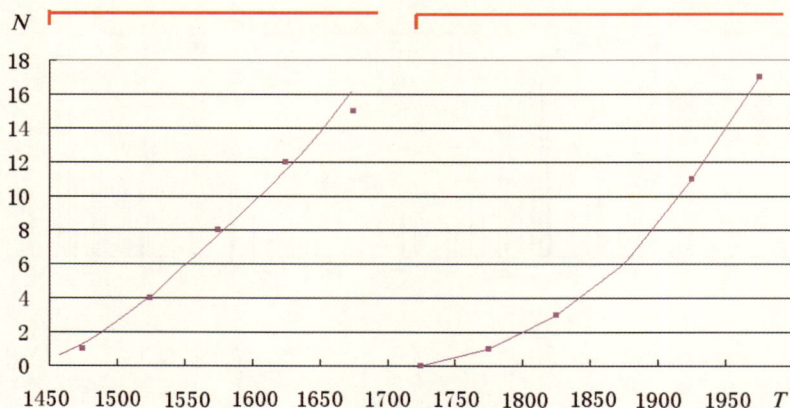

图3-66　福建及其沿海地震活动自相似性（频次）

（2）福建及其沿海地区地震活动大形势的自相似性判定

我们把 1900 年以来我省 $Ms \geqslant 4.7$ 的地震活动频次的涨落作排序分析。从表 3-24 得出：

①前 5 个相对活动时段的频次 $N \leqslant 4$，持续时间 T=4.8±1.9（年）。

②前 4 个相对平静时段的平均持续时间 T=17±7.5（年）

表 3-24　福建省 1900 年以来地震活动涨落

动静划分	时间	次数 N（M $\geqslant$ 4.7）	间隔年度 T
动	1906—1907	4	2
静	1908—1917	0	10
动	1918—1922	3	5
静	1923—1933	0	11
动	1934—1937	2	4
静	1938—1961	0	24
动	1962—1968	2	7
静	1969—1991	0	23
动	1992—1998	4	6
？静	1999—2006	0	（8）
？动	2007—	1	

对平静期是否结束的判断：

2007 年 3 月 13 日顺昌 Ms4.7 级震的发生，打破了自 1997 年 5 月 31 永安小陶 Ms5.2 级震后，福建内陆 4 级以上地震近 10 年的平静，随后又发生了"6.12"华安 4 级震、"8.29"永春 Ms4.5 级震以及 2008 年 3 月 6 日的水口库区的 M_L4.8 级震群、7 月 5 日长泰地区 Ms4.4 级震，这一系列 4 级以上震的发生，打破了第 5 个平静期仍会延续的判断。

以前面工作得到的划分结果，从另一个角度考量 20 世纪以来的地震活动涨落，活动期内发生的地震次数与随后的平静时间长度（年为单位），可以得到以下的关系点聚图（图 3-67）。

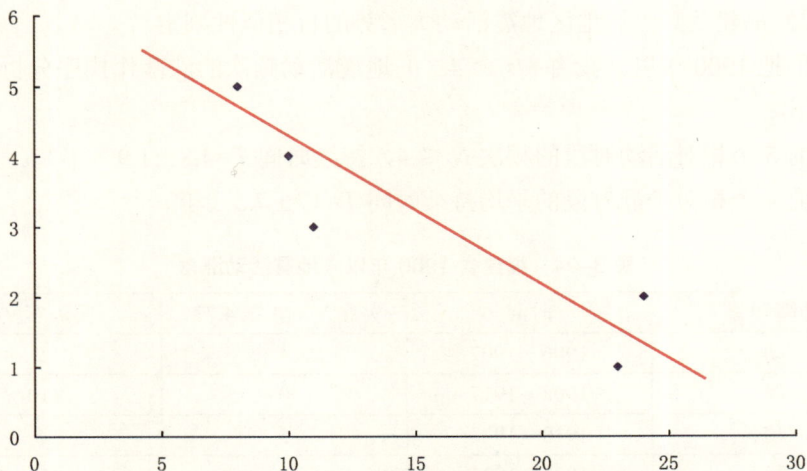

图 3-67　活动期的地震频次与平静期时间长度关系点聚图

这一图象表明每一次涨落，活动期内地震频次相对越多，随后的平静期相对延续时间就越短，其统计关系为：$T'=30-5.2N$，相关系数 r 达 0.89，内符情况见表 3-25。

表 3-25　活动期频次与平静期时间长度的内符情况和外推关系

活动期频次 N	实际平静期年数 T	预测平静期年数 T'
4	10	9.2
3	11	17.4
2	24	19.6
2	23	24.8
4	9	9

这一现象似乎也符合我们常见的地震活动"成丛"图象，反映了活动幕内能量的起伏释放形式。活动幕内较大地震相继发生次数较多，经较短时间静止后，再次进入地震多发；而在平静幕内，较大地震较少，间隔也较疏，静止时间较长。

这一粗糙的解释似乎比以往简单地对比各个平静与活动时段长度更合理。如果允许将此解释和 1900 年以来地震涨落（地震次数与随后平静期长度）的统计关系（$T'=30-5.2N$）相互印证，那么内符情况与外推表（表 3-25）告诉我们，2007 年可能是平静期结束，谷底回升，进入活动期的"拐点"。

2007 年顺昌震、华安震、永春震和 2008 年长泰震、水口库区震群等一系列 4 级以上地震的发生，也印证了从 2007 年起，福建及其沿海地区进入了相对"活动"时段。2008 年底至今，中强地震频发的态势消失，似乎是"活动"时段的相对平静。

（3）震级—频次归一化

用震级—频次归一化曲线统计 1972 年以来福建及其沿海 3.5 级以上地震，遵从 $\text{Log}N=4.934-0.88M$。依据古登堡公式将所有 3.5 级以上震以 0.5 级分档全部折算为相当 3.5 级震的次数，由此得到归一化曲线（图 3-68）。

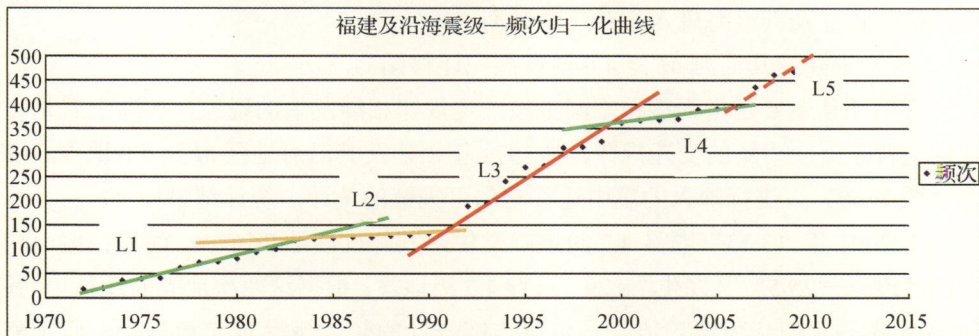

图 3-68　福建及其沿海地区震级——频次归一化曲线

该曲线显示 1972—1983 年斜率为平均 10.0 次／年，1983—1991 年减缓为平均 2.6 次／年，随后就进入 1991—2000 年的相对地震活跃期，斜率达 22.2 次／年，而 2000—2006 年斜率又下降为 8.0 次／年。

我们将上述每一时段频次随时间释放的关系统计如下：

第一时段 1972—1983 年：

L1：$N=4.8+9.5T$　（$r=0.99$）

外推 1984 年频次为 128，实发 121，"缺震" 7 个，表明 1984 年起进入相对平静。

第二时段 1983—1991 年：

L2：$N=116.8+1.8T$　（$r=0.99$）

外推 1992 年频次为 133，实发 141，"多增" 8 个，表明 1992 年起进入相对活动时期。

第三时段 1991—2000 年：

L3：$N=127+25T$　（$r=0.99$）

外推 2001 年频次为 377，实发 361，"缺震" 16 个，表明 2001 年起进入相对平静时期。

第四时段 2000—2006 年：

L4：$N=353+7.2T$　（$r=0.95$）

外推 2007 年频次为 403，实发 435，"多增" 32 个，表明 2007 年起进入相对活动时期。2007 年的顺昌震、永春震、华安震，2008 年水口库区震群、长泰震等一系列 4 级震的发生印证了这个推断。

归纳得出以下结论：

直观上，今后释放曲线（L5）可能继续保持 2007 年以来"多增"的势头，斜率抬高，与第三时段（L3）相似，表明 2007 年是"平静"和"活跃"的拐点，今后数年福建及其沿海进入相对活动时期。

（4）福建及其沿海 $M \geqslant 4.0$ 地震震中迁移图

震中迁移主要是指强震在空间上按一定规律相继发生的现象，实质上就是一定构造背景下应力场的变迁规律。对 1971 年福建及其沿海地区 $M \geqslant 4.0$ 地震 D-T 图（图 3-69），进行深入的震中迁移马尔可夫链的统计，统计结果如下：

① 2007 年"3.13"顺昌 4.7 级地震发生，其纬度高达 26.7°，随后在偏南稍低的纬度——25.5° 又发生"8.29"永春 4.5 级地震。根据这两次地震的迁移走向，2007 年底，我们认为该趋势与马尔可夫链统计的较大概率走向相符，由此预测 2008 年若发震，那么发震地点仍可能会偏南。实际上，2008 年 7 月 5 日，在长泰地区发生 $Ms4.4$ 级地震，曲线延续了 2007 年底的判断——"往南走"，印证了这一趋势判断，实发震情与马尔科夫链统计的概率走向相符。

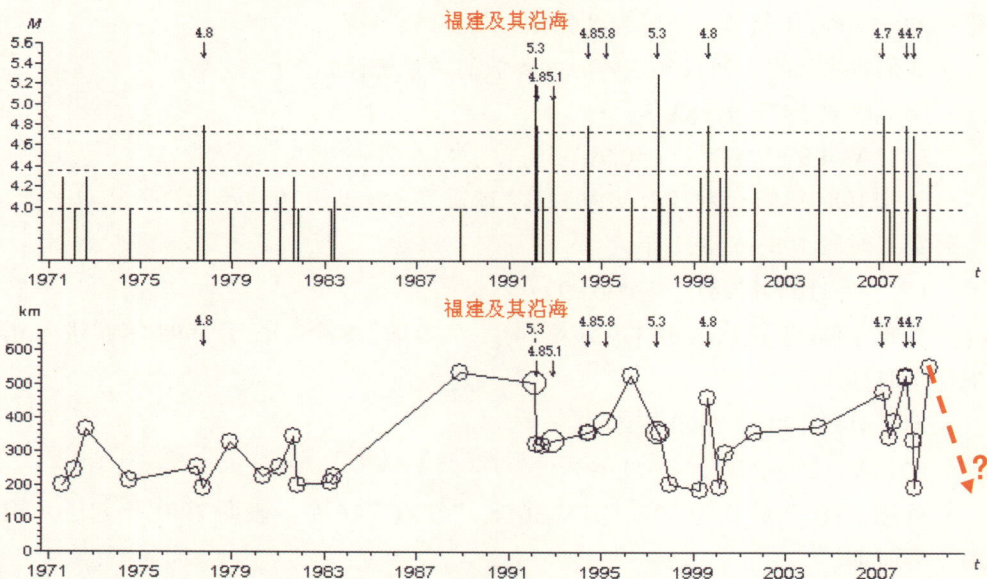

图 3-69　福建及其沿海 $M \geqslant 4.0$ 地震 D-T 图

② 2008 年底，我们根据马尔科夫链的历史统计来分析，认为"似乎这个强度还是不足，从马尔科夫链统计分析，我们认为下次 4 级震若发生，在南部的可

能性较大"。实际上，2009年在北部（25.4°）平潭海域发生了M_L4.3级震　虽然强度不大，但曲线往"北部"延伸。

③根据福建及其沿海的$D-T$图显示，2010年，如果该区域再次发生4级以上地震，往南走的可能性较大。但2010年，福建及其沿海地区发生的最大地震为M_L3.2级，异常2011年，若该区域再次发生4级以上地震，往南走的可能性仍然较大。

使用SuperSeis、MapSeis软件，分析福建及其沿海地区，亦提取到一些测震学异常信息，提示福建及其沿海地区以及长乐—诏安地震带存在着某些异常　应加强监测。

近年来厦门市地震局一直在尝试着将地震地质方法、统计地震学方法和地震前兆分析方法综合运用，作为地震趋势会商报告编写的主要思路，长期对来年或更长时间内的闽台地震趋势作更好的判定。

四、应用成果

《中华人民共和国防震减灾法》赋予市县地震部门地震会商的职责，尽管地震的准确预测依然是一道世界性难题，然而人们能做的首先是摒弃那些已认识到的科学意义不大的地震监测、预测技术方法，其次是立足本区构造格局建立科学有效的地震监测体系，积极探讨地震预测新方法并为更大区域范围的地震监测预测提供可靠数据。

在丰富的观测资料基础上，在地震趋势的预测中，厦门市地震局坚持地震地质分析、统计地震学分析和地震前兆分析的"三位一体"分析方法，总结闽台地区震情及跟踪监视工作，研究震情发展趋势。多年来，厦门市地震局编写的《闽台地区地震趋势会商报告》连续十多年获得省局评比第一名。

第四章　地震灾害预防

第一节　厦门市地震灾害防御工作概述

一、地震灾害防御的地位和作用

　　中国防震减灾的思想：坚持减灾工作与经济建设一起抓，实行预防为主，防御与救助相结合，动员社会各方面力量，依靠法制和科技，提高大中城市、人口稠密和经济发达地区尤其是地震重点监视防御区的应急救助和抗震能力，有效减轻地震灾害，保护人民生命安全，维护社会安定。市县防震减灾工作是中国防震减灾事业的重要组成部分。长期以来，市县地震工作机构作为中国防震减灾基层单位，需要承担贯彻落实国家、省级防震减灾方针政策的任务，同时作为市县政府主管防震减灾工作的部门，依法承担着防御和减轻当地地震灾害、促进社会经济发展的重要责任。

二、指导思想

　　地震震害防御工作要以邓小平理论和"三个代表"重要思想为指导，深入贯彻落实科学发展观，坚持以人为本，把人民群众的生命安全放在首位，以构建社会主义和谐社会为目标，坚持"预防为主，防御与救助相结合"的防震减灾工作方针，依靠法制和科技，始终体现防患于未然为核心的震害防御人文思想，切实提高市县地震灾害防御整体能力。

三、工作目标

地震震害防御工作要以回良玉副总理在 2010 年全国防震减灾工作会上提出的"地上结实，地下清楚"的明确要求作为震害防御的重要工作目标，建立健全相关法律法规，形成覆盖全体民众的防震减灾科普教育和震害防御的全社会服务领域。

四、重点任务

（一）全面加强建设工程抗震设防监管

把好建设工程的抗震设防关，是增强震害防御能力的关键。理清建设工程抗震设防管理的关系，明确责任、强化监督，确保各类建设工程依法进行抗震设防，达到抗震设防要求。加强对地震安全性评价的管理，确保重大建设工程和易产生严重次生灾害的生命线工程依法进行地震安全性评价，并按照地震安全性评价结果确定的抗震设防要求进行抗震设防。积极参与城市发展规划的制定和审查工作，增加对地震小区划、城市震害预测和地震活动断层探测结果的应用，以指导城市发展规划的制定，从城市规划着手抓好建设工程的抗震设防。

（二）大力加强市县防震减灾工作

统筹防震减灾与经济社会协调发展的大局，把市县防震减灾工作纳入同级政府重要议事日程。依法编制防震减灾规划并纳入经济社会发展总体规划，落实重大项目和保障条件，切实发挥规划对事业发展的指导和促进作用。

加强市县地震工作机构和队伍建设，真正做到有部门管理、有专人负责。重视加强干部培训，逐步提高市县地震工作队伍的政治素质和业务素质，为市县防震减灾事业发展提供组织保证和人才保障。

（三）积极推进震害防御示范试点工作

1. 开展防震减灾示范社区建设

促进防震减灾工作更加贴近群众、贴近生活、贴近实际，因地制宜地开展防震减灾示范社区创建工作。引导社区居民更加重视居所的抗震性能，组建防震减灾宣传队伍，设立社区应急避难场所，经常性地开展科普教育活动和应急避险演练，确保社区居民基本具备防震避震、自救互救技能，科学应对地震事件，正确应对地震事件，正确应对地震传言，全面提升社区抵御地震灾害能力。

2. 加强农居工程建设

实施农居地震安全工程是构建社会主义和谐社会、建设社会主义新农村的一项重要举措。为了加快农村民居地震安全工程的进展，提高农居抗御地震等自然灾害的能力，要从实际出发，制定推进农村民居地震安全工程的扶持政策，引导农民在建房时采取科学的抗震措施。全面加强对农村基础设施、公共设施和农民自建房抗震设防的指导管理。完善农村民居建筑抗震设防技术标准，建立技术服务网络，加强农村建筑工匠培训，普及建筑抗震知识。

3. 提高学校、医院等人员密集场所抗震能力

开展学校、医院等人员密集场所建设工程抗震普查、抗震性能鉴定，根据鉴定结果进行加固改造。新建的学校、医院等人员密集场所的建设工程，要按照高于当地房屋建筑的抗震设防要求进行设计和施工。建立健全学校、医院等人员密集场所建设工程地震安全责任制，落实各项防震抗震措施，提高综合防灾能力。

（四）不断深化震害防御基础性工作

按照中国地震局的要求，要尽快完成市县的活断层探测和危险性评价。进一步做好地震小区划和震害预测工作。对处于地震活动断层以及地质灾害易发地段的建筑，要抓紧组织搬迁、避让和实施地质灾害防治工程。加强抗震新技术、新材料研究和推广应用。

（五）努力拓展震害防御社会服务领域

1. 面向社会，强化震害防御的社会管理和公共服务职能

开展震害防御工作，必须站在社会的角度考虑问题。一方面，工作的开展必须从社会出发。提高震害防御能力，最终目的是减轻地震发生时造成的人员伤亡、

经济损失和社会影响。从社会角度开展工作，就是要全面履行震害防御的社会管理和公共服务职能。管理社会的过程，也是服务于社会的过程。另一方面，震害防御工作的开展，必须依靠社会，需要各级政府的领导、各有关部门的协作、广大社会组织的行动和公众的普遍参与。

2. 面向国家经济建设，实现地震灾害防御与经济建设的协调发展

经济建设是中国特色社会主义事业的中心，其他各项工作必须服从和服务于这个中心。震害防御工作，是防震减灾服务经济建设的结合点。现在中国仍处在经济快速增长期，投资增长率高、建设规模大，震害防御工作必须紧紧围绕经济建设的需要，采取科学有效的措施，最大限度地减轻地震灾害损失，为经济建设保驾护航。

3. 面向科技，拓展增强震害防御能力的途径

开展震害防御工作必须以科学技术作支撑。要加强工程抗震设防的技术研究，注重技术的实用性，从管理和技术层面着手，促进科学技术成果的转化，将先进的技术应用于各类建设工程的抗震设防。

4. 面向市场，增强震害防御工作的活力

防震减灾事业的发展必须适应市场经济体制发展的要求。就震害防御工作而言，建设工程抗震设防要求的管理、地震安全性评价的管理、防震减灾宣传教育和群测群防等各项工作的开展，都要按照市场经济的要求，遵循市场规则，按市场规律办事。同时，震害防御是一项长期的社会性工作，要找到各项工作与市场的结合点，只有实现与市场的有机结合，才能激发出活力，工作才有生命力。

（六）加强防震减灾科普宣传教育

1. 强化舆论引导，健全新闻宣传工作机制

加强与宣传部门及主流媒体和网站的沟通协调与合作，健全舆情收集、分析、引导和信息发布机制，规范防震减灾信息发布工作。健全地震新闻发布和宣传报道工作制度、地震谣传误传事件应对处置预案，积极、主动、科学、稳妥、客观地做好地震事件新闻宣传工作。

2. 突出宣传教育重点，强化防震减灾意识

广泛深入地组织开展防震减灾知识进机关、进学校、进企业、进社区、进农村、进家庭，实现全面覆盖和家喻户晓，提高公众的科学素养和防灾意识。继续加强学校防震减灾宣传教育，推进中小学贯彻落实《中小学公共安全教育指导纲要》，进一步把防震避震、自救互救知识纳入学校课堂教育，坚持开展地震应急避险演练，推进防震减灾知识纳入党校和干部培训教学计划。利用社会资源，加强防震减灾科普教育基地和基础设施建设，建立防震减灾宣传教育长效机制。

五、厦门市地震灾害防御工作网络图

厦门市地震灾害防御工作网络如图 4-1 所示。

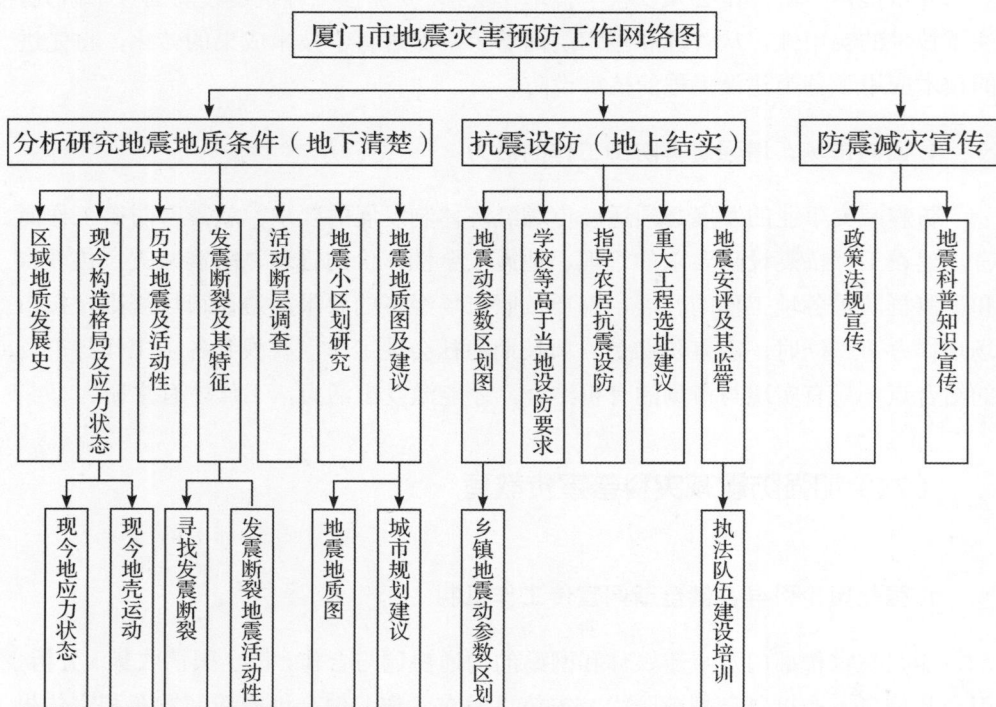

图 4-1　厦门市地震灾害预防工作网络图

第二节　厦门市地震地质条件

一、现今地质构造格局及应力状态

　　福建地壳构造的产生、发展和演化经历了漫长的地质历史时期,从晚元古代—早古生代经历的第一个发展时期算起,后又经历晚泥盆世—中三叠世、晚三叠世—白垩纪和新生代四个发展时期,相对应的具有杨子和加里东、华力西和印支、燕山、喜山四个大地构造演化旋回。不同发展时期的大地构造环境又具有鲜明的特点和发生、发展规律,总的来看,福建地壳最早形成的是优地槽,在拗陷过程中不仅形成巨厚的深水相浊流沉积,而且伴有强烈的海底岩浆喷溢,形成细碧角斑岩建造,这些沉积岩系遭受了晚期的强烈构造变动,并叠加有广泛的区域变质作用,之后发展为准地台、濒太平洋大陆边缘活动带大地构造环境,一直延续到现代的地质构造格局、地形地貌等大陆轮廓,其地壳构造的活动趋势是从强到弱,由不稳定到较稳定的活动历程,活动带则是逐渐向东南迁移。

　　现今福建位于欧亚板块的东南部,地处太平洋板块向欧亚大陆板块俯冲碰撞带内侧,东部经岛弧—海沟系与太平洋板块相接。新生代时期,由于菲律宾板块向台湾岛的俯冲,本区构造运动表现出断块差异性升降兼水平运动为主。地质资料显示,本区发育着北东向和北西向二组共轭断裂带。北东向断裂呈左旋压剪性质,主要断裂包括邵武—河源、政和—海丰滨海断裂带;北西向断裂呈右旋张剪性质,主要断裂包括韩江断裂、九龙江断裂、晋江断裂、沙县—南日岛断裂、闽江断裂等。上述两组断裂将福建省大致切割成菱块状。

　　监测表明,福建地壳整体向东南方向运动,2010年观测数据分析显示,运动速率约为 35 mm/a。福建地壳水平运动等值线图显示,滨海断裂带(含长诏断裂带)受到来自北西大陆方向和来自南东台湾方向的应力,表现为左旋或左旋逆冲的挤压剪切构造状态。且由于整个福建省菱块状地面,自北而南一个相对另一个运动量变小,滨海断裂的南段(东山、南澳一带)运动量最小,说明滨海断裂的南段两侧岩体的可压缩性变小,其应变能增大,这种构造环境和应力应变状态更有利于地震的发生。同时,由于北西向断裂与主压应力近于平行,使得永安—

晋江、上杭—云霄和九龙江等北西向断裂带存在一定量的张性右行走滑运动。

二、历史地震及活动性

通过地震监测获得的地震震中、震级大小等数据，不仅可以了解地震的活动性，而且可以从地震与地质构造的关系中分析发震断裂，这部分内容已在第二章第三节中进行了论述，在此仅从震害防御的角度，说明寻找发震断裂的意义。从上述断裂构造的格局、性质以及规模分析，北东向左旋压剪性断裂具有相对发生大地震的条件，而北西向右旋张剪性断裂发生地震的震级和频率相对较少，断裂构造的分析与现代地震的监测结果十分吻合。

三、活断层调查

在地质方面，活动断层定义主要有第三纪、第四纪（260万年）和全新世（1万年）以来活动过的断层称活断层；而地震方面，时间则定义为晚更新世（10～12万年）。无论哪种定义，对于震害防御来讲，都具有重要的意义，尤其是全新世以来的活断层，那是因为此类活断层两盘，现今仍在以不同的速度相互运动，使横跨在断层两盘上的建筑物或管线被撕裂或错断，造成财产和经济损失。然而，需要引起注意的是，第一，由于断层是岩体的不连续面，即使被认定为非活断层，但受地震波作用，同样会运动，同样会造成损失，在地震研究和震害防御方面应如何界定，如何将其纳入研究的范畴需深入研究。第二，现代地震监测表明（一百年以来），发生了地震的断层是否均应被划入活动断层，答案是肯定的，但活断层的定义里是否也应明确呢？

四、地震小区划

地震小区划是对一定区域范围内地震安全环境进行划分，预测此范围内可能遭遇到的地震影响分布，主要包括设计地震动参数的分布和地震地质灾害的种类及其分布。地震小区划本质是在工程地质分区基础上给出地震动参数和地震地质灾害，其目的是为土地利用规划的制定、城市和工程震害的预测和预防、救灾措施的制定提供基础资料，为一般建设工程的抗震设计、加固提供设计地震动参数。

综上所述，由北东向压剪性断裂构造和北西向张剪性断裂构造构成福建省现今地质构造的格局，弄清两组断裂构造的分布、性质、规模及其活动性，进而探测出活断层，在城市规划、布局、建设以及地震研究方面具有重要的意义。有关分析认为，活断层填图比例尺为1：1万，对于城市建设具有较强的可操作性。地震小区划则可以更精细地给出建设项目所处地的工程地质条件、设计地震动参数以及地震地质灾害等，与地震安全性评价更为密切。地震地质图是在历史地震和地震地质条件（地下清楚）基础上绘制的，内容主要包括地层岩性、地质构造、历史地震以及河流、山川、地形地貌等要素。尤其是断裂构造的分布、性质、产状、规模、活动性以及与地震等相关信息的联系，显示地震与地质构造之间的关系，并为城市规划和地震研究提供基础资料，是地震地质图的重要性所在。在震害防御方面，地震地质图及其说明书可为当地建设规划、重大工程选址提供地震安全参考。

第三节　厦门市抗震设防工作

一、厦门市地震动参数区划图

厦门市地震动参数区划图是根据《中国地震动参数区划图》（GB18306—2001）及《中国地震动参数区划图福建省区划一览表》相关内容绘制的。

厦门市地震动参数区划图包括：（1）厦门市地震动峰值加速度区划图（图4-2）；（2）厦门市地震动反应谱特征周期区划图（图4-3）；（3）地震动反应谱特征周期调整表（表4-1）。

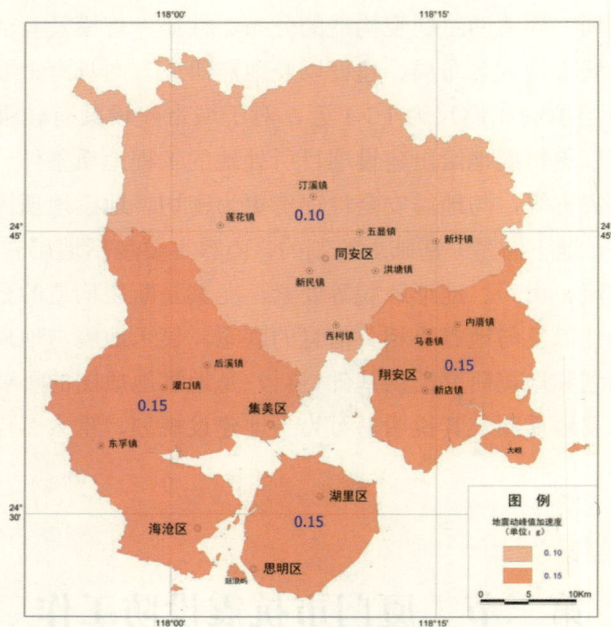

图 4-2　厦门市地震动峰值加速度区划图

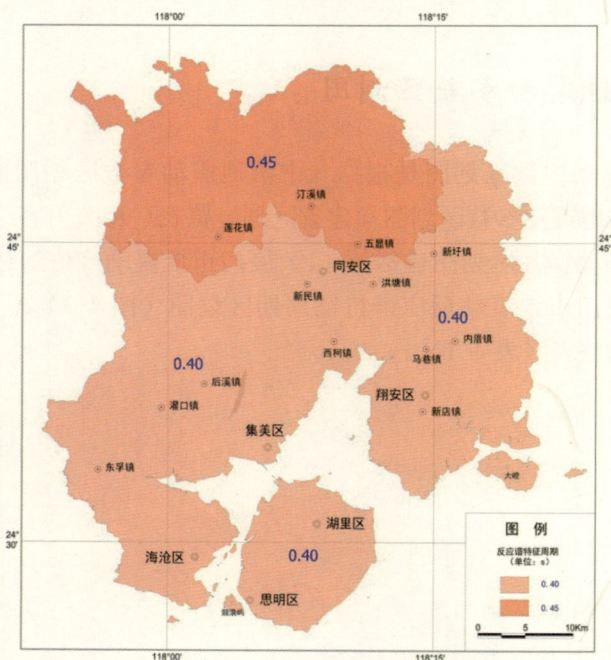

图 4-3　厦门市地震动反应谱特征周期区划图

表 4-1　地震动反应谱特征周期调整表

特征周期分区	场地类型划分				
	坚硬（I_0）	坚硬（I_1）	中硬（Ⅱ）	中软（Ⅲ）	软弱（Ⅳ）
1 区	0.20	0.25	0.35	0.45	0.65
2 区	0.25	0.30	0.40	0.55	0.75
3 区	0.30	0.35	0.45	0.65	0.90

　　绘制本地区区划图的目的是为区内新建、改建、扩建的一般工业与民用建筑提供抗震设防要求，更好地服务于国民经济建设。

　　厦门市地震动峰值加速度区划图和厦门市地震动反应谱特征周期区划图的设防水准为 50 年超越概率 10%；场地条件为平坦稳定的一般（中硬）场地。

　　地震动反应谱特征周期调整表采用五类场地划分。

　　下列工程或地区的抗震设防要求不应直接采用本区划图，需做专门研究：

　　（1）抗震设防要求高于本地震动参数区划图，《福建省地震安全性评价管理办法》（福建省政府 100 号令）中规定的对本省行政区域有重大价值或者有重大影响应当进行地震安全性评价的工程；

　　（2）位于地震动参数区划分界线附近的新建、扩建、改建建设工程；

　　（3）某些地震研究程度和资料详细程度较差的边远地区；

　　（4）位于复杂工程地质条件区域的大型厂矿企业、长距离生命线工程以及新建开发区等。

二、厦门市中小学校舍抗震加固工程

　　校舍安全直接关系广大师生的生命安全，关系社会和谐稳定。

　　2009 年 4 月 1 日，国务院决定正式启动中小学校舍安全工程，提高中小学校舍综合防灾能力，把学校建成最安全、家长最放心的地方。按照国务院、省政府的要求，厦门市委、市政府高度重视，成立了厦门市中小学校舍安全工程领导小组，积极启动校舍安全工程，全面领导部署校舍安全工程各项工作的开展，克服了时间紧、任务重、技术力量不足、资金需求量大等困难。经过三年多的不懈努力，截至 2012 年底，全市校舍加固项目全部竣工，圆满完成了校舍安全工程加固任务。

（一）目标和建设任务

　　根据国务院办公厅和省政府统一部署以及《福建省中小学校舍安全工程总

体规划》的总体目标和要求，厦门市组织编制了校安工程规划，并下发了《厦门市人民政府办公厅关于印发厦门市中小学校舍安全工程规划的通知》（厦府办〔2010〕293号）。全市规划对按照1978抗震设计规范、1989抗震设计规范设防的中小学校舍进行抗震加固。通过加固，使厦门市中小学校舍达到国家规定的重点设防类抗震设防标准，并符合对山体滑坡崩塌、泥石流、地面塌陷和洪水、台风、火灾、雷击等灾害的防灾避险安全要求。

2009年5月至2012年，厦门市共加固校舍462幢，建筑面积达到102.23×10^4 m^2，投入资金6.71亿元。其中，2009年加固校舍4幢，建筑面积1.28×10^4 m^2，投资617万元；2010年加固校舍185幢，建筑面积36.88×10^4 m^2，投资2.19亿元；2011年加固中小学校舍95幢，建筑面积20.37×10^4 m^2，投资1.32亿元；1998—2002年建成（执行1989抗震设计规范设防）校舍178幢，2012年加固，建筑面积44.46×10^4 m^2，投资3.14亿元。

（二）实施范围与实施方法

校舍安全工程实施范围为厦门市城市和农村、公办和民办、教育系统和非教育系统的各级、各类中小学，包括所有小学、九年一贯制学校、普通中学、特教学校和中职学校。

根据厦门市人民政府专题会议纪要《关于全市中小学校舍安全工作的专题会议纪要》（〔2010〕29号）第二条第（一）款"对建设项目进行认真梳理，分新建、改扩建、加固三种类型，新建和改扩建的项目按正常建设计划安排，不再列入校舍安全工程的规划"。即2009年重建和加固的项目列入校安工程规划；2010至2012年重建的项目不再列入校安工程规划。经厦门市、区两级校安办组织市建设、地震、水利、气象、消防等部门选派专业技术人员组成的排查组对厦门市405所中小学1682栋校舍建筑安全隐患进行排查鉴定认定。按照1978、1989抗震设计规划设防建筑的中小学校舍，需要加固的建筑面积为114.32×10^4 m^2，需要拆除重建的有14.13×10^4 m^2。最后确定需加固校舍462幢，建筑面积102.23×10^4 m^2。

在市中小学校舍安全工程领导小组的领导下，按照厦门市人民政府办公厅《关于印发厦门市中小学校舍安全工程规划的通知》（厦府办〔2010〕293号文）通知要求，采取市属学校由市职能部门负责组织加固，区属学校由区职能部门负责组织加固，市、区同时组织实施的方法进行。

（三）组织机构与职责

市政府专门成立厦门市中小学校舍安全工程领导小组，组长为厦门市人民政府分管副市长；副组长为市政府副秘书长林粟如和市教育局局长赖菡；成员由市发改委、市教育局、市公安局、市财政局、市国土房产局、市建设管理局、市规划局、市水利局、市审计局、市物价局、市安监局、市监察局、市公安消防支队、市气象局、市地震局各一位领导担任。主要职责是贯彻落实全国、全省中小学校舍安全工程领导小组的工作部署，统筹组织全市中小学校舍安全工程规划实施、监管和督促检查，定期向上级报告实施情况等。各成员部门按照厦门市人民政府办公厅《关于印发厦门市中小学校舍安全工程规划通知》（厦府办〔2011〕293号文）分工抓好各自的工作。

领导小组下设办公室，挂靠市教育局，负责承担领导小组日常工作。领导小组办公室主任由市教育局局长赖菡兼任，副主任由市教育局分管副局长兼任。各区也根据相关职能成立了区中小学校舍安全工程领导小组及办公室，统一领导和具体负责实施各区中小学校舍安全工程。

（四）资金投入与保障方法

公办中小学校舍安全工程建设资金，原则上按财政体制分级安排，即市属学校由市财政安排，区属学校由区财政安排；对财力较为困难的区，给予适当补助；民办学校由举办者负责。将校舍安全工程纳入市、区两级国民经济和社会发展年度计划。纳入市、区两级财政预算予以保障。2009年至2012年，全市投资6.71亿元，其中2009年投入资金617万元，2010年投入资金2.19亿元，2011年投入资金1.32亿元，2012年投入资金3.14亿元。

（五）监督检查与信息管理

市、区校安办成立了专门的专家督查小组，实行市级定期巡查和区级常态自查制度，建立工程监督检查、工程质量评估、工程安全责任追究、资金专项审计机制，有效地确保了工程质量。

市、区校安办还建立了校舍安全工程档案资料室，将校舍信息管理系统的信息采集工作贯穿于工程实施的全过程，与工程实施同步推进，分类立卷，查补缺失档案，完善电子档案，健全管理制度，确保每一所学校、每一座建筑都按要求建立纸质档案和电子档案，形成完整的、系统的、准确的校舍安全档案，为查询各种资料提供方便。

三、地震安全性评价及其监管

（一）地震安全性评价的意义

建设工程的抗震设防贯穿工程的选址、设计、施工和竣工验收的全过程。建设工程抗震设防的第一个环节是选址，选择潜在地震危险小的地区、选择场地地震反应较小的地段、选择工程结构地震反应较小的地段、选择地震地质灾害较小的地段是建设工程选址抗震设防的一般原则；建设工程抗震设防的第二个环节是抗震设计，确定科学合理的抗震设防要求，按照抗震设防要求进行严格的抗震设计，才能保证建筑物具备一定的抗震能力，这也是建设工程抗震设防的关键环节。

随着经济发展和社会进步，城市化已成为国家的发展战略，城市的发展必须以国土利用规划为基础，不仅要考虑城市布局对国民经济发展的推动和辐射作用，也要考虑城市应处于地震相对安全之处。因此，开展区域性地震区划或地震小区划工作，对城市、大型厂矿企业、经济技术开发区等区域范围内的地震安全环境进行地域的划分，展示不同地段间潜在地震危险的差异，为城市社会经济发展规划、防震减灾规划、重大工程和基础设施建设布局规划、国土资源合理开发利用和环境保护等工作提供科学合理的依据。

由此可见，各类建设工程选址与抗震设防要求的确定、防震减灾规划、社会经济发展规划等工作中都应考虑地震问题，都涉及工程场地地震安全性评价工作。

（二）地震安全性评价的内容和方法

工程场地震安全性评价是根据对建设工程场址和场址周围的地震与地震地质环境的调查，场地地震工程地质条件的勘测，通过地震地质、地球物理、地震工程等多学科资料的综合评价和分析计算，按照工程类型、性质、重要性，科学合理地给出与工程抗震设防要求相应的地震动参数，以及场址的地震地质灾害预测结果。地震安全性评价工作的主要内容包括：工程场地和场地周围区域的地震活动环境评价、地震地质环境评价、断裂活动性鉴定、地震危险性分析、设计地震动参数确定、地震地质灾害评价等。

工程场地地震安全性评价是一项专业性强的技术工作，技术复杂、科技要求高、综合性强，从事工程场地地震安全性评价的专业技术人员应当在相关的科学技术领域有较高的理论水平、丰富的实践工作经验和综合分析能力；同时，必须熟悉相关的法律法规，遵循相应的技术准则。工程场地地震安全性评价工作的技术要求、技术方法包括：收集、整理、分析相关学科资料的范围、资料的内容、资料的精度、图件比例尺的规定，工程场地所在区域范围、近场区范围的限定，野外地震地质调查和勘察、场地工程地震条件勘测、年代样品采集与测试等工作内容、工作方法、工作量及工作深度等的要求，室内分析计算和综合研究的方法步骤、模型建立、评价结果表述等工作的具体规定，这些都是工程场地地震安全性评价工作必须遵循的技术准则。

工程场地地震安全性评价工作主要包括：重大工程场地地震安全性评价、区域性地震区划、地震小区划、地震动峰值加速度复核等。不同重要性的建设工程，遭遇地震破坏后引起的人员伤亡、财产损失、社会影响以及可能发生次生灾害的严重性等后果差别很大，因此对不同重要性的建设工程，必须有不同的抗震设防要求，开展技术方法、内容、基础资料精度及研究程度不同的工程场地地震安全性评价工作。

如核电站和极其重要的特大型水库等，一旦遭遇地震破坏后将导致极其严重的后果，可能会引发极其严重的次生灾害，造成巨大的人民生命财产的损失，对社会产生巨大的影响。对这类工程的抗震设计有严格的要求，国际上也有相关的规则，要采用极低的地震风险水平来确定抗震设防要求，根据抗震设防要求进行科学、认真、严格的抗震设计。因此必须进行最为详细、最为深入的工程场地地震安全性评工作。

对面广量大的一般建设工程，由于破坏性地震是小概率事件，虽然小地震的发生频率高，发生的地域广，但小地震的影响范围有限，破坏性地震的发生频率较低，发生的地域有限，在某些特定的地区遭受大地震的可能性较低。因此对于数量巨大的一般建设工程，只要按照《中国地震动参数区划图》（GB18306—2001）确定的设防要求进行抗震设计和施工建设，在遭遇地震后就不太可能产生严重破坏，也不太可能产生严重的次生灾害，某些特定的、个别的一般建设工程的破坏，不会对社会产生巨大的影响，按标准设防将会把地震造成的损失降低到一定的程度之内。因此，这类建设工程就无须对每个工程都进行仔细的地震安全性评价工作，对其中某些建设工程需要进行的工程场地地震安全性评价工作，主要是复核中国地震动参数区划图提供的地震动峰值加速度。

对社会有重大价值或有重大影响的重大建设工程，遭遇地震破坏后会造成国民经济的较大损失，造成重大的人员伤亡，产生较大的社会影响，如地震破坏后可能引发水灾、火灾、爆炸、剧毒或者强腐蚀性物质大量泄漏和其他严重次生灾害的建设工程，使用功能不能中断或需要尽快恢复的重要生命线建设工程等。对这类建设工程的抗震设防要求虽然不如核电站等工程的设防要求高，但应该采用比一般建设工程高的抗震设防标准。因此，这类建设工程的工程场地地震安全性评价工作，就要有一定的详细程度和工作深度的要求。

不同重要性的建设工程，其抗震设防要求和抗震设计方法不同，对基础资料的精度要求和地震安全性评价要提供的抗震设计参数也就不同。例如《核电站选址地震安全导则》中，对工程场址 5 km 范围内的断层鉴定，要求不遗漏长度大于 250 m 的断层，近场区域 30 km 范围内基础资料精度要求的比例尺为 1 : 10 万，供抗震设计使用的地震动参数应包括水平向和竖向、五种不同阻尼（0.5%、2%、5%、10%、20%）的反应谱等多种参数；对某些结构自振周期比较长的建设工程，如超高层建筑、大跨度的桥梁、高耸结构的电视塔等，这类工程对地震长周期成分响应比较强烈，在进行工程场地地震安全性评价时，应当特别仔细地考虑长周期的地震动参数，提供能充分反映长周期地震动对工程结构作用的场地相关反应谱；而对于一般的建设工程的抗震设计，只需根据中国地震动参数区划图的要求，提供地震加速度峰值和反应谱特征周期。

由此可见，从工业与民用建筑的一般建设工程，水利、交通、能源、通讯等建设项目中重要建设工程，到核电厂等特别重大的建设工程，其重要性和可能发生的次生灾害的严重性逐步加大，抗震设防要求也逐步提高，地震安全性评价工作中对基础资料的精度要求、工作的深入程度的要求也逐步提高。考虑到建设工程的重要性、遭遇地震破坏后的严重性以及工程的结构特征和抗震设计的要求，兼顾建设工程的政治、社会和经济性，对不同建设工程应作不同深度、精度、程度要求以及不同内容的地震安全性评价工作。

因此综合各方面因素，工程场地地震安全性评价工作划分为以下四级：

Ⅰ级工作包括地震危险性的概率分析和确定性分析、能动断层鉴定、场地设计地震动参数确定和地震地质灾害评价。适用于抗震设防要求极高的核电厂和特大型水库大坝等重大建设工程项目中的主要工程。

Ⅱ级工作包括地震危险性概率分析、场地设计地震动参数确定和地震地质灾害评价。适用于除Ⅰ级以外的重大建设工程项目中的主要工程。

Ⅲ级工作包括地震危险性概率分析、区域性地震区划和地震小区划。适用于城镇、大型厂矿企业、经济建设开发区、重要生命线工程等。

Ⅳ级工作包括地震危险性概率分析、地震动峰值加速度复核。适用于中国地震的参数区划图（GB18306—2001）中的4.3条的b和c规定的一般建设工程。

（三）厦门市严格执法，确保地震安全性评价及其监管到位

《福建省地震安全性评价管理办法》（2007省政府100号令）于2007年11月1日起施行。市政府及时召开专题会议研究并下发了会议纪要（厦府办〔2009〕80号），明确厦门市地震局作为厦门市行政区域内负责管理地震工作的部门进行监督管理工作，厦门市发改委在对厦门市需做地震安全性评价的建设项目进行前置手续批复时一并抄送厦门市地震局，形成了"项目申报——项目筛选——地震安评——依法监管——许可立项"等完整的地震安评监管体系，有力地促进了防震减灾法律法规的贯彻落实。

四、农居地震安全工程

20世纪以来，我国破坏性地震大多发生在农村，地震造成的死亡人员中近60％为农村人口。受社会和经济发展水平的限制，长期以来，由于缺乏法律强制要求，缺乏防震减灾意识和知识，经济相对落后，我国大部分农村民房基本没有纳入规范的建设管理，农民住房抗震能力非常差，广大农村基本处于不设防的状态。农村住房的抗震性很差，特别是位于地震高烈度区的农村民居和村镇公共设施的设防能力十分薄弱。"小震致灾"甚至"小震大灾"是我国农村地震灾害的显著特点，一次5级左右的地震，就会造成房屋倒塌和人员伤亡，甚至一些4级多的地震，也能造成人员伤亡和经济损失。

（一）农居地震安全的重要性

2008年5月12日发生的汶川8.0级大地震造成了巨大的经济损失，其中农居作为地震中的一类典型的破坏形式，农房倒塌的比例很大，甚至远到重庆、云

南都有农房倒塌，造成了巨大的伤亡和财产损失。说明农村依然是抗震设防管理的薄弱环节。

近年来，厦门市的城市和大型基础设施的抗震设防工作已经得到政府的高度重视，并按国家有关要求进行抗震设防，但在广大农村和小城镇，农民自建住房建设的抗震设防工作仍然十分薄弱。据统计，厦门市有35万多人口（2009年统计）居住在农村，约占户籍人口的20％，人口占比较大，这使得农居抗震是抗震设防工作的一个重要内容。

因此，增强农村民房抗震防灾能力，改善农民居住条件，提高农民生活质量和水平，促进全市城乡经济和社会协调发展，对厦门市经济社会全面发展具有十分重要的意义。

（二）厦门市农居地震安全现状及存在的问题

由于历史和地理条件的原因，厦门农村民居的特点主要是"出砖入石"，即是以砖石结构为主，石结构房屋以其造价低廉、取材方便、抗风耐湿、耐腐蚀性好等优点尤其受到沿海居民的青睐，是沿海地区普通人家经常采用的民居形式之一。农村旧的建筑以石块房为主，新的农居房，由于农村地区经济发展水平较低，农民防灾减灾意识淡薄，大多数房屋未经正规设计和施工，这些房屋基本无抗震构造措施，且施工质量较差，不满足《镇（乡）村建筑抗震技术规程》（JGJ161—2008）抗震要求。若发生破坏性地震，可能会造成大量的房屋倒塌毁损，由此造成严重的人员伤亡和财产损失。

厦门市农居存在的主要问题是：

（1）农村石砌结构农居建造时不考虑抗震设防，存在抗震不利缺陷；

（2）具有石楼板、石梁和石楼梯的石砌结构农居，不宜继续使用；

（3）采用现浇钢筋混凝土楼屋盖的石砌结构农居，建议针对抗震构造措施进行加固改造后仍可继续使用。

（三）厦门市农居工程进展

为贯彻落实《福建省人民政府办公厅转发地震局、建设部关于实施农村民居地震安全工程意见的通知》（闽政办〔2007〕29号）和《关于推进农村民居地震安全工程建设的通知》（闽震〔2007〕204号）的文件精神，厦门市地震局深入开展文件学习，充分认识到建设地震安全农居工程作为新农村建设的重要组成部分，是提高民居防震减灾能力的重大措施，也是广大人民群众生命财产安全的重要保证，关系到农村的千家万户，是一项极其重要的基础性工作。为此，市地震局会同市建设局等相关部门，对厦门市农居工程开展以下几个方面的工作：

1. 高度重视和及时启动地震安全农居工程。市地震局于 2007 年向市政府请示贯彻实施农村民居地震安全工程意见（厦震〔2007〕13 号），从组织领导、数据调查、设计图纸、科普宣传等方面提出四点工作建议。

2. 牵头组织建设局、地震局、民政局、国土局、农办等相关单位参与的协调会议，组成领导小组，分工负责安全农居工程的推广和指导各项工作，组织专家进行抗震性能房屋建设论证，通过编制地区性房屋抗震技术标准和抗震结构图集的形式，指导村镇房屋建造，提高其综合抗震能力。

3. 领导小组组织对农村现有住房进行抗震性能普查，其中国土局在地质灾害预测方面已做了大量基础普查工作。对不符合要求的农居，根据不同情况提出科学合理的加固方案，尽可能在原有住房的基础上通过改造达到抗震的目的，避免大拆大建。

4. 在普查基础上，市地震局、建设局、规划局重点对我市农村民居的总体抗震性能做出统计和分类，以供市府在如何支持民居改造、改建上决策参考，使新建住房能够有效避开危险地段，为以后改善农村生活环境，建设成为规划合理、安全实用、整洁有序的和谐新农村打下良好的基础。

5. 参照其他地区的做法，由市建设局给出利用本地建筑材料的经济适用又符合抗震要求的农村民居推荐建筑图纸，开发推广科学合理、经济适用、符合当地习俗和抗震要求的经济户型。

6. 市地震局配合开展做好农村民居地震安全工程重要性的宣传和普及教育。市地震局与市委宣传部联合召开的厦门市防震减灾宣传工作会议上，对如何提高原农村居民对地震灾害的认识，基本的房屋抗震知识的普及做了重点部署，以点带面，推动地震安居工程全面进行。

（四）厦门农改区样板工作、搬迁工程

实施地震农居示范工程是建设社会主义新农村，造福全市广大农村人民群众的民心工程。

1. 许庄安置房工程

许庄安置房项目位于厦门集美区后溪镇，现名三兴里，由集美建筑设计事务所设计，总用地面积 35079.65 m²，总建筑面积 60124.66 m²，选址在开阔、平坦的中硬土层上，未经过断裂带，于 2008 年建设完成。

许庄安置房多为 6 层楼高，采用框架结构设计，包括 1 栋高（12）层的外口公寓，16 栋（6）层住宅楼及与之相配套的六班幼儿园。其中，高层公寓建筑面积 25273.92 m²，住宅楼建筑面积 35056.4 m²，幼儿园建筑面积 2134.74 m²，其余配套面积 256.96 m²。项目总投资额约 1.2 亿元，其中基建投资约 5300 万元。

建筑抗震设防类别为丙类，建筑结构安全等级为二级，所在地区的抗震设防烈度为 7 度，设计基本地震加速度 0.15 g，设计地震分组：第一组，场地类别为 II 类；特征周期 $Tg=0.35$ s，建筑类别调整后用于结构抗震验算的烈度 7 度，按建筑类别及场地调整后用于确定抗震等级的烈度 7 度；建筑结构的阻尼比取 0.05；多层结构框架抗震等级三级，高层结构框架抗震等级二级。

2. 大帽山搬迁工程

大帽山农场位于厦门市东北部，翔安区北部，距厦门市区 60 km，由于历史原因，农场职工、村民的增收困难，社会经济负担日益加重，生活水平普遍贫困。市委、市政府为解决大帽山农场的脱贫解困问题，决定对大帽山农场实施移民造福工程。根据市委、市政府相关会议精神和《厦门市人民政府关于鼓励重点水源保护区和边远山区群众实施移民造福工程的指导意见》，市发改委会同翔安区政府研究制定了《厦门市翔安区大帽山农场移民安置工作方案》。方案中明确鼓励农场移民异地安置。安置地点选择在翔安新城起步区和火炬（翔安）产业区周边地区。

大帽山搬迁工程建筑均按 7 度抗震设防进行设计、建设，较好地解决了农场房屋结构抗震性差的问题。

针对搬迁、安置房等项目，严格按当地的抗震设防要求进行设计施工，是解决农村民居抗震设防不达标的一个途径。

（五）对厦门农居地震安全的建议

1. 加强农村民居实用抗震技术研究开发

针对厦门市农村民房和建筑材料的特点，由厦门市建设局给出利用本地建筑材料的经济适用又符合抗震要求的农村民居推荐建筑图纸，开发推广科学合理、经济适用、符合当地习俗和抗震要求的经济户型。开展农村民居实用抗震技术研究开发，制定农村民居建设技术标准，编制农村民居抗震设计图集和施工技术指南，积极提供地震环境、建房选点等技术咨询及技术服务，为农村民居建设选址、确定抗震设防要求提供依据。

2. 加强农村防震抗震宣传教育

充分利用"7.28"唐山地震纪念日、科技周等时机，发挥地震专业人员的作用，在农村广泛开展防震抗震宣传教育，采取各种农民群众喜闻乐见、通俗易懂的方式，宣传好经验、好做法、好典型，营造良好的舆论环境，动员全社会共同关心支持农居地震安全工程，使广大农村和社区居民认识到防震减灾的重要性并主动投身于农居抗震设防建设之中，为推进农居地震安全工程建设奠定基础。这对厦门市普及农居抗震知识，提高农村居民对地震灾害的认识具有重要的意义。

3. 积极组织"三网一员"培训班

加强乡镇防震减灾助理员的防震抗震科学知识和业务技术的培训，充分发挥乡镇防震减灾助理员的作用，向农民普及防震抗震科学知识，引导农民群众主动掌握防震抗震技能，增强农民群众参与农居地震安全工程的主动性和自觉性，切实发挥广大农民在社会主义新农村建设中的主体作用。

4. 推进抗震样板民居建设

结合扶贫移民、生态移民、村镇改造和小康村建设等项目，精心选择示范区、示范村和示范户，把地震安全农居建设融入具体项目中，建成一批安全适用、对周围农民有示范作用的抗震样板农居。

5. 确保农居地震安全工程建设质量

①健全村镇建设管理队伍，把县建设行政主管部门的职能有效地向村镇延伸，切实解决农村建房无人管事、无钱办事的问题。②落实村镇建设质量安全责任。明确村镇建设项目法人、自建房房主对工程质量安全负总责；县（市）、乡（镇）两级政府对村镇建设工程质量安全承担监管责任；村镇建设助理员和有关管理人员负责辖区内房屋建设的质量安全具体监管工作。③建立和完善质量保障体系，组织村民委员会对农居施工质量定期进行巡检和抽检。

第四节 厦门市防震减灾宣教工作

防震减灾科普宣教工作是防震减灾事业中一项不可缺少的重要基础性工作。有效的科普宣传，是广泛普及地震科学知识、提升社会公众防震减灾意识与技能的重要途径。

随着防震减灾事业的发展，社会和公众对地震科普宣传的需求与要求也越来越高。因此，地震部门要加大防震减灾科普宣传工作的力度，就必须要推动宣传工作的创新，适应时代发展要求，在宣传方式、内容等方面不断推陈出新。做好防震减灾宣传工作，让公众普遍了解地震常识，具备防震减灾意识，掌握防震避震技能，引导全社会共同参与防震减灾活动，是增强防震减灾综合能力的根本途径。

当前厦门市正处于全面建设小康社会的关键时期，经济快速发展，人民安居乐业，迫切需要安全的发展环境。做好防震减灾宣传工作，是促进海峡西岸经济区又好又快发展的需要。

地震部门必须从政治、全局和战略的高度，深刻认识防震减灾宣传工作的重要性和紧迫性，增强做好防震减灾宣传工作的责任感和使命感。在不同的场所和环境下，科学应对、合理躲避突如其来的大小地震是自我保护、减少伤亡的第一道防线。学会自救与互救是关爱你我、减少伤亡的希望所在。

一、厦门市防震减灾社会宣教体系

厦门市防震减灾宣教体系如图 4-4 所示。

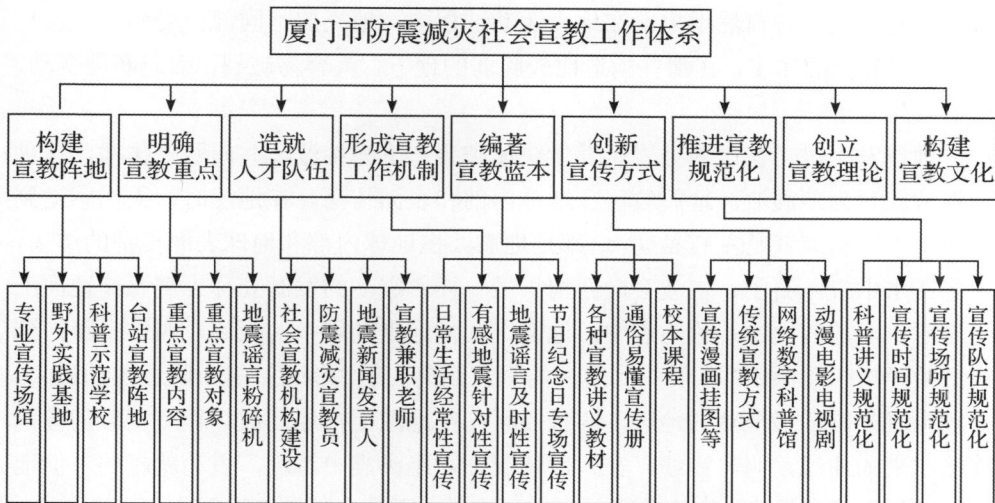

图 4-4 厦门市防震减灾社会宣教体系网络图

图中结构：

厦门市防震减灾社会宣教工作体系

- 构建宣教阵地
- 明确宣教重点
- 造就人才队伍
- 形成宣教工作机制
- 编著宣教蓝本
- 创新宣传方式
- 推进宣教规范化
- 创立宣教理论
- 构建宣教文化

第三层：
专业宣传场馆、野外实践基地、科普示范学校、台站宣教阵地、重点宣教内容、重点宣教对象、地震谣言粉碎机、社会宣教机构建设、防震减灾宣教员、地震新闻发言人、宣教兼职老师、日常生活经常性宣传、有感地震针对性宣传、地震谣言及时性宣传、节日纪念日专场宣传、各种宣教讲义教材、通俗易懂宣传册、校本课程、宣传漫画挂图等、传统宣教方式、网络数字科普馆、动漫电影电视剧、科普讲义规范化、宣传时间规范化、宣传场所规范化、宣传队伍规范化

二、地震科普基本知识

（一）美丽的地球

从太空望去，有一颗蓝色星球，这就是人类的家园——美丽的地球。

形象地讲，地球的内部就好像是一个煮熟了的鸡蛋：地壳好比是最外面一层薄薄的蛋壳，地幔好比是蛋白，地核好比是最里面的蛋黄。地球从形成的那一刻起，就从来没有停止过运动。世界屋脊青藏高原喜马拉雅山脉沉积岩中的海洋生物化石，新疆戈壁滩深处埋藏着由古生物形成的石油和煤海，盘山公路边陡峻山崖上显示的地层弯曲与变形……无不书写着亿万年来大地沧海桑田的变迁。

然而，地壳的运动与变化并非都是缓慢的，有时也会发生突然的、快速的运动，这种运动骤然爆发，常常给人们的星球带来灾难。其中，地震对人类的危害极为严重。

（二）地震基础知识

地震是地下岩层受应力作用错动破裂造成的地面震动，同台风、暴雨、洪水、雷电一样，是一种自然现象。在地壳运动过程中，地壳的不同部位受到挤压、拉伸、旋扭等力的作用，在那些构造比较脆弱的地方，就容易破裂，引起断裂变动，从而发生地震。

地震发生时，在震源处岩层发生快速破裂产生弹性波，并向四处传播，这种弹性波就称为地震波，地震波可在地球内部和表面传播。在地震时，人们感觉到地面上下震动或者是左右晃动，这都是地震波在地球内部和地球表面传播的结果，就像在水中投入石子，水波会向四周扩散一样。震动的发源处称为震源；地面上与震源正对着的地方，称为震中；地面上其他地点到震中的距离，叫震中距；到震源的距离叫震源距；从震中到震源的垂直距离叫震源深度；震中附近震动最大，一般也就是破坏最严重的地区，叫极震区；在地图上把地面破坏程度相似的各点连接起来的曲线，叫等震线；在一般情况下，距离震中越远，震动就越弱，但地面破坏最强烈的地方，往往并不是震中所在地，而是在稍微离开震中的一些地方，这里常称为宏观震中。

地震震级与地震烈度都是用来说明地震强弱程度的，他们既有联系又有区别。地震震级是用来说明地震本身大小，它是根据地震仪器记录计算出来的，一个地震只有一个震级。地震按震级大小的划分大致如下：弱震是震级小于3级。有感地震是震级大于或等于3级、小于或等于4.5级。这种地震人们能够感觉到，但一般不会造成破坏。中强震是震级大于4.5级、小于6级，属于可造成损坏或破坏的地震，但破坏轻重还与震源深度、震中距等多种因素有关。强震是震级大于或等于6级，是能造成严重破坏的地震。其中震级大于或等于8级的又称为巨大地震。

地震烈度是指一次地震在地表造成的破坏程度（影响程度）。地震烈度是衡量地震影响和破坏程度的一把"尺子"，简称烈度。烈度与震级不同。震级是反映地震本身的大小，只与地震释放的能量多少有关；而烈度则反映的是地震的后果，一次地震后不同地点烈度不同。打个比方，震级好比一盏灯泡的瓦数，烈度好比某一点受光亮照射的程度，它不仅与灯泡的功率有关，而且与距离的远近有关。因此，一次地震只有一个震级，而烈度则各地不同。

世界上主要有三大地震带：

环太平洋地震带　分布在太平洋周围，包括南北美洲太平洋沿岸，从阿留申群岛、堪察加半岛、日本列岛南下至中国台湾省，再经菲律宾群岛转向东南，直到新西兰。这里是全球分布最广、地震最多的地震带，所释放的能量约占全球的3/4。

　　欧亚地震带　从地中海向东，一支经中亚至喜马拉雅山，然后向南经中国横断山脉，过缅甸，呈弧形转向东，至印度尼西亚。另一支从中亚向东北延伸，至堪察加，分布比较零散。

　　大洋中脊地震带　分布在太平洋、大西洋、印度洋中的大洋中脊地区（海底山脉）。

（三）地震来了怎么办

　　地震发生的瞬间，也就是地震发生到房屋倒塌，有十几秒钟的求生时间，在这生与死的瞬间，要冷静应震，千万不要慌乱，来不及跑到室外的人，可以因地制宜，就地避震。地震时，房屋摇晃，会造成人们情绪紧张和恐惧。

　　近距离的大震，人们感到地面是剧烈地上下振动及左右晃动，人们不能走动，甚至不能站稳；近距离的小震，地面振动及左右晃动的程度较轻；远距离的大震时，先感觉地面上下振动，过了几秒才感到左右晃动；远距离的小震，只感到地面轻微地左右晃动。地震发生时，如果只感觉到房屋摇动几下，表明是远震或小震，不必惊慌失措；而感觉房屋晃动剧烈，摇摇欲坠，则表明是大地震，应迅速到就近坚实的家具下，或跨度较小的地方暂避，震后迅速撤离到室外安全的地方。

1. 避震基本要点：

　　（1）选择小开间、坚固家具旁就地躲藏；

　　（2）保护头颈、眼睛，掩住口鼻；

　　（3）避开人流，不要乱挤乱拥，不要随便点明火，因为空气中可能有易燃易爆的气体；

　　（4）伏而待定，蹲下或坐下，尽量蜷曲身体，降低身体重心；

　　（5）抓住桌腿等牢固的物体。

　　专家认为：震时就近躲避，震后迅速撤离到安全地方是应急避震较好的办法。

2. 在家里如何避震？

　　避震应选择室内结实、能掩护身体的物体下（旁）、易于形成三角空间的地方，开间小、有支撑的地方。它包括坚固家具下、内墙墙根、墙角、厨房、厕所、储藏室等开间面积比较小的地方。保持镇定并迅速关闭电源、燃气，随手抓一个枕头或坐垫护住头部在安全角落躲避。室内避震要注意：躲避时不要靠近窗边或到阳台上去！千万不要跳楼！

3. 在学校怎样避震？

不要向教室外面跑，应迅速用书包护住头部，抱头、闭眼，躲在各自的课桌下，待地震过后，在老师的指挥下向教室外面转移；在操场室外时，可原地不动蹲下，双手保护头部；注意避开高大建筑物或危险物；千万不要回到教室去。

4. 在公共场所如何避震？

要听从现场工作人员的指挥，不要慌乱，不要拥向出口，要避开人流，避免被挤到墙壁或栅栏处；在影剧院、商场、书店、体育馆等处选择结实的柜台、商品（如低矮家具等）或柱子边，以及内墙角等处就地蹲下，用手或其他东西保护头部；注意避开吊灯、电扇等悬挂物；避开玻璃门窗、玻璃橱窗或柜台；避开高大不稳或摆放重物、易碎品的货架；避开广告牌、吊灯等高耸悬挂物；等地震过去后，听从工作人员指挥，有组织地撤离。

5. 在野外如何避震？

就地选择开阔地避震：蹲下或趴下，以免摔倒；不要乱跑，避开人多的地方；用书包等保护头部；不要随便返回室内；避开危险物、高耸或悬挂物，包括变压器、电线杆、路灯及广告牌、吊车等；避开高大建筑物或构筑物、楼房，特别是有玻璃幕墙的建筑；避开过街桥、立交桥上下和高烟囱、水塔下；避开其他危险场所，如狭窄的街道、危旧房屋、危墙、女儿墙、高门脸、雨蓬下及砖瓦、木料等杂物的堆放处。

6. 在行驶的汽车内如何避震？

抓牢扶手，以免摔倒或碰伤；降低重心，躲在座位附近；注意防止行李从行李架上掉下伤人；等待地震过去后再下车。正在行驶的火车、汽车要紧急减速停车，如果车正行驶在桥上，应尽快离开桥面；面朝行车方向的人，要将胳膊靠在前坐席的椅垫上，身体倾向通道，两手护住后脑部，并抬膝护腹，紧缩身体，作好防御姿势。

（四）正确识别地震谣言

判断和识别地震谣言对于防止地震谣言和平息地震谣言都具有十分重要的意义。地震谣言指无来源根据，无中生有，并通过非地震部门的途径进行社会传播以致迅速蔓延扩散"将要发生地震啦"的消息。

由于地震预报尚未过关，人们也无能力阻止地震的发生，所以人们一般都有恐震思想，"宁可信其有，不可信其无"，特别在农村，地震谣言夹杂着迷信思想传播，影响更甚。于是就发生工厂停产、商家停业、人员外流、运输紧张、社会犯罪增加，引发意外灾害、人员伤亡和财产损失。

只有省级政府才能向社会公开发布地震预报，其他任何单位和个人都无权对外发布地震预报。凡是将地震发生的时间、地点、震级都说得非常精确的，那绝对是谣言，因为现在的预报水平达不到如此精度。当听到地震发生的消息时，可向政府和地震局核实，宏观异常联络员应及时与上级地震部门取得联系了解情况，并且及时向群众解释或辟谣。

（五）地震应急救护

地震等自然灾害造成的惨烈后果是复杂和多种多样的，尤其是强烈破坏性地震发生时，除了造成建筑物、设施的破坏和倒塌，以及引发火灾、毒气和煤气等爆炸和污染外，还给人民生命造成尤为严重和无法弥补的威胁和伤害。

震后救人的原则是先救近处的人。不论是家人、邻居，还是萍水相逢的路人，只要近处有人被埋压就要先救他们。

先救容易救的人。这样可加快救人速度，尽快扩大救人队伍。先救青壮年。这样可使他们迅速在救灾中发挥作用。先救"生"，后救"人"。唐山地震中，有一个农村妇女，她为了使更多的人获救，采取了这样的做法：每救一个人，只把其头部露出，使之可以呼吸，然后马上去救别人；结果她一人在很短时间内救出了好几十个人。

地震后抢救人的生命是紧迫的，时间就是生命。

据统计，唐山地震时，市区约有80％的人多被埋压在废墟中，其中大部分是通过自救、互救而脱险的；1983年山东荷泽地震，20000多人被埋压，通过自救和互救，结果不到两小时将94％以上被埋压人员抢救出来，经过及时治疗生存率达 99.2%。

震后 20 分钟内可以救出 37.55% 的压埋人员，救活率可达 98.3% 以上；一小时内可救出 85.8% 的人员，但救活率下降到 63.7% 以下；若两小时内还救不出被埋压人员，许多人可能因窒息等原因而死亡。

（六）房屋的抗震设防管理

为了防御与减轻地震灾害，保护人民生命和财产安全，必须加强对新建、扩建、改建建设工程抗震设防要求的管理，对重大建设工程或者可能发生严重次生灾害的建设工程场地必须进行专门的地震安全性评价管理工作。

三、厦门市防震减灾宣教工作的基本做法

（一）加强宣传设施建设，创造稳固的宣传阵地

科普教育基地是防震减灾宣传稳固而长久的重要阵地，是立足的平台。厦门市地震局"地球科普教育基地"荣获首批中国地震局授予的"防震减灾科普教育基地"称号，基地设有模拟地震来临时体验震感的"震动台"、直观表现地震及其破坏的"地震演示沙盘"、"地震纵、横波演示器"、"候风地动仪模型"、"震动与距离关系演示模型"、"震动与加固关系演示模型"以及成套岩石标本等项目。

利用厦门市科技馆人员流量大、中小学生多的优势，厦门市地震局在科技馆内建起了"地震科普角"，研制了三轴独立的模拟地震体验平台，其特点是将实测地震波解析为 X、Y、Z 三个分量，再用三轴独立的模拟平台展现出来，力求真实再现地震场景和感受。

（二）率先建设防震减灾科普示范学校，创建特色学校

防震减灾科普示范学校的设计和建设是防震减灾科普宣传与创办特色学校相结合的结晶。其设计和建设涉及地震科普知识宣传方式、宣传内容和宣传对象，涉及学校课程、教学计划、教学及实习场所、教师队伍培训和建设等工作内容，

融地震地质、地理地貌、地球物理、地球化学、设计布展以及模型设计建造、手工制作等专业和技术方法范畴。包括：校舍抗震设计标准及确认，防震减灾科普示范学校总体设计、指导思想、目标任务、组织领导、教学计划、校本课程编撰、科普活动（参观学习、亲身体验、课题研究、实地考察、课堂教学、观看录像、参与地震科研活动等）、科普场所以及示范效果等。

　　2008 年 1 月 15 日，厦门市地震局以《中华人民共和国防震减灾法》等文件精神为指导，充分整合学校教育和厦门市地震局科普资源，把让"孩子爱科学、学科学、用科学；让学生学会自救互救的本领；教育一个孩子，影响一个家庭，带动整个社会"作为共建科普示范校根本出发点。以加强中学生公共安全教育和提高学生的科学素养为目标，以防震减灾科普教育为抓手，将防震减灾科普知识纳入学校校本课程的教学内容，拓展素质教育途径，使广大师生共同接受防震减灾科普教育，增强学生地震灾害防御和自救互救能力，同时激发学生学科学、用科学的兴趣，提高学生科学素养，进而培养具有严谨科研作风和热爱科技事业的莘莘学子。厦门市地震局与东孚学校签署了《共建防震减灾科普示范校协议》。

1. 厦门市防震减灾科普示范校建设的特点

　　①创新性。东孚学校防震减灾科普示范学校是地震科普宣传与创办特色学校的有机结合。2008 年 1 月 15 日，厦门市地震局与海沧区东孚学校率先签订了《厦门市地震局与厦门市海沧区东孚学校关于共建防震减灾科普示范校的协议》，首次提出了防震减灾科普示范校的建设内容、形式、活动特色以及目标任务等一整套总体设计和建设方案。

　　②融合性。将地震科普知识宣传与中小学教学有机融合起来，具有涉及面广、融合难度大等特点；构建起校内外相结合、课本知识与社会实践相融合的素质教育发展模式。

　　③示范性。防震减灾科普示范学校的设计与建设，"东孚模式"具有示范性、普及性。

2. 厦门市防震减灾科普示范校建设的内容

　　（1）一本规范科学的校本课程——《点亮生命——防震减灾校本课程》；

　　（2）一间直观互动的科普展厅——科普知识展览板块、多媒体学习板块、科普兴趣小组活动板块、信息咨询板块、地震小屋（4D 视频与防震演练相结合的防震减灾教育设备）。

（3）一方探索体验的野外实践基地——万石植物园、厦门科技馆等成为学校防震减灾教育的第二课堂。

（4）一批专职和兼职教师引领的师资队伍——形成"专家引领、辐射推广"的开放合作交流平台。

（5）一处形象逼真的地理园区——18块模型微缩展示天体、地质、地理、地貌和地形特点。

（6）一套实用便捷的地震应急包——初一年级、年段室、各处室及学校公共场所配置生命地震应急包。

（7）一场别具风格的夏令营——2008年以来连续承办厦门市中学生防震减灾教育夏令营。

（8）一支勇于探究的科技兴趣小组——水氡观测实验、地震定位、海啸灾害分析、岩石矿物标本采集4个兴趣小组。

（9）一项深刻丰富的科普活动日制度——每年在国家防灾减灾日"5.12"开展"六个一"活动：一堂防震减灾校本课、一次地震应急疏散演练、一趟野外实践基地实地考察、一期防震减灾板报和评比、一场学生科技兴趣小组报告会、一篇活动日新闻报道。

（10）一座休闲的"地学书吧"——座落在教室走廊拐角、教学楼廊道等开放处，或在学校图书室专辟一角，配备沙发、茶几和书架，地震、地质、地理、防震减灾和励志等方面的书籍、杂志、报刊、图册随手可得，阅后放回。

（11）一片厦门市海沧区东孚学校防震减灾网页——拓展学校防震减灾教育的时间和空间，方便师生自主学习。

3. 厦门市防震减灾科普示范校建设的社会影响

东孚学校的科普展览厅吸引了大批周边群众前来参观学习，科普资源得到共享，达到了建设初期既定的"教育一个孩子，影响一个家庭，带动整个社会"的目标。2009年12月3日，由省教育厅和省地震局联合举办的全省防震减灾科普示范校建设现场会在东孚学校召开，由此拉开了科普示范校"东孚模式"在全省推广的序幕。

（三）借助地震应急避难场所，开展居民参与的宣传活动

2011年，厦门市地震局按国标完成了全市42处地震应急避难场所的建设，

包括一处Ⅰ类和41处Ⅲ类地震应急避难场所，为民众开展地震应急疏散演练提供了实战场所。

1. 组织地震应急救援演练

为了加强应急避难场所的实战效果，市地震局组织社区居民进行地震应急疏散演练。2012年，演练以避难场所和社区为主，组织社区居民和学生共1000多人在思明区莲花公园进行了地震应急避险疏散演练。

通过演练，社区应急志愿者队伍得到了锻炼；民众了解了公园除了休闲娱乐的功能，还具有应急避难、防灾避险的功能，进一步增强了避难意识，一旦遇到地震等突发灾害时，做到临灾不慌、逃生有方。

2. 研发《厦门市地震应急避难场所指南系统》

为加强对全市地震应急避难场所的管理，让市民快捷使用地震避难场所，厦门市地震局组织开发了"厦门市地震应急避难场所指南系统"，指南系统在电子地图上标注出厦门市的地震应急避难场所名称与编号，包括到达应急避难场所最短路线，能快速查找应急避难场所地理位置、面积大小、各社区所在相应的避难场所、周边设施（医疗服务机构、商场、超市等），并可作为地震应急避难时辅助决策的信息和决策依据。根据该指南系统，市地震局提取相关信息，编写《厦门市地震应急避难场所指南》手册，免费发放给市民，为市民提供地震应急避难场所指南服务，使市民可以快速到达最近的地震应急避难场所。

（四）编著《地震安全岛》，打牢科普宣传的基础

《地震安全岛》编写的总体目标：一是成为总结和提高的资料库，二是成为地震科普宣传的源泉和蓝本，三是成为制定计划规划的指南，四是成为最大限度地减轻地震灾害的保证。

（五）构建精干的宣传队伍，形成不同层次的科普讲座系列

厦门市地震局地震科普讲座队伍人才济济，由博士、硕士、高级工程师等组成一个地震科普知识宣讲团队，针对不同的讲座对象，如高校、中小学、社区、部队、机关等群体，编写不同层次的科普讲座材料，指派相应的老师进行授课。

（六）加强"三网一员"建设，构建起基层民众的宣传网

　　厦门市的"三网一员"由各个区、街道的干部组成，为切实提高"三网一员"的业务素质和工作技能，市地震局根据工作实际，因地制宜，采取集中培训与分区培训相结合的方式，组织全市 6 个区的"三网一员"培训。通过培训，厦门市构建了一个基层民众的宣传网——"三网一员"。处在基层的"三网一员"在防震减灾中起着越来越重要的作用。"三网一员"不仅自己具备地震避险知识和自救技能，免遭地震对自身的危害，而且，能在平时主动开展地震宏观观测、地震灾情速报、地震科普知识和自救互救技能宣传，使周围群众了解科学、相信科学、增强技能。在破坏性地震发生后，他们能有效地帮助他人，减少生命和财产损失。他们在第一时间提供灾区的灾情，在救援队到来之前做好自救和互救，在震后及时做好地震知识的宣传普及。2010 年"8.13"地震谣言在泉州、漳州地区流传，也波及到了厦门某小区，小区内的"三网一员"工作者在听到谣传后，及时向市地震局报告，并向群众宣传普及地震谣传的特点和正确的地震科普知识，对及时制止谣言传播起到了很好的作用。厦门市的"三网一员"已在广大人民群众心目中树立起了可敬、可依赖的良好形象；也树立起了为人民服务、无私奉献的良好的政府形象。

（七）注重重要日期的专题宣传，提高科普宣传的实效性

　　防震减灾宣传工作具有很强的政策引导性、专业性和社会敏感性。开展防震减灾宣传工作，要把握好以下基本要求：
　　一是坚持党委领导、部门协作。强化党委统一领导，为开展防震减灾宣传工作提供坚强政治保证。专业部门牵头组织，宣传部门统筹协调，相关部门分工协作，社会各界积极参与，巩固防震减灾宣传工作良好局面。
　　二是坚持围绕中心、服务大局。遵循经济社会发展和防震减灾事业发展的客观规律，服从于、服务于经济社会发展大局，发挥宣传工作的影响力，促进防震减灾与经济社会协调发展。
　　三是坚持以人为本、科学有效。把握工作重点，强化工作措施，改善工作方式，做到贴近实际、贴近群众。创新社会管理，完善公共服务，促进社会参与，提升防震减灾宣传工作科学化水平。

四是坚持平震结合、维护稳定。以保护人民生命安全为根本，以维护社会和谐稳定为前提，注重平时常规性宣传，强化震时集中性宣传，保障群众对防震减灾的知情权和认识度，为增强防震减灾综合能力奠定良好的社会基础。

厦门市地震局在宣传工作的开展时机上，充分把握几个重要日期的专题宣传，确实提高了科普宣传工作的实效性。

1. 充分利用全国"防灾减灾日"、"科技活动周"、"国际减灾日"、"地球日"、"7.28"唐山地震纪念日等宣传契机，厦门市地震局组织开展地震科普知识宣传活动，通过防震减灾科普讲座，知识咨询，播放科普宣传片，有奖知识问答，摆放宣传展板，发放宣传资料，希望快车进学校、进社区、到农村，满足了群众对防震减灾知识的需求。

2. 每年结合"5.10"厦门市防空警报试鸣，组织全市 10 万人以上的市民和学生参加地震应急疏散演练，确实提高厦门市广大市民应对地震灾害的防震避险意识、自救互救和心理承受能力。

3. 每年"5.12"与厦门市科技馆合作开展不同内容的主题活动。如 2011 年，厦门市地震局开展了"家庭抗震训练营"的主题活动，在科技馆向全市家庭推出，除"地震科学家计划"、地震科学小实验和学习如何使用"拾震器"等传统互动项目外，还通过消防、医护、监测等几个地震救护角色扮演，模拟救灾现场，指导快速逃生、救助知识；关注核泄露、火灾、海啸等地震次生灾害；观看电影《灾难警示录》的全新 4D 观影体验，"置身"灾难中，感受灾难降临的真实瞬间。

2008 年汶川"5.12"地震以来，各种谣传四起的情况下，厦门市市民专业咨询的多，自主离家的无；学习知识的多，相信谣言的少。

（八）积极应对有感地震，把握最佳的科普宣传时机

受台湾地震影响，厦门市常常发生有感地震，有时震感强烈，波及全市及其周边地区。一时间厦门市民咨询电话蜂拥而至，厦门市地震局及时启动应急预案相关工作程序，通过信息发布、电台插播、电视文字滚动播放、记者采访、解答群众来电等多种方式积极应对，答疑解惑。厦门市地震局领导认为，此时有关地震及其影响的任何问题均发自民众，是开展科普宣传的最佳时机。

为了完整科学地回答民众的各种问题，厦门市地震局在会商的基础上，每每编制整理所有可能提出的问题，一一给出"标准答案"，使得从厦门市地震局出

去的声音是一个声音，回答问题科学完整。

2009 年 12 月 19 日台湾花莲海域发生 6.7 级地震，厦门市民普遍有感。22 时 30 分起，厦门市地震局陆续接到群众手机短信，反映互联网上出现谣言，针对这些谣言，厦门市地震局准备了回答相关问题的注意事项，对来自不同渠道的疑问进行统一科学解答。

（九）充分利用广播电视报纸的普及性，提高科普宣传的影响力

2012 年 3 月 21 日墨西哥发生 7.6 级震，3 月 26 日智利中部发生 7.1 级震，4 月 11 日苏门答腊海域发生 8.6 级地震、8.2 级地震，4 月 12 日墨西哥再次发生 7.0 级震。

短期内，全球接连发生多次强震，群众议论纷纷，在微博上、论坛上提出疑惑，并致电厦门市地震局咨询。

针对这些问题，2012 年 4 月 13 日，市地震局毛松林局长接受了厦门日报记者的专访：

①问：近期强震为何特别多？

答：由于近几年，环太平洋地震带处于一个比较活跃的时期，所以大震、强震有增多的趋势。

②问：强震是否一定会引发海啸，处于沿海位置的厦门是否会受到波及？

答：海域地震不一定会引发海啸，4 月 11 日发生在印尼苏门答腊的 8.6 级地震与 2004 年 12 月 26 日 8.9 级特大地震相比，发生的机理不同，类型也有差别，所以产生的影响也不尽相同。厦门的地理位置优越，外围的岛屿、暗礁比较多，对海啸的传播比较不利。

市地震局以科学、实效、便捷的方式迅速解答了市民的疑惑，厦门市市民在外界关于大地震的谣言风波中，社会秩序未受影响。

（十）发挥网络媒体优势，宣传做到社会群体的全覆盖

建设厦门市地震局网站，设置了工作动态、震情灾情、地震科普、应急救援、法律法规、震灾纵横等板块，及时更新，充分发挥厦门市地震局网站的宣传作用，满足公众对地震信息的需求，保证面向公众的信息即时发布。

（十一）高度重视应对地震谣传，实时进行科普宣传

地震谣传是一种信息传播，其造成的后果属于社会事件。地震谣传会扰乱社会正常生活和生产秩序，可不同程度地导致民众恐慌、停工停产、人员外流、运输紧张、社会犯罪活动增加等现象，某种程度上说，地震谣传就是一种社会灾害。

对待地震谣言，应以预防为主；谣传出现后，倡"迎"反"躲"。平时注意宣传普及地震常识，提高公众的抗震防震素质是防范地震谣言的根本。谣传出现后，"早"确定来源；与公安、网络管理联合"快"速出击；发挥"三网一员"、"准"的作用；地震新闻发言人主动就重大事项及热点问题向媒体及公众客观全面、实事求是、迅速及时、权威性的给予"解释"。关于辟谣用语，应严谨客观，避免"近期不会发生破坏性地震"等等不确定用语。

2010 年初，一条"漳州市 8 月 13 日将要发生 7.3 级大地震"的谣言在互联网上和坊间传播，且影响面较大，经专业部门及时辟谣，已渐渐平息。在 8 月初，网络上再次传言"福建省福州、泉州近期将发生大地震"，坊间流传"福建泉州 8 月 13 日将发生大地震"，已经给社会生活带来了不安定因素。

厦门市地震局也接到群众来电，咨询生活在厦门市的人们怎么办。

厦门市地震局针对这次地震谣传的特点，制定了《平息地震谣传方案》和《应对地震谣传预案》。在宣传教育上采取正面教育疏导为主的原则，成立平息地震谣传领导小组，组织厦门市地震局地震谣传应对专家组会议，分析谣传产生的起因、背景条件和对社会影响情况；及时上报厦门市委、厦门市政府和福建省地震局；跟踪社情舆情的信息，密切注视地震谣传动态及其对社会生活生产造成的影响程度；与公安机关密切配合，加强互联网地震谣传信息处置工作，安排专人对网上地震谣传信息进行搜集、调查，在源头上扼制地震谣言的传播。

四、做好防震减灾宣教工作的几点认识和建议

（一）了解基本情况是做好防震减灾宣教工作的前提

基本情况主要包括两方面：一是本地区（本省、市）历史地震、地震地质条

件、城市建设和人口状况等；二是民众对防震减灾知识和技能的需求等。

厦门市地处中国东南沿海地震带，民众对防震减灾以及自身的地震安全问题尤为关注。汶川地震以来，人们更加渴望了解和学习地震知识。民众想知道地震来临时如何自我保护，如何科学合理地开展自救与互救，自家房子安全吗，会不会遭受地震海啸，吃的鱼有没有核污染等问题。地震部门应随着情况的变化，不断针对新问题进行解答，这就要求地震工作者熟练掌握当地的历史地震情况、地震地质条件，实时掌握群众所关注的问题，随着震情的发展和公众关注点的变化，不断回答新问题。

（二）明确主要任务是做好防震减灾宣教工作的重心

1. 大力倡导抗震救灾精神。运用多种形式多种方法，大力宣传和倡导科学的抗震救灾精神，激发民众参与防震减灾活动的自觉性和积极性。

2. 大力宣传国家政策法规。明确《防震减灾法》的法定职责，提高贯彻执行国家防震减灾方针政策和法律法规的自觉性，增强全社会防震减灾法制意识，自觉履行法定职责和义务，为防震减灾事业发展营造良好的法制环境。

3. 大力普及防震减灾知识。防震减灾知识纳入全民素质教育体系，推进防震减灾知识进机关、进学校、进企业、进社区、进农村、进家庭，让社会公众科学认识地震灾害，主动防范地震灾害，正确应对地震灾害。

4. 大力弘扬防震减灾文化。结合地方文化和民俗文化建设，努力创作宣传效果好、民众喜闻乐见、社会影响广泛的防震减灾科普作品，传播主动防灾、科学避灾、有效减灾的理念，提升民众忧患意识、科学减灾意识和安全发展意识。

（三）创新宣传方式是做好防震减灾宣教工作的生命

1. 创新防震减灾科普宣教工作的内涵

创新防震减灾科普宣教工作的内涵主要体现在思想观念创新、宣传方式创新、机制体制创新和管理创新。尤其在宣传方式创新方面，应多样化。在平时与大震时，甚至大震的不同阶段，人们的心里状态和关注重点都有差异，应采用不同的宣传方式来适应人群和时效性的区别。一是加大对各级领导和公务员的地震科普知识宣传。利用各级领导和公务员在党校和行政学院学习进修的机会举办专场的地震科普知识讲座，并组织参观地震局，以增强各级领导干部和公务员对地震工作重要性的认识。二是利用现有的网络和其他媒体，以新闻采访、地震知识问答等形式进行广泛的地震科普知识宣传。三是加强对基层群众地震科普知识的普及工作。地震部门组织人员进入街道和社区举办形式多样的地震科普知识宣传活动。四是利用特殊纪念日进行集中宣传。每年3—4月份防震减灾法实施纪念日、5月份科普宣传周、"5.12"国家防灾减灾日、"7.28"唐山大地震纪念日、10月份国际减灾日等，联合新闻媒体集中宣传，营造社会氛围。

2. 创新防震减灾科普宣传方式的要素

创新防震减灾科普宣传方式由创新资源、创新机构、创新机制和创新环境等4个要素构成。

①创新资源是创新活动的基础，包括人力、知识、信息的创新；

②创新机构是创新活动的行为主体，包括专业部门、大学、民间组织等机构；

③创新机制，包括激励机制、评价机制和监督机制，是创新体系有效运转的保障；

④创新环境，包括宣传设施、法规、文化等，这是维系和促进创新的保障。

（四）加强地震基础理论学习是做好防震减灾宣传的坚强基石

在进行宣传工作时，会遇到各种各样的问题，如：

①地震的孕育和发生机理是什么？

②地震前兆监测技术方法原理是什么？

③以地震云等方法预报地震，如何答复？

④建在沉积层（相对基岩沉积层属于软岩介质）上的房子地震时摇晃更大，这是为什么？

⑤在教室中的学生如何正确进行地震应急演练？

⑥地震的预警及其实际意义是什么？科普宣传的尺度如何把握？

⑦地震宏观异常在科普宣传中的实际意义是什么？

⑧海啸及其形成机理（地震引起的海啸）是什么？

2012年5月28日唐山发生4.8级地震，群众对于地震部门关于4.8级地震是1976年7月28日唐山7.8级大地震的余震的解释感到十分疑惑。但如果从唐山地震发生的地震地质构造、震级大小等以下几个方面来做解释，或许群众就能接受"余震"的说法了：①唐山地震之后 30 多年来地震震级逐渐递减；②唐山地震近些年来的地震均发生在老震区及周边地区，地震地质方面位于唐山地震发震断裂带上；③地震的孕育也许以地质年代尺度衡量更合适，而非人类心中的百年尺度。

2011 年 3 月 11 日日本 9.0 级特大地震发生后，部分地区出现了哄抢食盐的现象，通过放射性核素及其对人类的危害进行解释工作，就容易平息该风波。

上述及其他各种各样的问题，在日常的宣传活动中，宣传工作者都有可能遇到，这就需要地震工作者掌握较深的地震及地震地质知识，力求科学回答民众的所有问题。

（五）建设政治业务过硬的人才队伍是做好防震减灾宣传的有力保障

防震减灾宣传团队，要求具备以下几个条件：一是服务海西建设大局，政治敏感性强；二是理论基础扎实、专业水平过硬、创新能力突出；三是具备专业知识，有深度、有广度；四是具有亲和力和良好形象。

为培养和造就一支具有地震人特质（忍辱负重、艰苦奋斗、无私奉献、团结互助、永不言弃）的防震减灾宣传团队：

一是要加大力度，逐步建立一支高素质的科普专家队伍，为加强防震减灾文化宣传工作奠定人才基础，充分发挥其在普及地震知识、宣传地震事业和应对地震灾害中的作用。

二是要结合学校教育师资培训，加强面向教师队伍的培训和再教育。利用学校教育的优势打造防震减灾文化宣传教师队伍，提高其防震减灾意识，增强责任心，掌握防震减灾科学知识，全面提高防震减灾业务素质，大力弘扬防震减灾文化。

三是要充分利用文化、广电、新闻出版等部门的宣传优势，打造媒体宣传队伍。利用媒体宣传受众广泛、及时高效的特点，使社会各界更加了解、关心、支持和参与防震减灾事业发展。

（六）形成规范化的科普讲义是做好防震减灾宣传的内在要求

科普讲义在内容和专业深度上既要有普适性，但对于不同的社会群体，不同社会层次，科普讲义又要有所区别。在面对政府领导和机关工作人员、广大民众、大学生和中小学生时，由于对象不同，宣传的内容和形式也就要有所差异，即要在不同的群体中因材施教。

1. 面对政府领导和机关工作人员，宣传方式主要以书面报告为主，内容编排上应着重在①防震减灾政策法规；②地震形势（本区地震地质条件、历史地震及其灾害、未来地震危险性等）；③现状分析（一是抗御地震灾害能力和现状；二是地震部门机构人员、监测能力、国内外发展趋势等）；④进一步加强防震减灾宣传的意见和建议等。

2. 面对广大民众，宣传方式上以科普讲座和参观科普展览为主。

3. 面对中小学生，宣传方式主要有科普讲座或课程教学，组织模拟演练，参观科普展览，有条件的还可以组织到野外实地考察，了解地震地质及地震发生的原因等等。

4. 面对大学生，由于大学生的视野开阔，知识面广，因此科普讲义就要有一定的科普内容和专业深度。

（七）建设现代化的科普展览馆是科普宣传永不下沉的航空母舰

厦门市地震局拟建一个市级的防震减灾科普展览馆，展馆设置为六大板块：模拟体验、场景再现、认识地震、避震与救护、抗震救灾、模拟演示。

建立厦门市科普展馆，主要有以下四个目的：

①普及地震科普知识，为民众认识和了解地震提供基本学习场所；

②学习防震、自救与互救等求生知识和技巧，提高民众自救互救能力；

③认识地震灾害和防震减灾技术途径，了解防震减灾法和相关法规，为海西建设及构建和谐社会创造全社会防震减灾工作环境；

④体现国家和政府以人为本、关注民生的良好形象；树立战胜地震灾害的信心，为民众生命财产和社会稳定提供专业支撑。

（八）注重宣传的针对性是提高防震减灾宣传的有效途径

针对这不同的关注重点，地震科普宣传就要与时俱进、因地制宜，不能简单化、统一化。地震科普宣传重点要有所转移，以适应民众的需求，提高地震科普宣传的实效性。

例如：

2008 年 5 月 12 日四川汶川 8.0 级特大地震发生后，群众关心的重点是地震知识和如何自救与互救；

2010 年 4 月 14 日青海玉树 7.1 级破坏性地震发生后，群众关心的重点是地震带和家园地震安全；

2011 年 3 月 11 日日本 9.0 级特大地震及其核辐射发生后，群众的关注重点主要是地震次生灾害和核辐射；

2013 年 4 月 20 日芦山 7.0 级地震发生后，群众的关注重点是政府的防震减灾工作和地震预警；

2013 年 9 月 4 日福建莆田仙游 4.8 级地震发生后，群众关注重点是随后还有没有更大的地震。

（九）建立科普宣传理论体系是提升科普宣传水平的强大武器

理论是对实践的总结和提炼，反过来指导实践，它是一种思想武器。为提升宣传水平，科普宣传应当建立自己的理论体系，用于指导科普宣传的实践活动。如何建立防震减灾的科普宣传理论体系呢？

可借鉴宗教，尤其是基督教传播的模式和理论，建立防震减灾科普宣传的理论体系。基督教对人的终极关怀和防震减灾的生死关怀从某种意义上具有一定的共性。

基督教有三个特点：一是有固定的宣传场所——教堂，二是有独特的教义——《圣经》，三是有专职的牧师。同时，基督教具有严密的组织系统和传播系统，通过《圣经》阐释了教义，构成其内涵；通过传教的人际传播、教会等建立了传播的完整系统。传播的完整性覆盖了从自我传播、人际传播、群体传播到大众传播的各个层面，并通过多种节日来传播，具有广泛的影响力。

（十）创建的防震减灾文化是做好防震减灾宣传的精神财富

广义上的文化是指人类创造的一切物质产品和精神产品的总和。狭义上的文化指语言、文学、艺术及一切意识形态在内的精神产品。有人综合性地讲，文化就是人之所及和所思之完美。

防震减灾文化是民众在防震减灾探索实践中形成的物质和精神财富，也是防震减灾事业发展和地震部门加强自身能力建设、履行社会管理、公共服务职能过程中创建的特色文化，是社会主义先进文化的组成部分。

防震减灾文化的主要内涵有："3＋1"工作体系、抗震救灾精神、法律法规和宣传体系等。防震减灾文化核心价值就是最大限度地减轻地震灾害损失。

从宣传方式、宣传内容、防震减灾文化教材宣传册、宣教队伍的建设等方面着手，创建防震减灾文化，总体目标：一是引领事业发展能力明显提升，二是服务社会能力明显提升，三是创新发展能力明显提升，四是队伍综合素质明显提升。

创建防震减灾文化过程中，主要完成以下几项任务：

①加大防震减灾宣传工作力度；

②拓展防震减灾公共文化服务；

③推进防震减灾公共文化设施建设；

④开展对外文化交流活动；

⑤大力弘扬伟大的抗震救灾精神，弘扬地震部门"艰苦奋斗、无私奉献、爱岗敬业"的优良传统；

⑥建设行业文化阵地；

⑦坚持科学理论武装。

五、地震应急疏散演练

（一）实施目的及意义

科学掌握地震应急避难的逃生方法，熟悉地震发生时紧急疏散的程序和线路，确保地震来临时，民众可以快速、高效、有序地进行紧急疏散，从而最大限度地保护人民生命财产安全。减少不必要的非震伤害，是开展地震应急疏散演练的根本宗旨。

组织地震应急疏散演练意义深远，一是使民众熟悉周边应急疏散避难场地；二是让民众了解掌握紧急情况下的疏散路线，在灾害发生时迅速有序地疏散；三是使工作人员了解灾害发生时自己的岗位职责，熟悉和提升应急指挥、组织民众迅速依照预案实施疏散、减小灾害损失的能力。

（二）实施对象及范围

实施对象：普及防震减灾知识，提高全民防灾意识是开展防震减灾工作的基本出发点，因此，开展地震应急疏散演练的重点对象包括厦门市广大市民、社区民众及中小学生，实施的范围包括社区、学校（大学、中学、小学）以及机关企事业单位。

（三）实施内容及程序

通常情况下，组织地震应急疏散演练应包含三方面内容：一是根据各单位实际情况，制定地震应急疏散图；二是结合地震应急疏散图，制定具体、操作性强的应急疏散演练方案；三是组织民众及学生开展应急疏散演练。

1. 社区、学校制定地震应急疏散图

要求各社区、学校根据单位实际情况，制定合理、科学的地震应急疏散图，并张贴于公共宣传栏或者较为醒目的地方，以便民众或学生可以熟悉紧急逃生的路线。

2. 社区、学校制定应急疏散演练方案

制定地震应急疏散演练方案是社区、学校有效面对地震灾害的一种重要形式。演练前要对社区骨干或学校志愿者进行培训，培训的内容主要是现场医疗救援技术、消防灭火及报警常识、灾害自救互救常识。

医疗急救常识，通常请区医院或120急救中心的医护人员来现场上课和指导；消防灭火常识，通常由消防大队的专业技术人员进行现场教学演练。对培训合格者由厦门市地震局颁发培训毕业证书。演练一般一年组织一到两次，演练课题主要是组织民众、学生紧急疏散。

一般情况下，社区及学校制定应急疏散演练方案应包括演练的时间、路线、内容、对象以及具体的操作程序、疏散要求与注意事项等等几个方面。条件成熟的社区及学校可制定更加完善的演练方案。各社区或学校应设立地震应急疏散演练领导指挥部，下设医疗救护组、治安保卫组、疏散指挥组、后勤保障组等小组，并明确各小组任务与职责。

①医疗救护组

主要负责准备充足的药品、器械和设备，根据现场灾情实施救护；根据灾情情况，部署救护力量，妥善安置重伤员；防止和控制疫情的发生、蔓延，加强水源管理。

②治安保卫组

主要负责制定社会治安保卫措施的应急实施方案；检查各部门的安全措施和消防器材；地震灾害发生后，做好重点部位的安全保卫工作；维护治安，严防各种破坏活动；督促有关部门采取有效的安全防范措施，清除产生次生灾害的隐患；疏导交通。

③疏散指挥组

主要负责确定疏散场地和路线；迅速组织民众或学生按照疏散路线到空旷场地。疏散组首先要向民众或学生宣传普及地震疏散知识，要向民众或学生讲清楚，地震发生时，第一，不能跳楼。第二，不能一窝蜂似地往外挤，应在工作人员的带领下，有序的撤离；与外墙和窗户操持一定的距离，避免外墙倒塌或玻璃破碎时伤人；避开室内的悬挂物；留一定的通道，便于震时紧急撤离；把年小体弱或残疾的民众或同学安排在方便避震或撤离的地方，震后有秩序的撤离。第三，要求民众或学生做到面对突发震情，采取就近避险原则，并按照疏散线路逃生，下楼时注意避免碰撞、拥挤、踩伤。最后，工作人员或老师负责指挥民众或学生疏散，不得擅离岗位，要将民众或学生有秩序地撤离到空旷安全地带。

④后勤保障组

主要负责检查督促并协调各组实施方案的落实；组织协调各组的工作；确保应急通讯设备到位、畅通；迅速调查灾情和震情动态，及时向领导指挥部报告；抽调组织救灾人员、协调病员安置、生活保障等；负责处理指挥部日常事务和指挥部的其他事项。

3. 组织民众及学生开展地震应急疏散演练

在厦门市地震局的指导下，目前，全市所有社区及学校都制定了灾害应急疏散预案，绘制紧急情况下的疏散路线图，并有针对性地进行演练。

①社区地震应急疏散演练

为了让厦门市民了解和熟悉避难逃生的场地路线，厦门市政府每年结合"5.10"防空警报试鸣，组织全市居民进行应急避险演练，几年来全市参加应急避难演练的人数达到 80 多万人次。

如 2010 年 5 月 10 日，全市有 130 个社区几十万人参加了应急避难逃生演练。该演练突出了"以练为主、宣传为辅、大众参与、密切协同"的指导思想，注重从居民日常生活的实际出发，演练了组织指挥、通讯保障、卫生救护、消防灭火、社会治安联防、自救互救等课目。通过演练，进一步提高了广大社区居民防灾减灾意识，健全完善防灾应急指挥体系。现在，市民们都知道，如果发生地震等灾害需要逃生时，就应该以最快的速度跑到附近的应急避难场所去。

②学校地震应急疏散演练

目前，厦门市各大学、中小学均按照灾害应急预案每年有计划的组织一到两次地震应急疏散演练。

（四）实施成效

通过组织地震应急疏散演练，使民众和学生充分认识到逃生演练的重要性和必要性，掌握基本的逃生技能和方法，树立珍爱生命、预防为主的安全意识，真正提高突发公共事件下的应急反应能力和自救互救能力，确保将灾害降低到最小限度。通过演练活动，对地震应急疏散演练方案做良好的检验，落实社区和学校应付突发事件的防范措施，提高社区和学校应对和处置突发安全事件的能力，也提高抵御和应对紧急突发事件的能力，使演练活动达到了预期目标。

第五节　地震谣传及处置

地震谣言指的是没有确切来源、毫无科学依据、传播迅速的有关地震将要发生的消息。它反映了公众对地震这一自然灾害的恐惧心理。在地震预报还不过关的今天，尤其是在已经发生过破坏性地震的地区，地震谣言是一种经常发生的社会现象，它是由于心理恐震导致的一种社会灾害。

事实越来越证明，地震谣言是完全可以杜绝的，关键一点是要不信谣、不传谣，用防震减灾知识消除恐震心理，用科学代替封建迷信，用地震预报法规约束社会的每一个成员，谣言就会不攻自破、失去市场。

一、地震谣言的产生和传播渠道

（一）谣言产生的原因和背景

近几十年来，尤其是在 1976 年唐山大地震以后，全国发生了近百起对社会造成一定负面影响的地震谣传事件，引起了社会的不安定，给人民正常生活带来影响。强烈地震瞬间造成的巨大灾害使人们对地震恐惧，加之对地震知识和相关法规不够了解，人们便容易偏听偏信一些无根据的所谓的"地震消息"，这就是地震谣传得以存在的土壤。归纳来看，产生地震谣传的具体原因有以下几种：

1. 把一些自然现象，如由于气候返暖、果树二次开花、动物迁徙、春季大地复苏解冻而引起的翻砂、冒水等现象，误认为是地震前兆异常；

2. 把地震部门正常的业务活动，如野外观测、地质考察、地震趋势会商、防震减灾宣传、地震应急演练等，当作异常现象而引起不必要的猜测；

3. 国内外其他各种复杂因素，如来自某些海外蛊惑人心的新闻广播宣传、别有用心的恶意编造、封建迷信思想的作祟等，往往成为地震谣言的来源并起到推波助澜的恶劣作用；

4. 当某些观测资料或地球环境出现异常时，地震专业机构召开地震趋势会商会议进行内部震情分析，在专业权威人士进行判定或作为中长期的预测分析意见进行内部交流或传达汇报时，由于有意或无意被泄露、任意夸大地传播或不适当地宣传报导，容易引起地震误传。

（二）谣言传播途径

主要在群众中利用交谈、书信、短信、电话、电报以及海外某些报纸消息剪报等进行扩散，是地震谣言的主要传播途径。一般通过地震或党政军部门召开会议，分发文件和简报或电话进行传达作为内部掌握的资料进行某些抗震防震活动，由于不恰当地被泄露出去，则成为地震误传的主要传播途径。

随着社会的进步和科学的发展，现代地震谣言的传播不再局限于传统的人际传播，而是借助现代化通讯工具，如网页、博客、微信、QQ、MSN、BBS、手机短信群发等手段滋生、蔓延，其传播速度快、内容多、涉及面广。2010 年泉州"8.13"地震谣言就起源于手机短信。

二、如何应对地震谣言

（一）科学应对地震谣传

1. 如何识别地震谣传

地震谣传往往披着"科学"的外衣，看似有很强的专业性和规律性，但只要细心琢磨，就会发现其中破绽百出，根本无法自圆其说。综合来看，识别地震谣传的主要依据有：

（1）超过目前地震预报的实际水平。中国地震预测预报是对某些类型的地震进行一定程度上的预测预报，较大时间尺度的中长期预测预报有一定的可信度，但短临预报的成功率还很低。在国际上，地震预测预报仍处于探索阶段，尚未完全掌握地震孕育发展的规律。而地震谣传往往都是"精确"地指出了地震三要素的所谓地震预报意见，如谣传中地震发生的时间、地点和震级非常具体，甚至发震时间精确到几时几分。

（2）跨国地震预报。这不符合国际间的约定，也不符合中国关于发布地震预报的规定。《中国人民共和国防震减灾法》明确规定：地震预报实行统一发布制度。全国范围内的地震长期和中期预报意见，由国务院发布。省、自治区、直辖市行政区域内的地震预报意见，由省、自治区、直辖市人民政府按照国务院规定的程序发布。

（3）对谣传有意渲染官方色彩。谣传一般注明由"某某知名专家"、"某某国家地震部门"发布，披上"科学权威"的外衣，有意引起公众的误会。

此外，还有一些谣传对地震后果过分渲染。有时，特别是强震发生后常会出现"某县将要下陷"、"某某市区要遭水淹"等等传言，这种耸人听闻的消息也是不可信的。

2. 如何对待地震谣传

（1）不相信。尽管地震预测技术尚未成熟，但是有地震部门在进行监测研究，有政府部门在组织和部署有关防震减灾工作，因此不要相信毫无科学依据的地震谣传。

（2）不传播。应当相信，只要政府知道破坏性地震将要发生，是绝对不会向人民群众隐瞒的。因此如果听到地震谣传，千万不要继续传播，对传播地震谣传者，国家会依法追究其法律责任。

（3）及时报告。当听到地震传闻时，要及时向当地政府和地震部门反映，协助地震部门平息谣传。

（4）如果发现动物、植物或地下水异常时，要及时向地震部门报告，不要随意散布，出现这些异常的原因有很多，相关部门会采取措施及时进行调查核实。

（二）辟谣工作程序和方法

为快速、准确、有序、高效地应对和平息地震谣传，维护社会秩序、保持社会稳定，根据《中华人民共和国防震减灾法》、《福建省地震应急预案》等法律法规，厦门市地震局制定了《厦门市地震局应对地震谣言专项预案》，并详细制定了厦门市地震局平息地震谣传工作流程，如图 4-5 所示。

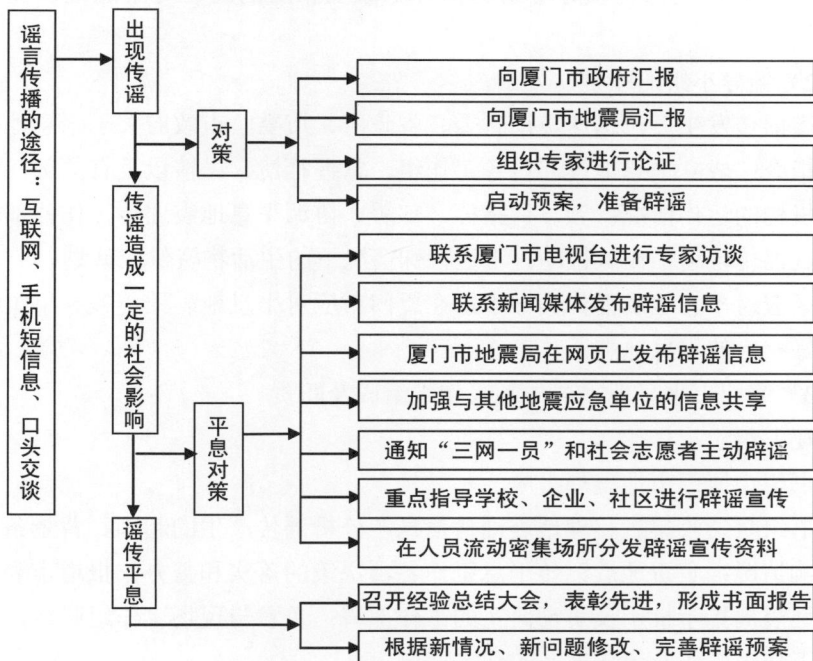

图 4-5 厦门市地震局平息地震谣传工作流程图

（三）《厦门市地震局应对地震谣言专项预案》

1. 平息地震谣传原则

地震谣传、误传事件应对处置工作在职能上实行政府统一领导，分级分部门负责、属地管理原则；在宣传教育上采取正面教育疏导为主。

2. 厦门市应对地震谣传领导小组组成和职责

（1）领导小组组成

适时成立应对平息地震谣传领导小组。成立以分管副市长为组长，以市委宣传部、市地震局、公安局、民政局、教育局、卫生局、通信管理局、广电集团、国资委和消防支队相关领导为成员的厦门市应对平息地震谣传领导小组；各区在市应对平息地震谣传领导小组的指导下成立相应的区应对平息地震谣传领导小组。

（2）领导小组的职责

地震谣传发生后，迅速贯彻省委、省政府、市委、市政府关于平息地震谣传的各项指令；成立平息地震谣传各工作组，掌握社情、民情以及有关部门平息地震谣传机构的运作情况；领导、指挥、部署、协调平息地震谣传工作；部署组织平息地震谣传现场工作队行动；下达特殊情况下的生活物资供应计划。

各区应对平息地震谣传领导小组在厦门市应对平息地震谣传领导小组的领导下，做好相应的平息地震谣传工作。

（3）厦门市平息地震谣传各工作组组成及职责

①秘书组

秘书组由厦门市地震局组成。

秘书组负责收集、整理地震谣传信息，分析谣传产生的起因、背景条件和对社会影响情况；负责地震谣传平息工作各项决策的落实和督办；报道市委、市政府及省地震局指示批示及贯彻落实的工作部署；负责与现场工作组联络，及时掌握现场工作组工作及谣传地区的动态情况。

②宣传组

宣传组由厦门市委宣传部、广电集团和通信管理局组成。

宣传组负责新闻媒体的正面宣传报道；按领导小组的要求，视情组织相关的新闻发布会；负责联系、收集平息谣传工作情况，及时反映现场工作组的应对措施，组织宣传报道；组织网站宣传，开通咨询热线电话并组织专家进行答疑；负责监控媒体不良信息，协助做好辟谣工作。

③现场工作组

现场工作组由厦门市公安局、教育局、国资委和消防支队组成。

现场工作组负责到谣传产生、扩散区调查谣传的影响情况（教育局负责学校，国资委负责企业）；根据领导小组的决定，采取有效措施，迅速平息地震谣传；及时向领导小组汇报谣传发展动态信息；视谣传发展和社会影响情况，提出是否加大平息地震谣传工作规模或者终止本预案的建议；组织警力应对可能出现的社会治安等事件的发生。

④保障组

保障组由民政局、卫生局组成。

保障组负责向地震谣传地区可能出现留宿广场的民众提供帐篷、水和药品等生活用品。

（四）对地震谣传造成民众聚集现象的平息

1. 启动条件

出现地震谣传，并迅速扩散、传播，已造成民众聚集，对社会正常生产、生活秩序造成严重影响。由领导小组组长决定是否、何时启动本程序。

2. 分级响应

（1）一级响应（全市出现较大范围的群众相信地震谣传，在操场、公园、大街上集聚，不敢回屋）

应对措施：厦门市应对平息地震谣传领导小组组长立即召集秘书组、宣传组、现场工作组、保障组进行会商；决定采取的措施、对策和平息谣传现场工作组的规模、行动方案；确定领队和成员名单；必要时也可提请福建省地震局派出专家协助；按照平息地震谣传的处置原则，宣传组立即通过电视采访播放、滚播、网络、报纸、公交车电视传媒、广播及短信等各种媒体手段，大范围做好正面的宣传引导工作；现场工作组到各现场用高音喇叭等喊话工具做疏导解释工作，同时组织警力应对可能出现的社会治安等事件的发生；保障组视情对不听劝导、坚持留宿广场的民众提供帐篷、水等生活用品；秘书组负责各个组之间的协调、沟通、落实和督办平息地震谣传的各项工作。根据平息地震谣传工作队报告、地震谣传的发展和影响程度，适时决定终止本程序。

（2）二级响应（部分区、街（镇）出现地震谣传，群众集聚广场、公园、马路等场所，不敢回家）

应对措施：各区应对平息地震谣传领导小组将收集到的社情、民情及时上报厦门市应对平息地震谣传领导小组；厦门市应对平息地震谣传领导小组组长立即召集秘书组、宣传组、现场工作组、保障组进行会商；分析谣传产生的起因、背景条件和对社会影响情况；决定采取的措施、对策和平息谣传现场工作组的规模、行动方案；确定领队和成员名单；厦门市应对平息地震谣传领导小组视情派遣秘书组到现场指导各区应对地震谣传领导小组开展平息地震谣传工作；区应对平息地震谣传领导小组负责组织区相关部门积极开展宣传、疏导工作。根据平息地震谣传工作队报告、地震谣传的发展和影响程度，适时决定终止本程序。

（3）三级响应（部分工厂、企业员工出现大范围的停工停产，员工不敢去工厂上班）

应对措施：现场工作组（国资委）及时将收集、整理到的企业员工停工停产的情况上报厦门市领导小组；厦门市应对平息地震谣传领导小组组长立即召集秘书组、现场工作组进行会商；决定采取的措施、对策和平息谣传现场工作组的规模、行动方案；确定领队和成员名单；秘书组配合现场工作组（国资委），到相关企业做好宣传工作，秘书组组织厦门市地震局专家到员工停工较严重的企业重点开展科普宣传等，争取动员企业员工返厂复工。根据平息地震谣传工作队报告、地震谣传的发展和影响程度，适时决定终止本程序。

（五）对地震谣言传播的平息

1. 启动条件

出现地震谣传，并迅速扩散、传播，对社会正常生产、生活秩序造成一定影响。

2. 分级响应

（1）四级响应（地震谣传迅速扩散、传播，对社会正常生产、生活秩序造成一定影响）

组织厦门市地震局应对平息地震谣传专家组会议,分析谣传对社会影响程度;及时上报厦门市委、市政府和福建省地震局;加强地震监测和值班,领导干部要在位,技术干部要在岗,所有地震前兆监测设备要调试待命,对出现的各种异常现象要及时进行现场监测和核实,并在第一时间进行会商;适时在新闻媒体上公开辟谣。

(2)五级响应(我市出现地震谣传,以网络、手机短信和坊间传播为主,只在个别群众中流传,影响范围较小,广大市民反应不大,社会秩序和生活正常)

组织厦门市地震局应对平息地震谣传专家组会议,分析谣传产生的起因、背景条件和对社会影响情况;及时上报厦门市委、市政府和福建省地震局;适时启动应对地震谣传预案;跟踪社情舆情的信息,密切注视平息地震谣传动态及其对社会生活生产造成的影响程度;与公安机关密切配合,加强互联网平息地震谣传信息处置工作,安排专人对网上地震谣传信息进行搜集、调查,要在源头上扼制地震谣言的传播;地震局遥测中心值班室电话(0592-2132691)24 小时开通,为来电群众答疑解惑;在地震局网页上进行相关科普宣传,消除群众疑惑;上述应对平息地震谣传部门关注在厦门市外来务工人员的思想动态,厦门市地震局积极配合做好引导工作。

三、科学应对“8.13”地震谣传

2010 年 3 月初,一条“漳州市 8 月 13 日将要发生 7.3 级大地震”的谣言在互联网上和坊间传播,且影响面较大,经专业部门及时辟谣,渐渐平息。5 月中旬,网络上再次传言“福建省福州、泉州近期将发生大地震”,坊间流传“福建泉州8 月 13 日将发生大地震”,给社会生活带来不安定因素。随着距离 8 月 13 日越近,地震谣传在我市影响范围逐渐扩大,市地震局先后接到群众来电咨询 200 余例,

8 月 3 日,市地震局接到福建省地震局震害防御处《关于做好地震谣传平息工作的通知》,主要内容为“最近一个时段,闽东南沿海地区谣传将发生破坏性地震,福州、泉州等地工厂出现工人准备辞工返乡的情况,给社会生活和生产带来了不安定因素。”要求市地震局高度重视,要与公安机关密切配合,加强互联网地震谣传信息处置工作,加大地震科普知识宣传力度等。

市地震局高度重视,并立即召开了厦门市地震局应对地震谣传专家组会议,会议分析了近期地震谣传的起因、传播方式以及传播的内容,结合我市实际,对影响范围和影响程度进行了评估,对未来谣传可能在我市的影响做了预估,进而

研究制定了有针对性的应对当前地震谣传的具体措施。

（一）全面了解地震谣传在我市的影响程度

2010 年 8 月以来，我局陆续接到群众电话："8 月 13 日泉州是不是要发生大地震，我们在厦门怎么办？"等咨询电话；8 月 3 日，我市某网页上刊登了省地震局专家辟谣的相关报道，24 小时内点击 2261 次；另据我市防震减灾"三网一员"报告，翔安区新店镇沙美村有个别村民听到了"8 月 13 日泉州将发生地震"的谣言。由此可见，此谣言已影响到我市，且以网络传播和坊间流传的形式为主。

通过对地震谣传情况的全面了解，专家组分析认为，首先，目前世界上还无法对地震做出准确预报，而该地震谣即对地震发生的时间、地点和大致的震级做出如此精确预报，显然具有明显的谣言特征。其次，该谣言主要指的是福州、泉州等地，我市只有个别群众流传，影响范围较小，广大市民反应不大，生活正常，到目前并未由此引起社会的不稳定。但应注意的是，不排除未来几天此谣言可能通过外来工人的相互流传，导致我省出现福州、泉州等地工厂工人准备辞工返乡的情况，给社会生活和生产带来不安定因素，必须高度重视。

（二）积极应对地震谣传

1. 快速反映，迅速开展应对工作。召开厦门市地震局应对地震谣传专家组会议，分析地震谣传的起因、传播方式以及传播的内容，结合我市实际，评估地震谣传影响的范围和程度，制定应对"8.13"地震谣传的具体措施。

2. 加强互联网信息监控，扼制谣言传播。安排专人对网上有关地震谣传的信息进行搜集、调查，主动与公安机关密切配合，加强互联网地震谣传信息处置工作，实时上报，从源头扼制地震谣言的传播。

3. 加强地震监测和值班，及时核实异常现象。领导干部在位，技术干部在岗，全面加强地震监测。地震前兆监测设备全部调试待命，对可能出现的各种异常现象做好应对准备，保证第一时间进行会商。

4. 抓宣传重落实，使民众科学理性应对谣言。市地震局与电视、报纸、网络等媒体合作，宣传科普知识，消除群众疑虑。同时，针对地震谣传对企业工厂造成的影响，派专家深入企业，和企业员工面对面交流，普及地震常识和如何识别地震谣传，维护企业稳定。

5. 建立专项工作预案，有效应对地震谣传。市地震局针对地震谣传的特点，制定厦门市地震局应对地震谣传专项工作预案，建立完善的地震谣传应对工作体系。应对和平息地震谣传的工作须快速、有序、高效地开展，维护社会秩序，保持社会稳定，做到"三无"，即："无一使市领导分心，无一群众听信谣传露宿室外，无一生产受影响"。

第五章　地震应急救援

第一节　厦门市地震应急救援工作概述

一、地位和作用

　　破坏性地震发生后，市县地震部门在救援的黄金时间段高效有序地组织开展灾区自救互救工作，是减轻人员伤亡和财产损失的重要保障。市县地震应急救援管理工作直接面向社会、面向基层，关系着灾区自救工作的成效，地位重要，作用重大。

二、指导思想

　　地震应急救援管理工作要以邓小平理论和"三个代表"重要思想为指导，深入贯彻落实科学发展观，以构建社会主义和谐社会为目标，坚持以人为本和"预防为主，防御与救助相结合"的防震减灾工作方针，依靠法制和科技，依靠群众，立足基层，切实提高市县地震应急救援整体能力。

三、厦门市地震应急救援工作网络图

　　地震应急救援工作网络图如图 5-1 所示。

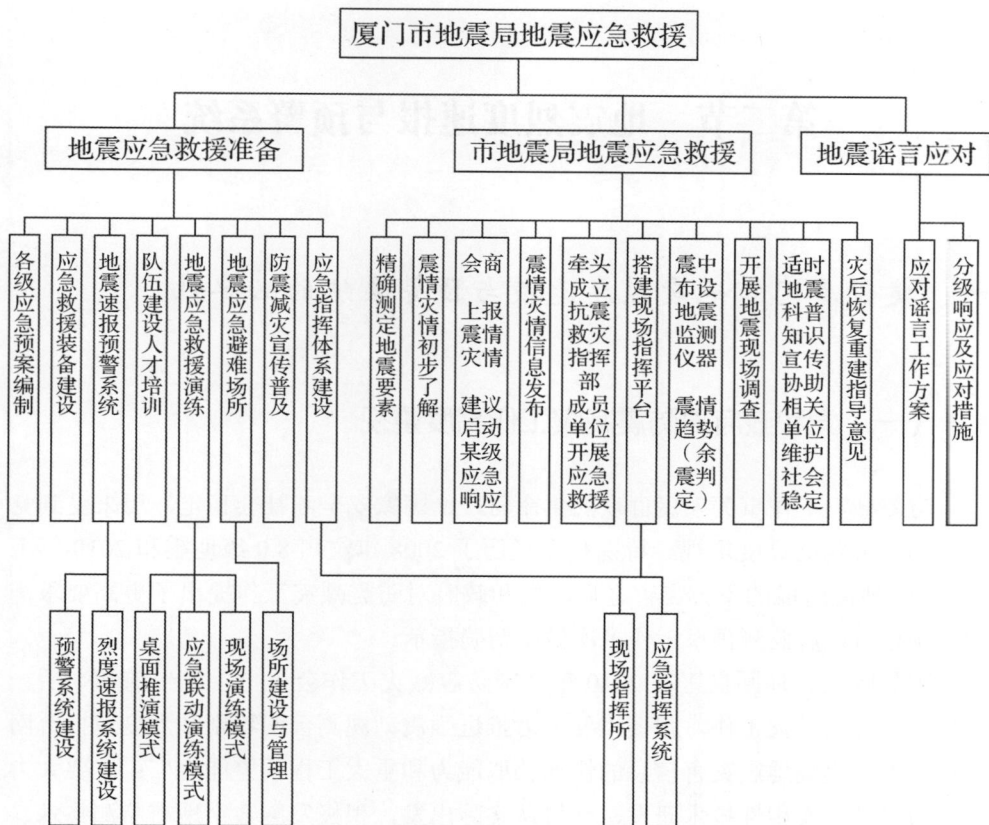

图 5-1 厦门市地震应急救援工作网络图

四、工作目标

力争通过两到三年的努力，完善实施"横向到边、纵向到底"的应急预案体系，健全市县地震应急救援工作管理组织体系，形成"政府统一领导、部门协调联动、社会广泛参与、防范严密到位、处置快捷高效"的地震应急救援管理工作机制，建设地震应急指挥平台和应急救援保障体系，全面加强应急救援能力，普遍提升基层和公众地震安全意识和自救互救能力，显著提高应对灾害性地震的能力。

第二节　地震烈度速报与预警系统

一、建设厦门市地震烈度速报与预警系统的必要性

（一）党和政府对防震减灾工作高度重视

防震减灾工作事关人民群众的生命财产、国家安全和社会稳定，历来受到党中央和国务院的高度重视。特别是在经历了 2008 年汶川 8.0 级地震和 2010 年玉树 7.1 级地震造成的重大灾害之后，党和政府对防震减灾工作提出了更高要求，国家领导对地震监测预报工作多次做出明确指示。

国务院副总理回良玉在 2010 年全国防震减灾工作会议上，就当前和今后一个时期的防震减灾工作，强调"要大力推进强震动观测台网特别是烈度速报台网建设，不断提高地震灾害信息的快速获取能力和重大工程预警能力"；"要大力推动防震减灾实用性技术研发，坚持从实际出发，积极发展数字地震监测技术、地震预警技术等"。

（二）国家法律法规提出明确要求

做好防震减灾工作，不仅要全面加强地震监测预报、地震灾害预防、地震应急救援能力建设，还要不断探索和应用防震减灾新技术。2000 年，中国开始对地震预警和烈度速报相关技术进行研究；2001 年，中国启动地震烈度速报系统示范工程建设；2008 年，中国启动地震预警系统试验工程建设。目前，福建省地震局承担的地震烈度速报和地震预警系统试点工程已建设完成，2012 年 9 月在福建地震台网试运行。

《中华人民共和国防震减灾法》明确提出："国家支持全国地震烈度速报系统的建设"，"地震灾害发生后，国务院地震工作主管部门应当通过全国地震烈度速报系统快速判断致灾程度，为指挥抗震救灾工作提供依据。"

《中华人民共和国突发事件应对法》明确了包括突发地震事件在内的国家突发公共事件应对处置全过程的责任和义务，对突发事件的分级管理、预防与应急准备、监测与预警、应急处置与救援、事后恢复与重建等工作进行的具体规定，强调了突发事件预测预警、协同处置、信息快速获取与共享、应急预案体系建设、紧急救援、灾情评估、恢复重建等工作的重要性。

《国民经济和社会发展第十一个五年规划纲要》明确提出："加强城市综合防震减灾和应急管理能力建设"，"加强公共安全建设，增强防灾减灾能力。""加强城市群和大城市地震安全基础工作，加强数字地震台网、震情、灾情信息快速传输系统建设，实施预测、预防、救助综合管理，提高地震综合防御能力。"

《国家防震减灾规划（2006—2020 年）》明确将"建设地震预警技术系统，为重大基础设施和生命线工程地震紧急自动处置提供实时地震信息服务"作为防震减灾工作的一项主要任务。

《国务院关于进一步加强防震减灾工作的意见》（2010 年）明确提出：到2015 年，要"在人口稠密经济发达地区初步建成地震烈度速报网，20 分钟内完成地震烈度速报"；到 2020 年，要"建成较为完善的地震预警系统，地震监测能力、速报能力、预测预警能力显著增强"。

（三）地震灾害要求人们必须有更多的减灾手段

中国大陆是全球地震高发的区域之一，虽然陆地面积仅占全球的 1/14，且在20 世纪却发生了占全球 1/3 的内陆破坏性地震。

1900 年以来，中国大陆地区已经发生 7 级以上地震 80 次；地震造成的死亡66 万人，伤残近百万人，受灾达数亿人次，位居各国之首。进入 21 世纪以来，中国大陆及周边地区进入了地震相对活跃时期，地震数量明显增多，分布范围明显增大，发生频次也明显增高。1976 年唐山 7.8 级地震造成的死亡人数超过 24 万，全城倾毁；2008 年 5 月 12 日的汶川地震，造成了近 7 万人死亡，2 万人失踪。这些惨痛的景象，时刻在提醒人们要重视地震灾害的预防工作，尽量采取有效措施减轻地震损失。

厦门位于长乐—诏安地震带中段，历史上曾经遭受邻区强震和台湾地震带内强震的影响而产生不同程度的破坏（见前文表 1-4）。

影响最大的地震发生在 1604 年 12 月 29 日（明万历三十二年十一月九日）厦门东北约 150 km 的泉州海外 7.5 级地震，震中位于东经 119.5°、北纬

25.0°，对厦门影响烈度达Ⅷ度。1994年9月16日，台湾海峡南部发生7.3级地震，震中位于东经118.7°、北纬22.6°，对厦门影响烈度为Ⅴ～Ⅵ度，厦门普遍有感，建筑物摇晃厉害，个别房屋出现掉瓦、掉沙土、墙体裂纹等现象，经济损失约410万元。

此外，厦门地区还经常受到台湾地震带的强震影响，如1986年11月5日台湾花莲发生7.6级强震，对厦门市影响烈度为Ⅴ度，导致筼笴港区个别楼房墙体开裂，地基不均匀沉降。1999年9月21日台湾南投县发生7.6级强震对厦门影响烈度为Ⅴ～Ⅵ度。

近年来闽西粤东及其近海被中国地震局圈定为中国大陆地区地震重点监视防御区之一。且监测资料表明，近五年来福建省地震活动显著增强，震情复杂，未来福建地区地震活动进一步增强的可能性较大。因此，当前做好厦门市的防震减灾工作比以往显得更加重要，也更加迫切。

面对严重的震情形势，如何有效地减轻破坏性地震所造成的人员伤亡和经济损失，是迫切需要解决的问题。为了实现"最大限度地减轻地震灾害损失"，一切能够在震时减少人员伤亡的手段，都将是人们关注和重点发展的技术途径。在中国目前现实的经济与技术条件下，能够对实现这一目标有益的手段，主要是地震预报、地震预警、建筑物抗震加固以及应急救援（快速有效的应急救援需要烈度速报的支持）等。但是，就现状而言地震预报科学难题难以在短期内取得突破，抗震设防薄弱环节也不可能在短期内实现全面强化。因此，当前积极推进有可能取得显著的减轻地震中人员伤亡和次生灾害效果的地震预警，以及可以为科学高效地应急救援提供技术支撑的地震烈度速报就具有极强的现实意义。

（四）社会需要更高水平的地震公共服务

提供防震减灾公共服务产品是地震部门的职责所在。2008年汶川地震后，社会各界对防震减灾公共服务提出了新的要求，不断呼吁地震部门走出较为封闭的状态，开展震情、灾情、震防等方面的社会服务，可见民众对地震部门的社会服务寄予了很高的期望。如何推进防震减灾公共服务向更宽领域拓展，是防震减灾工作面临的一个重要课题。

一方面，随着厦门市经济快速发展和城市化进程加快，城市轨道、高速公（铁）路、长输管线、城市管网等生命线工程日趋密集、复杂。厦门市位于东南沿海地震带，许多重大基础设施和生命线工程都面临强地震威胁，一旦遭遇强烈地震，不仅危及工程本身的安全，且可能产生极为严重的次生灾害和难以估量的间接经济损失，影响国民经济可持续发展和社会稳定。因此，为了重大工程和基础设施在地震来临时能够实施及时的紧急处置措施和科学的抢险修复，迫切需要地震部门能够提供及时和丰富的地震信息服务。

另一方面，在社会主义和谐社会建设过程中，为了贯彻"以人为本"的执政理念，最根本的是要尊重和保障人民群众的生命权，这是衡量一个执政党执政理念科学与否的重要标准，也是衡量一个国家文明程度的重要标志。党和政府高度重视人民群众的生命安全，始终把抢救人民群众的生命放在至高无上的地位。因此，为了最大限度地减轻地震人员伤亡，迫切需要政府部门采取更丰富的能够有效减轻地震人员伤亡的手段。建立地震预警和烈度速报系统，不仅体现了政府为人民服务的坚定意志，也是广大工程业主和人民群众的迫切心声。

（五）发展防震减灾事业需要新的技术保障

提供防震减灾公共服务是地震部门的职责所在。汶川地震后，面对社会各界对防震减灾公共服务的呼声和需求，建设地震烈度速报与预警系统是拓宽地震部门服务领域，推进防震减灾工作的重要课题。

目前，厦门市的地震遥测台网提供的信息服务较为单一，仅能满足地震发生后，快速提供地震基本参数，不能在数秒内提供地震预警和在数分钟内提供烈度速报信息。面对震后应急管理决策，地震部门未能及时提供全面的灾情，远不能满足新时期防震减灾工作的需求。

目前，地震部门正在努力构建"服务国家安全、服务经济发展、服务社会稳定、服务政府应急管理和服务公众生活"五位一体的防震减灾公共服务体系。完善地震监测网络、建立测震与强震动观测相结合的地震烈度速报与预警系统，是提高地震部门公共服务水平，实现防震减灾事业面向更宽领域、更高水平、更深层次发展的重要技术保障。

地震是不以人的意志为转移的自然现象，但充分发挥主观能动性，采取科学的方法，落实有效的措施，可以大大减轻地震灾害损失。通过汶川地震科学总结与反思，地震部门提出防震减灾工作必须坚持全面预防观，实现从被动救灾到主动减灾观念的创新和转变，实现减灾效益的最大化。地震烈度速报与预警系统建设是中国地震监测台网建设观念由优先服务科学研究向优先服务国家与社会转变的结果，是中国减轻大震巨灾的重要举措。

（六）地震预警和烈度速报是减轻地震灾害的有效手段

1. 烈度速报是灾情判断和应急救援决策的科学依据

在大地震发生后，政府要组织应急救援行动，首要的是要了解灾情严重程度和分布。只有得知灾情，才可能在"黄金72小时救援期"内组织与灾情相适应的救援力量并实施科学高效应急救援，从而达到减轻地震灾害损失特别是人员伤亡的目的。目前，中国地震应急救援决策部门对灾情判断的主要依据是地震参数及估算的地震烈度分布，或现场调查提供的宏观信息。由于估算的烈度分布往往与实际差别很大，且现场调查受人员、交通、通信和观测手段的多种限制，难以全面、及时和准确，因而据此做出的应急救援决策有时会出现失误。如果建有地震烈度速报系统，依托大震近场也不限幅的加速度台站观测数据，在震后10～20 min内即可迅速给出地震影响场的分布，通过应急指挥系统的分析，可以快速把握灾情分布和重灾区位置，为政府应急救援决策和行动实施提供科学依据。

与利用地震参数（震级、震中）判断灾害程度相比，利用密集的强震动台站观测数据进行地震烈度速报，可以更科学地分析大震破裂过程和震源机制，更及时、准确地判断极震区和地震影响范围；相对传统的现场调查也更全面、及时和高效。

在汶川特大地震中，由于没有地震烈度速报系统，只能靠人工现场调查获取灾情。但通信中断和道路阻塞，使得灾情获取十分困难，导致震后头几天整体灾情不明，使得政府部门无法决策调遣多少救援部队、无法调配有限派遣救援部队到最严重的受灾乡镇。

日本由于建设了密集的强震动观测台站和地震烈度观测点，可以在震后2 min发布各地的仪器烈度，政府有关部门根据灾情和分工在很短的时间内即可对应急救援部署完毕。

2. 地震预警是减少人员伤亡的有效途径

地震是由地下岩石破裂产生的，其致灾也是从破裂起始点（震中）逐渐向外扩展的。如果在大地震发生后而地震波尚未到达一个目标地前发出地震预警信息，那么目标地的公众就可以提早采取措施避震逃生，行驶中的列车就可以减速避免出轨翻车，输油（气）管线就可以提早关闭避免漏油（气）引起污染或火灾，核电厂等重大工程就可以提前采取应对措施避免次生灾害，从而达到减少人员伤亡和经济损失的目的。中国学者夏玉胜、杨丽萍对地震预警的减灾效益进行过简单的理论分析研究，结果如表 5-1 所示。

表 5-1　不同预警时间减少人员伤亡的比例

预警时间（s）	避难方式及结果	减少人员伤亡比例
3	室内：坚固体旁；室外：部分人员可避开建筑物	14%
5	楼内：坚固体旁；楼外：部分避开建筑物平房，部分逃掉	22%
10	楼内：一、二层部分可逃；楼外：大部分避开建筑物；平房：大部分逃掉	39%
15	楼内：一、二层部分可逃；楼外：大部分避开建筑物平房：大部分逃掉	53%
20	楼内：一至四层大部分可逃；楼外：大部分避开建筑物平房：大部分逃掉	63%
25	大部分逃掉	71%
30	绝大多数可逃生	78%
35	绝大多数可逃生	83%
40	绝大多数可逃生	86%
45	绝大多数可逃生	90%
50	绝大多数可逃生	92%
55	绝大多数可逃生	94%
60	绝大多数可逃生	95%

　　地震预警依托密集的地震监测台网和实时数据通信技术以及高新计算机技术，根据地震发生地附近地震台站观测到的地震波初期信息，快速估计地震参数并预测地震对周边地区的影响，利用电磁波传播速度远远大于地震波传播波速的规律，抢在破坏性地震波到达震中周边地区之前，发布各地震动强度和到达时间的预警信息，使企业和公众能尽快采取地震应急处置措施，达到减轻地震灾害损失的目的。对于一个特定的预警目标区，从发出预警信息到破坏性地震波到达的时间差通常称为预警时间。地震台网越密集，目的地距离震中越远，预警时间（预警信息发布时间与强烈地震动到达时间间的差值）就越长，减灾效果越明显。日本有关机构研究结果表明：如果预警时间为 2 s，地震死亡人数将能减少 25%；如果预警时间为 5 s，地震死亡人数将能减少 80%。日本的房屋建筑抗震能力普遍较高且国民地震训练有素，地震预警减灾效果良好是可以理解的。

　　假设某一地区的 S 波传播时间为 3.5 km/s、P 波传播时间为 6.06 km/s，数据传输延迟和数据处理时间为 5 s，以三个台站同时触发为地震预警处理启动原则，则在不同台站间距情况下周围城市的理论地震预警时间如表 5-2 所示。

表 5-2　不同台站间距条件下各地地震预警时间

城市编号	震中距（km）	S波到达时间（s）	平均台站间距（km）							
			15	20	25	30	35	40	45	50
城市 1	40	11.4	3.7	2.7	1.8	0.9	0	0	0	0
城市 2	50	14.3	6.5	5.6	4.7	3.8	2.8	1.9	1.0	0.1
城市 3	60	17.1	9.4	8.5	7.5	6.6	5.7	4.8	3.8	2.9
城市 4	70	20.0	12.2	11.3	10.4	9.5	8.5	7.6	6.7	5.8
城市 5	80	22.9	15.1	14.2	13.2	12.3	11.4	10.5	9.6	8.6
城市 6	90	25.7	17.9	17.0	16.1	15.2	14.3	13.3	12.4	11.5
城市 7	100	28.6	20.8	19.9	19.0	18.0	17.1	16.2	15.3	14.4
城市 8	150	42.9	35.1	34.2	33.2	32.3	31.4	30.5	29.6	28.6
城市 9	200	57.1	49.4	48.5	47.5	46.6	45.7	44.8	43.8	42.9

3. 地震预警为重大工程紧急处置提供重要安全信息

一方面，地震预警系统除为公众提供预警服务外，还可为重大工程提供安全保障服务。通过接收地震预警系统发布的警报信息，城市供气和供电系统、核电站、水库大坝、大型变电站及输油输气管线、高速铁路等重大工程可以根据预案自动启动相应的制动、关闭等处置系统，减轻直接地震灾害及次生灾害。另一方面，地震烈度速报也可为重大工程判断破坏地段和估算灾害损失提供依据，提高抢险修复效率，减轻间接灾害损失。

建设地震烈度速报与预警系统为重大工程提供实时地震信息，可增强重大工程应对处置地震突发事件的能力，减轻重大工程地震灾害对经济和社会秩序的破坏和影响，减少与人民群众切身利益相关的地震灾害突出问题，维护社会稳定。这是加快社会事业协调发展的需求，也是落实国家经济社会可持续发展战略的需求。

4. 地震预警和烈度速报系统是提升厦门市防震减灾能力的重要举措

厦门市地震预警和烈度速报系统的建成，将显著增加厦门市地震观测和强震动观测台网的密度，增强厦门市地震监测能力，大大提高地震定位的精度，拓宽测定地震参数的震级范围。丰富的地震观测资料将为研究震源特征、探测地震构造，以及地震预测和地球物理的基础研究提供丰富的观测资料。根据高密度的强震动观测资料得出的地震动衰减规律和强地面运动特征，将为地震区划和工程抗震分析与设计提供重要的科学依据。地震预警和烈度速报还将极大地提高厦门市的地震应急救援体系的整体效益，提高应急救援体系的工作能力。因此，从总体上说厦门市地震预警和烈度速报系统是联系监测预报体系、震害防御体系、应急救援体系的纽带，将防震减灾三大工作体系仅仅地联系在一起，显著提升厦门市防震减灾的基础能力。

二、建设目标

通过厦门市地震烈度速报与预警工程建设，建成覆盖全市 6 个区的地震烈度观测台网，增强地震速报能力和震源机制速报能力，形成全市范围的地震烈度速报能力和地震预警能力，为政府应急决策、公众逃生避险、重大工程地震紧急处置、相关科学研究提供及时丰富的地震服务。

项目总体功能目标图，如图 5-2 所示。具体目标如下：

（1）实现 3.0 级以上地震的自动速报时间在 2 min 以内，能够准确测定 15 km 以下地震的震源深度，使全市的地震监控能力能达到 1.0 级。

（2）实现 4.0 级以上地震的烈度速报时间在 5 min 以内，地震烈度速报网格达到乡镇级。

（3）实现 5.0 级以上地震的 50 km 以外地区的预警，预警时间大于 3 s。

（4）实现 6.0 级以上地震的动态震动图和震源破裂过程的速报，动态震动图的速报时间为 30 min 以内，震源破裂过程的速报时间为 12 h 以内。

具体工程指标如下：

（1）建成平均台站间距为 10 km 的地震烈度速报与预警专业台网，观测点覆盖到全市所有乡镇和重要工程场地。

（2）建成覆盖全市的地震预警和烈度速报实时通信网，形成以 SDH 有线数据传输为主的专业台站到市局中心，市局中心到省局中心的地震数据通信系统。

（3）建成地震数据处理系统，实现地震观测数据的实时汇集以及地震预警和烈度速报信息的快速生成与发布。

（4）建成比较完善的地震烈度速报与预警信息发布系统，实现面向政府部门和重要工程业主的专业服务和面向公众的社会服务。

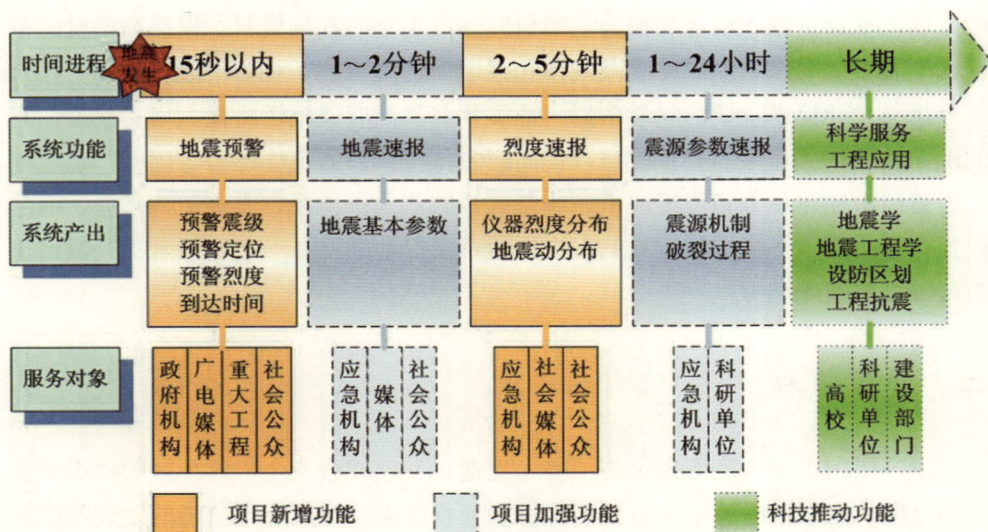

图 5-2　厦门市地震烈度速报与预警工程建设项目功能目标图

三、建设范围

本项目将建设五大系统，分别为台站观测系统、中心硬件系统、通信网络系统、数据处理系统、预警与速报服务系统。

（一）台站观测系统

厦门市地震烈度速报与预警基本站将新建 14 个，与省局在厦已建的 3 个台站组成厦门市地震烈度速报与预警台网，台站分布如图 5-3 所示。

布设的原则：（1）按照行政区域面积平均间距 10 km 布设一个基本站；（2）考虑已建设的强震台。

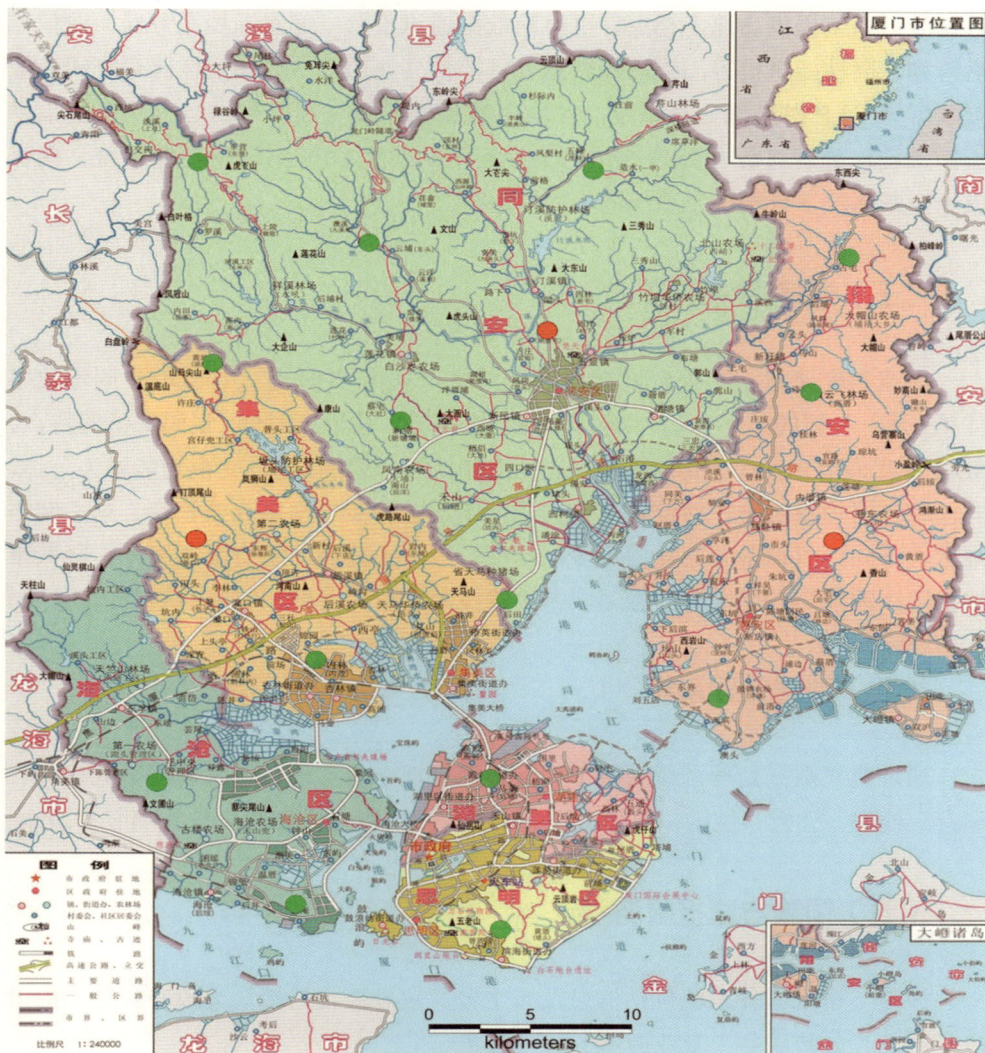

图 5-3 厦门市地震烈度速报与预警台网分布图

（红色为福建省地震局目前已建成，绿色为拟新建）

（二）中心硬件系统建设

为满足地震烈度速报与预警台网数据接收、汇集、存储、处理等的需要，台网中心拟配置核心交换机、中心交换机等数据通讯与组网设备，实现对海量实时波形数据的接收、汇集，实现中心计算机系统之间的海量数据高速交换，为中心数据处理系统提供高速、稳定、可靠的数据通讯平台；配置高档服务器、海量磁盘阵列、高性能微机等，为海量数据处理提供高速运算平台和安全储存空间；配置大屏幕 DLP 拼接墙显示系统，实现地震烈度速报与预警台网运行状态的集中监控，实现处理过程与处理结果的集中展示；配置 UPS 不间断电源系统，确保市电中断情况下台网中心系统的不间断运行。

（三）通信网络系统

地震烈度速报与预警台网数据通信网络拟采用 SDH 方式。SDH（同步数字体系）是一种新的数字传输体制，具有稳定、可靠、传输延时低、误码率低等特点。SDH 主要采用光纤作为传输媒介，是一种将复接、线路传输及交换功能融为一体，并由统一网管系统操作的综合信息传送网络。它可实现网络有效管理、动态网络维护、不同厂商设备间的互通等多项功能，能大大提高网络资源利用率、降低维护费用，因此是当今世界信息领域在传输技术方面的发展和应用的热点。

（四）数据处理系统

通过建立数据处理系统网络平台，数据处理中心实现对台站观测数据接收、储存、处理、分析、显示、预警速报、烈度速报、监控报警和信息共享服务功能。

（五）预警与速报服务系统

预警与速报服务系统包括信息发布平台、信息接收终端。为政府和社会提供决策服务、公共服务、专业服务、科技服务。

四、技术与设备方案

（一）功能与结构

地震烈度速报与预警台网由数据处理中心和 16 个台站组成。地震烈度速报台站采集的地震数据，经 SDH 传输方式，实时传送到数据处理中心进行分析处理。

烈度速报数据处理中心具有数据接收与汇集、实时地震事件检测；通过实时仿真技术实现地震记录的加速度、速度、位移等物理量之间的转换；地震烈度速报、强震动记录的常规处理分析；地震数据管理系统和监控、服务等功能。中强以上地震发生后，能在 5 min 内基本确定全市地震烈度分布，为破坏性地震的震害快速评估及政府应急救援提供依据。地震烈度速报与预警台网的总体结构及网络的示意图如图 5-4 所示。

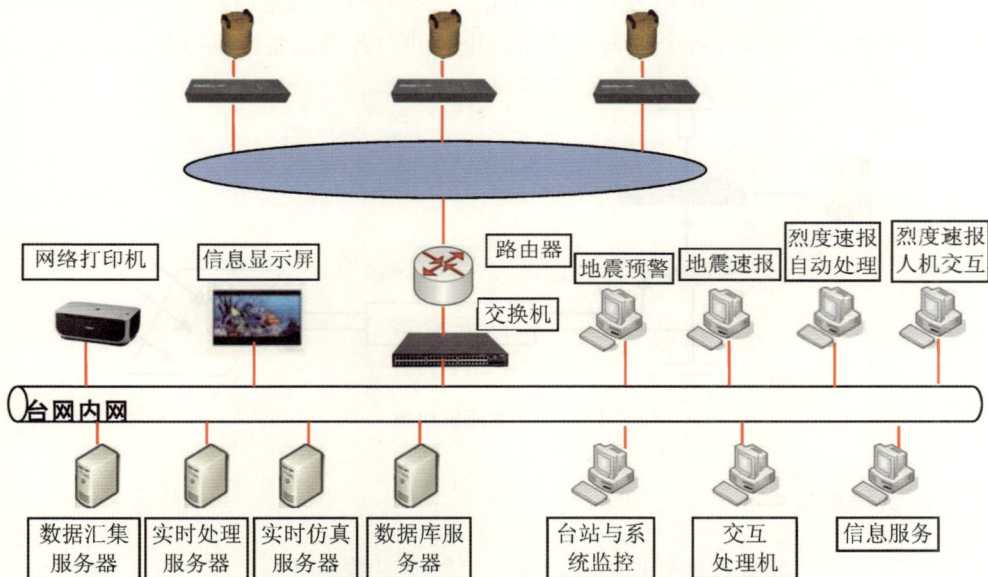

图 5-4　地震烈度速报与预警台网总体结构及网络示意图

（二）台网的构成与主要设备

1. 地震台站构成

地震烈度速报与预警台网由 17 个无人值守地震烈度速报台站组成（新建台站 14 个），全部为基岩地表台站。地震烈度速报台站由数据采集器、GPS 授时系统、数据传输设备、供电系统、避雷设备、防护罩及其他必要的设备配置组成。为能够较好地进行加速度仿真，同时也为了能实现地震速报功能，17 个台站全部采用 120 秒宽带地震计和 24 位数据采集器（6 通道），同时配备力平衡式加速度计，采用动态范围 ±2 g 加速度计。

2.数据传输

地震烈度速报与预警台网的数据传输将采用 SDH 传输方式。将地震台站信息直接传至厦门市地震烈度速报与预警数据处理中心。

3.地震台站的供电与避雷

台站将采用太阳能供电方式。太阳能光电板转换直流电后，经直流避雷器进入电源控制器，由电源控制器向电池组充电，并向各类设备提供电源（图 5-5）。

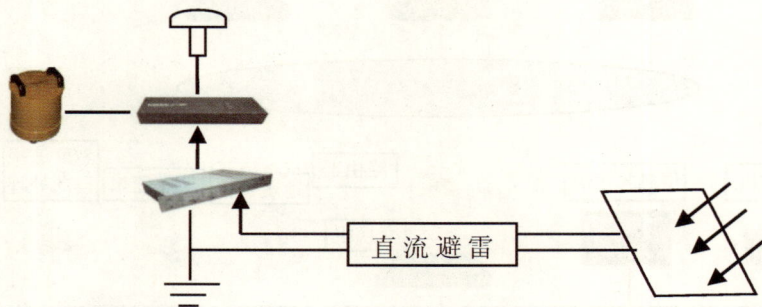

图 5-5　太阳能供电

4.数据处理中心

烈度速报与预警数据处理中心由地震台网实时数据接收汇集系统、地震实时处理系统（地震事件检测、预警处理、加速度仿真、烈度速报等功能）、数据库服务系统、监控系统等以及信息发布服务系统等部分组成。

中心设备配置主要包括：数据接收与通信设备、服务器、磁盘阵列、计算机网络设备、PC 机、显示系统、机房辅助设备等。为方便值班人员监控和了解台站仪器工作及其数据传输状况，向公众展示当前系统的工作状态和各类数据处理结果，利用地震台网中心的一面墙作为显示墙，显示系统有 4 块 40 寸液晶显示器和 1 块 84 寸等离子显示屏组成（图 5-6）。仪器适配器与流服务器模块在台网中心部署情况见图 5-7。

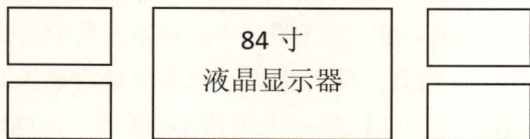

图 5-6　显示墙示意图

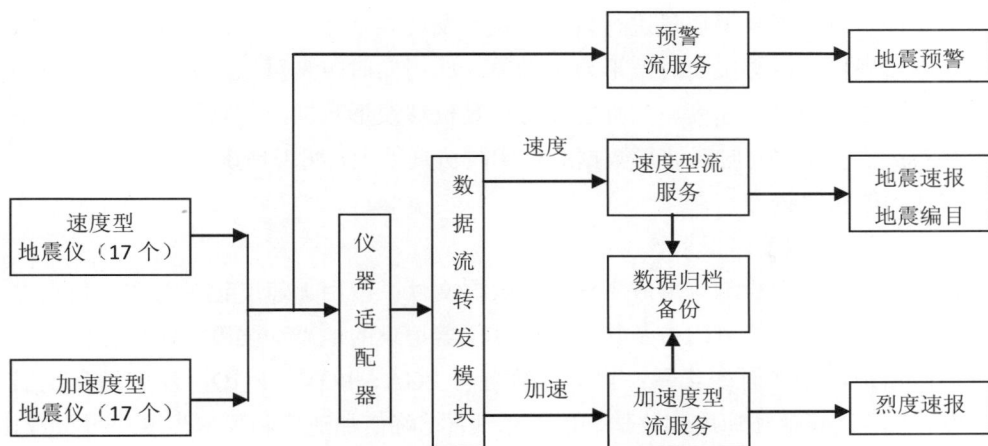

图 5-7　仪器适配器与流服务器部署情况

（1）通过控制台集中控制计算机终端信息在屏幕上的显示，满足地震烈度速报与预警台网等系统的实时记录资料、各自的处理结果以及台站和系统运行情况的展示和监控；

（2）DVI 控制矩阵（16×16 切换矩阵）输出 17 路不同信号显示可在不同显示屏上，对每一路信号都可以进行任意调用，使其可切换到任一显示屏上。

5. 数据处理系统

地震烈度速报与预警台网软件实现仪器适配器与实时波形流服务器、台网运行状况监视、波形接收实时仿真、仪器烈度估算、人机交互分析处理、烈度速报台网信息发布与对外服务、地震预警、地震速报等功能。地震烈度速报与预警台网软件运行环境为 Windows 或 Linux，软件开发采用 Java 语言开发。

（1）实时数据接收与汇集系统

提供仪器适配器功能，为烈度速报台站实时波形数据传输构建一个标准的支撑，为波形汇集与设备监控服务提供透明的标准化访问；汇集各个台站波形数据，为业务应用提供波形数据准实时服务；提供接收测震台网专用软件 JOPENS 流服务器实时波形数据的功能，可以汇集台网实时波形数据用于地震烈度速报、地震预警和地震速报；提供波形流服务器之间的互联功能；自动存储实时波形数据，形成归档实时波形数据文件。

（2）台网运行情况与实时仿真

实时监视各个台站运行状况，提供波形断记告警功能，自动形成运行率统计日志文件；对波形数据质量进行自动监视，发现异常及时告警；提供台站运行状况集中监视界面，提供实时波形显示功能。应用实时仿真算法，为仪器烈度自动处理模块提供仿真加速度、仿真速度与仿真位移波形数据，仿真波形时间延时小于 0.5 s；软件能够同时对波形数据进行实时仿真处理，实现地震预警、烈度速报、地震速报的实时处理。

（3）地震烈度速报系统

地震事件自动检测，形成事件波形数据文件；应用加速度记录与实时仿真加速度记录，自动计算厦门市及其周边地区仪器记录的地震动强度实时变化情况，自动产出地震动实时变化图；自动计算各台 PGA、PGV、PGD、反应谱和仪器烈度，并绘制峰值加速度和仪器烈度等值线图、峰值加速度和仪器烈度速报报告。

（4）地震预警处理系统

地震预警处理系统对台网波形数据进行实时处理，在震后数秒内快速产出震源位置、预警震级、预测烈度及预警时间分布。

（5）地震参数速报系统

地震参数速报系统主要用于完成地震自动速报、地震基本参数人机交互修整、震源参数快速速报、震源机制与震源破裂过程快速产出等工作。

（6）人机交互分析处理

对加速度地震波形进行基线校正、频率响应校正；计算校正后的加速度、速度、位移时程、傅里叶振幅谱、反应谱；提供图形显示功能，显示内容包括：未校正加速度时程曲线、校正加速度、速度、位移时程曲线、傅里叶振幅谱、三联反应谱等。

（7）烈度速报信息分布与服务

地震烈度速报系统以手机短信、传真、网络等方式向有关部门发布烈度速报结果；将峰值加速度和仪器烈度等值线图发布至 web 网页，为公众提供地震烈度速报服务。

（8）数据产品加工系统

数据产品加工系统主要用于对连续波形数据、事件波形数据进行进一步的加工处理，产出地震目录与观测报告、震源特征参数目录、事件波形反应谱等数据产品。

第三节　厦门市地震应急救援演练模式

目前，在地震应急救援演练方面，厦门市地震局注意到，一般是做好演练场景、演练程序和演练科目等各种准备，救援队伍逐一入场展示专业的应急救援技术技巧、仪器装备以及模拟再现应急救援的现场（或以比武的形式开展），让观众看到应急救援队娴熟的技能、吃苦耐劳的精神和特别能战斗的精神风貌，以演练的方式展现和提高应急救援能力，宣传抗震救灾精神。这种演练方式是普遍采用的，也是很有必要的。然而，地震应急救援演练是也应该是由地震部门组织，这种演练方式有以下几个问题需要地震部门进一步探讨，一是与地震的突发性如何适应，或者说演练缺乏"实战性"。二是破坏性地震发生后，地震部门随即有许多应急的职责和重要工作，在应急救援的不同阶段还有相应的工作，这些职责和重要工作如何在应急救援中更加体现出重要性，他们在日夜坚守着各自的阵地，每一项工作都是应急救援中不可缺少的，并逐步得到民众的理解和大力支持。因此，这就要从地震部门自己组织实施的应急救援演练中体现出来，并形成规范。三是大规模的现场应急救援演练需要一定的经费支持、人员保障，并投入大量的组织实施精力，如何探索出既接近实战，又节约的演练方式与之相互补充，需要进一步创新。

地震应急救援演练是提高地震应急救援能力的有效途径之一。厦门市地震局针对破坏性地震发生后应急救援工作性质和重点工作，分析总结了市县地震局的十项工作职责和相关要求，同时，对地震应急救援平震结合进行了探索和实践。在地震应急救援平震结合方面，总的思路是，平时的模拟演练和训练与震后实际应急救援相融合，现场应急救援演练与桌面演练和应急联动（贴近实战）演练相结合，提出厦门市地震应急救援 521 演练模式，即应急救援联动演练（贴近实战）＋桌面演练＋现场应急救援演练次数按 5：2：1 比例开展，并在厦门市有感地震发生后得到实战检验。

现场应急救援演练和桌面演练是广泛采用、比较熟悉的演练方式，在此，重点介绍厦门市地震局提出的地震应急救援联动演练方式。其思想基于破坏性地震发生后，厦门市地震局应为抗震救灾指挥部指挥长提供震情、灾情、应急救援队伍及能力等基本数据信息。同时，要为指挥长搭建应急救援指挥平台，如何将上述职责和应急救援工作有机融合起来，真正实现应急救援中的科学、高效、有序，而在平时又能开展模拟演练，做到平震结合，地震应急救援联动演练方式可较好地给予解决。

厦门市地震应急联动演练（贴近实战演练）的具体做法和步骤是：第一步，研制并建立厦门市基础数据库图，内容包括城市生命线工程分布、人口及其分布、危险化工厂、核设施、道路、以及地震应急救援联动单位的分布及其救援能力等，如图 5-8 所示；第二步，显示地震破坏烈度及其等值线图，即在厦门市基础数据库图上覆盖地震烈度等值线图层，进而为分析灾情提供地震数据支撑；第三步，建立厦门市地震局与地震应急救援联动单位的地震应急通讯系统，即厦门市地震局一部总机，联动单位各一部分机，并置于总值班室，全天保持卫星电话的畅通；第四步，显示地震灾情，即在覆盖了地震烈度等值线图层的厦门市基础数据库图上，通过各种渠道获取的灾情，以特征小图标及其简要描述灾情的文本框形式显示在图上。

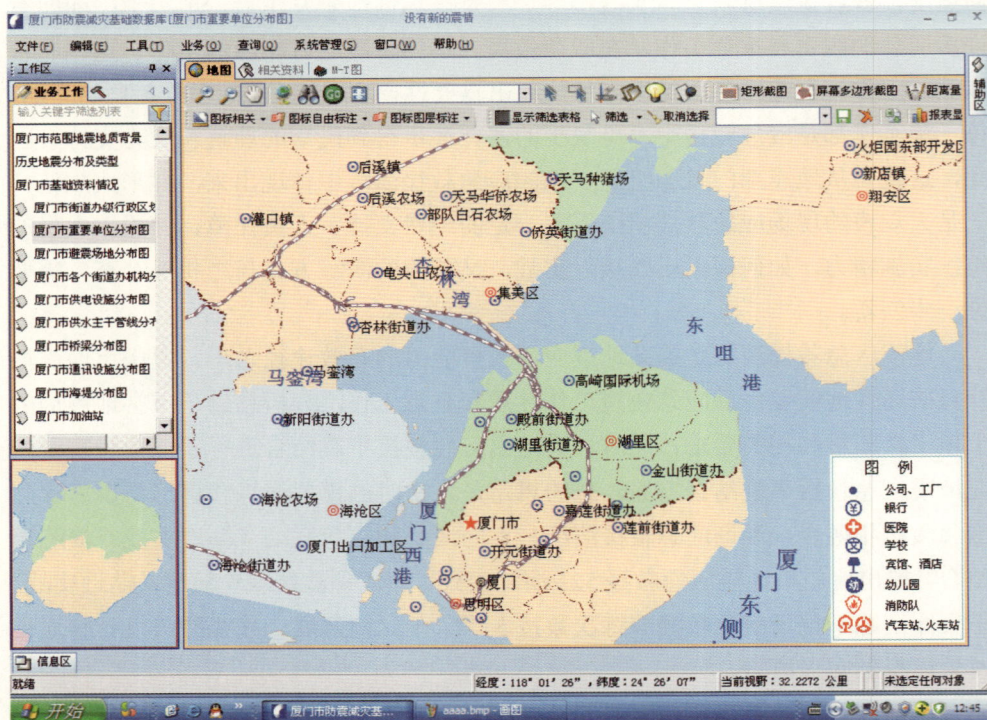

图 5-8　危险化工厂等位置图

地震应急救援联动演练（贴近实战演练）是在上述系统基础上，可预先在基础数据库图上设置几个火灾点、道路堵塞点、民众受困点等，并作相应地灾情描述。接着，在无任何征兆或事先通知的情况下，例如凌晨两点，由厦门市地震局紧急启动地震应急救援联动演练，一部设在厦门市地震局的总机，发出一条地震应急救援联动演练的指令，全市所有地震应急救援联动单位同时接收到，并在短时间内报告："×××地震应急联动单位接到市地震局应急联动演练指示，我单位现有×××队员、×××车辆、×××仪器设备等，一小时后可集结待命加入地震应急救援（演练），请指示！"随即，应急救援联动单位的基本信息显示在指挥平台大屏幕展示的基础数据库图上，此时，抗震救灾指挥部指挥长在清楚地了解到震情、灾情、应急救援能力及其所在位置后，指挥长将准确而从容地下达命令，"×××地震应急联动单位，命令你们立即派出×辆工程车，×名工程救援人员，前去×××路，清除路障，疏通道路！"这道命令内含了调动距离灾害点最近的应急救援队、灾情的性质和大小、需要的救援力量等信息。为检验应急救援联动演练的效果，可在预设的"灾害点"提前安排观察员，检查是否达到指挥长命令要求，记录到达时间，讲评应急反应能力。如果都能做到最佳，不仅表明演练成功，而且可不断提高地震应急救援的整体能力。需要注意的是，地震应急救援联动的演练不同于地震现场救援演练，它强化搜救针对性、指挥畅通、搜救队伍反应迅速，演练社会影响面小，符合地震突发性特点。至于应急救援队到达指定"灾害点"后如何施救，救援能力如何，那是救援队的本职工作或者说那是另外一个问题。在实际的抗震救灾时，指挥长可通过大屏幕显示系统，清楚地了解震情、灾情、全市应急救援队伍的位置及其救援能力（人员、仪器装备、车辆、医疗救护等），再通过卫星电话，依据灾害程度，调动最近的专业救援力量前往指定灾害点紧急救援，并及时报告救援进展情况。

第四节　厦门市地震应急避难场所

近年来，随着城市的快速发展，如何保护现代城市免遭灾害或将灾害带来的危害降到最低程度，已成为城市发展的紧迫任务。从汶川大地震后受灾群众紧急疏散转移的情况来看，在大城市组织数百万居民紧急疏散到几十公里外的乡镇，存在着很多难以克服的困难。

此外，在汶川、玉树地震之后，社会民众对自身的地震安全问题更加关注，因此，在市区、城市周边和近郊建设一批地震应急避难场所成了当前新形势下防震减灾工作中一项刻不容缓的内容。

厦门是改革开放初期确定的经济特区之一，城市化程度发达，人口相对集中，地处中国东南沿海地震带，与俯冲带地震地质条件不同，它处于板块内部，区内发育长诏和滨海北东向深大断裂带以及九龙江下游北西向活动断裂，具有发生破坏性地震的地质构造背景。

历史上厦门市受到多次周边强震的破坏影响，而且距离台湾强震高发区较近，一旦发生破坏性地震等重大自然灾害，将造成极大破坏，需要疏散大量的群众。因此，规划建设地震应急避难场所，既是国家和福建省政府的要求，也是厦门市客观现实的需要。

一、任务目标

地震应急避难场所是为了应对地震突发事件，经规划、建设，具有应急避难生活服务设施，可供居民紧急疏散、临时生活的安全场所。

根据《福建省人民政府关于自然灾害避灾点建设的实施意见》（闽政〔2010〕29号）和《福建省地震局关于印发〈全省地震应急避难场所建设方案〉的函》（闽震函〔2010〕287号）相关文件精神及要求，厦门在全市选址并挂牌42处地震应急避难场所，其中Ⅰ类标准的地震应急避难场所一处，各区至少建设一处场址有效面积不小于2000 m²的地震应急避难场所（参照Ⅲ类或高于Ⅲ类标准建设）。该项目同时被列入2011年"五大战役"福建省民生工程战役项目和厦门市社会事业民生工程战役项目。

二、建设要求

（一）选址要求

按照国家制定的《城市规划法》、《地震应急避难场所场址及配套设施》（GB21734—2008）等法律法规，按照"全面覆盖、安全便捷、整合资源、强化功能"的原则，结合厦门城市发展格局和公园、绿地、广场、学校操场分布的实际情况，厦门市在建设地震应急避难场所的选址过程中，制定了以下要求：

1. 要充分考虑城市已有或拟建的场址，重点选择公园、绿地、休闲广场、学校操场、体育场（馆）等区域。

2. 应选择地势较为平坦空旷且地势略高，易于排水，适宜搭建帐篷的地形。

3. 远离高层建筑物、高耸建筑物的垮塌范围。

4. 避开地震活动断裂带，避让洪涝、山体滑坡、泥石流等自然灾害易发地区。

5. 远离有毒气体储放地、易燃易爆物品存放处、危险化学品仓库及高压输变电线路走廊等对人身安全可能产生影响的区域。

6. 应有两条以上不同的、与地震应急避难场所相连接的疏散通道，其宽度、坡度及转弯半径应达到城市道路次干道的要求，以居住区、学校、大型公共建筑等人口相当密集区域，半个小时内步行到达为宜，保障避灾群众可快速、无阻到达避难场所。

（二）功能设置

结合厦门市实际情况，根据《地震应急避难场所场址及配套设施》（GB21734—2008）国家标准，充分利用现有场地条件，综合考虑临时性和永久性的需要，以满足地震应急避难场所基本运行功能为原则，合理进行功能设置。

1. III类基本设施配置：应急棚宿区、应急医疗救助站、应急供水装置、应急供电系统、应急简易厕所、应急垃圾储运设施、应急通道、应急标志。

2. II类一般设施在III类设施配置基础上增加：应急物资储备室、应急消防设施、应急指挥管理中心。

3. I类综合设施在II、III类设施配置基础上增加：应急停车场、应急停机坪、应急洗浴设施、应急通风设施、应急功能介绍设施等。

三、厦门市地震应急避难场所建设的具体做法

（一）前期准备

1. 规划选址科学合理。根据厦门市人口分布及地震应急避难场所建设要求，2011年3月初，厦门市地震局会同市政园林局等有关部门在全市范围内规划选定了42处地震应急避难场所，其中：思明区13处，湖里区8处，集美区6处，海沧区、同安区、翔安区各5处。规划选址达到全面覆盖、安全便捷、整合资源、强化功能的要求，并结合厦门市地震局研发的《厦门市地震应急避难场所指南系统》，可在电子地图上显示各个避难场所所在位置、居民区范围及疏散路线等信息。

2. 功能设计规范齐全。根据福建省政府的相关要求，为统一规格标准，厦门市地震局与设计公司对厦门市拟建的 42 处避难场所进行考察踏勘，并确定厦门市会展中心广场为Ⅰ类避难场所，海湾公园为Ⅲ类避难场所模板进行建设图纸规范样板设计。2011 年 4 月初，完成设计平面图、应急给排水系统图、应急配电系统图和应急避难标识图等一整套建设设计图纸。

（二）任务分解

2011 年 4 月，厦门市政府召开市地震应急避难场所工作协调会，通过了厦门市地震局提交的《厦门市地震应急避难场所建设实施方案》，明确由全市 42 处地震应急避难场所所在场地的业主单位负责地震应急避难场所的建设以及建成后的日常维护和管理；由市地震局负责建设的技术指导、检查和验收，验收通过后统一设立标识牌。

（三）建设试点

由于大部分业主包括设计公司对地震应急避难场所没有具体形象的概念，分配任务后不知从何下手。针对这种具有普遍性的问题，厦门市地震局决定，以厦门大学地震应急避难场所为试点，先行建设，建设完成后作为示范点，在现场召集其余 41 处地震应急避难场所的业主前来参观，并进行讲解。

2011 年 11 月 1 日，市政府在厦门大学召开地震应急避难场所建设现场会，以厦大为示范点，全市各区 42 处避难场所业主单位全部参加了会议，在现场参观各功能区建设情况并进行演示，会上同时部署各避难场所建设的任务，发放设计图纸。

通过建设厦大示范点和召开现场会，各建设单位都对地震应急避难场所的定义、功能、意义有了更加具体、直观的感受，对推进全市地震应急避难场所的建设质量和建成后的日常维护管理，都起了极其重要的作用。

（四）建设过程

1. 政府召开专题会议，高度重视建设工作

一是市政府地震应急避难场所建设工作协调会，由市财政局、建设局、规划

局等有关部门和各业主单位负责人参加，会议由市政府副秘书长主持。会议同意市地震局提交的地震应急避难场所建设方案，并明确要求各单位抓紧做好避难场所建设各项准备工作。

二是市政府召开常务会议，会上刘可清市长要求要按省政府、省地震局的文件精神认真抓好落实，并明确了市地震局前期规划设计的工作经费。

三是省地震局黄向荣副局长受省政府委托对我市地震应急避难场所建设情况及时进行了现场检查，并提出了指导和建设性意见，极大地促进了避难场所的建设。

四是以建成的厦门大学地震应急避难场所为示范点，召开全市避难场所建设现场会，市教育局、市政园林局、市财政局等有关部门和 42 处避难场所业主单位负责人参加。会上厦门大学介绍了建设经验，与会领导参观了避难场所各功能区和标识，分发了其余 41 处避难场所统一设计的建设图纸并提出了建设要求。

2. 深刻领会文件精神，及时成立领导小组

省政府、省地震局关于建设地震应急避难场所文件下达后，市地震局立即召开专题会议，对省政府建设地震应急避难场所的总体要求、基本原则、目标任务、建设标准、步骤和保障措施等各项内容进行了分析研究，深刻认识到建设地震应急避难场所是市委、市政府坚持以人为本、为民办实事的具体体现。

认真做好地震应急避难场所建设，可以提高我市应对地震灾害的防御能力，对于我市社会稳定、经济可持续发展以及保证厦门作为海峡西岸经济区重要中心城市的稳定发展有着十分重要的现实意义。

为确实做好此项工作，市地震局召开了专题会议，研究部署地震应急避难场所建设工作，并成立了地震应急避难场所建设领导小组。

3. 建设方案科学合理，实施措施得当有力

领导小组拟定了建设方案，方案主要包括目标任务、选址原则、功能设置、实施主体、经费渠道、标志设置、日常维护管理和年度计划安排等内容，方案力求详细合理、符合实际。

按照方案要求和全市人口分布情况，规划选定了 42 个地震应急避难场所，按属地管理划分，其中思明区 13 个，湖里区 8 个，集美区 6 个，海沧、同安、翔安各 5 个。

为统一建设规格和标准，市地震局与设计公司对 42 个避难场所进行实际考

察，选择两处避难场所为示范点进行样板设计。

4. 各级部门协同努力，施工单位保质保量

各区政府的高度重视，分管副区长及时组织召开了区财政局、区审核中心及业主单位参加的协调会。会上明确请市地震局指导，设计公司提供设计图纸，业主单位为建设主体，明确经费渠道和完成时间等。各级部门协同努力，施工单位保质保量是完成建设任务的保证。

5. 技术指导到位，现场协调细致周全

从图纸的设计到建设施工过程中，厦门市地震局一直跟踪监督各项工作，先是与设计公司现场考察各个避难场所场址，解释说明地震应急避难场所各功能区的理念和要求。在设计图纸出来后，地震局多次审稿，组织到现场核对并与业主单位协调沟通，在维持原有景观方面充分尊重业主单位的意见，最终形成合理的设计方案。在施工过程中，各业主单位对标志牌的规格设置，打井的位置和出水量、发电机的保护等诸多问题多次向厦门市地震局咨询，地震局技术人员均亲临现场指导、耐心解释，确保建设施工顺利进行。

遇到需要厦门市相关部门审批而业主单位无法解决的问题，地震局多次发函，积极与相关部门沟通协调，尽量争取各项审批工作能在最短的时间完成，保证不耽误施工的进行。

6. 检查验收量化标准，功能要素缺一不可

施工完成后，我局邀请中国地震局王志秋处长，福建省地震局黄向荣副局长、危福泉处长，厦门地震勘测研究中心王志鹏主任等领导专家组成了厦门市地震应急避难场所验收领导小组，制定了地震应急避难场所验收方案。验收方案包括验收领导小组成员、验收标准、组织程序及内容和量化考核评分表（表5-3，表5-4）。量化考核评分表对避难场所各个功能区及各项指标进行量化评分，直观判断各个避难场所建设工程质量及功能要素是否齐全。

2011年12月18日，验收领导小组对厦门市地震应急避难场所进行了验收检查，经过检查，全市42处地震应急避难场所均按照国家标准建设，各功能要素完备，符合验收标准，验收领导小组授牌验收通过，同时发放《厦门市地震应急避难场所应急预案》、《厦门市地震应急避难场所管理规定》，并要求尽快组织相关工作人员进行学习（表5-5，图5-9至图5-14）。

表 5-3　厦门市地震应急避难场所（Ⅲ类）工程质量竣工验收评分表

厦门市地震局（盖章）

工程名称		类别	Ⅲ类	面积		可容纳人数	
业主单位		负责人		开工日期		竣工日期	
序号	项目	分值（100分）		评分标准			得分
1	篷宿区	9		具备			
		1		≥ 2000 m²			
2	应急医疗救护	10		具备（小药箱一个，部分常用药品）			
3	应急供水	7		自备水井或供水协议			
		7		铺设管网或储备软水管			
		1		水龙头数量≧可容纳人数/100			
4	应急供电	6		自备发电机			
		3		铺设管网或储备电缆线			
		6		安装配电箱			
5	应急厕所	8		具备			
		2		蹲位≥可容纳人数/300			
6	应急排污系统	5		具备			
7	应急垃圾储运	5		具备			
8	应急通道	5		具备			
9	应急标志	8		部分挂牌			
		2		全部挂牌			
10	应急指挥中心	5		具备			
11	应急物资储备	5		具备			
12	图纸资料	5		图纸资料齐全			
综合验收结论							
验收人员签字							

备注：综合得分 80～100 分为优秀，60～80 分为合格，60 分以下为不合格。

表 5-4 厦门市地震应急避难场所（Ⅰ类）工程质量竣工验收评分表

厦门市地震局（盖章）

工程名称	会展中心	类别	Ⅰ类	面积		可容纳人数	
业主单位		负责人		开工日期		竣工日期	
序号	项目	分值（100分）		评分标准		得分	
1	篷宿区	9		具备			
		1		≥2000 m²			
2	应急医疗救护	5		具备（小药箱一个，部分常用药品）			
3	应急供水	7		自备水井或供水协议			
		3		铺设管网或储备软水管且水龙头数量≥可容纳人数/100			
4	应急供电	6		自备发电机			
		4		铺设管网或储备电缆线安装配电箱			
5	应急厕所	5		具备且蹲位≥可容纳人数/300			
6	应急排污系统	4		具备			
7	应急垃圾储运	4		具备			
8	应急通道	5		具备			
9	应急标志	4		挂牌			
10	应急指挥中心	5		具备且安装监控、广播			
11	应急物资储备	5		具备			
12	应急消防设施	4		具备			
13	应急停车场	5		具备			
14	应急停机坪	5		具备			
15	应急洗浴设施	5		具备			
16	应急通风设施	5		具备			
17	功能介绍设施	5		具备			
18	图纸资料	4		图纸资料齐全			
综合验收结论							
验收人员签字							

备注：综合得分 80～100 分为优秀，60～80 分为合格，60 分以下为不合格。

表5-5　厦门市地震应急避难场所

序号	行政区	名称	类型	占地面积（万平方米）	棚宿区面积（平方米）	规划救助人数（人）
1	思明区（13个）	厦门人民会堂	Ⅲ类	8	9000	6000
2		厦门大学	Ⅲ类	167	3000	2000
3		文化艺术中心	Ⅲ类	21	13000	8000
4		鼓浪屿体育场	Ⅲ类	2	5400	3500
5		厦门二中	Ⅲ类	2	5400	2500
6		海湾公园	Ⅲ类	20.01	15000	7000
7		中山公园	Ⅲ类	11.6	7600	5000
8		莲花公园	Ⅲ类	2.2	8300	5500
9		南湖公园	Ⅲ类	16.1	13000	6000
10		会展中心	Ⅰ类	20	160000	100000
11		松柏公园	Ⅲ类	10	7500	3900
12		嘉禾公园	Ⅲ类	0.9	8000	3000
13		白鹭洲公园	Ⅲ类	20	28000	6000
14	湖里区（8个）	江头公园	Ⅲ类	10	3400	2000
15		禾山中学	Ⅲ类	2	7510	5000
16		湖里区政府	Ⅲ类	5	19000	12000
17		湖里公园	Ⅲ类	11	16000	10000
18		火炬公园	Ⅲ类	3	5700	3000
19		五缘湾湿地公园	Ⅲ类	85	17100	11400
20		翔鹭小学	Ⅲ类	1	7500	5000
21		厦门机场	Ⅲ类	4	8310	4000
22	集美区（6个）	日东公园	Ⅲ类	11.66	14460	9640
23		敬贤公园	Ⅲ类	2	13110	8600
24		集美大学	Ⅲ类	133	8000	5300
25		嘉庚公园	Ⅲ类	3	5900	3000
26		集美市民广场	Ⅲ类	4	15000	10000
27		嘉庚体育馆	Ⅲ类	5	4500	3000
28	海沧区（5个）	海沧实验中学	Ⅲ类	1.2	9000	6000
29		海沧文化中心	Ⅲ类	10	22850	15000
30		海沧区政府	Ⅲ类	5	18000	12000
31		北京师范大学海沧附属学校	Ⅲ类	1.5	12000	7000
32		东孚中学	Ⅲ类	2.5	16700	10000

续表

序号	行政区	名称	类型	占地面积（万平方米）	棚宿区面积（平方米）	规划救助人数（人）
33	同安区（5个）	同安区政府	Ⅲ类	2	7260	4500
34		东溪公园	Ⅲ类	0.5	10500	7000
35		苏颂公园	Ⅲ类	5	20000	13000
36		第二外国语学校	Ⅲ类	4	16000	10000
37		启悟中学	Ⅲ类	4	12000	8000
38	翔安区（5个）	劳动公园	Ⅲ类	1	4750	3000
39		翔安区体育场	Ⅲ类	5	13220	5000
40		翔安一中	Ⅲ类	2	7600	5000
41		大嶝中心小学	Ⅲ类	1.5	5270	3500
42		诗坂中学	Ⅲ类	2	6670	4000

厦门市地震应急避难场所示意图

图5-9　厦门市地震应急避难场所示意图

图 5-10　应急移动发电站

图 5-11　应急水井

5-12　应急电闸

图 5-13　应急厕所

图 5-14　中国地震局应急救援司和福建省地震局领导向启悟中学校长颁发管理规定

7. 图纸资料完整齐全，文档数据总结上报

竣工验收后，市地震局要求各业主提供所有完整的档案资料，共 11 项：

（1）关于我市地震应急避难场所建设问题的会议纪要

（2）厦门市地震应急避难场所建设方案

（3）厦门市地震应急避难场所验收方案

（4）厦门市地震应急避难场所应急预案

（5）厦门市地震应急避难场所管理规定

（6）避难场所功能示意图

（7）发电机组（品牌、型号、功率等）及电线电缆清单

（8）水井（井深、孔径、日出水量、套管和滤管等）或供水协议

（9）避难场所工程概算

（10）避难场所物资储备清单

（11）避难场所指挥部组织架构

资料收集整理完备后装订成册，由厦门市地震局和业主单位分别存档，以备今后维护管理和使用。

四、落实维护管理制度，加强群众宣传演练

在已建成的 42 处地震应急避难场所基础上，我们重点开展了以下四方面的工作：一是日常维护与管理；二是编制《厦门市地震应急避难场所指南》；三是研制厦门市地震应急避难场所动漫游戏；四是组织避难场所周边民众开展地震应急疏散演练等。

（一）制定日常维护管理措施，形成长效机制

为了确保地震应急避难场所在地震应急时能够正常使用，厦门市地震局制定了《厦门市地震应急避难场所管理规定》，从设施、设备的配置和业主单位对避难场所的日常维护管理，以及在破坏性地震等灾害发生后为受灾群众提供医疗、物资、食宿等救助服务都做出了明确的规定，并建立问责和奖惩制度，从制度和管理上保证了地震应急避难场所的正常运行。

按照《厦门市地震应急避难场所地震应急预案》要求，各业主单位在破坏性地震等灾害发生后，应及时启动《地震应急避难场所地震应急预案》，地震应急

避难场所无条件开放，积极为受灾群众提供医疗、物资、食宿等救助服务。

（二）建设地震应急避难场所指南系统

厦门市地震局自2009年起就积极开发建设厦门市地震应急避难场所指南系统，2011年底完成研发并投入使用。该系统在电子地图上标注出全市42处地震应急避难场所，显示相应的名称、编号与位置，标注出各个社区及居民区到达附近地震应急避难场所的最优路线，并用三色图区分出各个不同的避难场所区域；可查询任一地震应急避难场所（广场、草地、公园等）的面积与性质，各应急避难场所能容纳的人数、各社区的大概人口数、周边设施（医疗服务机构、商场、超市等）所在位置；地震应急避难场所可获得的救助服务等信息，并提供应急救援志愿者的信息（包括最近商场、超市、供水、供电的联系人、电话等），与前期建成的厦门市防震减灾应急指挥系统基础数据库一起，为市政府开展地震应急救援时提供辅助决策的依据。

（三）抓好宣传演练，提高知晓程度

加大对市民的应急避险宣传教育，是提高市民防震减灾意识和增强自救互救能力的重要手段。各级政府应结合每年"5.12"国家防灾减灾日，借助各种宣传载体积极宣传防震减灾知识，并开展地震应急疏散演练，以提高广大市民应对地震突发事件的能力。

厦门市地震局专门把各地震应急避难场所的分布、范围等信息和地震科普知识、急救知识等内容进行整合，编印了《厦门市地震应急避难场所指南》（图5-11），向群众免费发放，使群众熟悉疏散路线、功能区位置以及地震应急时可以获得的救助等，使地震应急避难场的功能作用得到最大限度的发挥。

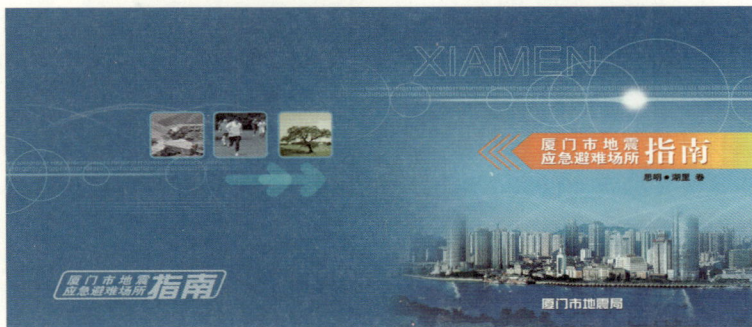

图5-11 《厦门市地震应急避难场所指南》手册

（四）有序、合理地逐步增设地震应急避难场所

灾难的预防必须坚持"预防为主，防御与救助相结合"的原则。在技术有保障、建设有支持、维护有秩序的情况下，从降低灾害风险、减少人员伤亡的角度，城市地震应急避难场所的数量是多多益善的。随着经济社会的发展，厦门市地震局也将逐步在人口分布特别密集的区域，增加设置周边的广场、体育场、公园、绿地等开阔场地为避难场所。

第五节　厦门市地震应急救援指挥部现场指挥所

中国是世界上地震灾害最为严重的国家之一，随着中国经济和人口密集度的提高，地震可能造成更加严重的灾害的潜在威胁不容忽视。大地震突袭城市，往往会使房屋建筑和工程设施严重破坏和倒塌，城镇基础设施、生命线工程大量毁坏或功能失效，造成社会混乱，使火灾、爆炸、溢毒、滑坡、泥石流、海啸等次生灾害频频发生，导致大量人员伤亡和巨大的经济损失。如何最大限度地减轻地震灾害，2008 年"5. 12"四川汶川 8.0 级特大地震和 2010 年"4. 14"青海玉树 7.1 级大地震的震后应急救援给人们以极大启示，面积性快速准确的地震现场调查可及时了解灾情；高效的地震现场应急指挥系统可大大提高政府对破坏性地震的应急反应能力，实现震区政府的靠前指挥、现场指挥的要求，通过地震现场应急指挥所可面对面地有序组织来自各方的救援力量，在最短时间内积极有效地组织实施抢险救灾。因此，建设机动灵活、完善高效的地震应急现场指挥所是各级政府适应新形式，强调以人为本的需要，更是地震部门明确地震应急救援过程中的地位和作用，全面准确履行职责所在。

一、中国地震应急现场指挥系统基本构成

地震现场是需要实施地震应急、救援并开展工作的地区。高效有序地开展地震现场工作是维护地震灾区社会稳定、开展抗震救灾工作和积累可续资料的重要保证。

地震现场工作内容包括地震现场观测、地震现场震情分析、地震现场灾情收

集上报、地震灾害损失评估、地震现场调查、地震现场建筑物安全鉴定和地震现场工作总结等。

现场应急指挥系统是开展地震应急指挥相关工作内容的技术支撑和后勤保障，是抗震救灾指挥部技术系统在地震现场的延伸。破坏性地震发生后，该系统能够迅速到达地震现场，开展应急救援的工作。其主要功能是加强地震现场震情、灾情信息的手机与整理能力，承担灾害现场的地震灾害调查、损失评估、地震科学考察、地震流动监测、地震趋势预报、建筑物安全鉴定和地震知识宣传等抗震救灾工作，提供现场应急指挥技术支撑，并向后方传送所收集的地震现场灾情信息和图像。现场应急指挥系统由卫星通讯网络、现场通讯局域网络、现场灾情采集与传输系统、现场办公指挥系统、现场应用软件和现场后勤保障系统 6 个部分构成。

（一）卫星通讯网络系统

为满足卫星转发器波束能覆盖中国所有区域，有较强的等效全向辐射功率（EIRP），并且在中西部、西北部及东北部等偏远地区有所加强，中国应急通讯网络选择亚洲 4 号通讯卫星。

地震应急卫星通信网系统在设备构成上，采用 VAST 卫星地面站，包括 1 个卫星中心站、19 个卫星固定站和 21 个机动卫星通信站。在地震应急期，卫星通信业务主要包括实时视频图像传输、视频会议、VoIP 话音、数据传输和内外网接入五种类型。实时视频图像传输是指地震现场抗震救灾指挥部与国务院抗震救灾指挥部之间的双向卫星实时视频图像传输。视频会议传输主要是完成国务院抗震救灾指挥部、省级抗震救灾指挥部、地震现场抗震救灾指挥部之间的视频会议传输。

卫星应急通信网通过 VoIP 方式提供 6 ～ 10 路话音的卫星接入能力。其中 8 路话音供国务院抗震救灾指挥部、省抗震救灾指挥部和地震现场指挥部之间的业务通话使用；另外 1 ～ 2 部是勤务电话，供地震现场抗震救灾指挥部和国务院抗震救灾指挥部之间的设备调试专用。数据传输主要是完成地震现场产生的地震观测数据（测震、强震、前兆等观测数据），除测震观测数据为实时传输外，其他地震监测设备采集的各种数据为各自的专门设备转换成 IP 数据包后，经卫星网络传送。

内外网的接入指地震现场抗震救灾指挥部经卫星站可接入国务院抗震救灾指

挥部和所属省局的内部网。同时卫星网络为地震现场抗震救灾指挥部提供 Internet 接入能力。

（二）现场通讯网络

地震现场通信网络主要由无线网状网、移动视频传输系统、VSAT 卫星通信系统、卫星电话和无线对讲系统组成。它们为现场抗震救灾指挥部、现场工作组提供现场多媒体通信网络覆盖，并通过 VSAT 卫星、海事卫星、CDMA 路由器等远程通信手段实现地震现场抗震救灾指挥部及现场专业工作组和后方抗震救灾指挥部的网络数据通信、语音视频通信等业务。

（三）现场灾情采集与传输系统

地震现场灾情采集与传输系统的主要功能是完成现场灾情获取、灾情调查、科学考察、建筑物安全鉴定等任务，并将获取的灾情信息上传现场指挥部或后方指挥部。

现场灾情采集与传输系统设备包括通讯终端和应用终端。

（1）通讯终端用于保障灾情调查和现场指挥部以及后方指挥中心的信道联系，设备主要包括：便携海事卫星终端、无线网状网便携／背负站、无线对讲机（手持或车载）。

（2）应用终端主要用于完成工作数据采集，设备主要包括：便携电脑、数码相机、数码摄像机、GPS 定位仪、智能 PDA。

（四）现场办公指挥系统

现场办公指挥系统部署在地震现场抗震救灾指挥部，主要功能包括：

（1）地震现场信息收集、整理、分析与回传；

（2）现场通信保障系统的管理维护；

（3）流动工作组的跟踪和监控；

（4）与后方指挥中心的双向视频通信；

（5）现场显示获取的各种信息资料；

（6）文档的扫描、传真、复印、打印。

（五）现场应用软件

现场应急指挥的应用软件主要包括地震现场应急指挥管理系统、地震现场调查、灾害评估及科学考察系统、地震现场建筑物安全鉴定系统。通过这三个系统，初步实现了地震现场的应急指挥服务、现场数据接收与处理、现场灾害调查与评估、建筑物安全鉴定等现场应急指挥的基本功能。

（六）现场后勤保障系统

在破坏性地震发生后，地震现场应急指挥系统需要在地震灾区连续工作5～30天不等。另外，在地震发生的初期，灾区可能缺少相应的后勤支援，因此，地震现场指挥部及地震现场工作队必须配备一定数量的、必要的野外后勤装备，如电源、野外照明、工作环境保障、运输等技术系统必备的保障装备。

二、厦门市地震应急现场指挥所

针对中国地震现场应急指挥系统的构成和"5.12"汶川特大地震以及"4.14"玉树大地震应急救援的总结和反思，厦门市地震局提出了地震应急现场指挥所的概念并进行了初步界定，即地震应急现场指挥所是震区政府地震应急指挥中心在地震现场的空间延伸。从功能上分，地震应急现场指挥所由灵活机动且易于搭建的现场指挥室、地震应急指挥系统和现场指挥所保障系统三大部分构成。

（一）现场指挥室及其功能

现场指挥室是地震应急现场指挥长和工作人员的现场活动空间，通过调研和实地考察并根据自身的实际情况，厦门市地震局设计和建设了厦门市地震应急现场指挥室。

现场指挥室由大小不同的三顶帐篷和现场办公设备组成，其中，大帐篷的规格为4 m×6 m，使用面积约24 m²；小帐篷规格为3 m×4 m，使用面积约12 m²（见图5-12），并具有以下特点：①易于折叠和搭建；②轻便装运（骨架的材料为铝合金，三个帐篷合计重约100 kg）；③造型美观大方（屋顶型并设有门、窗和地钉、可贯通性连接）；④经久耐用（防水、防晒、防风、密封性好、不易褪色）。

现场办公设备主要配置包括桌椅、便携式投影仪及大屏幕显示系统（提供救灾可视指挥平台）、一体机打印机、便携式笔记本电脑、视频编解码器、可视会议终端以及提供无线上网功能（以便及时了解社会对救灾的反映）等。

图 5-12　厦门市抗震救灾现场指挥所

（二）地震应急现场指挥系统及其功能

地震应急现场指挥系统是指挥所的核心，主要为应急救援提供技术支持，包括基础数据库管理系统、地震应急辅助决策系统、震害信息调查分析系统、现代多媒体通讯系统和震情趋势监测分析系统等组成。

1. 基础数据库管理系统

厦门市防震减灾应急指挥系统建立了地理数据、人口、经济数据、重点目标数据、生命线、现场灾害评估数据等数据库管理系统，提供地震现场指挥决策的基础信息数据支持，为现场指挥部、后方指挥部和地震现场流动工作人员搭建沟通平台。

2. 地震应急辅助决策系统

厦门市地震局以灾害数据库为基础，建立了地震应急辅助决策系统，可为政府提供应急决策服务（见图 5-13）。

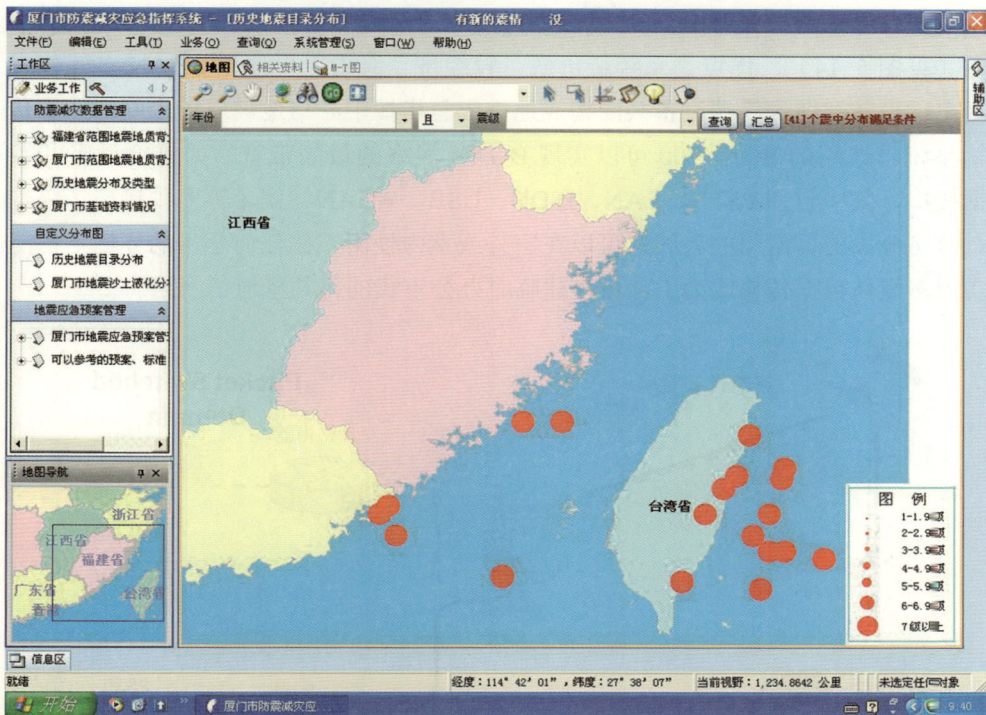

图 5-13　厦门市地震应急辅助决策系统计算机界面

3.震害信息调查分析系统

震害的全面了解和信息的及时采集决定着地震应急指挥系统的高效运转。震害信息调查分析系统主要进行震灾调查及其信息的反馈等。目前厦门市地震局对震害信息采集分析的途径主要有两种，即震害现场专业调查及震害现场视频传输和"三网一员"、社区志愿者以及广大民众的震害报告。

4.现代多媒体通讯系统

便携 Inmarsat-BGAN 卫星多媒体通信系统卫星图像传输系统需要在野外环境下与指挥中心之间实现实时远程指挥。由于在野外环境下，自然条件是不可预测的，需要考虑到在恶劣的气候和环境条件下保证通信的畅通问题和设备的可用性问题。这就要求采用的卫星通信系统具备无论何时、何地和何种情况下均能进行通信的可靠能力，同时要求所使用的设备具备良好的户外使用性能。因此，厦门市地震局选择使用海事卫星便携 BGAN 多媒体通信系统（Inmarsat-BGAN）

构成厦门市图像传输系统的通信信道，图像终端设备为挪威公司的 Tandberg 设备（见图 5-14），优点是系统造价低，较经济。海事卫星便携 BGAN 多媒体卫星电话设备和图像终端设备共同构成地震应急指挥中心与地震现场之间的图像传输系统。选用的 BGAN700 可以实现 BGAN 网络的最高带宽，并结合话音和数据接口，其中包括 PSTN、LAN、ISDN、USB、WLAN、蓝牙等多种接口。终端具有可分离的、耐用的天线，可以在室外或室内使用，在任何恶劣的环境下都能实现多媒体数据传输或为工作组搭建临时办公室式的可共享通信网络。

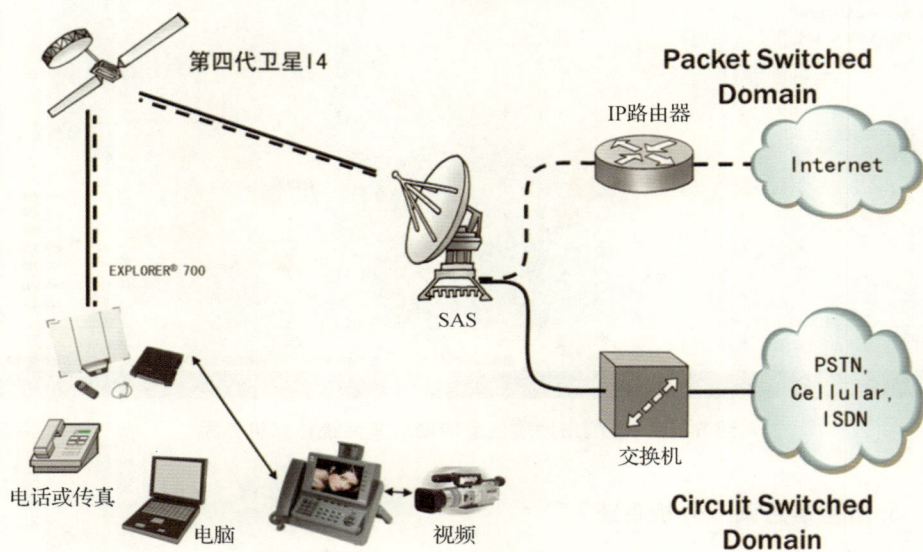

图 5-14　BEGAN 系统图

地震现场工作组在灾害现场通过数码相机、数码摄像机、GPS 定位仪获取灾害现场的图像、视频、文字和数据，利用海事卫星 BGAN700 终端送回现场指挥部或后方指挥部。

厦门市地震应急指挥通信系统已经集合了所有目前通用的通讯方式及其相应的设备，在应急指挥平台上建立起了全方位、多形式、联得上的应急指挥通讯系统。通讯方式主要包括固话、网络、移动通信、卫星电话通信（铱星电话 10 部）、移动式卫星视频传输系统（BGAN700 一套）、可视电视电话系统、短信群发系统和对讲机通信等 8 种方式（见图 5-15），实现了地震现场抗震救灾指挥部及地震现场专业工作组和后方抗震救灾指挥部的网络数据通信、语音视频通信等。今后，有必要再发展现代无线电短波通讯。

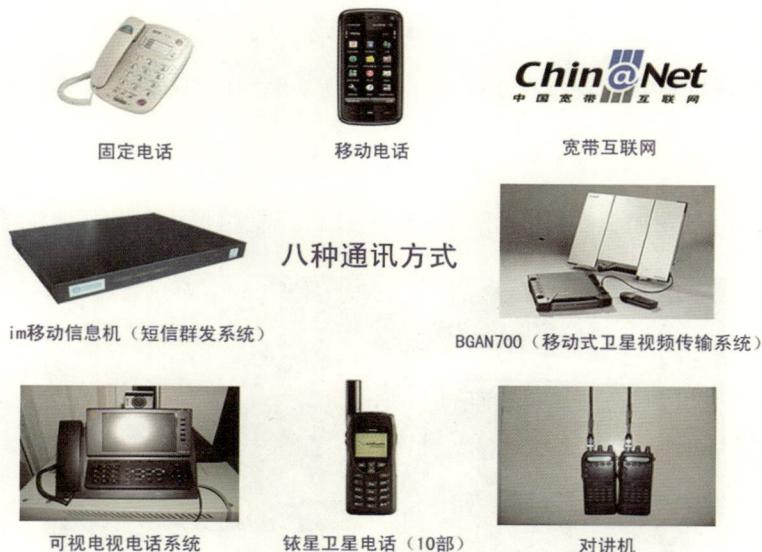

固定电话　　　　移动电话　　　　宽带互联网

八种通讯方式

im移动信息机（短信群发系统）　　BGAN700（移动式卫星视频传输系统）

可视电视电话系统　　铱星卫星电话（10部）　　对讲机

图 5-15　厦门市地震应急指挥系统通讯方式

5. 震情趋势监测分析系统

震情趋势监测分析系统包括现场流动监测、余震趋势会商两方面。现场流动监测方法有强震监测、重力监测、流动 GPS 地面运动监测和流动地磁监测等。余震趋势会商主要开展震情分析、余震会商并提出余震趋势判断意见等。

（三）现场指挥所保障系统

在地震发生后，地震现场应急指挥系统需要在地震灾区持续工作。另外，在地震发生的初期，灾区可能缺少相应的后勤支援。因此，根据实际情况，厦门市地震局对地震现场指挥所和地震现场工作队配备一定数量的野外后勤保障装备，主要包括电源设备、现场照明、现场工作环境保障设备和运输设备。

1. 电源设备

地震发生后，地震现场可能没有电力的稳定供应，因此，现场应急指挥系统需要配备电源系统，厦门市地震局选用了日本雅马哈 EF2800i 发电机，其功率为 2.8 千瓦，可为地震现场抗震救灾指挥所提供足够的电力支持。

2. 现场照明

在地震现场抗震救灾指挥所配备了多套高功率照明灯,为现场办公提供照明。

3. 车辆保障

配备一台金龙加长面包(见图5-16)和一台三菱越野小车及其他生活保障等。

图5-16　地震应急现场指挥所装运车辆

综上所述,目前,厦门市已建成的地震应急现场指挥所下设指挥组、秘书组、联络组、监测组和保障等5个专业小组(见图5-17)。

主要配备:卫星电话、对讲机、基础数据库系统、无线网络系统、信息收发系统、投影显示设备、发电机及其照明设备、帐篷、办公桌椅、地震应急包等装备。

厦门市地震应急现场指挥所具有以下功能和指标要求:

(1)当破坏性地震发生后,地震应急现场指挥所可在2 h内出发,到达地震现场后可在30 min内搭建完成并及时投入使用。

(2)现场指挥室由三顶帐篷搭建而成,合计使用面积约36 m^2。

(3)地震应急现场指挥所具备震情监测分析、灾情调查处理、救援力量统一指挥、社会反映及时收集和抗震救灾新闻发布等5项功能。

(4)包括卫星通讯在内的8种通讯方式,保证震后至少一到两种通讯方式无故障。

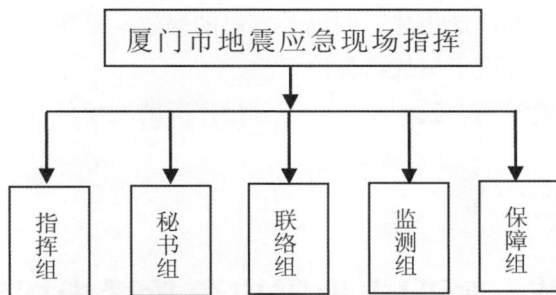

图 5-17　地震应急现场指挥所结构图

三、平战结合，地震应急现场指挥所作用显现

（1）2008 年 7 月 5 日 09 时 36 分，福建厦门、龙海交界地区（北纬 24.5°，东经 117.9°），发生 $M4.4$ 级地震，厦门市快速搭起现场指挥所，现场指挥所及时了解灾情，现场通过 BGAN700 视频传输系统进行震情、灾情上报，稳定了社会。

（2）2009 年 5 月 10 日，厦门市在海沧区消防训练基地开展了"厦门市民防空、防震、防灾疏散演练"，演练以厦门市周边地区发生 $M4.8$ 级地震，地震波及厦门市海沧区，市区内震感强烈，部分房屋遭到不同程度的破坏，并造成次生灾害为背景拉开序幕。厦门市地震局在 1 h 内赶到"震中"，快速组建厦门市地震应急现场指挥所，设置地震流动监测台网，并开展地震灾害评估和科学考察工作。通过模拟地震"灾害"应急救援演练，使厦门市地震应急现场指挥所得以快速搭建，其作用也得到有效的检验。

四、现场指挥所的完善

迄今为止，地震预报现状及其水平与政府和社会公众的期望还有很大差距，地震发生的地点、时间及其造成的破坏程度具有很大的不确定性，这就对地震应急快速响应和现场救援工作提出更高要求。厦门市地震应急现场指挥所集政府地震应急快速响应和应急救援指挥于一体，将震情监测分析、灾情调查处理、应急救援指挥以及各种信息汇总和发布等功能整合成为机动高效的地震应急现场指挥平台，形成地震应急救援的"尖兵"。

厦门市地震应急现场指挥所建成以来开展了多次地震应急演练，使每个干部熟练了指挥室的装运和快速搭建，明确了自己的岗位，熟悉了自己的任务，了解了自己的职责，真正实现了平战结合的目的。

随着认识水平的提高，我们将不断完善指挥所的软硬件建设，使其发挥更大的作用。

第六节　厦门市地震应急救援指挥系统

一、国内外地震应急救援及其发展现状

（一）地震灾害的应急与救援

破坏性地震以其突发性和巨大的灾害性当属自然灾害之首，从社会学方面讲它又是一种突发的公共事件。而地震应急与救援则是指为应对破坏性地震——突发公共事件，以抢救和保护人民生命财产，最大限度地减少人员伤亡和财产损失，防范和避免地震次生灾害，维护社会稳定，灾区政府所采取的地震应急准备、应急预警、应急指挥与处置及应急恢复等应急救援环节和行动。

地震应急与救援的根本任务是抢救生命、减少损失。国内外的实践表明破坏性地震发生后，应急与救援是减轻灾害（包括地震直接灾害和次生灾害的预防）的必须行动。在未能做出准确地震预报的今天，同时面对中国多地震的国情，快速确定震情、掌握灾情，准确判断地震趋势，抢救人民生命财产，稳定社会以及进行科学考察等及时、高效的地震应急救援是以人为本，践行科学发展观的具体要求，也是灾区政府的职责所在。

一个高效、实用和可操作性的地震应急救援管理体系，应包括地震应急准备、应急警备（预警情况下）、应急处置及应急恢复等阶段。其中，建立地震应急指挥技术系统，可以大大提高政府对破坏性地震的应急反应能力，高效地调度和运用一切可能的救灾力量，并使之密切配合、协调行动，是目前应对地震灾害、提高防震减灾综合能力的重要组成部分和行之有效的手段之一。

（二）国际上地震应急救援状况

国际上各个国家减轻地震灾害所采取的措施主要是三个方面：一是加强地震监测预报，注重基础地震地质研究和实验研究理论意义，力争在理论上有所突破；强调地震监测及其资料积累的积极意义，为人类最终解决地震预报问题积累科学数据，奠定必要的基础；加强长期预报与前兆预报有机结合的实践意义，分析社会和经济发展现状，探索地震预报实践。二是科学合理地提高各类构筑物的抗震能力，广泛地提高民众的防震减灾意识和自救互救能力，保护人民生命财产安全，建立起民众的地震安全感。三是建立完善的地震应急管理体制，以挽救生命和财产、保护环境和经济为终极目的，强化灾害预防、应急准备、应急响应和灾后恢复四个相互依赖的功能。

地震应急工作关系到灾民生命财产的抢救，甚至关系到政府的稳定，因此一直受到世界各国的高度重视。国际上经济比较发达的国家和地区，均已建成或基本建成较完善的应急救援体系，并不断加以完善，拥有快速的应急反应和有序高效的处置能力，体现了政府应急救援管理的能力和水平，也体现了执政者对民众生命财产的尊重和高度重视，它是社会文明进步的重要标志之一。

在国际上，地震应急救援指挥系统具有影响力的有美国、日本、澳大利亚、俄罗斯、欧盟以及意大利等。概括起来这些国家的地震应急指挥系统有三个突出的特点，即"快、准、网"。"快"是指先进国家的地震应急体系普遍配置了宽带通信系统、直升机机动系统、高性能计算系统、卫星覆盖实时监视系统等，使其应急反应速度、出动能力、现场反馈能力十分迅捷；"准"是指在全方面现场监控的前提下，通过各种计算、决策分析等使其行动准确、救灾措施得力、救灾部署到位；"网"是指先进国家的地震应急指挥系统已经成为覆盖其全国范围的一整套指挥网络体系，并且具有一个强大的中央调度协调中心。

作为国家防震减灾的重要组成部分，中国的地震应急与救援，始于1966年邢台地震之后，以综合防御地震灾害为特色，即一方面通过加强地震灾害预防和地震预测工作做好震前的防御；另一方面，提高对地震突发事件的快速反应能力和应急救援能力，使抗震救灾工作高效有序，灾区民众得到及时救助，灾区得以快速恢复和重建。

二、地震应急指挥技术系统构成及其功能

地震应急指挥技术系统由地震应急指挥系统基础设施、地震应急基础数据库、地震应急快速响应系统、地震应急指挥命令系统、地震应急指挥辅助决策系统、地震应急信息通告系统、地震应急指挥管理系统、地震现场应急与灾情获取技术系统等8部分构成：

（一）地震应急指挥系统基础设施：各项指挥功能的实现平台；各种评估、决策、指挥等系统运行的支撑系统平台。

（二）地震应急基础数据库：①地震灾害背景数据、灾害相关因素数据、社会经济统计数据、以往地震灾害及救灾案例等；②救灾力量储备数据等；③各级预案文本、以往该地区地震应急案例、灾区的基本情况等；④各级政府及其有关部门的联络数据、救援力量的联络数据。

（三）地震应急指挥命令系统：是指挥部成员进行应急指挥的工作系统。通过计算机网络，向指挥大厅和辅助大厅的指挥工作终端提供信息、处理信息，辅助工作。

（四）地震应急快速响应系统：在一定的基础数据、专业计算模型的基础上，收到地震速报、地震震情信息或现场信息后，对灾区的经济损失、人员伤亡、次生灾害进行快速评估，并对这些损失的空间分布进行判断和描述。

（五）地震应急指挥辅助决策系统：提供给指挥人员灾区信息及相关信息，制订各种救灾行动方案，并做出指挥决策。为首长提供救灾指挥所需的各种提示信息，提出分层次的、必要的应急救灾行动辅助决策建议，以协助指挥员快速制定救灾方案，部署救灾行动。

（六）地震应急信息发布系统：分为向各级地震救灾指挥部的应急信息发布，向政府部门的应急信息发布，向地震行业内部的应急信息发布，向公众及媒体的应急信息发布等不同级别。

（七）地震应急指挥管理系统：①对震情资料、地震灾害快速评估结果进行分发、转贮、震例管理，实现应急指挥系统的自动和交互控制管理；②集中控制各分系统运行；③管理系统内部各分系统信息交换、系统与外部环境信息交换；④动态跟踪地震应急响应和应急指挥的即时过程。

（八）地震现场应急系统：了解现场的震情和灾情，收集现场各种数据，并实施现场应急指挥。地震现场应急指挥技术系统是抗震救灾指挥部技术系统在地震现场的延伸，是现场应急工作的基础平台，主要包括现场的通信与传输、信息

获取与处理、现场指挥、后勤保障等。

三、厦门市地震应急救援指挥系统

如何最大限度地减轻地震灾害，2008 年"5.12"四川汶川 8.0 级特大地震和
2010 年"4.14"青海玉树 7.1 级大地震的震后应急救援给人们以极大启示，面积
性快速准确的地震现场调查可及时了解灾情；高效的地震现场应急指挥系统可大
大提高政府对破坏性地震的应急反应能力，实现震区政府的靠前指挥、现场指挥
的要求，通过地震现场应急指挥所可面对面地有序组织来自各方的救援力量，在
最短时间内积极有效地组织实施抢险救灾。

在中外破坏性地震应急救援成功案例的基础上，结合中国尤其是地市经济社
会状况、地形地貌和交通、各类建筑和住所结构以及民众的科学素质等，充分利
用现有高新技术，建立地市地震应急救援指挥系统和相应地指挥场所，是地市政
府进行地震应急、抗震救灾指挥的必要条件。在破坏性地震发生后，厦门市地震
应急救援指挥系统的运行过程是：

第一，地震发生的时间、地点和大小是启动破坏性地震应急预案和地震应急
救援指挥系统的钥匙；第二，在应急救援能力及其分布、震情包括余震趋势以及
建立在卫星图像识别技术之上的现场灾害信息的汇集支持下，地震应急救援指挥
系统能够迅速准确地判定震情及其余震趋势、灾害的类型及其灾害点的位置等情
况；第三，借助基础数据库提出一系列科学的救灾方案和调度方案；第四，指挥
人员通过多种应急通信方式（任何情况下至少保证一种通信方式无故障通信）实
施各种地震救灾指挥，实现地震应急信息的快速传递、高效处理和科学决策，最
大限度地减少人员伤亡和灾害损失；第五，地震应急救援指挥系统的结束。

（一）地震应急指挥主要功能

1. 地震应急快速响应与灾害评估。通过地震监测和震情跟踪监视破坏性地
震的发生，一旦有紧急情况立即响应，对地震事件可能造成的损失和人员伤亡情
况进行预评估，同时还可以根据不断获得的新情况进行地震灾害动态评估和地震
趋势的动态跟踪。

2. 地震应急指挥。在应急快速响应部分给出的结果表明需要进入紧急状态、
进行抗震救灾指挥工作时，立即启动该项功能，为有关政府部门进行抗震救灾工

作提供技术手段和各种指挥决策信息支持；提供安全、可靠的应急指挥支持能力，特别是要提高国务院抗震救灾指挥部的实战性、安全性和可靠性。

3. 地震现场应急工作。现场震情、灾情信息的收集和处理能力，提供现场应急指挥技术支撑，建立与地震现场救灾指挥连接、处理的工作环境，使现场与指挥部通过有效通信手段互相支持，协同开展应急指挥工作。

（二）厦门市地震应急救援指挥系统构成

厦门市地震应急救援指挥系统是地震应急救援（能力、训练）的核心，厦门市地震应急救援指挥系统包括三部分，即厦门市地震应急救援指挥系统快速响应（启动）、地震应急救援指挥系统高效运行和地震应急救援指挥工作结束（图5-18）。

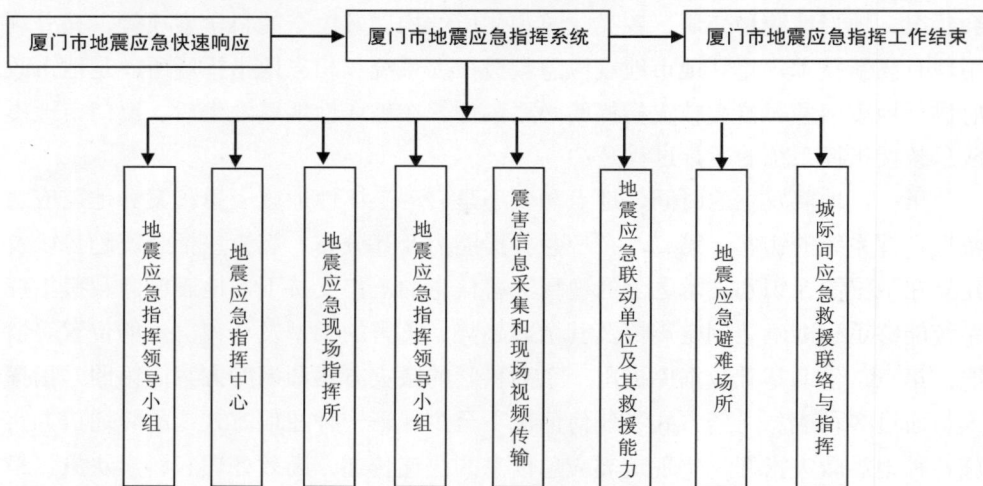

图 5-18　厦门市地震应急救援指挥系统

1.地震应急指挥领导小组

地震应急指挥领导小组处于地震应急指挥的中心地位。2003年，厦门市成立了防震减灾领导小组，市长任组长，下设抗震救灾指挥部，由市分管副市长任主任，市政府副秘书长和市地震局局长任副主任，包括人员抢险、医疗救护、震情监测、物资保障等10个小组，负责贯彻执行领导小组关于地震应急工作的命令和决策；及时收集、汇总震情、灾情以及抢险救灾；震情监视；组织震害损失调查和快速评估；及时进行地震救灾新闻报道；负责对外接待和通讯联络；组织灾后重建和恢复生产等工作。

2. 地震应急指挥中心

改造后的市地震局地震指挥中心引进了国际一流的背投显示设备，结合计算机技术、网络技术、音视频技术，为地震应急指挥提供了大屏幕显示指挥平台。

主要功能包括：地震应急指挥系统、基础数据库、可视电话系统、卫星通信系统、防震减灾信息化管理系统、多功能会议室等。

3. 地震应急现场指挥所

针对中国地震现场应急指挥系统的构成和"5.12"汶川特大地震以及"4.14"玉树大地震应急救援的总结和反思，厦门市地震局提出了地震应急现场指挥所的概念并进行了初步界定，即地震应急现场指挥所是震区政府地震应急指挥中心在地震现场的空间延伸。2009年，厦门市建立了抗震救灾指挥部现场指挥所，为指挥部领导提供了靠前指挥和现场指挥的平台。从功能上分，地震应急现场指挥所由灵活机动且易于搭建的现场指挥室、地震应急指挥系统和现场指挥所保障系统三大部分构成。指挥所下设：指挥组、秘书组、联络组、监测组和保障组等5个专业小组。

现场应急指挥系统是开展地震应急指挥相关工作内容的技术支撑和后勤保障，是抗震救灾指挥部技术系统在地震现场的延伸。破坏性地震发生后，该系统能够迅速到达地震现场，开展应急救援的工作。其主要功能是加强地震现场震情、灾情信息的收集与整理能力，承担灾害现场的地震灾害调查、损失评估、地震科学考察、地震流动监测、地震趋势预报、建筑物安全鉴定和地震知识宣传等抗震救灾工作，提供现场应急指挥技术支撑，并向后方传送所收集的地震现场灾情信息和图像。

4. 地震应急指挥通讯系统

厦门市地震应急指挥通信系统已经集合了所有目前通用的通讯方式及其相应的设备，在应急指挥平台上建立起了全方位、多形式、无障碍的应急指挥通讯系统。通讯方式主要包括固话、网络、移动通信、卫星电话通信（铱星电话10部）、移动式卫星视频传输系统（BGAN700一套）、无线电台通讯系统、短信群发系统和对讲机通信等8种方式。

5. 震害信息采集和现场视频传输

震害的全面了解和信息的及时采集决定着地震应急指挥系统的高效运转。目前厦门市地震局对震害信息采集分析的途径主要有：《厦门市防震减灾应急指挥系统》震害评估；震害现场专业调查及震害现场视频传输；"三网一员"、社区志愿者和广大民众的震害报告。厦门市地震局以灾害数据库为基础，建立了地震应急辅助决策系统，可为政府提供应急决策服务。

2009年12月，厦门市地震局建立了地震应急卫星视频传输系统，该系统分为中心端和野外端，中心端设置在厦门市地震局三楼应急指挥中心，野外端由地震灾害现场调查小组携带，可实现图像、数据现场采集，并与应急指挥中心的语音、视频通讯，有效保障地震发生后震害信息的实时传输。

6. 地震应急联动单位及其救援能力

地震应急救援联动单位、社区志愿者和"三网一员"共同构成厦门市地震应急救援力量。

2003年，市政府成立了由地震局、消防支队、特警支队、交警支队、武警支队、31集团军、通讯管理局、电业局、120急救中心、华润燃气公司、水务集团等11个单位组成的地震应急救援联动小组，办公室设在厦门市地震局，人员共有380人，各类应急救援工程作业车辆60辆，还配备有海事卫星通讯指挥车、电台等设备。市政府从2004年以来共投入2.33亿元，用于灾害应急救援中心建设。

厦门市依托消防建立"响尾蛇"应急救援队，2008年，四川汶川发生8.0级特大地震后，厦门市坚决贯彻落实党中央国务院和福建省委、省政府的部署，迅速组织开展了一系列支援灾区抗震救灾工作，共派出各类救援队12支，共500多人。5月14日上午市消防应急分队的150名官兵受命连夜紧急赶赴地震重灾区广元、青川、绵阳安县等地开展抗震救灾，成为福建省第一支赴川的救援队。在抗震救灾中，他们以对党和人民高度负责的精神，不畏艰险、攻坚克难，出色地完成党和人民所赋予的神圣使命，也受到了一次最实际的地震应急救援检验，得到公安部和中央领导的好评。

为有效动员社会力量，厦门市积极推进"三网一员"志愿者队伍建设，建立了业务培训等制度，提高"三网一员"工作成效。同时厦门市多次组织各区的社区志愿者队伍进行社区疏散演练，到各区对社区志愿者骨干进行群测群防工作、地震基础知识、地震宏观异常现象的测报、震情与灾情的收集和速报，防震减灾知识宣传、地震应急等内容的培训，取得了良好的效果，极大地提高厦门市群测群防信息员的业务能力和工作积极性，促进了厦门市群测群防工作的开展。

2004年以来，厦门市在169个社区建立起社区志愿者队伍。具体分布如下：

思明：99个社区，每个社区30人，共计2970人；

湖里：44个社区，每个社区20人，共计880人；

集美：6个社区，每个社区25人，共计150人；

同安：10个社区，每个社区30人，共计300人；

翔安：6个社区，每个社区25人，共计150人；

海沧：4个社区，每个社区20人，共计80人；

共计：169个社区，4530人。

表5-3 厦门市消防、应急救援投资一览表

序号	时间	资金（万元）	内容
1	2004年	11700	用于消防训练中心、应急车辆、救援器材等建设和购置。
2	2006年	254	购买应急车辆77辆，自身防护器材、通信器材1298件。
3	2007年	3000	灾害应急中心建设
4	2009年	1275	增加市级地震救援队装备配置
5	近年来	7170	120急救中心购买医疗设备及药品和医疗紧急救援、通信指挥系统建设、"90米智能登高平台"——消防云梯等

7. 地震应急避难场所

厦门市利用中小学校舍、文化体育场馆、公园、广场和绿地等公共场所规划设立了42处地震应急避难场所，总面积1000多万m²，可容纳几十万人。

已建设完成的《厦门市地震应急避难场所指南系统》涉及大量的空间信息、电子地图、基础数据库（如避难场所周边可提供的医疗、食品、住宿、衣物、水、电供给等）和人口统计等，并据此制作成《厦门市地震应急避难场所指南》手册，42处地震应急避难场所无缝含盖全市，以图示、标示和标注的方式提供市民所居住家园最近的场所以及路线等，彩印成册，免费发放到全市市民手中。这为市民提供了地震应急避难场所指南服务，使市民可以快速到达最近的避难场所，受灾民众也可据此了解到达避难场所后政府可提供哪些救助服务，也为市政府开展地震应急救援提供辅助决策信息和决策依据。

8. 城际间应急救援联络与指挥

目前，福建省已于周边浙江省、江西省以及广东省地震局或相邻地市建立了地震应急救援联动机制，一旦破坏性地震发生，地震应急救援指挥系统具备与省外救援队伍进行联系并为指挥长提供救援指挥的功能，使救援更加有序、合理和及时。

地震应急救援指挥系统的结束以灾民的安置和重建为节点。地震应急救援指

挥系统结束后，应进行总结以提高认识并加强能力建设。

第七节　2013年厦门市海陆空军地社会联合地震应急救援演练

2013年5月12日，是全国第五个"防灾减灾日"，厦门市历史上最大规模的海陆空军地社会联合地震灾害应急救援演练在海沧消防教育训练基地举行。

厦门市政府林国耀副市长担任演练总指挥，市政府郭金练副秘书长、地震局毛松林局长、消防支队杨明镜政委任副总指挥，现场由地震局陈江驰副局长、消防支队吴晓龙参谋长具体指挥。

厦门市地震局、消防支队、特警支队、武警支队、交警支队、31集团军工兵团、31集团军防化营、武警水电八支队、通信管理局、民政局、电业局、120急救中心、华润燃气公司、水务集团、蓝天救援队等15支应急联动救援队、救援车辆80余部、共计389位有关单位领导人参与了该次活动。

一、演练正式开始

地震应急救援演练主要内容：模拟金门海外发生6.5级地震，预估厦门市遭受地震烈度达Ⅷ度，个别区域达Ⅸ度。

图5-19　"马青小区"楼房倒塌

2013 年 5 月 12 日上午 8 时 10 分，总指挥下令演练开始。

此时，某小区建筑物发生倒塌，现场有大量人员伤亡；地震还引发了火灾、自来水管道爆裂，燃气管道泄露等次生灾害；供电、通信系统完全瘫痪。现场秩序混乱，情况十分危急（图 5-19）。

二、启动应急预案，群众自救互救

8 时 12 分，厦门市地震局通过海事卫星向市抗震救灾指挥部主任报告震情，厦门市政府立即启动市灾害应急预案，成立厦门市抗震救灾总指挥部，由林国耀副市长任总指挥。和谐小区发生大面积房屋倒塌，多名群众被埋压，逃出的群众立即组织自救互救（图 5-20）。

图 5-20　群众自救互救

三、救援队伍到场营救被困人员

8 时 15 分，厦门市公安消防支队、公安特警支队、交警支队、120 急救中心等联动单位组成的第一梯队立即赶赴灾害现场，开展专业救援。搜救犬在倒塌的楼层中寻找生命的迹象，生命探测仪、雷达声波探测器等器材装备在倒塌现场确定被困人员的位置，金属切割机、机动链锯、救援顶杆等专业救援器材对倒塌的水泥预制板进行切割、破拆、撑顶，被埋压的群众一个个被抬出，120 急救中心的工作人员对受伤人员进行初步医疗救护后，送往临时医疗救助中心（图 5-21）。

图 5-21　专业救援人员开展救援

四、特种装备参战，营救工作突破

8 时 23 分，第二批救援力量抵达灾害现场，地震救援车、山地挖掘机、推车式液压动力站等特种车辆装备纷纷参战，给营救工作带来新的突破。

31 军工防团的山地挖掘机挺进受灾严重的马青小区，拆除危险的围墙和铁栏杆，疏通救援道路，保障救援人员、专业设备能迅速到达灾害现场，开展救援工作（图 5-22）。

图 5-22　特种装备参战

五、抢修基础设施，安置受灾民众

8 时 27 分，厦门水务集团、华润燃气有限公司、电业局、通信管理局、蓝天救援队等单位相继到场，迅速投入救援行动。水务集团抢修人员对破损的自来水管道进行修复，确保灾区尽快恢复供水；燃气抢修人员关闭破损管道的阀门，利用激光甲烷遥距检测仪，对灾害现场可燃气体浓度进行测试；电业局应急救援队进驻灾区，抢修供电设备，恢复供电系统，提供应急照明；通信保障作业全面铺开，开通 VSAT 卫星通信车、微波应急通信车，恢复现场通信。蓝天救援队从废墟中找到并解救出多名被困人员（图 5-23）。

图 5-23　水务集团抢修破损管

六、危化品厂泄漏，专业救援排险

8 时 44 分，在阳光酒店附近的危险化学品加工厂，化工装置在地震中遭到破坏，有毒气体泄漏。接到报警后，厦门市综合应急救援指挥中心紧急调度陆军

31 集团军的直属防化营和厦门市消防支队化学事故专业模块赶赴现场救援。

专业防化处置队伍到场后,立即检测泄漏情况,测定风力和风向,疏散泄露区域和扩散可能波及范围内的人员。同时开展稀释和堵漏作业,搭建洗消帐篷,从灾害源核心区域出来的一切人员和装备都必须在这里进行洗消(图 5-24)。

图 5-24　专业防化营处置突发事件

七、高层酒店着火,消防云梯施救

8 时 56 分,熊熊火光从阳光酒店 4 楼喷涌而出,火势沿着竖向管道以及外窗向上蔓延,滚滚黑烟切断群众逃离的路线,多名群众受困。7 辆消防车、30 名消防官兵接到指令后快速出警,前往处理,明火在高压水枪下彻底熄灭,多名被困群众被 55 米消防云梯救下(图 5-25)。

图 5-25　消防云梯解救受困群众

八、险情逐一排除，演练落下帷幕

随着被困群众一一救出，现场险情逐一排除。在受灾小区不远处的空地上，灾民安置点的建设迅速展开。武警水电二总队八支队的后勤保障车辆——餐饮车、淋浴车、宿营车等快速抵达灾民安置点，在灾区搭建起 8 个灾民安置帐篷，提供饮食、淋浴、住宿等生活保障。市民政局的工作人员为受灾民众发放矿泉水、泡面、衣被等生活物资。

上午 9 时 20 分，厦门市地震灾害应急救援演练落下帷幕（图 5-26）。

图 5-26　"5.12"演练圆满成功

这次实战演练，有力地检验了厦门市应急救援体系的快速反应和抗震救灾能力，增强了全民防灾减灾意识和避险自救能力，达到了预期效果。

中国地震局副局长修济刚在演练现场肯定了这次应急救援演练的三个特点：一是厦门市的防震减灾工作一直处于全国的前列，这次海陆空立体式军地社会联合应急救援演练理念和演练模式具有创新性，必将影响全国；二是厦门市委市政府应急管理基础扎实，装备精良，应急响应迅速，灾害处置高效有序；三是应急联动单位队伍严整，救援演练科学有序（图 5-27）。

图 5-27　中国地震局修济刚肯定演练成果

厦门市市委常委、常务副市长林国耀针对厦门市地震应急救援工作的不足，强调了三点意见：

一是居安思危，未雨绸缪，着力提高抗震减灾能力；

二是专群结合，军民联动，着力打造覆盖全社会的应急救援网络；

三是落实预案，完善机制，着力强化防震减灾应急管理能力。

第六章　厦门市防震减灾社会服务体系

　　防震减灾事关国家安全发展，事关人民安居乐业，事关社会和谐稳定，是政府社会管理和公共服务的主要内容之一。防震减灾公共服务就是要牢固树立最大限度地减轻地震灾害损失这一根本宗旨，以满足社会发展及公众地震安全需求为目标，以提供各种信息、知识、手段和环境等活动为内容，以增强公共服务意识、加强公共服务职能、丰富公共服务产品、扩大公共服务覆盖面、打造公共服务平台、提高公共服务效能为途径，建立惠及全民的公共服务体系。防震减灾社会服务要坚持科学管理、法制化管理，寓管理于服务，在服务中体现管理的理念，努力推进防震减灾社会管理和公共服务向更宽领域、更深层次发展。

　　厦门市防震减灾社会管理与公共服务要按照"党委领导、政府负责、部门协同、公众参与"的要求，形成"党委政府统一领导、部门协同配合、社会广泛参与"的防震减灾总体格局。构建防震减灾社会管理与公共服务体系，一是要强化防震减灾社会管理，主要包括：防震减灾法制建设、规划计划、政府目标责任考核制度、抗震设防行政监管、监测预报规范化、应急预案制定与管理、应急救援装备标准化和现场救援行动准则以及建立健全社会动员机制等；二是要拓展防震减灾公共服务，主要包括：建立健全新闻宣传工作制度，搭建政务信息公开平台，完善防震减灾科普教育（防震减灾科普教育基地、示范学校等）服务体系，推进"地下清楚，地上结实"目标体系，完善地震信息（地震、烈度、预警）发布制度，引导并推广减隔震技术，探索数据资料在经济建设其他领域的应用，地震应急避难场所建设以及防震减灾示范市和示范社区建设等。

第一节　地震监测及地震信息公共服务体系

　　地震监测及地震信息公共服务体系由地震监测台网建设及其监测能力信息公开、地震监测信息公共服务产品及其服务对象和地震监测信息宣传渠道与方式三部分构成。

一、地震监测台网建设及其监测能力信息公开

厦门市地震监测台网、前兆监测台网建设及其监测能力是厦门市委市政府落实防震减灾法,重视防震减灾事业,坚持以人为本,构建和谐社会的重要举措之一。

几十年来,尤其是汶川发生地震以来,厦门市地震遥测中心台网,在1996年引进美国 geotech 公司监测设备基础上,注重数采和分析软件提升,分析定位以及信息发布能力更加准确和及时,对于本市、本省直至台湾地区发生的有感地震,均能在三分钟内给出地震三要素;前兆台网地震监测的物理意义、台站布设位置等认识得到进一步提高,数据实时分析能力得到进一步加强。

对于上述地震监测台网建设及其监测能力的信息公开,首先,是让广大民众了解虽然地震预测问题还远未解决,但人们对发生的地震,有先进的地震监测设备,在第一时间给出准确的地震信息,以便可以采取有效的防范措施。同时,地震部门有一支高科技地震监测队伍,日夜为民众站岗放哨,人们可以安心地生活。其次,科学的地震监测数据资料的积累,是为未来能够准确预测地震奠定良好的基础,是十分必要的,也希望能得到广大民众的支持。

每一种前兆方法都有其物理基础,台站的布设有其科学意义。无论是地形变、水准测量还是 GPS 监测台站,对于可能发生地震的断裂构造,其一举一动随时掌握在地震监测人员手中,如出现异常立即进行会商,这些信息的公开有助于民众了解地震部门日常在做些什么。尤其是监测数据、曲线特征的实时展示以及厦门市地震局坚持对民众在任何时间参观台网都开门的理念已得到广泛赞誉。

二、地震监测信息公共服务产品及其服务对象

(一)破坏性地震(含有感地震)

公共服务产品:地震精确定位图(地震参数数据)、区域地震构造图、破裂过程、震源机制解、地震矩张量结果、发震构造、发震模型、震源附近历史地震等产品。

服务对象:政府、媒体和地震行业。

（二）余震

公共服务产品：最大余震震级、精确定位、余震趋势判定。

服务对象：地震行业和科研单位。

（三）地震监测实时数据共享

公共服务产品：建立面向社会的地震台网、前兆台网观测数据发布和查询系统，为社会各界开展防震减灾科学研究提供资料。

服务对象：政府、地震、社会有关机构及科研单位。

（四）地震烈度信息

公共服务产品：为编制地震动参数区划图，确定各类工程结构的抗震设防标准（地震危险性分析），研究震源机制、传播介质特征、场地影响、工程结构地震反应和震害机理提供基础资料；烈度速报、震害快速评估，提供大震的影响范围和破坏程度，指导救灾和决策。

服务对象：政府、地震行业和科研单位。

（五）地震预警信息

公共服务产品：利用震中附近监测仪器捕捉到的地震纵波后，快速估算地震参数并预测地震对周边地区的影响，抢在破坏性地震横波到达震中周边地区之前，通过电子通讯系统发布预测地震强度和到达时间的警报信息，使相关机构和公众能采取紧急措施，减轻人员伤亡和灾害损失。

服务对象：社会公众；为高速铁路、石油化工等大型工程的地震应急处置系统提供前端震情信息服务产品。

（六）地形变测量

公共服务产品：精确测定和提供现今地壳运动、变形、重力和深部介质物性空间分布及其随时间变化的信息；监测地震和火山等灾害的孕育、发生过程，揭

281

示灾前、灾时和灾后异常时空变化信息；监测人类活动导致环境变化与诱发后果预测（如水库诱发地震、矿山沉降及矿震等）。

服务对象：政府、地震、社会有关机构及科研单位。

（七）水氡检测

公共服务产品：地下水中氡气浓度随时间变化情况的测量与分析。

服务对象：企业、地震行业和科研部门。

（八）社会民众诉求等

公共服务产品：地震三要素、影响烈度。

服务对象：政府、企业、社会公众。

三、地震监测信息宣传渠道与方式

（一）地震快报；

（二）网络媒体（微信、微博、网页、数字地震科普馆）；

（三）电视和电台播报（电视快捷渠道播报）；

（四）电话咨询；

（五）接待民众来访；

（六）参观科普基地（地震监测中心、科普示范学校、地球科学教育基地、市科技馆）；

（七）科普讲座；

（八）地震专题专栏宣传；

（九）上街摆摊宣传；

（十）与地震预测爱好者交流；

（十一）编印科普书籍、地震及其应急避险小册子宣传。

努力创作一批艺术水平较高、制作精良、有广泛社会影响的，涵盖防震减灾知识、应急避险常识的，图文并茂、互动性强，适应不同人群的纸质、声像和动漫防震减灾科普作品。充分发挥大众媒体的作用，提高防震减灾科普作品宣传效果。

掌握快速成图技术，编制省、地区 1：5 万的地质构造、地震地质、卫星影像基础图件，震后快速形成用于向政府汇报、地震现场工作、新闻发布等不同比例尺的各类图件。

及时回应社会诉求，加强社情民情舆情的掌控，把重视舆论、倾听舆情作为掌握防震减灾社情民意的重要途径。及时发现防震减灾社会管理和公共服务中存在的突出问题和矛盾，并以此作为地震工作部门改进工作措施、完善工作部署的重要参考依据。对社会的合理诉求，及时采取处置措施，防止因社会合理诉求未能得到及时有效的回应而引发社会不安定事件。

第二节　震情跟踪

根据中国地震局和福建省地震局关于做好震情跟踪工作的方案，制定《厦门市地震局震情跟踪工作方案》，对厦门市震情跟踪工作安排如下：

一、工作思路和目标

根据全国地震趋势会商会确定的福建省地震重点危险区及福建省年度地震趋势会商会结论，确定厦门市地震局震情短临跟踪的主要工作思路和目标是：牢固树立"震情第一"的观念，切实加强组织领导和条件保障，以最大限度地减轻地震灾害损失为目标，充分发挥各级政府和地震部门的工作积极性；加大地震监测仪器的维修、维护和台站监测环境的保护；进一步加强"三网一员"工作管理，严格执行震情会商制度，提高地震会商水平；促进信息的共享与交流，加强地震短临跟踪与研究，努力提高捕捉异常信息的能力；进一步加强与粤东闽南五市联防合作，开展闽粤交界区域的震情跟踪工作。

要积极配合厦门市政府做好全国"两会"和国家高考、汛期及"9.8"等重要时段的震情跟踪会商和突发事件应对工作，为维护社会和谐稳定，做好重大事件安全保障做出地震部门应有的贡献。

二、加强地震重点危险区震情跟踪工作领导

为加强对厦门市地震局震情短临跟踪工作的统一协调和领导，成立厦门市地震局震情短临跟踪工作领导小组，由市地震局领导、地震遥测中心等有关人员组成：

组长：毛松林

副组长：陈江驰、蔡欣欣

成员：卓群、于洪波、丁俊芳、刘仲达、潘震宇、林帆、陈耀照、张群、徐辉

三、切实做好震情跟踪工作

（一）强化监测管理

确保地震监测台站正常运转，确保观测仪器正常运转，产出连续可靠的观测数据；认真做好仪器的维护工作；要从观测仪器到数据报送、异常落实等环节，从规章制度到具体实施进行一次全面认真的检查落实。

（二）实行短临跟踪加密监测

遥测中心加强对闽粤交界及附近海域进行重点跟踪分析、研究。当出现震情紧张或地震应急时，前兆观测站每天下午加密观测一次，观测结果报送省地震局预报中心。遥测中心按要求时间将各类数据入库，以便提供分析、共享。

（三）做好异常情况的跟踪与落实

1. 进一步明确职责，做好各类异常的调查、核实和跟踪工作，要把责任落实到人。对出现的所有异常，要求及时落实不过夜，必须边落实边上报，并注意收集相关资料。

2. 异常落实应按照福建省地震局《关于进一步规范宏观异常上报、调查、核查、落实制度的通知》（闽震〔2008〕149号）的要求逐项核实，给出异常的

可信度。并结合本地区地震短临预报的经验、指标，确认是否存在临震的危险性。异常落实结果及时上报省局监测预报处和预报中心。

3. 进一步加强地震宏观观测网的建设和管理，明确"三网一员"工作人员的职责，并按要求上报被认识的宏观异常信息。

（四）实行震情资料共享

1. 以地震信息网络、电话、传真等为技术依托，快速收集、传递发现的重大或突出异常，为震情分析提供快速、准确、全面的信息。

2. 地震应急指挥中心要为观测、传输、分析、预测等各环节信息畅通传送提供网络服务，确保各种信息传输及时、可靠、准确，以满足短临跟踪，特别是短临突发震情处理的需要。

3. 对临时、周月会商意见，应在会商结束后 24 h 内报省地震局监测预报处和预报中心。

四、严格震情会商制度

震情会商是地震监测预报工作的关键环节，必须对此高度重视。一旦进入短临预报阶段，对各种资料及时进行分析处理，密切跟踪动态信息。

（一）严格执行"震情会商工作制度"和"震情会商报告报送制度"。遥测中心于每周一、每月二号召开周、月会商，并向省局预报中心及震情跟踪领导小组上报周、月会商报告。年中、年度组织厦门地震勘测中心、厦门地震台参加的会商会，重点加强对闽粤交界及附近海域的分析总结。

（二）遥测中心加强与广东省汕头市、揭阳市地震局等闽粤交界 5 市地震部门的日常观测资料交换，实现数据资料共享。每月定期进行联系，交流震情和趋势意见，努力提高会商质量和震情分析判断的科学性。

（三）闽粤交界及附近海域出现震群活动、发生 3 级以上显著地震活动或预期的破坏性地震发生后，市局立即会同厦门地震勘测中心、厦门地震台召开震情会商会，并在显著事件发生后的 2 h 内提出初步的震后趋势判定意见，报省局震情跟踪领导小组。

（四）针对重大震情或异常，市局应立即会同厦门地震勘测中心、厦门地震台紧急会商，并提出震情跟踪建议报省局震情跟踪领导小组。

五、做好地震应急工作

（一）加强震情值班管理

1. 进一步健全震情值班制度，明确任务和责任，熟练地震应急工作流程，努力使震情灾情速报快速、准确。

2. 严格执行震情值班制度，加强对震情值班工作情况的检查抽查，确保工作人员在岗在位，事件处置得当。

（二）修订、完善系统内部地震应急预案

严格按照《关于印发福建省地震系统地震应急预案的通知》（闽震〔2008〕303号）和《厦门市地震应急预案》的要求开展工作，市地震局结合实际情况，及时修订地震系统内部应急预案及其实施细则。对于各项地震应急措施要认真落实，适时进行监督检查，确保责任明确、工作到位、装备正常、通讯畅通。

面对厦门市严峻的震情形势，厦门市地震局牢固树立震情观念，加强领导、明确责任、落实措施，认真做好地震监测预报短临跟踪工作。

第三节　厦门市重大活动地震安全保障

对法定节假日、人大会议期间，"9.8"中国国际贸易投资洽谈会等特殊工作时间段（以下简称"特殊时段"）的震情保障，厦门市地震局特别制定了《厦门市特殊时段震情保障工作方案》。

一、特殊时段厦门市地震局震情保障工作队组成

毛松林局长任队长，陈江驰副局长任副队长。下设秘书组、宣传组、监测组、应急组。

（一）秘书组

组长：张群　　成员：陈瑾

（二）宣传组

组长：徐辉　　成员：陈耀照

（三）监测预报组

组长：蔡欣欣　　成员：于洪波、丁俊芳、刘仲达、潘震宇

（四）现场工作组

组长：陈江驰（兼）　　成员：林帆、卓群、吴慈聪、林少健

二、特殊时段厦门市震情保障工作启动程序

（一）震情快速上报工作

紧急震情发生后，地震遥测中心迅速定位上报，并开通与省地震局及中国地震局的通讯和信息传输系统。

（二）应急响应

第一阶段：50 min 内

市地震局及遥测中心全体工作人员收到应急信息后，应在 40 min 内到岗，按分工职责开展工作。

队长：主持应急指挥紧急会议；了解震情、灾情，签发重大震情文稿，并及时向市地震应急救援指挥部报告，协助指挥部开展地震应急救援工作。

副队长：参加应急指挥部紧急会议；检查、部署分管的应急工作。

遥测中心：网内地震震后 8 min 内、网外地震震后 15 min 内，初定地震参数，报市府值班室。并在 20 min 内编发震情，报告市委、市政府值班室。30 min 内将收集、记录的震情、灾情信息汇总，一、二级应急状态时应同时启动市地震局震后趋势判定预案。收集汇总的全部灾情、社会影响信息形成报告，同时进行地震灾害损失预估。

第二阶段：50 min ～ 2 h

秘书组负责 1 h 内将已经收集到的震情、灾情汇总编发第一号《震情专报》，震后 2 h 内将震情、灾情信息和地震趋势初步判定意见编发第二号《震情专报》，并及时报市委、市政府值班室及省地震局。

监测预报组负责提供震后 1 h 的地震序列快报。

现场工作组做好出队准备，并以最快速度分批集结赶赴现场，最迟出队不得超过 2 h。

应宣传组组织宣传报道；接待新闻媒体并组织新闻媒体采访；在 1 h 内组织专家开始应急期间热线答疑。

第三阶段：震后 5 天内

指挥部每天 21 h，听取各组及地震现场工作队的情况汇报，并根据震情、灾情，调整应急工作部署。要视震情发展，不定时召开震情会商会。

秘书组震后 24 h 起草本次地震震情、灾情和应急情况报告给市委、市政府及省地震局。

应急宣传组组织广播、电视、报刊等新闻媒体向社会公告震情；根据社会影响情况，组织地震科普知识强化宣传，平息地震谣传。

监测预报组每天上午九点半前提出完整的地震序列快报，在 48 h 内初估本次地震类型。

三、三项制度

（一）市地震局、市地震遥测中心执行双值班制度

局机关领导建立"带班制"，市地震局机关人员与遥测中心人员执行双值班制度。

（二）测震数据、前兆数据入库制度

测震数据：负责人，丁俊芳，每日上午九时，及时将前日发生地震数据入库，下载省局地震目录。

电磁波数据：负责人，于洪波，每日上午九时，及时分析电磁波数据，提取异常信息入库。

东孚水氡：负责人，刘仲达，每日上午十一时，及时分析水氡数据，入库。分析数据，形成文字报告。

（三）应急设备检查制度

负责人：林帆　成员：张群

负责地震局应急装备、仪器、设备的日常维护，始终保持良好状态。厦门市特殊时段震情保障工作启动后，及时对全局地震应急装备、仪器和设备进行一次检查并向队长汇报。

四、特殊时段，震情会商方案

（一）特殊时段震情会商时间安排与要求

1. 加密会商时间安排

特殊时段内，常规的周、月会商制度不变，每周三上午加密会商。

2. 加密会商重点要求

跟踪常规周、月会商提出的异常现象与资料的变化，分析新发生的地震事件，关注新出现的前兆异常变化及调制与触发等影响因素，提出是否对周会商意见进行调整和修改。

主要是对地震活动总体水平做出判定，梳理主要地震活动与前兆观测异常，提出应重点跟踪分析的异常信息。

3. 加密会商材料报送

加密会商材料，及时通过 FTP 发送至省局分析预报中心。

（二）信息保障措施

特殊时段内，必须保障震情监视和跟踪工作的信息通畅和共享。

1. 震情会商使用资料时限规定

加密会商使用的地震目录应截止到当天上午 6 时；使用的前兆数据滞后时间不得超过 2 天。

2. 会商信息传递时限的规定

会商意见和所涉及的异常图件在当日 12 时前上传省局内网。

3. 地震目录和前兆数据传送时间规定

地震事件及时编目；前兆数据收报／入库数据截止到会商前一天；若进行了宏、微观异常变化开展的现场调查核实，在调查结束后 24 h 内将文字报告送到省局内网。

五、特殊时段，异常跟踪方案

（一）异常处置要求

1. 一般异常核实

发现异常后 2 小时内通过电话方式进行核实，视情况需要在 24 h 之内组织现场核实，参照闽震〔2008〕149 号文《关于进一步规范异常上报、调查、核查、落实制度的通知》。

2. 重大异常核实

对于重大异常可由省、市地震工作部门，以及中国地震局派出的专家组进行联合调查。重大异常的联合现场调查报告应在 2 天之内由联合调查组的专家组长完成，并给出初步结论。结果应及时报告省局监测预报处、预报中心。

（二）重大异常调查核实结论

在 24 小时之内发送到省局内网。

六、突发震情应对，信息准备

（一）有关地震的背景性材料

准备福建地区的地震监测预报的背景性材料，包括地震预报工作的机制、测震，前兆监测台网的分布与建设、地震监视能力、历史地震活动、地质构造背景等有关信息。

（二）有关当前震情材料

准备福建地区的地震趋势和近期震情信息，包括不同尺度的地震趋势、地震活动、前兆观测以及震害、应急等信息，以备尽快平息可能出现的谣传。

（三）震后趋势判定的必要准备工作

福建地区的地震序列类型分布及相关统计数据等。

第四节　防震减灾科普宣教体系

一、防震减灾宣教专业队伍

防震减灾科普宣教队伍由市地震局业专业技术人员、经过培训的"三网一员"

及学校教师组成。每年市地震局派专业技术人员到全市的学校、企业、机关事业单位进行防震减灾知识讲座，普及防震减灾知识。学校教师主要利用学校上课和应急逃生演练时间对学生进行有针对性的防震教育。"三网一员"成员主要是针对社区居民和农村村民进行防震知识宣传，将需要分发的宣传画册、资料发放到居民手中。

一是加大力度，逐步建立一支高素质的科普专家队伍，为加强防震减灾文化宣传工作奠定人才基础，充分发挥其在普及地震知识、宣传地震事业和应对地震灾害中的作用。

二是结合学校教育师资培训，加强面向教师队伍的培训和再教育，利用学校教育的优势打造防震减灾文化宣传教师队伍，提高其防震减灾意识，增强责任心，掌握防震减灾科学知识，全面提高防震减灾业务素质，大力弘扬防震减灾文化。

三是充分利用文化、广电、新闻出版等部门的宣传优势，打造媒体宣传队伍，利用媒体宣传受众广泛、宣传及时高效的特点，使社会各界更加了解、关心、支持和参与防震减灾事业发展。

二、防震减灾宣教教材

宣教材料主要有厦门市地震局编制的如《地震灾害与防御》、《点亮生命》，有福建省地震局编制的《地震群测群防手册》、《机关企事业单位（社区）防震减灾手册》、《防震减灾"三网一员"手册》、《蟾童》、《福建省数字地震科普馆》，有中国地震局编制的《农村防震减灾知识读本》等各专业部门编制的材料（图6-1）。

图 6-1　厦门市防震减灾宣传材料

三、防震减灾宣教方式

加强地震科普知识宣传是提高民众防震减灾能力和自救互救能力的有效方法。为此，坚持长期、广泛的地震科普知识宣传是厦门市地震局的工作重点之一。

（一）参观地球科普教育基地，了解地震常识，体验地震

科普教育基地是防震减灾宣传稳固而长久的重要阵地，是立足的平台。厦门市地球科学普及教育基地是首批国家级防震减灾科普教育基地，福建省先进科普教育基地，厦门市首届十大优秀科普教育基地，厦门市首批关心下一代科普教育基地，被市委宣传部授予"厦门市第二届十大优秀科普教育基地"称号。

教育部门在基地挂牌定点为中小学生科普教育基地及第二课堂。基地共有一个宣传展室、一个讲座厅和一间台网观测室，参观面积约 150 m²。设有模拟地震来临时体验震感的"震动台"、直观表现地震及其破坏的"地震演示沙盘"、"地震纵"、"横波演示器"、"候风地动仪模型"、"震动与距离关系演示模型"、"震动与加固关系演示模型"以及成套岩石标本等项目。受到参观者热烈欢迎的"震动台"是根据美国旧金山"7.2"大地震模拟地震动设计的，可让参观者亲身体验地震时的"震感"，宣传效果明显，该"震动台"自 2006 年年初正式对外开放以来，已有几万人亲身体验了震动感受。

厦门市地震局数字化地震遥测台网建于 1997 年，是当时国内首套市级数字化地震遥测台网，该台网每天 24 小时不间断进行实时地震监测，参观者在技术人员的指导下，可亲手对地震进行定位，了解地震三要素。

自 1998 年 3 月以来，地球科普教育基地共接待包括新西兰、新加坡、美国等国以及中国驻外使节等海内外代表团，兄弟省市和厦门市广大市民、中小学生等各类参观团约 1000 余批次，共 7 万人次，赠送科普材料、图册约 20 万份。

利用厦门市科技馆人员流量大、中小学生多的优势，厦门市地震局在市科技馆建起了地震科普角，研制了三轴独立的模拟地震体验平台，其特点是将实测地震波解析为 X、Y、Z 三个分量，再用三轴独立的模拟平台展现出来，力求真实再现地震场景和感受。科普基地配备专业技术讲解员，年接待 5 万人次，多种寓教于乐的参观形式深受市民尤其是青少年和外来参观者的欢迎。

（二）开展地震科普知识讲座

地震局专业技术人员深入机关、企事业单位、学校、部队、社区等，进行地震科普知识讲座，内容主要有地震基础知识、地震发生时的避震方法以及如何进行震后的自救互救、地震谣传的识别等。几十年来，风雨无阻，累计开展几千堂地震科普知识讲座。

（三）科普活动进社区、进校园

充分利用 5 月 12 日全国"防灾减灾日"的宣传契机，厦门市地震局组织开展了"防灾减灾日"科普十日系列活动，通过防震减灾科普讲座，知识咨询，播放科普宣传片，有奖知识问答，摆放宣传展板，发放宣传资料，希望快车进学校、进社区、到农村，利用广播、电视、报纸、网站等宣传媒体以及体验模拟地震等 13 种科普宣传形式进行宣传。根据各单位和学校需要，全年都可派人进行义务地震知识讲座。

每年利用"5.10"全市防空警报试鸣，组织全市市民和学生参加地震应急疏散演练，提高厦门市广大市民应对地震灾害的防震避险意识、自救互救和心理承受能力。

（四）发挥"三网一员"优势，开展社区科普知识宣传

"三网一员"是指从社区中选出的社区志愿者，主要担任地震宏观网、地震灾情速报网、地震科普宣传网及防震减灾助理员等工作。其中地震科普宣传网主要是负责协助地震部门做好地震科普宣传工作，在市地震部门指导下，张贴、分发地震科普宣传材料，宣传防震减灾法律法规、方针政策，普及以地震应急避险、自救互救、民居抗震设防为重点煌防震减灾知识。每年市地震局都对"三网一员"成员进行相关知识的培训。

（五）与其他单位的大型宣传活动

每年"7.28"唐山地震纪念日，联合市委宣传部组织全市各区进行宣传栏评比。每年由各区先自行组织一次宣传专栏评比，推选两个宣传专栏参加全市总评比。

版面设计要围绕主题，内容编排合理，图文并茂，整体效果美观大方，具备较强的观赏性。重点面向社区居民、未成年人和外来员工，广泛宣传防震减灾法律法规，地震基本知识和应急逃生避险知识，加大对小区应急疏散路线和疏散场所的宣传，以增强社区居民的防震减灾意识和自救互救能力。专栏设计要集知识性、可读性、趣味性于一体，集中展现各区防震减灾宣传特色。

（六）建设防震减灾科普示范学校，着力推动教育一个孩子、影响一个家庭，带动整个社会

1. 政策与背景

加强中小学生防震减灾知识教育，提高防震减灾意识和震时应急、自救互救技能。这是实施素质教育的重要内容，又是加强学生自然灾害安全教育的重要组成部分，也是开展防震减灾科普宣传工作的宗旨之一。正是在全社会的这种认识下，2008 年福建省教育厅、福建省地震局下发了《福建省防震减灾科普示范学校认定与管理办法》的文件，根据文件精神，厦门市地震局与市教育局、海沧区教育局、东孚学校共同创建了以东孚学校和厦门一中为试点的防震减灾科普示范学校，并于 2009 年 8 月份经福建省教育厅和省地震局联合组成的专家组复核认定，上述两所学校同时被授予福建省第一批"防震减灾科普示范校"荣誉称号。2012 年厦门市 9 所学校通过了福建省第二批"防震减灾科普示范校"认证，目前厦门市省级防震减灾科普示范学校共有 11 所。防震减灾科普示范校的评定和推广，为学校的科普宣教工作积累了经验，为进一步在厦门市的普及提供了榜样。

2. 目的及意义

厦门市地处东南沿海，位于福建省长乐—诏安地震断裂带上，又紧邻全球地震最为活跃的台湾地震带，时常遭受台湾地震的波及影响。由于地震预报到目前为止还是世界科学难题，地震灾害更具突发特点。因而，对于地震灾害千万不可掉以轻心，宁可千日无震，不可一日不防。尤其是人员密集场所的中小学校和易受灾群体的中小学生，更是防范的重点和防震减灾科普教育的重点对象。

防震减灾科普示范学校中的"科普示范"有两层意思，一是科普，这是所有中小学校都要开展的工作；二是示范，范就是模，就是样板，这是对示范学校的较高要求。科普示范学校的核心作用就在于"示范"，通过示范去带动中小学校

全面普及防震减灾知识。中小学校普及防震减灾知识的目的是多方面的，但它的基本目标，也是最重要的落脚点在于树立中小学生的防震减灾意识，培养中小学生的应急逃生技能。让中小学生在破坏性地震发生之前懂得防范的重要性，在破坏性地震发生时能够进行自我保护，避免或者最大程度地减轻地震灾害可能造成的伤害。在中小学校普及防震减灾知识，除了中小学生获益外，对于全社会普及防震减灾知识也是具有十分积极的意义。因为孩子在现代家庭和社会中的特殊位置，人们可以通过教育一个孩子，去带动一个家庭，去影响整个社会。这也就是大家常说的"小手拉大手"，可以获得事半功倍的成效。

3. 厦门科普示范校模式——"东孚模式"

厦门市创建防震减灾科普示范学校"海沧区东孚学校"作为示范模式，基于如下原因：一是厦门市海沧区东孚学校作为福建省第一批"防震减灾科普示范学校"，校舍全部达到国家抗震设防的要求，并具备 400 m 跑道的标准操场作为应急疏散场所，这是创建科普示范校的前提条件和基础。二是厦门市地震局与东孚学校已经有 30 多年的合作经验，早在东孚学校创办之初，市地震局就在学校设立了"东孚水氡地震观测实验室"，并随着学校的搬迁而搬迁。30 多年来，在学校的大力支持下，地震观测实验室一方面科研工作从未间断，观测数据 30 多年连续完整，为地震研究及其预测预报提供了有价值的珍贵资料。而且，其地震观测实验室向全校师生开放，学校不定期地组织学生参观实验分析过程，了解测量原理。30 年的合作历程为厦门市地震局创建科普示范校打下了坚实的合作基础。

东孚学校创建防震减灾科普示范学校具备 11 个"示范项目"：

（1）建设校园微缩地理园

微缩地理园以其集成、示意为特点，以天体、地质、地理、地貌和地形的展示为鲜明主题，用微缩的表现手法给学生创造一个直观和整体概念的学习方式，既加深了学生学习的兴趣，又增强了学习的效果。东孚学校微缩地理园由 18 块模型组成，它集平面图示和立体浮雕于一体，把专题学习和校园建设相融合，校园微缩地理园是构成科普示范校的重要组成部分。

（2）构建学校防震减灾科普展览厅

展览厅共分四大板块：第一板块为科普知识展览板块。展览面积近 100 m^2，主要集中了厦门市地质地貌和地震监测台网布设的沙盘模型，地震纵横波演示，震源、震中及其不同震中距房屋破坏大型演示模型等几十项图示以及互动性强的实物、模拟装置、现场体验、模型操作等。第二板块为多媒体学习板块。通过放映《蟾童》等科教影片，学习防震减灾知识。第三板块为科普兴趣小组板块。主要为科技兴趣小组提供一个活动空间，张贴小课题负责人和参加人、课题研究思路、科技小论文以及研究进度、研究成果等。第四板块为信息咨询板块。主要由两台随时可以上网的电脑设备和集合了地学、励志方面的书籍、报刊构成。

（3）成立学生科技兴趣小组

科技兴趣小组初步设定四个课题：第一课题是地震定位。学生到市地震局地震遥测中心利用地震台网监测数据和数据处理软件，自己选定一次地震事件并动手进行地震三要素定位（地震发生的时间、地点和震级），接着给出地震定位成果图及其说明，市地震遥测中心颁发专制的地震定位成果证书，并签名留念。通过此课题的实际操作，培养学生的科学成就感。第二课题是水氡观测实验。在专职老师或实验员的指导下，学生动手完成取样、制样、测试、记录、数据分析、成果登记等几个工作环节，了解水氡观测实验的全过程，从而培养学生严谨的科研作风。第三课题是海啸灾害分析。针对可能由于海底地震引起的海啸而造成的地震次生灾害，通过调查厦门陆地与海平面的现状以及通过设定的海啸规模，分析如果海啸发生时厦门可能遭受的灾害和区域及其人口数量、工农业和商业等经济情况，并提出对策建议。此课题旨在引导学生科学思维，同时，开发学生的丰富想象力。第四课题是厦门岩石矿物标本采集与制作。完全由学生自己动手采集厦门境内出露的不同岩石矿物样品，并在专家指导下，进行分类、命名、标本制作和展览。通过此课题的设立，激起学生投身科技工作的兴趣和热情。

（4）配发地震应急救生盒（包）

第一批为学生配置了共 200 个地震应急盒，内有太空锡箔急救毯、呼救信号警报器、求生哨子、卡扣式止血带、抗风防水火柴、无烟蜡烛、活性炭口罩、个人信息卡等。平时学校在进行地震应急疏散演练时，学生可带上地震应急盒迅速跑到疏散场地。另外还在年段室、各处室、展厅、学校公共场所配置生命地震应急包，内有"四合一"手摇多功能电筒、折叠式多用铲、医药急救包、生命能量型救生口粮、应急饮用水、太空锡箔急救毯、应急帐篷、应急睡袋、多功能军刀、求生哨子、卡扣式止血带、活性炭口罩、瞬冷冰袋、个人信息卡等 31 项装备，为延续危机中的生命提供基本保障。

（5）建设防震减灾科普示范校野外实践基地

防震减灾科普示范校实践基地是防震减灾科普示范校科普活动的重要组成部分，它构建起校内外相结合、课本知识与社会实践相融合的素质教育运行机制。

科普实践基地的作用是通过普及科学知识、传播科学思想、倡导科学方法、弘扬科学精神，以推动青少年防震减灾科普教育工作，并拓展了学校科普活动场所和空间，它已成为厦门市防震减灾科普示范校建设的特色和亮点。目前，万石植物园、厦门市科技馆等已建成厦门市防震减灾科普示范学校的科普实践基地。其中万石植物园实践基地以其天然的自然景观为底蕴，以举世闻名的石蛋地貌为特色，集万种植物、地质地貌、山水旖旎为一体，学生们站在山顶融入沧海桑田的地质历史长河之中，踏上阶地圈点厦门岛的地貌，踩在断层破碎带上眺望延伸方向，触手可及巨石感受节理的力量。厦门市科技馆已经建立起以青少年科技活动为中心、以特色展览为内容、以馆校互动为载体的科普教育发展模式，新建了模拟地震体验平台，不仅极大丰富了科技馆的各项科普活动，也成为了学校防震减灾教育的第二课堂。

（6）开展丰富多彩的地学夏令营活动

夏令营是一项集体性非常强的活动，讲究的是团结合作，融入的是大自然，拓展的是同学的视野，结下的是深厚的友谊，培养的是学生科普知识和自救互救的能力。东孚学校组织的全市优秀中小学生地学夏令营，以其丰富多彩的活动形式和内容，现场学习地学知识，观看录像，进行防灾能力训练，亲身体验模拟地震，开展游戏活动，撰写夏令营感想等，成为学生们的想往。

（7）开发一套校本课程

学校成立了专门的防震减灾校本课程开发小组负责开发，在厦门市地震局和海沧区教育教研中心专家指导下，于 2008 年暑假完成了防震减灾校本课程《点亮生命》的编撰、出版。校本课程内容主要包括地震、地质、地貌等科普知识和学生防震减灾等自救互救技能，其教学方式采取室内授课和讲座、观看录像、知识竞赛、校内演习、市地震局参观、举办夏令营、组建各学科兴趣小组活动等多种形式进行课堂内外的教学活动，做到课堂教学有特色，课外活动有实效。校本课程分第一单元：人类的家园——地球。第二单元：群灾之首——地震。第三单元：如何防震减灾等 3 个单元合计 12 个章节。

（8）组建专职或兼职的教师队伍并进行防震减灾知识教学

校本课程成功开发后，学校教务处就安排专职或兼职教师任课，兼职老师有一部分是厦门市地震局的专家，教学形式灵活多样，做到课堂教学有特色，课外活动有实效。

（9）确立每年的 5 月 12 日（国家防灾减灾日）为学校防震减灾活动日

学校防震减灾活动日主要开展"六个一"活动：

①一堂防震减灾校本课；

②一次地震应急疏散演练；

③一趟野外实践基地实地考察；

④一期防震减灾板报和评比；

⑤一场学生科技兴趣小组科技报告会；

⑥一篇活动日新闻报道。

（10）创建厦门市海沧区东孚学校防震减灾宣传网站

充分发挥现代网络优势，创建防震减灾学校网站，积极宣传防震减灾知识，定期发布内容丰富、学生喜闻乐见的防震减灾科普活动，拓展学校防震减灾教育的时间和空间，方便师生自主学习。

（11）创建"地学书吧"

为进一步发挥防震减灾科普示范学校的示范带头作用，不断创新宣传教育方式，提高防震减灾科普宣传实效，厦门市地震局联合市教育局在全市防震减灾科普示范学校建立"地学书吧"，以开放轻松的阅读方式增加学生防震减灾知识，提高宣传实效。

防震减灾"地学书吧"位于教室走廊拐角、教学楼廊道等开放处，或在学校图书室专辟一角，配备沙发、茶几和书架，随手阅读地震、地质、地理、防震减灾和励志等方面的书籍、杂志、报刊、图册，阅后放回。

以上 11 大项合计 22 个小项，共同构成防震减灾科普示范校的全部。

4. 发展思路

一是已建成的防震减灾科普示范校它不仅仅是东孚学校师生学习防震减灾知识的平台，更是海沧区全体市民学习防震减灾知识的基地，今后应适时对市民开放，使其发挥更大的社会效益。

二是防震减灾科普示范校的评定只是开始，应与时俱进，不断丰富防震减灾科普示范校的活动内容，拓宽科普宣传渠道，切实提高学校防震减灾宣传教育水平。

三是严格按照《福建省防震减灾科普示范学校认定与管理办法》的要求，在现有基础上建立起防震减灾科普示范学校的"东孚模式"，并以此为样板，逐步在全市中小学校推广普及防震减灾科普示范学校建设。

（七）网络、数字地震科普馆宣传教育

充分发挥网络的作用，在厦门市地震局网站（http://www.xmdzj.com）开设地震知识专栏，宣传防震减灾基本常识。

福建省地震局开设的数字地震科普馆（http://www.fjdspm.com 或 http://福建省数字地震科普馆.com），以全面、具体的内容，宣传地震科普知识。从工作概况、监测预报、震害防御、应急救援、地震预警、校园防震、农舍抗震、自救互救、谣言识别、政策法规等各方面知识进行展示，同时还设有实景展厅、影视厅、动漫游戏厅、图书厅等。

（八）远程教育

由厦门市组织部录制的远程教育，涉及很多方面，其中，市地震局有专题课程。分别有地震知识讲座、地球科普教育基地、地震科普夏令营、地震局介绍等内容，使广大市民在家就能了解地震基础知识及其他相关内容的介绍。

（九）拟建设厦门市防震减灾科普展览馆

1. 项目概要

1976 年 7 月 28 日 3 点 42 分 53.8 秒，唐山发生里氏 7.8 级地震，大地震造成巨大的危害：24.2 万多人死亡，16.4 万多人重伤；7200 多个家庭全家震亡，上万家庭解体，4204 人成为孤儿；97% 的地面建筑、55% 的生产设备毁坏；交通、供水、供电、通讯全部中断；23 秒内，直接经济损失人民币 100 亿元；一座拥有百万人口的工业城市被夷为平地。

2008 年 5 月 12 日 14 时 28 分 04 秒，四川汶川、北川，8 级强震猝然袭来，截至 2008 年 7 月 24 日 12 时，69197 人遇难，374176 人受伤，失踪 18209 人；截至 2008 年 9 月 4 日，造成的直接经济损失 8451 亿元人民币。

2010 年 4 月 14 日晨，青海玉树发生 7.1 级，截至 5 月 30 日下午 18 时，玉树地震已造成 2698 人遇难，失踪 270 人。

近年来，中国频繁发生破坏性地震，给国家和人民造成了巨大的生命财产损失，因此防震减灾工作的贯彻落实已经成为当前社会安定、人民生活的重要举措。

　　为此，国家陆续修订并颁布了《破坏性地震应急条例》、《地震安全性评价管理条例》、《中华人民共和国防震减灾法》，各省市根据当地的情况，相继制定了地震应急预案，认真贯彻和落实防震减灾工作，全面普及地震科普知识和防震避震抗震知识。科普教育展馆作为普及科教的前沿阵地，自然也在日常防震减灾工作中发挥着重要的宣传普及作用。

　　因此，厦门市地震局提出建设厦门市防震减灾科普展览馆项目。

2. 建设防震减灾科普展览馆的必要性

　　（1）地震对人类社会的危害巨大，人们必须意识到防震减灾工作的重要性和迫切性。

　　根据联合国统计，20世纪全世界因地震死亡的人数占自然灾害所造成的死亡人数总和的58%（图6-2）。中国是一个多地震国家。20世纪陆地上破坏性地震有1/3发生在中国，死亡人数约60万，占全世界同期因地震死亡人数的50%左右。20世纪全球死亡人数在20万以上的有两次地震都发生在中国。

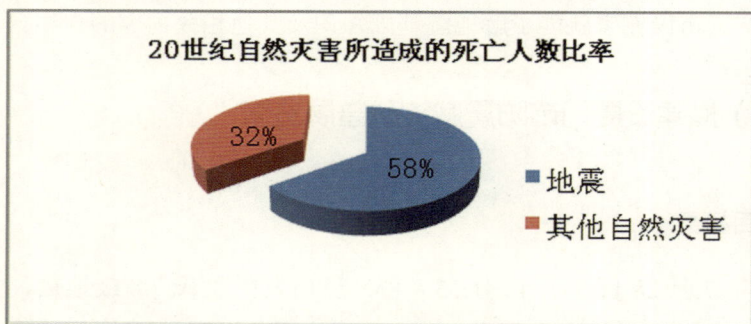

图6-2　20世纪自然灾害所造成的死亡人数比率

　　地震是一种破坏力很大的自然灾害，是世界上最凶恶的敌人，给人类生命和财产威胁带来了巨大的威胁，号称群灾之首。地震除了直接造成房倒屋塌和山崩、地裂、砂土液化、喷砂冒水外，还会引起火灾、水灾、泥石流、有毒气体泄漏、细菌及放射性物质扩散等次生灾害。在有些大地震中，还有地光烧伤人畜的现象。

　　此外由于地震造成的社会秩序混乱、生产停滞、家庭破坏、生活困苦和人们心理的损害，往往造成比地震直接的损失更大。

　　因此，人们应当充分认识到防震减灾的重要性和迫切性，要坚持减灾工作与经济建设一起抓的思想，实行预防为主、防御与救助相结合的方针，将工作做在地震灾害来临之前。在当今地震预报仍然是科学上的未解难题的现实情况下，必须动员全社会，走综合防御的道路，提高全社会抗御地震灾害的整体能力，保护人民生命安全，维护社会安定。

（2）科学合理的防震工作能够降低地震成灾的程度以及给人们带来的损失。

地震成灾的程度既取决于地震本身的大小，还与震区场地、各类工程结构、经济社会发展和人口等条件有很大关系。发生在无人区的大地震，一般不会造成灾害；而发生在经济发达、人口稠密地区的一次中等地震就可能造成极为严重的灾害。当地震发生之前，因地制宜制定出科学合理的地震应急预案，及时疏散人群，能够有效降低地震给人们带来的损失。

（3）面临突发地震灾害时，造成的后果大小与地震区人们掌握防震减灾知识的程度紧密相关。

1974年溧阳5.5级地震时，民众的防震减灾知识明显不足，存在严重的恐惧心理，大批民众逃往外地，生活、生产秩序混乱。1979年溧阳发生6.0级地震时，民众的防震减灾意识明显增强，震后民众很快镇静下来，开展互救自救，没有发生大规模的外逃现象，工业生产和人民生活基本都能正常进行。又如1984年南黄海6.2级震和1996年南黄海6.1级震，两次震级相差不大的地震，但其影响截然不同。1984年，6.2级南黄海地震波及上海，上海有感，结果有学生惊慌跳楼逃生，造成了不必要的伤亡。12年后的1996年南黄海6.1级地震，上海也有感，但与1984年6.2级地震相比，此次地震基本没有出现因避震措施不当而造成的人员伤亡现象，震后数小时社会生活秩序就恢复正常。其中一个重要原因是民众掌握了防震减灾知识，这充分反映了防震减灾知识的宣传与普及所取得的成效，也说明了这项工作的重要性。

（4）在青少年中普及地震科普知识、增强防震减灾意识和自救互救能力，最大限度地减少地震灾害损失，不仅十分必要而且非常紧迫。

①青少年的活动场所大多为学校教室、操场等人口密集的地方，一旦发生地震灾害也是最容易受到伤害的人群。此外，青少年在突发性灾害事件面前，如果没有必要的科普知识，很容易造成恐慌及慌乱，行为难以控制。

②各地都积极的开展普及地震科普知识的活动。如上海闵行区的"开展防震减灾教育，全面提高科学素养"活动，自1994年9月开始，到2003年2月止，历时8年6个月。全校千余学生主动参加了学习、宣传、演讲、征文、观察、知识竞赛及观看录像等系列科普活动。2005年黑龙江省在针对全省中西部及邻近地区可能发生中强地震的情况下，省教育部门要求在全省学校范围内开展防震减灾和自救互救基本知识学习。2009年10月15日，美国加州超过1000万居民参

加了美国有史以来最大的地震演习，参与者在办公室、餐馆、公共交通工具、学校以及家中演练了大地震来临时，如何保护自己和援救他人。9月1日是日本的防灾日，2005年，日本全国各地开展了共有约107万人参加的防灾演习，模拟在日本近海等区域发生地震的情况，并进行了紧急救援训练。

③在青少年中开展地震科普知识学习和自救互救能力培养，其将享用一生。

（5）近年来地震频繁发生，加强地震科普知识宣传对于稳定社会和减少人民生命财产损失十分必要。

继2001年11月14日17时26分昆仑山口西8.1级特大地震后，2008年5月12日14时28分，四川省汶川县发生了$Ms8.0$级特大地震，给国家和人民生命财产造成巨大损失。厦门是全国和省地震重点监视防御区，在厦门市境内，长乐—诏安发震断裂呈北东、南西向穿过厦门市，具有发生中强度以上地震的地质构造背景。历史上厦门市主要受外地强震的影响，其中1906年金门海外6.3级，据记载遭受的破坏程度为：佛殿倾斜，死伤甚多，市街惨淡。1604年泉州海外7.5级地震、1918年南澳7.3级和1994年9月16日台湾海峡7.3级地震，对厦门的影响程度可达VII度。因此，为了维护厦门地区民众生活生产的正常进行，消除恐慌心理，科学合理的应对有感或破坏性地震，加强地震科普知识的宣传十分必要。

（6）市民呼吁：希望能建设专业性更强的地震科普馆。

2009年5月1日以"认知、体验、防范、纪念"为主题的纪念"5.12"系列活动由厦门市科技馆和地震局正式推出，在厦门科技馆地震模拟平台让厦门市民体验了一次真正的地动天旋，很多市民都表示在体验中他们更加真实地认识到地震的破坏力，了解到加强地震应对的防护能力非常重要，更有不少市民表示希望能建设针对性更强、更加系统的地震科普馆。四川汶川地震的发生，增强了市民的自我安全保护意识，他们希望能在专业性较强的地震科普馆学习地震的基本知识，了解地震应急、自救互救的科学方法。如果地震真的发生了，他们就知道怎样沉着应对，不慌张，不乱跑，争取利用已掌握的地震防震知识，最大限度地保护生命。

（7）如何将防震减灾科普教育，在全社会长期持续地开展，更好地提高广大民众的防震减灾意识，一直是地震工作部门苦心探索的课题。

防震减灾工作具有很强的社会性，多种形式宣传普及防震减灾知识，能够使社会公众掌握自救互救技能，增强全社会的防震减灾意识，提高全社会防御地震灾害的能力，提高群众对自然灾害的心理承受能力，鼓舞人们树立克服困难、战胜灾害的勇气和信心。这是稳定社会、安定民心，最大限度地减轻地震灾害损失的重要措施，也是提高社会综合防震减灾能力的重要措施之一。厦门市地震局经过多方调查论证，根据厦门市民的实际需要和厦门市的自身特点，规划建设夏门市防震减灾科普展览馆，是十分有意义的创举。以全面、深度和专业性为特色的厦门市防震减灾科普馆作为平台，将为厦门市开展防震减灾知识的宣传和教育探索出一种新的思路。

3. 建设目的

地震科普展览馆作为厦门市宣传和普及地震科普知识的前沿基础阵地，以中小学生为防震减灾宣传教育的重点对象，其目的在于：

（1）学习防震、自救、互救等求生知识和技巧，提高厦门市市民自救互救能力。

（2）认识地震灾害和防震减灾技术途径，了解防震减灾法和省、市相关法规，为海西建设和构建和谐社会创造全社会防震减灾工作环境。

（3）体现国家对防震减灾工作的重视，展现政府相关部门防震减灾的主要工作内容和职责，以及"防震减灾，造福于民"的工作宗旨，树立良好的政府形象，在让人们了解地震和防震的同时，能有坚固的心理支柱和依靠，增强战胜地震灾害的信心，为社会稳定和安定团结提供专业支撑。

4. 建设内容

（1）本馆将根据人们认识事物的逻辑、观展习惯与本馆建设的现实条件，将所要陈列展示的内容划分为 11 部分，如图 6-3 所示。

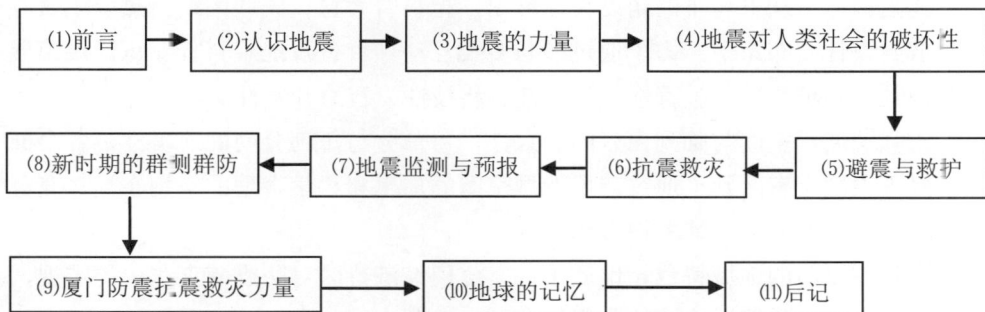

图 6-3　建设厦门市防震减灾科普展览馆内容

（2）设计依据

《中华人民共和国防震减灾法》

《地震安全性评价管理条例》

《地震监测管理条例》

《地震预报管理条例》

《破坏性地震应急条例》

厦门市防震减灾科普展览馆展览大纲

厦门市防震减灾科普展览馆建筑设计图纸

《科普馆建筑设计规范》

《中华人民共和国消防法》

《展馆安全保卫工作规定》

《中华人民共和国科学技术普及法》

《博物馆照明设计规范》

（3）设计理念

本馆以高标准、高起点展馆为布展目标，在设计理念上以高科技、互动性、艺术性及人性化作为整个展馆设计的引导思想，设计中将根据本馆的性质、功能、重点诉求对象以及本馆的现实条件，特别强调以下五点：

①强调避开一般展馆枯燥传统的陈列展示方式，运用多种新颖的现代展示互动形式，体现科普馆的高科技性，使展馆在技术和展示手法上都达到全国甚至是国际的领先水平。

②强调本馆不仅是地震科学知识学习实践的前沿阵地，也是崇高精神的熏陶地，更是学会感恩和珍爱生命的场所，是一个能将理性认识和感性认识相结合的科普展馆。

③强调尽量从青少年的角度设计展馆，把科普教育、民族团结、热爱生命等思想放到设计、布馆中，力争通过参与多类互动项目普及地震科普知识，展馆展项必须具有强趣味性、教育性、仿真性、科技性、智力开发性。

④强调展示空间与陈列内容的一致性，每部分与每部分间的连贯性，各个部分在轻重主次上有区别，通过艺术造型空间的加工和科学合理的策划布局，充分突出各个部分所要表达的精神内涵。

⑤强调厦门的地域特色、地质条件、厦门经济特区对防震减灾这块的重视，使展馆成为地震科普展览馆的典型代表。

（4）表现形式

本馆在布展上以高科技声光电模型、模拟体验、场景复原为主，以图片、文字说明为辅，突出互动性、高科技性、人性化，让参观者从视觉、听觉、触觉等多种感官感受中达到"直观体验"、"深刻认知"的效果，从而更进一步地"学习实践"、"积极投入"。布展中将主题贯穿全馆，动静结合，科技含量高，方式新颖，以下为本馆的几种主要表现形式：

①场景再现

场景一般是指电影、戏剧作品中的各种场面，由人物活动和背景等构成情景，别样情景在生活中总能令人留下深刻的印象和感受。在近年来，场景也已经成为了展馆展示中必不可少的表现形式，它能够全面真实地反映事件发生的可见环境。一个场景的好坏决定了展馆所要传达的主题精神是否到位，给人带来的心灵感受强弱效果以及展馆给观众留下的印象深浅。

本馆将根据展馆主题的需求，重现地震后的多种情景（如图6-4所示），给人震撼的感官冲击力，从而传达本馆的精神实质。

图6-4　情景再现照片

②多媒体技术

多媒体技术是利用对文本、图形、图像、声音、动画、视频等多种信息综合处理、建立逻辑关系和人机交互作用的技术。随着多媒体技术的成熟与普及，展览展示也进入了数字时代。文化、艺术与科技的交融、渗透，成为现代展示手法的领先代表、趋势标志。知识性、参与性、娱乐性的互相结合，成为现代展示方式的先进理念，可以充分地延伸观众的思维。

本馆将通过高科技立体显示技术、投影智能互动、虚拟魔幻、无缝融合拼接、触控、全息投影、幻影成像等多种多媒体技术相结合的形式，生动全面地展示地震科普知识，使观众能够亲自体验到地震给人们带来的真实感受，如图6-5所示。

图6-5　多媒体技术照片

③高科技互动模型

模型是所研究的系统、过程、事物或概念的一种表达形式，也可指根据实验、图样放大或缩小而制作的样品。在现代展览展示手法中，模型已经不再是单一的样品，而更多的是结合了声、光、电等技术的智能科技展品，具有更多、更系统、更人性化的功能。

本馆通过模型展项，可以更为直观生动、全面、系统地讲解所要展示的地震科普知识，让观众体验到别有生趣的学习方式。

简而言之，本馆将通过实物、模型、场景、多媒体技术等主要表现形式，辅以文字、图片等传统表现形式，配合声光电技术，加上富有创意的科学合理的策划布局，突出重点，在保证视觉效果的基础上，强调寓教于乐的展示手法，将地震科普知识用生动有趣、丰富易懂的形式传播给大众，传播给青少年。

（5）观后效果

在设计中要求本馆的整体展线呈"直观体验性——正确认识——学习实践——观念树立"的排列形式，最终是为了达到以下观后效果：

①增强珍爱生命的意识。通过增强对地震知识和地震给人类带来的毁灭性灾难的认识，使广大市民树立无论遇到多大的艰难险阻都要坚持自救互救，永不放弃的信心。②培养保护生命的能力。通过模拟地震的发生，培养各种自救互救能力，明确如何在灾难中学会自救互救，更重要的是使青少年学会关爱身边每一个人。③激发热爱生命的责任感。通过防震减灾的知识宣传，培养青少年对社会、国家的责任意识。④树立居住环境的安全感。通过各种地震知识的学习，使民众了解自身居住环境的地震安全性，树立地震安全感。⑤增强战胜地震灾害的信心。了解各级政府为地震安全所做的努力，尤其是厦门市政府重视地震安全工作，建立健全各种法规，制订相关政策，组建地震应急救援队并具备一定的应急救援能力，为广大市民战胜地震灾害树立信心。

（6）建设目标

①创建一个普及防震减灾知识的专业科普教育基地，该基地的建设将以21世纪的科学教育理论、科普发展理论和现代展示设计理论为依据；

②创建一个以场景再现、实物模型、模拟体验和智力开发为骨架，以现代化数码技术为血脉，相互渗透，相互交融，共同构建的现代科普展示馆；

③创建一个内涵一流、展示一流，融科学、教育、文化为一体的厦门市防震减灾科普游览展示体验中心；

④一个具有知识性趣味性和防震减灾工作创新、互动开发的创新平台。

5. 建设意义

①普及地震、防震、自救、互救等知识，开展全民科普教育。②体现国家对防震减灾工作的重视，展示相关部门防震减灾的主要工作内容，增强全社会防震减灾意识。③展现中华民族抗震救灾斗争中表现出来的爱国主义精神和国际社会的互助精神，以及勇敢、坚韧、博爱、团结的高尚情操，具有爱国主义教育作用。④提升市民对祖国大好河山和家乡的热爱，建设影响面广、专业水平一流的科普展馆。

根据《国务院关于进一步加强防震减灾工作的意见》的文件精神，各地政府应当建立防震减灾宣传教育长效机制，加强防震减灾科普宣传，推进防震减灾科普教育基地建设。进一步加快防震减灾科普专业知识普及工作，加强厦门市防震减灾科普专业场馆建设是厦门市防震减灾工作落到实处的直观表现，也是厦门市政府关心重视市民民生的重要体现。它是利国利民、稳定社会的重要举措，该项目所产生的社会效益和经济效益都是可见且长远的，对厦门的可持续发展有着重大的意义。

因此，建设厦门市防震减灾科普展览馆项目是势在必行的重要事项。

（十）取得的成效

通过多年来的不断努力，防震减灾知识得到了广泛的宣传。

每年派专业技术人员到学校、企业、机关事业、部队、社区等单位进行地震知识讲座，历年来受众达十万多人次。

历年地球科普教育基地接待中小学生和市民累计达 7 万人次，组织地震科普夏令营几十次。

累计到社区发放防震减灾宣传资料 200000 多份。每年"7.28"唐山地震纪念日举行全市防震减灾宣传专栏评比活动。

充分发挥网络的作用，厦门市地震局网站和福建省数字地震科普馆自开通以来，点击率很高。

第五节　建设工程抗震设防服务

2010 年国务院召开了全国防震减灾工作会议，在《国务院关于进一步加强防震减灾工作的意见》中明确指出，到 2020 年，城乡建筑、重大工程和基础设施能抗御相当于当地地震基本烈度的地震。为了达到这一目标，除了对不满足这一抗震设防要求的建（构）筑物进行必要的加固改造，监督新建的建（构）筑物达到抗震设防要求之外，建（构）筑物所处的工程地质条件（应当包含土层的地震反应特征）也要仔细勘察。国内外震害实例表明，许多活断层带上的建筑物在地震时遭到了十分严重的破坏，而离开活断层的建筑则相对安全得多。因此，为使城市建（构）筑物不至于在地震断层的错断中遭受破坏，从地震地质和工程地质的角度为建（构）筑物抗震设防提供服务是十分必要的，也只有这样才可真正称为"地下清楚，地上结实"。

本节重点介绍厦门市通过地质构造、工程地质条件（应当包含土层的地震反应特征）的探测和研究，为城市建（构）筑物、农居等规划、选址提供相关的抗震设防服务。

一、城市活断层探测和地震小区划

近年来，全国市县地震部门广泛开展的城市活断层探测和地震小区划研究工作，为城市建设工程抗震设防、震害预测和地震研究提供了基础资料，取得了明显的实效。

（一）城市活断层探测

厦门市地震局已于 2001 年完成了城市活断层探测。开展城市活动断层探测进而进行地震危险性评价，重点是探明城市地下存在的活动断层的分布、走向、倾向和倾角、破碎带宽度、发育和演化历史、最新活动年代、活动性质、古地震事件和位移量等指标，并预测活动断层的潜在地震危险性与危害性。探测报告以专题说明和活断层分布图、城市区域地震构造图，综合地球化学和地球物理探测剖面图，城市钻孔资料等探测成果展示出来。

城市活断层探测及其科学认定为城市规划、建设、重要工程设施选址、抗震设防和地震应急措施及救援预案制定等提供了基础资料和科学依据，提高了对城市活动断层危害的预见性。对于提高抗御地震灾害的能力和中长期地震预测预报的水平具有积极的科学意义，能有效减轻地震灾害对社会经济的冲击和影响，具有较好的经济、社会和科学效益。

厦门市活断层分布图为厦门市建设工程、农居抗震设防服务，具体体现在以下工作和工作部门领域（表6-1）。

表 6-1　厦门市活断层分布图为厦门市建设工程、农居抗震设防服务的领域

序号	服务部门	服务的领域
1	城市规划	城市规划是政府指导调控城市建设与发展的重要手段。厦门市活断层的分布及其性质，可作为对城市规划有重要影响的基础资料应用于城市规划中。在具体工程项目规划中，对重大工程、生命线工程和可能发生地震次生灾害的工程安排应尽量避开活断层。是编制城市安全规划的重要资料。
2	国土利用	是编制厦门市地质图和第四纪地质图的重要地震地质资料；该探测工作中大量的钻孔资料可作为地质灾害评价的分析数据；是编制和实施国土利用规划的基础。
3	生命线建设	对穿越活断层的水、电、气、道路（轻轨）、桥梁及车站应采取相应的工程措施，以防地震断层错动和活断层的不断活动造成生命线工程的损坏。

续表

序号	服务部门	服务的领域
4	城市建设	通过地震危险性和危害性评价，可进一步划定建设场地危险等级；为重要建筑物的选址提供初步的地震地质构造资料；可按照建筑抗震设计规范的要求与建设工程的重要性，由有关部门依据本报告确定对活动断层的避让以及采取必要的安全措施。
5	水利建设	可为厦门市的水利工程提供断层位置和活动年代，便于采取避让或抗震加固措施；为探明和合理利用地下水提供研究资料。
6	防震减灾	为防震减灾规划、城市综合防御提供了基础的地质构；为重要工程场地的地震安全性评价提供了地震地质资料；为地震监测台站布设提供依据。
7	其他方面	活断层探测资料可为发展改革、招商引资重大项目提供较详实的地震地质以及工程地质基础资料；可为电力、交通等有关部门布设线、路管提供帮助；还可为工程勘察、设计单位提供初步的地震地质、工程地质等基础资料。

（二）地震小区划

中国地震局进行的"大区划"是按活动断裂带划分地震区和地震带，而地震"小区划"则主要是在城市地质构造图（含活断层分布、地层岩性及地质构造发展史）的基础上，注重工程地质条件和分区，包含土层地震反应特征、地震危险性分析、地震破坏作用等重点内容，以地震动参数小区划和地面破坏小区划成果形式给出。地震小区划的目的是为城乡及工矿企业等土地利用规划的制定提供基础资料，为城市和工程震害的预测预防、抗震救灾措施的制定提供技术支撑，为地震小区划范围内的一般建设工程的抗震设计、加固提供设计地震动参数。

2001 年完成的《厦门市震害预测及减灾对策研究》中对厦门市进行了地震小区划研究。其工作内涵及其意义主要有：

1. 厦门市地震小区划是在地质图基础上，注重断裂构造的格局和分级以及相互的时代关系，注重地层岩性展布规律和工程地质分区，对全市区域范围内地震安全环境进行划分，预测全市范围内可能遭遇到的地震影响程度及其分布，包括设计地震动参数的分布和地震地质灾害的分布。

2. 该地震小区划是针对具体场地开展更加深入细致的专项工作，不仅针对性更强、考虑的因素更多，而且精度要求也更高。与全国地震区划相比，厦门市地震小区划具有以下特点：

①地震小区划首先是按照断裂构造的分布及其时代关系划分构造单元；其

次，再按照地层岩性的分布划分场地工程地质单元，特别要注意局部场地不同的工程地质条件对地震破坏作用的影响。

②地震小区划更为详细地研究周围地震活动环境、地质构造环境，分析近场区范围内的地震活动特征、鉴定活动构造的活动性质。

③进行详细的地震危险性分析，并把地震环境和场地条件密切地结合起来，选择适合分析的计算模型，进行土层地震反应分析。

④区分不同的地震破坏作用，对地面断裂错动、滑坡、崩塌、地基土液化和软土震陷的地震地质灾害进行评价。

⑤编制比例尺远大于全国地震区划图件。

3. 厦门市地震小区划的目的是为各区及其沿海区域、厂矿企业、经济技术开发区等土地利用规划的制定提供基础资料；为厦门市和工程震害的预测预防、救灾措施的制定提供技术支撑；为地震小区划范围内的一般建设工程的抗震设计、加固提供设计地震动参数。

二、厦门市及其邻近地区潜在震源区的划分

潜在震源区是指可能发生破坏性地震的地区。潜在震源区的划分是地震危险性分析工作的前提条件，划分原则主要有两条，即：历史地震的重演原则和构造类比原则。

在具体划分潜在震源区时，以上两条原则是综合应用的。这两条原则既注意到了强震活动的重复性，也考虑到了强震活动的新生性。

（一）强震发生条件

破坏性地震的孕育是与特定的构造条件相联系的，通过对区域的地震活动特征、地震构造等的综合分析，得到本区地震发生条件为：

1. 7.5～7.75 级地震发生条件

（1）北北东—北东向走滑断裂带；

（2）晚更新世以来活动的断裂或发生过 7 级以上地震的断裂带，微震密集活动的断裂带；

（3）具有斜列状结构的走滑断裂带、断裂的交汇部位。

同时满足上述三个条件的地区具备孕育发生 7 ～ 7.5 级地震。

2.7 ～ 7.5 级地震发生条件

（1）晚第三纪以来大型隆起与拗陷的交接地带；

（2）规模较大的晚更新活动的北北东—北东向断裂带与晚更新世以来活动的北西向、东西向断裂交汇部位。

3.6 ～ 6.9 级地震发生条件

（1）具备 7 ～ 7.5 级地震发生条件的地区；

（2）晚更新世以来具有明显活动的北西向或近东西向断裂、单条断裂规模达数十公里；

（3）北西或东西断裂控制的盆地内或盆地边缘；

（4）晚更新世以来活动断裂交汇部位。

（二）潜在震源区的划分

采用福建省惠安核电厂厂址地震地质详细调查与安全性评价报告结果，及近期福建沿海重大工程场地地震安全性评价结果，还有近年来新增加的地震活动资料（1994 年台湾海峡南部 7.3 级地震和 1997 年永安小陶 5.2 级地震），对原先的厦门—汕头重点区潜在震源区划分图作适当修改和补充。现将主要的潜在震源区分述如下：

1. 福州潜在震源区

该潜在震源区为北北东向长乐—诏安断裂与北西向闽江断裂交汇的地区，第四纪福州断陷盆地位于其中。福州盆地周边的北西向断裂延续活动到晚更新世以后。这组断裂的长度不大，一般长 20 km 左右，多为张扭性断层，历史上已发生地震的最大震级为 $5\frac{3}{4}$ 级，根据上述条件将该潜在震源区划分震级上限为 6 级的潜在震源区。

2. 泉州湾潜在震源区

该潜在震源区位于湄洲湾—泉州湾一带。区内北东向的艮乐—诏安断裂带断裂为早第四纪活动断层，某些地段有 $4\frac{3}{4}$ ～ 5 级地震活动。如 963 年泉州 $4\frac{3}{4}$ 级地震，1538 年晋江的 $4^3/_4$ 级地震、1691 年晋江的 $4^3/_4$ 级地震，1596 年洛阳镇的 $4^3/_4$ 级地震，1937 年莆田附近的 5.0 级地震，最大的是 1607 年的泉州湾 $5^1/_4$ 级地震。根据上述地震活动标志，该区震级上限定为 6.0 级。

3. 九龙江断裂潜在震源区

福建沿海大陆内部满足上限 7 级潜在震源区的地震地质条件的地区只有九龙江断裂带。

九龙江断裂带走向为北西西至东西向，在本区北西西向近水平主压应力和北北东向近水平主张应力为代表的构造应力场的作用之下，断裂将发生正断或正兼走滑的活动。该断裂隐伏在平原和海湾之下，地质地貌推测为晚更新世以来活动断裂，发生过 1445 年 $6^1/_4$ 级和 1185 年 $6^1/_4$ 级漳州地震，近期小震活跃、密集、成带分布。断裂带总长约 110 km，大致可分为漳州段、九龙江段和厦门—金门南缘段三段呈斜列分布，各段长度约 40 ～ 60 km。根据震级上限确定的地震地质条件的规定，将九龙江断裂带潜在震源区的震级上限确定为 7 级。

4. 滨海断裂潜在震源区组

区内符合 7.5 ～ 8.0 级潜在震源区地震地质条件的地区只有滨海断裂带。

滨海断裂带走向为北北东—北东，在北西西向近水平主压应力和北北东向近水平主张应力为代表的现代构造应力场的作用下，该断层为逆兼走滑断层的运动性质。人工地震测深资料表明该断层错断了第四纪早期的地层，断裂带上地震活动频繁，尤其是区内最大的 1604 年 $7^1/_2$ 级泉州海外地震；1600 年 7 级、1918 年 7.3 级南澳海外地震就发生在该断裂上，近期微震活动密集成带表明该断裂是一条多期活动，现代仍在活动的断裂带。

地球物理资料显示该断裂是一条切穿地壳的断层带。断裂以东是台湾海峡拗陷带，以西为大陆隆起区，在福建沿海该断裂由四条次级断裂余列组合而成。自北而南是平潭海外断裂、泉州海外断裂、金门海外断裂、东山海外断裂等。向南延伸为广东南澳海外断裂，上述四条断裂长度分别为 60 ～ 120 km 左右。根据断层长度和震级关系式，将上述规模为 $K=100$ ～ 120 km 的泉州海外断裂段、金门海外断裂段划分为两个震级上限分别是 8.0、7.5 级的潜在震源区。平潭海外断裂段和东山海外断裂段，规模小，长 60 ～ 70 km，划分为震级上限为 6.5 级、7 级的潜在震源区。

5. 台湾海峡浅滩南缘潜在震源区

该潜在震源区位于台湾海峡南部浅滩南侧的台西南盆地，为北东东向义竹断裂和近南北向澎湖水道断裂的交汇区。义竹断裂的西北侧为水深 20 ～ 50 m 的等深线，东南侧为水深 100 ～ 1000 m，地势走向北东东，是台湾海峡南缘重力、磁力梯度带。历史上于 1929 年发生过 6.5 级强震，1966—1972 年还陆续发生 4 次 5.3 ～ 5.5 级地震，1994 年 9 月 16 日在该区发生了 7.3 级大震，发震断裂走向为北东 63°，据此，该潜在震源区的震级上限定为 7.5 级。

6. 永安—龙岩潜在震源区

该潜在震源区近期小震频繁，永安小陶的张家山于 1997 年 5 月 31 日发生了 5.2 级地震，且小震活动成巢出现。野外调查表明，永安—晋江断裂从潜在震源区的北端通过，且有北东向，北西向在区内交汇。永安小陶地震就发生于这些断裂控制的断块构造差异活动明显的山地地带。根据上述地震地质和地震活动特征，将震级上限确定为 5.5 级。

三、厦门市地震危险性分析

抗震设防（风险水平）要求是实现抗震安全与降低成本之间的合理平衡，使有限的投资发挥更大的作用。它根据建筑物的重要性和使用的功能以及引起的次生灾害程度来确定。该项目为厦门市抗震减灾的基础工作，根据国家标准《工程场地地震安全性评价技术规范》（GБl7741—1999）的规定，该项目为地震安全性评价工作等级 II 级。依据《建筑抗震设计规范》（GBJ11—89）要求其建筑要进行"小震不坏，中震可修，大震不倒"的三级设防。其相应的设防概率分别为基准期 50 年超越概率 63%、10% 和 2%。厦门市地震危险性分析即提供这三种超越概率水平的计算结果。

（一）计算结果

厦门市地震危险性概率分析取包括厦门本岛、集美、杏林、海沧等 37 个场点进行概率计算。计算结果列于表 6-2。

表 6-2　厦门市地震危险性分析结果

计算场点			基岩地表峰值加速度（Gal）			地震烈度
			50 年超越概率			
地名	东经	北纬	63%	10%	2%	10%
集美	118.10	24.57	36.22	121.78	255.48	7.2
孙厝	118.01	24.59	34.71	116.70	247.99	7.1
凤林美	118.10	24.59	35.99	120.03	251.04	7.2
潘土	118.08	24.58	35.82	120.00	252.00	7.2
后安	118.12	24.60	36.12	120.15	250.51	7.2
洪塘头	118.13	24.63	35.81	117.86	243.82	7.1
潘涂	118.14	24.65	35.75	116.66	239.30	7.1
杏林	118.05	24.58	35.51	119.63	252.76	7.2
高浦	118.04	24.56	35.62	120.47	254.89	7.2
马銮后尾	118.03	24.56	35.51	120.37	255.44	7.2
石厝	118.01	24.58	34.92	117.79	250.60	7.1
锦园	118.02	24.59	34.80	116.81	247.64	7.1
西亭	118.05	24.60	35.06	117.18	246.87	7.1
洪村霞鹭	118.03	24.64	34.18	113.14	237.42	7.1
苏厝	118.04	24.63	34.48	114.19	239.23	7.1
东安	118.06	24.63	34.83	115.47	241.66	7.1
东圃	118.07	24.64	34.66	114.16	237.43	7.1
海沧	117.97	24.45	36.13	124.41	264.46	7.2
院前	117.97	24.48	35.60	122.28	261.29	7.2
温厝	118.00	24.48	36.06	123.81	263.12	7.2
贞庵	118.02	24.45	36.68	126.35	267.02	7.2
东屿	118.03	24.48	36.51	125.39	265.19	7.2
锤山	118.02	24.49	36.22	124.20	263.27	7.2
石塘	118.04	24.50	36.32	124.34	263.07	7.2
鳌冠	118.05	24.52	36.23	123.54	261.01	7.2
霞阳	118.01	24.54	35.56	121.07	257.48	7.2
多共屿	118.02	24.47	36.55	125.78	266.09	7.2
嵩屿	118.04	24.46	36.93	127.07	267.81	7.2
厦门	118.09	24.47	37.59	128.92	270.07	7.3
鼓浪屿	118.06	24.45	37.31	128.36	269.75	7.3
机场	118.12	24.54	37.05	125.26	261.98	7.2

计算场点			基岩地表峰值加速度（Gal）			地震烈度
			50年超越概率			
地名	东经	北纬	63%	10%	2%	10%
湖里	118.11	24.52	37.23	126.41	264.60	7.2
东渡	118.07	24.49	37.08	126.94	266.86	7.2
南普陀	118.09	24.44	37.93	130.35	272.45	7.3
钟宅	118.13	24.53	37.43	126.70	264.52	7.2
何厝	118.20	24.49	39.17	132.68	274.52	7.3
柯厝	118.15	24.47	38.72	132.21	274.66	7.3

1. 地震烈度

厦门市 37 个场点基准期 50 年超越概率 10% 的烈度计算值在 7.1 ～ 7.3 度范围内（表 6-2），经综合判定其基本烈度为Ⅶ度。

2. 基岩地表水平峰值加速度

基岩水平峰值加速度衰减关系，配合地震带的地震活动性参数、各潜在震源区的几何参数、断层走向和地震活动性参数进行计算，得到 37 个场点 50 年超越概率 10% 的基岩水平峰值加速度（表 6-2），从北西的 113 Gal 向东南逐渐增加至 132 Gal。

3. 基岩地震相关反应谱

采用上述的基岩水平加速度反应谱衰减关系，配合地震带的地震活动性参数、各潜在震源区的几何参数、断层走向和地震活动性参数进行计算，得到 50 年超越概率为 63%、10% 和 2% 的基岩地震相关反应谱（即基岩加速度反应谱）谱形参数如表 6-3。

表 6-3　基岩地震相关反应谱谱形参数（Gal）

周期	基准期50年超越概率		
	63%	10%	2%
6.0000	7.1230	14.8210	26.2170
5.0000	7.5910	18.1620	32.7630
4.0000	10.1380	24.1940	46.0790

续表

周期	基准期 50 年超越概率		
	63%	10%	2%
3.6000	10.8240	27.4920	54.2430
3.2000	12.3000	33.8610	67.5530
2.4000	18.8620	60.3440	120.6280
2.2000	22.1180	71.1100	143.5600
1.2000	38.6860	139.7370	312.8560
1.0000	40.5240	155.1170	341.3180
0.9500	44.2510	156.8050	351.6750
0.8500	48.1790	167.4060	369.4450
0.7500	59.9700	196.4040	401.1980
0.6500	67.9600	220.0130	447.5820
0.5500	69.4530	229.3630	472.8450
0.4600	78.9540	270.4590	564.0910
0.4200	87.2000	282.4540	575.4200
0.3800	93.6170	296.4670	591.0890
0.3400	93.7840	295.1890	585.4960
0.3000	87.2590	288.0260	573.3400
0.2600	81.6370	282.7950	562.7520
0.2200	91.1310	297.2960	578.1090
0.1900	100.2190	305.8750	582.2400
0.1700	85.5370	284.1400	553.2170
0.1500	81.0280	271.9870	535.4900
0.1300	77.8570	260.7330	518.0890
0.1100	65.0140	214.5480	429.8370
0.0850	55.0700	194.2730	404.0670
0.0750	44.4510	160.0770	339.4440
0.0650	42.5440	152.2080	320.8430
0.0440	37.4130	192.9330	271.8130
裸露基岩加速度（Gal）	37.4660	128.3190	269.0460

4. 主要潜在震源区的危险贡献

主要潜在震源区的危险贡献见表 6-4。

表 6-4　主要潜在震源区的危险贡献

年超越概率　　　烈度 潜在震源区	5.0	6.0	7.0	8.0
九龙江潜在震源区	0.005780	0.002820	0.001160	0.000209
金门海外潜在震源区	0.003710	0.002230	0.001100	0.000072
泉州海外潜在震源区	0.002890	0.001740	0.000716	0.000042

（二）结果分析

1. 地震烈度是指某一地区的地面和建筑物遭受一次地震影响的强弱程度，它只为设计部门提供一个粗略的简便指标作为抗震设计参考。厦门市的基本烈度定为Ⅶ度，一般的民房可将其作为设防烈度，但高层建筑和重要工程要慎重。

2. 从表 6-4 可见对厦门市影响最大的是九龙江 7.0 级潜在震源区，其次是金门海外 7.5 级潜在震源区和泉州海外 8.0 级潜在震源区，并且这些均为高震级的潜在震源区，从而影响反应谱的形状和地震动的持续时间。由地震危险性分析得到的反应谱的形状呈高而胖，基岩水平加速度时程持时也较长。

3. 基岩地表水平峰值加速度分布（表 6-3）表明，在同一超越概率水平下，厦门本岛及海沧的基岩水平峰值加速度值比集美、杏林等地的大。特别是厦门本岛东部 50 年超越概率为 10% 的基岩水平峰值加速度可达 143 Gal，比集美北部的大 30 Gal，其原因是厦门本岛更靠近金门海外潜在震源区。

四、厦门市地震动参数分区

地震动或地面运动是地震时由震源以一定幅射方式通过地壳介质传播的地震波在地表或地下浅层产生的介质强烈振动，而介质的强烈振动作为地表结构物的基底输入对其产生作用，从而导致结构的振动反应，当振动效应超过结构的抗御能力时便发生结构震害。宏观地震震害调查及强震观察观测资料的分析结果表明，影响地震动的主要因素包括震源机制、地震波传播路径和场地条件三个因素，地震动参数分区则是在综合考虑各种影响因素的基础上，对未来一定时期内的地震动参数做出估计，并给出场地区内地震动参数在空间上的分布，为建筑规划、震害预测和抗震设计提供依据。

在之前的地震地质构造背景、地震活动性及地震危险性分析等研究基础上，计算得到的基岩地震动加速度峰值和反应谱值，包含了震源和地震波传播路径对场地地震动的影响；进一步考虑局部场地地质条件的影响，进行场地土地震反应计算，以及地震动参数分区。本章节场地地震动参数分区在以建筑场地类别分区的基础上，考虑在不同强度的基底地震动输入作用下，依据不同场地类别土层结构的差异分别确定表征地表地震动特征的动力参数，即地表水平峰值加速度和地震动反应谱周期。

（一）地震动参数确定方法的基本思路

目前工程中场地地震动参数确定的方法可分为两类。一类是建筑抗震设计规范相对应的统计方法，另一类是地球表面局部场地地震反应分析方法。

地球表面局部场地地震反应分析方法的基本思想是：

1. 利用地震危险性分析所给的自由基岩表面地震动相关反应谱相对应的地震动加速度时程确定场地反应计算中的计算基底输入地震波时程；

2. 建立与工程场地相对应的场地计算力学模型。对局部场地介质分层界面、下卧基岩面及地表面较为平坦的场地，可以建立一维场地计算模型；对于土层界面、卜卧基岩面及地表面沿一个水平方向起伏较大而沿另一个水平方向较平坦的场地，可以建立二维场地计算模型；

3. 利用数值动力反应分析方法，求解工程场地对应的力学模型在已知基底入射波情况下的反应，并给出场地地表或地下任一深度处的地震反应时程用相关的（加速度）反应谱或其他有关的反应量；

4. 由于场地地震反应计算中，计算基底入射波时程是利用人工地震动合成技术给出的，每一人工合成的地震动时程均只能看作是相关反应谱相对的时程中的一个样本。要使得场地反应计算结果的可靠性更大，在场地地震反应计算时，应利用多条时程作为计算基底入射波时程。为此，计算出每一样本入射波时程对应的场地地震反应量后，在确定场地地表面或某一深度处的设计地震动参数时，还需对计算结果予以综合评判，以给出场地相关反应谱及相对应的地震动。

（二）厦门市基岩加速度时程的合成

为了计算场地土层地震反应，必须有基岩加速度时程，作为计算场地土层地震反应的输入。根据抗震设防三个水准和建筑设计抗震规范的有关规定，以地震危险性分析得到的基岩加速度峰值和反应谱作为目标谱，用三角级数迭加方法合成相应的地震波。在合成过程中采用逐步逼近目标函数的方法，使合成的加速度时程精确满足基岩加速度峰值，并近似满足基岩加速度反应谱，其相对误差小于容许误差（取＜5％）。

本节取不同场地类别及场地土类型的50年超越概率为63％、10％、2％三种概率水准（相当于抗震设防三个水准）基岩反应谱（参见本节三厦门市地震危险性概率分析结果），合成不同相位三条基岩加速度时程作为厦门市场地土地震反应计算时的地震动输入，进行场地土层地震反应分析。

（三）厦门市地震动反应结果及分区

通过全面调查厦门市场地土特性、覆盖土层厚度、建筑场地类别等场地条件的情况下，采用一维剪切波理论计算不同场地在不同地震输入下的地面加速度反应谱。参考国家地震局工程力学研究所《厦门市地震动小区划研究报告》和厦门市工程地震研究报告有关成果，补充集美区、杏林区部分地区典型钻孔土层地震动反应计算结果，同时考虑与《建筑抗震设计规范》（GBJ11—89）衔接，按建筑场地类别及场地土类型进行厦门市场地地地震动参数分区，分成Ⅰ类区、Ⅱ类中硬土区、Ⅱ类中软土区、Ⅲ类区等四个区，并确定这四个分区三种50年超越概率63％、10％、2％水准（相当于小震、中震、大震）的场地地震动参数设定值（加速度峰值和特征周期）。

其各分区参数设定值见表6-5。

表6-5　厦门市场地地地震动参数（A_{max}、Tg）设定值

参数＼50年超越概率 场地类别	63％		10％		2％	
	A_{max}（g）	Tg（g）	A_{max}（g）	Tg（g）	A_{max}（g）	Tg（g）
Ⅱ类（中硬土）	0.049	0.36	0.147	0.40	0.285	0.40
Ⅱ类（中软土）	0.045	0.50	0.144	0.55	0.276	0.55
Ⅲ类（软弱土）	0.042	0.55	0.123	0.60	0.242	0.60
Ⅰ类	0.038	0.25	0.130	0.30	0.275	0.32

注：表中 A_{max} 即 GBJ11—89 规范中地震系数 K，T_1=0.1 s，β=2.25，c=0.9。

厦门市地震动参数分区具体大致范围如下：

Ⅰ类区：为裸露基岩和主要分布在厦门的山地（仙岳山、云顶山、王台山、

曾山、天马山、蔡尖尾山等）及残山丘陵区（如东芳山、万石岩、虎山、薛岭山、河南山等）。这是由花岗岩或火山岩组成的坚硬场地土的山地丘陵分布范围或覆盖层厚度小于9米的残积土及冲洪积土层组成的山麓地带。在基本烈度下（50年超越概率10%）地表地震动加速度峰值为130 Gal，特征周期为0.3 s。

II类中硬土区：为厦门工作区的广大地区，主要分布工作区的冲洪积II级阶地（红土台地）或山麓坡洪积地带，其土层主要为冲洪积或坡洪积砂质粘土及残积砂质粘性土。在基本烈度下（50年超越概率10%）地表地震动加速度峰值为147 Gal，特征周期为0.4 s。

II类中软土区：主要为冲海积I级阶地或近海滩涂地带，如厦门江头、海沧新阳、杏林前场、集美后溪村。在基本烈度下（50年超越概率10%）地表地震动加速度峰值为144 Gal，特征周期为0.55 s。

III类区：主要分布在厦门筼筜湖一带、杏林南端海边滩涂地带及集美中学西侧一带。这些地带都是全新统淤泥层厚度较大的分布地带，场地土均为软弱场地土，覆盖层厚度在9～80 m之间。在基本烈度下（50年超越概率10%）地表地震动加速度峰值为123 Gal，特征周期为0.60 s。

五、厦门市工程地质条件及分区

众所周知，地震震害的强弱程度和空间分布特征，除了地震作用外，还明显与地震区内工程地质条件密切相关。它包括场地的地形地貌特征、第四纪地质、水文地质条件，以及场地土类型和场地类别等因素。为了进行地震地质灾害小区划分，必须对上述工程地质条件开展相应的调查研究，为地震地质害灾小区划分奠定基础。

（一）地形地貌特征

厦门市及邻近地区的地势和地貌总体趋势由西北向东南倾斜，西北部与同安县、长泰县交界，中低山屏立，海拔高度一般为500～900 m，针顶尾山为本区最高山峰，海拔高度963 m，其中低山、丘陵属于福建省戴云山脉向东南延伸的一部分，山势走向大多受地质构造控制为北北东、北西和近东西向；中部地势比较低平，主要为丘陵、台地，海岸平原和滩涂，海湾伸入陆地；南部地势较高，部分地区为丘陵，云顶岩海拔高度339.6 m，为厦门岛的最高点。因此，厦门地区地貌总体形态是西北、东南面环山，中部低平呈鞍形地貌景观。

根据本区地貌类型、形态和成因，可将厦门地区分为几种主要地貌类型：

1. 构造侵蚀地貌

（1）中低山陡坡地貌

主要分布于西部和西北部地区，海拔 500～1000 m，相对切割深度大于300 m，山体走向为北北东、北西向，山体岩石大多为火山岩、花岗岩。在侵蚀—剥蚀和切割作用下，沟谷呈"V"型谷，部分低山为断块山，如针顶尾山（963 m）、天柱山（933 m）、大帽山（794 m）。

（2）构造侵蚀高丘陵

大多分布低山边缘和南部地区，海拔高程 200～500 m，高丘陵分布受构造和岩性影响均较明显，为北东、北西向，近东西走向，坡度为 20～30°。由花岗岩形成的呈孤丘状，其石蛋地貌、石柱、风动石及倒石堆屡见不鲜。由火山岩构成的多呈浑园状，坡度和缓；风化土层厚，如文圃山（422.2 m）、天马山（394.2 m）、仙岳山（212.7 m），在海沧的蔡尖尾山（339.6 m）等。该类型地貌主要受北东、北西或近东西向断裂构造控制。差异活动不明显，外营力的侵蚀作用较强烈，沟谷发育。

（3）构造侵蚀低丘陵

主要分布高丘陵边缘，山间盆谷周围，或红土台地上孤丘，海拔高程 50～200 m，切割小于 100 m，山坡和缓，一般为 10°～20°。低丘陵大多由花岗岩构成，局部由火山岩构成，受构造节理裂隙控制，使低丘陵多呈北东、北西走向或孤立小丘，沟谷短浅，沿海岸可见海蚀崖和海蚀洞穴。如仙洞山（142 m）、园山（116 m）、香山（50 m）等。

因岩性不同，又可分为花岗岩断块侵蚀低丘陵和火山岩断块侵蚀低丘陵二类：

①花岗岩断块侵蚀低丘陵

面积较大，主要分布在厦门岛的东部及东北部的五老山、东坪山、龙山、虎仔山、鼓浪屿的目光岩及海沧地区的新娘山、太平山等地。山体受北东及北两向断裂—断块构造控制较明显，山坡陡峻，坡度一般为 15°～22°，局部可达25°～28°。由于受外应力的强烈侵蚀作用，沟谷深切，山顶起伏不平，奇峰怪石遍布，海蚀崖、柱及海蚀洞穴发育。

②火山岩断块侵蚀低丘陵

见于筼筜西北侧狐尾山—仙岳山一带及嵩屿的京口岩山等地。该丘陵亦受北东及北两向断裂构造所控制，由于其岩性软弱易风化，多形成陡坡缓顶的馒头状或垄状低丘陵。

（4）海蚀阶地

由于晚更新世以来，厦门地区的新构造运动以整体间歇性升降活动为其主要表现形式，因而阶梯状地形发育明显，按分布高度可划分为一、二、三级海蚀阶地。

①三级海蚀阶地

高度：$25 \sim 50$ m，多由基岩组成，主要分布于低丘陵外围的山麓地带，如曾厝安、文灶、龙山、金山、薛岭山、虎仔山、七星山、东渡、毕架山、石塘、嵩屿、贞庵等地。阶地若是由花岗岩组成的，阶面多起伏，块石峥嵘，有海蚀柱及其他海蚀痕迹的发育，其形成时代为晚更新世早期（Q_{1-3}）。

②二级海蚀阶地

高度为 $15 \sim 25$ m，大多由晚更新世早期堆积物组成，主要分布于三级阶地的外围及厦门岛的北部、杏林、石塘及嵩屿等地。局部则由基岩组成，如鸡屿、鼓浪屿、火烧屿、虎屿、中屿等地，阶面平坦，略向海面倾斜，有的阶地面上有基岩残丘或海蚀柱，屹立于阶面上。其形成时代为晚更新世晚期（Q_{2-3}）。

③一级海蚀阶地

高度为 $5 \sim 15$ m，分布于二级阶地的外围地区，多由晚更新早期或晚期的堆积物组成；在海岸带或海中小岛则多由基岩组成如英厝。阶面平坦，微向海面倾斜，其形成时代为全新世早期（Q_{1-4}）。

④海蚀平台

高度为 $2 \sim 5$ m，分布零星，见于高崎、何厝等地。由全新世早期或晚更新世早期堆积物组成，其形成时代为全新世晚期（Q_{2-4}）。

此外，在基岩海岸的高潮线附近或潮间带，还有由现代海浪动力作用所塑造的浪蚀平台和石质海滩。

2. 堆积地貌

本区堆积地貌可分为山间浅谷堆积、山坡堆积、海积阶地，海积平原和河流冲积以及风成堆积地貌等。

（1）山间浅谷

主要分布于低山和高丘陵地区山间谷地。受断裂或裂隙软弱带侵蚀影响，盆谷长轴向带为北东、北西向。盆谷内堆积冲、洪积层为主，土层较厚。如新大坊盆地、湖内盆地、厦门岛西山社盆地等。

（2）沟谷和山坡堆积地貌

这是在丘陵和红土台地边缘地区，由于厚层风化壳受地表流水不断侵蚀下切和溯源侵蚀，所形成的沟谷地貌，如黄厝、塔头、松柏山等地。同时在侵蚀—堆积作用下相继在低山和丘陵的山麓地带，普遍发育有冲、洪积扇和倒石堆分布，如曾厝按、灌口等地。

（3）海积阶地

与前述海蚀阶地一样，海积阶地按其分布高度亦可分为一、二、三级阶地。①三级海积阶地高度为 25～50 m，主要分布在厦门岛东部的仙岳、西郭、塘边及杏林的市尾、卞阳南、洪抗北等地。由晚更新世早期的粗砂、砂质粘土夹炭质淤泥层组成，阶面平坦，后期冲沟侵蚀，多呈阶梯状倾斜，其后缘高度为 50 m。②二级堆积阶地高度为 15～25 m，分布零星，出露面积小，主要见于柯厝东，蔡塘南及后浦等地，由晚更新世晚期砂质粘土夹炭质淤泥层组成，其后缘高度为 25 m。③一级海积阶地高度为 5～15 m，分布零星，主要见于田厝、梧桐、古塘垄、板上、溪头、厦大、文灶、江头、乌石铺、鳌冠西及钟山、洪坑等地，阶面平坦，少受切割。由全新世早期轻亚粘土夹炭质淤泥组成，其后缘高度为 15 m。

（4）海积平原

高度 2～5 m，沿岸线或海湾均有分布，由全新世晚期粘土、淤泥组成，其后缘高度 5 m。在厦门岛东南部沿岸线，如黄厝一带，由粗—中—砂组成的平原面，其后缘高度 5～6 m。此外，在沿岸线的高潮线附近或潮间带，还有正在形成中的由近代砂、粘土、淤泥组成的海滩、砂洲、砂咀、砂堤等。

（5）河流堆积地貌

厦门地区河流短促，河流地貌不发育，比较长的河流只有苎溪发源于后寮仓山，干流长 23 km，流入杏林湾，厦门岛上的河流呈放射状从中部隆起区向四面流入海域。河流冲积层比较薄并且大多在河流入海口附近与海积层交互沉积，形成陆海过渡相间的沉积结构。

（6）风成堆积地貌

主要见于厦门东海岸，系现代砂滩受海洋强风吹扬搬运，就近堆积而成，形态有垄岗状或新月形砂丘，多由细—粉砂组成。砂丘又可分为两种，有的已被植物固定，称为固定砂丘；有的则正在形成，称为流动砂丘。

（7）人工堆积平原

由于建设需要，在厦门地区还有颇为壮观的围海堆填的人工平原。厦门市主要地貌类型及分布面积如表 6-6 所示：

表 6-6　厦门地区主要地貌类型特征表

地貌类型	海拔高度（m）	相对切割深度（m）	面积（km²）	主要分布地区
中低山	500～1000	300～500	38	西北部
高丘陵	200～500	100～300	120	西部、北部厦门岛南部
低丘陵	50～200	30～100	62	西部、北部厦门岛北部
阶地（台地）	5～50	3～30	208	中部、南部厦门岛北部
平原	2～5	1～3	54	中部、筼筜湖一带，钟宅
海滩	0～1	/	67	海湾内部

（二）场地岩石及第四纪地质

1. 场地岩石

区内基岩主要分布于厦门岛东南部的五老山、东坪山、云顶岩一带和筼筜港北侧仙岳山，以及海沧蔡尖尾山、大坪山，同安天马山一带丘陵山区，其岩性主要为：

①燕山期花岗岩类，岩性包括有花岗岩、花岗闪长岩、正长斑岩等；

②侏罗纪火山岩类，岩性主要有凝灰岩、凝灰熔岩、流纹岩、凝灰质砂页岩等；

③变质岩类有片麻状花岗岩、片理化火山岩等。

（1）花岗岩类

包括有燕山早期和晚期侵入岩。燕山早期侵入岩主要见于岛外海大坪山岩体，由片麻状花岗闪长岩、二长花岗岩和片麻状花岗岩组成。岩体长轴为北东70°～80°，岩石多呈中粒结构，普遍发育片麻状构造。燕山晚期侵入岩在厦门地区分布较广，分布于厦门岛东南部称为厦门岩体，岩体长轴呈北北东向带状展布。该岩体由多期次侵入活动构成，从老至新依次是中粒花岗闪长岩、不等粒黑云母花岗岩、中粒花岗岩、不等粒黑云母花岗岩、细粒花岗岩。其中，第三次侵入中粒花岗岩规模最大。其第一次侵入花岗闪长岩 K-Ar 同位素年龄为 113～2 Ma；第三次侵入中粒花岗岩 K-Ar 同位素年龄为 108.2 Ma；第五次侵入细粒花岗岩 K-Ar 同位素年龄为 103.4 Ma。此外，燕山晚期侵入岩还有殿前岩体，分布于厦门岛西北部至杏林，主要是似斑状中粒含黑云母二长花岗岩。其 K-Ar 同位素年龄为 92 Ma。另外区内还分布种类繁多的脉岩，多沿裂隙构造贯入，宽度一米至数米，长度数十米至几百米。脉岩侵入的构造裂隙主要呈北东 30°～50°。脉岩种类有细粒花岗岩脉、花岗斑岩脉、正长岩脉、撕英正长斑岩脉、伟晶岩脉、闪长岩、石英脉，以及最晚期侵入的基性岩脉。

（2）火山岩类

本区火山岩主要是侏罗纪火山碎屑岩和熔岩。其中，下侏罗统梨山组（J_{11}）是本区最老岩层，为一套湖泊细碎屑岩夹陆相火山岩建造，总厚度大于 753 m。它主要分布于仙岳山至嵩屿一线，呈北东东方向带分布。

梨山组岩层分为上、下两部，上部为灰色、灰黑色，风化寸灰白、灰黄紫红色薄层—中薄层细粒石英砂岩、泥岩，夹粉砂泥岩及中粒杂砂岩；中部为灰色、深灰色砂岩、泥岩互层；下部为片理化细砂岩、粉砂岩夹片理化流纹岩、流纹质晶屑凝灰熔岩透镜体。这套地层在嵩屿、火烧屿一带出露较全，其他地区零星分布。

上侏罗纪南园组（J_{3n}）为一套陆相酸性、中酸性火山岩夹火山沉积岩建造，具有明显的喷发—沉积韵律。南园组地层呈 NE 向带状分布于仙岳山、狐尾山、海沧嵩屿一带。主要岩性为流纹质晶屑凝灰熔岩、流纹英安质晶屑凝灰熔岩及凝灰岩夹英安岩、熔结凝灰岩、流纹岩、泥岩、粉砂质泥岩等。南园组总厚度大于 865 m，以细砂岩、砂质泥岩、凝灰质砂岩为主；上段是一套中酸性火山碎屑熔岩，岩性主要是流纹英安质晶屑凝灰岩；中段是浅色酸性火山碎屑岩，出露于嵩屿、鸡屿、东渡、仙洞山等处；下段只出露于海沧，岩性为灰黑、深灰、暗紫色安山岩、英安岩夹火山角砾岩、集块岩及少量粉砂岩、凝灰岩、凝灰熔岩，局部夹流纹质晶屑凝灰岩等。本区未发现白垩纪和下第三纪地层。

（3）片麻状花岗岩、片理化火山岩

此类岩石主要是与中生代晚期闽东南沿海动力变质带发育及展布地带有关，在厦门及其邻地区主要于嵩屿—狐尾山—仙岳山—乌石埔一带呈北东向展布，岩性有片麻状花岗闪长岩、二长花岗岩、花岗岩，以及变质砂岩、云母石英片岩和片理化细砂岩、粉砂岩夹片理化流纹岩等。

2. 第四纪地质

本区第四纪地层发育与本区地壳运动密切相关，早更新世时期地壳运动以上升为主，中更新世时期处于缓慢上升，从而缺失早、中更新统沉积或虽有少量沉积，随后又被侵蚀。

晚更新世时期，本区地壳有过两次升降运动，因而发生两次海水进退，从而沉积了海陆过渡相地层，由它组成三级和二级海积阶地，其后缘达海拔 50 m 和 25 m。

全新世时期本区仍有两次地壳升降波动，形成两次海水进退，从而形成了全新统滨海相地层，第一次海进范围较小，因而该地层分布零星，由它组成一级海积阶地其后缘海拔为 15 m。第二次海进范围较大，因而该地层分布较为广泛，由它组成海积平原高出海面 5～6 m。

现将本区第四纪地层按时代—成因类型相结合原则，进行了系统的划分，自老到新分述如下：

（1）晚更新统早期海陆过渡（滨岸）相地层（Q_1m^3）

该地层由上、中、下三部分组成，上部为棕红色、灰白色、浅黄色、浅棕色砂、粘土、含砾石砂土，有时夹有灰色—灰黑色炭质淤泥；中部为似网纹状红土层（砂质粘土、粘质砂土）；下部为灰白色、浅棕红色砂土砾石层，局部地区夹有铁质淀积层，总厚约 15 m，与下伏地层—红色风化壳或基岩呈侵蚀接触关系。在大多数情况下，地表上只见到该地层的中部即似网纹红土层。

该地层分布广泛，是本区最主要的晚第四纪海陆过渡（滨岸）相地层。主要分布在厦门岛的柯厝、草厝、蔡厝、虎仔山、何厝、曾安厝、莲坂、塘边、殿前、江头、钟宅、小东山、洪山、岛外的集美、孙厝、杏林、内茂、前场、马銮、厦门西港西岸的霞阳、鳌冠、石甲头、嵩屿等地。

（2）晚更新统早期滨岸沉积—洪积地层（$Q_1m+p_{1～3}$）

该地层分布零星，主要由棕红色粘土、碎石组成。现以仙岳山山麓地带的仙岳村东北 500 m 处的剖面为例，描述如下，该剖面自上而下为：①耕作土及文化层，含有砖块，厚 0.45 m。②棕红色粘土，含少量砂，结构密实，厚 0.40 m。③棕红色碎石、粘土，碎石的磨圆度和分选均差，但有一定的排列方向，成层性较好，碎石的直径 3～8 mm，厚 0.80 m。④棕红色网纹红土，结构密实，厚 1.10 m。⑤棕黄色—棕红色粘土，含少量碎石，其磨圆、分选均差，且不成层，结构密实，可见厚度 1.40 m。

（3）晚更新统晚期海陆过渡（滨岸）相地层（Q_2m^3）

该地层由上、下两部分组成，即上部为黄白色、棕黄色砂质粘土，下部为棕黄色砂砾石层，有时夹有灰色、灰黑色岩质淤泥。在多数情况下，该地层在地表仅出露其上部的灰黄色、棕黄色砂质粘土，其下部的棕黄色砂砾石层、灰色灰黑色质淤泥没有出露。

该地层分布比较零星，主要分布在厦门岛的柯厝、蔡塘、茂后、黄厝、安兜、岭兜、塔埔、苏厝、后埔和厦门西港西岸的洪坑等地。据对下段的炭质淤泥进行 ^{14}C 年龄测定，为距今 31890 ± 961 a 沉积物。

（4）全新统早期滨海相地层（Q_1m^4）

该地层上部为淤泥、粉细砂，下部为灰白色、灰黄色砂质粘土、中细砂及含砾粗砂。主要分布于厦门岛上的厦门大学、筼筜湖、钟宅、梧桐、田厝、黄厝、曾厝安、文灶、莲坂、江头、坂上和集美、杏林碑头、瑶山、西滨及厦门西港西岸的霞阳、石塘、埭头、洪坑、山后等地。

根据筼筜湖钻孔淤泥夹砂层及粘土夹炭质淤泥中的 ^{14}C 测年为距今 $7000+280\sim8900\pm240$ a 沉积，含有浅海苔鲜虫—多栉苔虫化石及有孔虫化石。在梧桐村 Q_1m^4 地层自上而下为灰白色粉砂质粘土、灰黑色炭质淤泥、灰黄色砂质粘土。该层含有咸—淡水硅藻，如羽纹藻、园筛藻、直链藻等，^{14}C 测年为距今 6691 ± 197 a 沉积。在滨海相地层过渡到冲—洪积相堆积地层（Q_1pal^4）时，上部为褐灰色砂质粘土，含砂粘土、泥质砂；下部为含砾粗砂及砾石夹粘土质砂；含龙骨科、禾本科孢粉。在禾山乡标湖村南则出露湖沼相的下全新统地层，岩性主要为粉砂、中砂夹炭质粘土、含淡水同盘藻等。从海岸带到厦门岛内台地、丘陵区，下全新统沉积在横向上呈相变关系。

（5）上全新统滨海相地层（Q_2m^4）

该地层由灰白色砂、灰色、深灰色淤泥、粘土及黑色炭质淤泥组成。地貌上为海积平原。在东渡港湾于淤泥层中，埋藏着大量红树林植物残体，经 ^{14}C 测定，其年代为距今 3459 ± 180 a。该层在区内较为广泛分布，主要在厦门岛的曾厝安、厦门大学、莲坂、浦口、高林、西潘、安兜、江边、墩上、寨上和杏林区的高浦、内林，及厦门西港西岸的霞阳、郭厝、鳌冠、石塘、钟山等地。在海沧区九龙江沿岸平原也沉积这一套地层。

（6）全新统晚期滨海—风积地层（Q_2m+eol^4）

该地层分布零星，仅在某些滨海地带，组成滨岸砂堤，它由金黄色、灰白色中细砂、粉砂组成。结构松散，具风成砂交错层理特征，如黄厝、厦门大学等地所见。此外，在厦门西港西岸的石塘等地，分布着全新统早期滨海—洪积相地层（Q_1m+pl_4），因仅零星沉积，不作描述。由于工程建设需要，本区还有大片人工填土的混杂堆积层的分布。

综上所述，厦门地区的岩石主要由燕山期花岗岩侵入体和侏罗纪火山喷发沉积岩所组成，此后经历了较氏时期的侵蚀、剥蚀，塑造了本区中低山、丘陵台地地貌景观。在第四纪时期由于断块的差异升降运动本区沉积了晚更新统至全新统地层。该地层主要由滨海相—海陆交互相冲洪积相沉积物堆积而成，并具有横向过渡关系。但其沉积厚度在 10 ～ 40 多米内变化。

（三）场地类别评判

本节主要在中国地震局工程力学研究所的"厦门市地震场地评价与场地划分"、"厦门市地基土动力性能砂土液化及软土震陷研究"的基础上，结合福建省勘察院及厦门分院近几年来从事的工程场地地震安全性、工程勘察有关内容及建筑场地类别评价报告资料，收集 60 多个本地区的钻孔岩土地质柱状图和剪切波速实测值，进行细致地统计整理及分析。

1. 场地类别划分

在钻孔剪切波速测试数据及工程勘察资料中的场地类别划分基础上，依据《建筑抗震设计规划》（GBJ—89）有关场地类别划分进行，通过计算地面下 15 米且不深于覆盖层厚度范围内各土层剪切波速厚度加权平均值 V_{sm}，按表 6-7 确定场地土类型，进而根据场地土类型和覆盖层厚度 dov 按表 6-8 划分其场地类别。表 6-9 列出部分厦门市代表性钻孔土层平均波速与场地类别。

表 6-7　场地土的类型划分

场地土类型	土层剪切波速（m/s）
坚硬场地土	$V_{sm} > 500$
中硬场地土	$500 \geqslant V_{sm} > 250$
中软场地土	$250 \geqslant V_{sm} > 140$
软弱场地土	$V_{sm} \leqslant 140$

表 6-8　建筑场地类别划分

场地土类型	场地覆盖层厚度 dov（m）				
	0	$0 < dov \leqslant 3$	$3 < dov \leqslant 9$	$9 < dov \leqslant 80$	$dov > 80$
坚硬场地土	I	–			
中硬场地土		I	II		
中软场地土		I	II	III	
软弱场地土		I	II	III	Ⅳ

表 6-9　厦门市部分代表性钻孔土层场地类别表

编号	地点	dov（m）	场地土类型	场地类型
1	东渡	28.6	中硬	II
2	集美南侧	10.2	中硬	II
3	厦门西堤北端	32.2	软弱	II
4	厦门江头	40	中软	III
5	厦门梧村	8.5	中硬	I
6	厦门中山公园南路	25.2	中硬	II
7	海沧新阳	28	中软	II
8	厦门厦禾路	27.5	中软	II
9	杏林杏北	11.9	中硬	II
10	杏林杏南	19.7	软弱	III
11	厦门湖里南山路北	14	中硬	II
12	厦门金榜山公园西	20	中硬	II
13	杏林小学西侧	10	中硬	II
14	杏林屠宰场杏美路以北	15.6	中硬	II
15	杏林杏南路南端	20.1	软弱	III
16	集美小学西侧	> 15	软弱	III
17	厦门旭辉大厦	36.5	中软	II
18	杏林碑头	9.8	中硬	II
19	集美东海商住区	12	中硬	II
20	集美石鼓路北段	> 7.5	中硬	II
21	杏林杏北路南段	14.1	中硬	II
22	集美后安	10.7	中硬	II
23	杏林前场	18.6	中软	II
24	杏林杏东路	21.1	软弱	III
25	厦门湖滨北路	31.1	软弱	III
26	厦门湖滨南路西段	32	软弱	III

　　根据厦门市土层结构及覆盖层分布特点，厦门市建筑场地类别可划分为Ⅰ、Ⅱ、Ⅲ类三种类别，其空间上分布范围和特征如下：

　　（1）Ⅰ类建筑场地

　　主要分布在厦门的山地（仙岳山、云顶山、王台山、曾山、天马山、蔡尖尾山等）及残山丘陵区（如东芳山、万石岩、虎山、薛岭山、河南山等）。这是由花岗岩或火山岩组成的坚硬场地土的山地丘陵分布范围和覆盖层厚度小于 9 m 的残积土及冲洪积土层组成的山麓地带。

　　（2）Ⅲ类建筑场地

主要分布在厦门岛筼筜湖一带、杏林南端海边滩涂地带及集美中学西侧一带。这些地带都是全新统淤泥层厚度较火的分布地带，场地土均为软弱场地土，覆盖层厚度在 9 ～ 80 m 之间。

（3）Ⅱ类建筑场地

除了Ⅰ、Ⅲ类建筑场地外，厦门工作区的广大地区则为Ⅱ类建筑场地，它是覆盖层厚 9 ～ 80 m 的中软或中硬场地土的分布范围。中硬场地土主要分洪积或坡洪积砂质粘土及残积砂质粘性土。中软场地土的分布范围主要为冲海积Ⅰ级阶地或近海滩涂地带。

结合工程地质分区及古地貌—沉积环境空间分布特征，逐步勾划出厦门市各类场地的布界线和形态。其结果如图 6-6 所示。

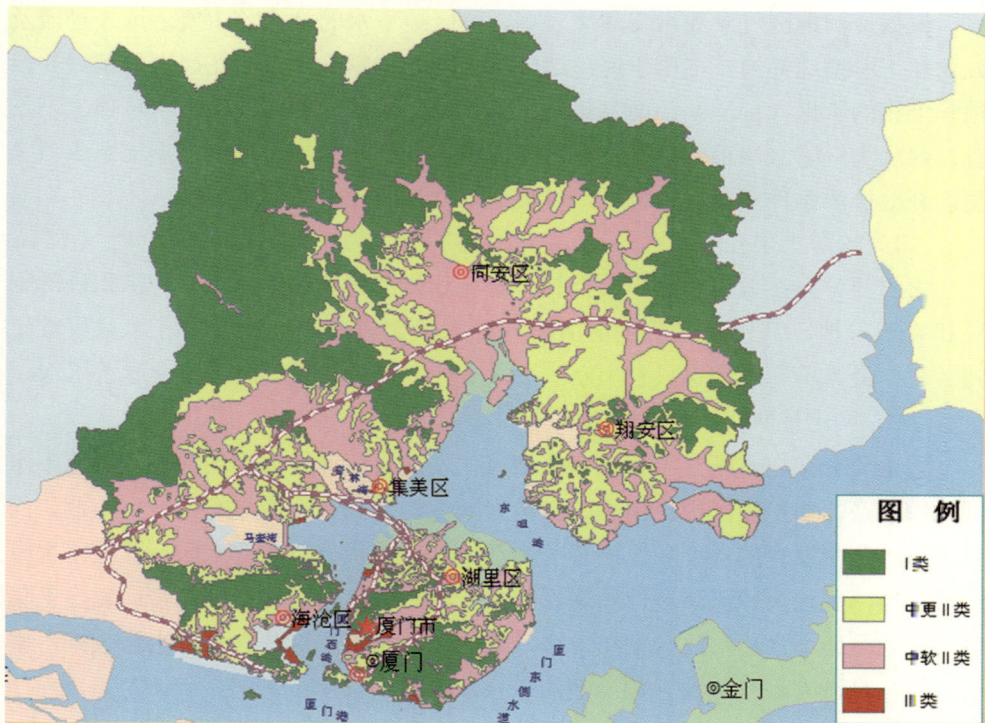

图 6-6　厦门市场地类别分区图

（四）水文地质特征

厦门市属南亚热带海洋性季风气候。气候宜人，温暖湿润，夏天无酷暑，冬季不明显，四季常青，风光秀丽。厦门市最冷月平均气温 12.5℃，最低气温 2℃（2

月份），夏季最高气温月平均28.5℃（7月份），由于受季风支配和热带气旋影响，厦门市雨量充沛，多年平均降水量1186.2 mm，最多年降雨量可达1771.6 mm（1973年），最少雨量747.2 mm（1954年）。

在台风季节厦门常出现暴雨现象。其降雨季节主要分布在春季（3—5月份），雨量为369.1 mm，占全年降雨量31.2%，和夏季（6—8月份），降雨量为527.7 mm，占全年降雨量43.7%。由于厦门地区没有较大的水系分布，而且小溪流短促，所以本区大气降水绝大部分，径流于周边海域，淡水十分贫乏，故其主要淡水靠区外九龙江北溪和两溪补给。

1. 地下水特征及分区

根据厦门地区气象和水文环境表明，本区地下水的补给，主要由地表径流及九龙江下游槽地补给。但由于厦门地区绝大部分出露火山岩和花岗岩的基岩和侵蚀—堆积的阶地（台地），而且第四系沉积地层较薄，因而其地下水总体上不发育，除从大气降水渗透补给外，在海湾地带还受海水潮汐影响。根据地下水质类型，补给排泄条件和水动力特征，可将本划分为四种水文地质小区。

（1）松散土层孔隙水区

它主要分布在厦门市集美、杏林、海沧和厦门岛北部第四系冲、洪积砂砾土层和堆积阶地。其比较松散土层所含孔隙水量比较有限，一般单孔水量仅数十吨／日，最大单孔水量也只有100～200多吨／日。缺乏第四系砂土层承压水。

（2）风化带网状孔隙裂隙水区

它主要分布在本区红土台地和强烈风化残丘及山前残坡积层地区。其地下水网比较复杂，明显受区内花岗岩、火山岩断裂构造和节理带分布特征所控制。而且还与风化带发育的深度和厚度有关，形成具有网状分布的含水区。其地下水量因地而异，受地表径流渗透性和地形起伏状所影响。但在构造破碎带或裂隙密集带发育地段地下水相对比较富集，有一定的承压水带。这些含水带水质较好，属于 HCO_3-$Na \cdot Ca \cdot Mg$ 及含偏硅酸的矿泉水。

（3）基岩裂隙水区

主要分布在本区出露基岩的中低山、高丘陵地区，如针顶尾山、天柱山、大帽山、天马山、云顶岩等地。该区基岩裂隙水主要靠地表水沿断层、裂隙网络渗透补给，形成裂隙水区。尤其在北西向张性破裂的断层破碎带地段或多组断裂交汇部位，发育有承压水，且水质好，以 HCO_3-$Na \cdot Ca$ 或 $HCO_3 \cdot SiO_2$-$Na \cdot Ca$ 水为主。

（4）孔隙裂隙咸水区

主要分布本区海湾和岛屿周边滩涂地带。它是受海水渗透或沿岩石节理裂隙充填而形成的地下咸水区，水质很差，属Cl·HCO$_3$-Na·Ca型水或C1-Na·Ca型水。

2. 地下热水（温泉）

厦门地区地下热水主要分布在杏林湾、马銮湾滩涂地带。这些温泉点的出露总体上受北东向或近东西向第四纪活动断裂与北西向活动断裂交汇部位所控制，但出露的热水点则赋存于北西向张性断层破碎带。地下热水的补给是以地表径流和渗透从溪谷上游向下游沿断裂深循环补给。在海湾淤积土层保温较好条件下，形成中、低温泉溢于地表。其热水温度一般50～60℃，最高可达80℃，热水水质首先以C1-Na·Ca型为主，其次为Cl·HCO$_3$-Na·Ca型水。

（五）工程地质分区

根据厦门市地形地貌单元和第四纪沉积物成因类型、沉积特点和场地土结构及场地类别国素综合分析，对本区工程地质单元作如下分区（图6-7）。

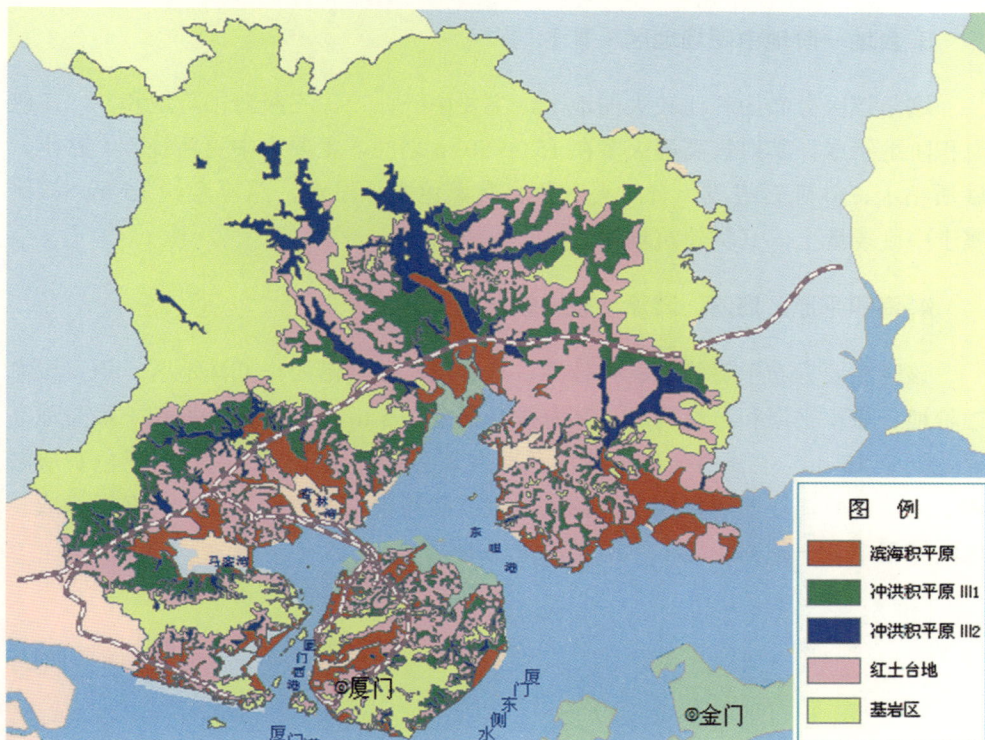

图 6-7　厦门市工程地质分区图

1. 中、低山、丘陵坚硬场地区（Ⅰ）

该区主要分布西部和西北部针顶尾山、天柱山、大帽山和厦门岛东南部的五老山、东坪山、云顶岩一带和筼筜港北侧的仙岳山以及海沧北部蔡尖尾山、大平山，同安天马山一带丘陵山区。它主要由燕山期花岗岩类和上侏罗统—下白垩统火山岩类及它们的变质岩构成的断块侵蚀山地，场地大部分基岩裸露。地形自然坡度小于30°，一般为15°～28°。由于受外营力的强烈侵蚀作用，沟谷深切，山顶起伏不平，奇峰怪石（石蛋）遍布，海蚀崖、柱及海蚀洞穴发育。而在狐尾山—仙岳山一带及嵩屿的京口岩山等地由于其岩性（火山岩）软弱易风化，多形成陡坡缓顶的馒头状或垄状低丘陵。该区场地属于Ⅰ类坚硬场地。

2. 低丘残坡积中硬场地区（Ⅱ）

该区呈零星分布于一些残岳及山前坡地，由花岗岩、火山岩及其变质岩风化而来，主要形成时期在中更新世，由棕黄色—棕红色砂土、碎石层组成，结构坚实，有些地方具有网纹构造，即人们常说的红色风化壳，厚度小于10 m。该区场地属于中硬场地土，Ⅰ类建筑场地。

3. 台地—阶地中硬场地区（Ⅲ）

这是该区分布面积比较大的地区，主要由一、二、三级海蚀阶地和二、三级海积阶地组成。其海拔高程火多在15～50 m之间，主要由中更新统砂、粘土、砂质粘土、砂砾石组成，有时夹灰色、灰黑色炭质淤泥，总厚度约15 m。该区属于中硬场地土，Ⅱ类建筑场地。

4. 海积平原、海湾、滩涂中软—软弱场地区（Ⅳ）

该区主要分布于筼筜港、杏林湾、马銮湾，以及沿海岸低洼地区，由一级海蚀阶地、海积平原和滩涂构成。其海拔高程多在5 m以下，部分堆积一级阶地高程达5～15 m，主要由全新统灰白色、灰黄色砂、黏土，灰色、灰黑色炭质淤泥组成。此外，在沿海岸线的高潮线附近或潮间带由近代砂、黏土、淤泥组成。该区属于中软—软弱场地土，Ⅲ类建筑场地。

六、地震地质灾害小区划分

（一）砂土液化评估

砂土地震液化是地震灾害常见现象，其破坏效应是引起建筑物（或构筑物）地基基础失效、建筑物倒塌的重要因素之一。按照《建筑抗震设计规范》（GBJ11—89）有关规定，分为初判和进一步评判（表6-10）。

表6-10　标准贯入击数准值

地震环境分区或Ⅱ类场地 T_g 值	烈度		
	7	8	9
一区或Ⅱ类场地 T_g=0.3 g	6	10	16
其他区或Ⅱ类场地 T_g > 0.3 g	8	12	16

1.初判

按规范，当饱和砂土或粉土符合下列条件之一时，可初步判别为不液化或不考虑液化影响：

（1）地质年代为第四纪晚更新世（Q_3）及其以前时，可判为不液化土。

（2）粉土的黏粒（粒径小于0.005 mm的颗粒）含量百分率，7度、8度和9度分别不小于10、13和16时，可判为不液化土。

（3）采用天然地基的建筑，当上覆非液化土层厚度和地下水位深度符合下列条件之一时，可不考虑液化影响：

$$d_u > d_0 + d_b - 2$$
$$d_w > d_0 + d_b - 3$$
$$d_u + d_w > 1.5d_0 + 2d_b - 4.5$$

式中，d_w—地下水位深度（m）；

d_u—上覆非液化土层厚度（m）；

d_b—基础埋置深度（m）；

d_0—液化土特征深度（m）。

在15～20 m深度范围内可按15 m深度的 N_{cr} 值进行判别。

2. 进一步评判

本次工作共收集厦门岛 180 多个孔、杏林区 200 多个孔、集美区 200 多个孔、海沧区 30 多个孔的工程钻探资料、土工试验报告，结合以往工程场地地震安全性评价的震害效应评判成果等分析表明：厦门市及邻近地区内砂性土主要由第四系、晚更新统冲洪积层中的砂性土和全新统滨海相地层中的砂性土组成。因此，按照《建筑抗震设计规范》（GBJ11—89）中的规定，不必考虑其液化问题。

其中全新统饱和砂土为早期滨海相地层和晚期滨海相地层的砂性土、全新统冲洪积层组成。由工程地质剖面图可知，工作区内第四系砂土数量并不多，连续性不好，砂土多呈零星的不规则透镜状分布。

（1）早期滨海相地层中的砂土主要由灰白色、灰黄色混合砂组成，主要分布在厦大、黄厝、曾厝安、筼筜港、湖里、杏林、海沧和集美等地，常呈零星不规则透镜体状分布。厚度各地不一，一般厚 1 到数米。

（2）晚期滨海相地层的砂土主要由灰白色、灰色中粗砂组成，是近期滨海相沉积物，遍布全区海滩及低洼地带，岛内厦大、老市区、曾厝安、筼筜港、东渡、湖里，及岛外集美、杏林等一带均有分布，一般厚 1 到数米。

（3）全新统冲洪积层：在工作区内的河溪两岸或冲沟洼地尚可见由灰黄色中粗砂（夹薄层粘土）组成的近期洪积物，常呈不规则透镜体零星分布，一般厚 0.5 米到数米。

3. 砂土液化判别及特点

上述饱和砂土埋深在 15 m 以内，结合地震烈度复核结果表明：厦门市及邻近地区近、远震皆为Ⅶ度区，在罕遇地震作用下的地震烈度则为Ⅷ度、Ⅸ度。经初判认为上述饱和砂土存在液化的可能性，需进一步采用标准贯入试验判别法或其他比较成熟判别法（如剪切波速法）进行判别。

标准贯入判别法公式如下（取地面下 15 m 深度范围内的液化土标准贯入值进行计算），当实测 $N_{63.5}$ 值小于液化判别标准贯入锤击数临界值 N_{cr} 时，判为液化，否则为不液化：

$$N_{63.5} < N_{cr}$$

$$N_{cr} = N_0 \left[0.9 + 0.1(d_s - d_w) \right] \sqrt{\frac{3}{\rho_c}}$$

式中，$N_{63.5}$—饱和砂土标准贯入锤击数实测值；N_{cr}—液化判别标准贯入锤击数临界值；N_0—液化判别标准贯入锤击数基准值，按表 6-10 取值；d_s—饱和土标准贯入点深度（m）；P_c—粘粒含量百分率，当小于 3 或为砂土时，均应采用 3。

剪切波速判别法公式如下（取地面 15 m 深度范围内的液化土实测剪切波速值进行计算），当实测剪切波速值 V_{si} 小于液化临界剪切波速值 V_{scr} 时，判为液化，否则为不液化：

$$V_{si} < V_{scr}$$

$$V_{scr} = ks \left(d_s - 0.01 d_{2s} \right) 0.5$$

式中，V_{scr}—液化临界剪切波速值；V_{si}—实测剪切波速值；K_s—液化判别经验系数。

上述液化计算表明在存在砂土液化势情况下，还可按下式计算液化指数和等级：

$$I_{IE} = \sum_{i=1}^{n} \left(1 - \frac{N_i}{N_{cri}} \right) d_i w_i$$

式中，I_{IE}—液化指数；

N—15 m 深度内每孔标准贯入点总数；

N_i、N_{cri}—每 i 点标准贯入锤击数的实测值和临界值；

d_i—第 i 点代表的土层厚度（m）；

W_i—第 i 点单位土层厚度的层位影响权函数值（m^{-1}）。

根据上式计算结果进行等级划分，即表 6-11 所示。

表 6-11　液化等级评判表

液化指	$0 < I_{IE}$	$5 < I_{IE}$	$I_{IE} > 15$
液化等	轻微	中等	严重

从收集到的 600 多个钻孔的标准贯入试验资料及波速测试资料，对其中有饱和砂土层的 150 多钻孔，按上述公式进行计算出 N_{cr} 值、V_{scr} 值，并与 $N_{63.5}$ 值、V_{si} 值进行比较，若判别为液化土层的，对存在液化的砂土层再计算其液化指数，并划分液化等级。

通过对厦门、杏林、集美、海沧（因本次工作海沧区未收集到标准贯入试验资料，因此用波速资料判别，以供参考）等工程场地全新统饱和砂土层进行液化计算，计算结果见表 6-12、表 6-13，液化区范围见图 6-8。由于资料不全，其界线主要参考砂土埋深及采用地质类比法，如砂土的沉积环境、埋深、地下水位的埋深对比来确定。大部分地区如鼓浪屿、厦门岛北部和西北部、海沧区的北部和东南部、田厝—上瑶一带、洪坑—温厝一带的侵蚀剥蚀阶地，集美集岑路、集美灌口至东孚公路、集美东海商住区、集美石鼓路、杏林白泉街、杏林区高浦路南、杏林工业开发区光明路北、集灌路荡北后溪镇后安等工程场地的侵蚀剥蚀阶地及部分堆积阶地，其地面以下 15 m 以上的地层不存在可液化砂土，在Ⅶ度地震力作用下，不考虑砂土液化问题。

表 6-12　饱和砂土地震液化判别表（建筑规范法）

液化场点位置	烈度	液化层及深度（m）	N 值	N_{cr}		I_{IE}		液化等级	
				近震	远震	近震	远震	近震	远震
厦门大学化学楼 101 号	7	含泥粗砂间夹薄淤泥 3.9～5.8	6～10	5～6	7～8	0.0	0～4.3	临界	轻微
	8			8～9	10～11	0～5.8	0～7.9	临界～中等	临界～中等
	9			12.8～14.4	/	4.1～10.2	/	轻微～中等	/
厦门大学化学楼 102 号	7	含泥粗砂间夹薄淤泥 4.2～6.5	4	6	7	7.2	9.3	中等	中等
	8			9	11	12.0	13.8	中等	中等
	9			14.4		15.6		严重	
厦门大学化学楼 104 号	7	含泥粗砂间夹薄淤泥 4.5～6.5	2～9	5～6	7～8	0～12.5	0～13.8	不～中等	不～中等
	8			9～10	11～12	0～14.3	0～15	临界～中等	轻微～中等
	9			14.4～16	/	7.4～15.8	/	中等～严重	/
厦门大学化学楼 105 号	7	含泥粗砂间夹薄淤泥 4.7～6.9	5	6	8	0.08	6.8	临界	中等
	8			10	12	9.07	10.6	中等	中等
	9			16	/	12.48	/	中等	/
厦门大学化学楼 106 号	7	含泥粗砂间夹薄淤泥 6.0～7.5	8	7	8	0.0	0	不液化	不液化
	8			10	12	2.31	3.85	轻微	轻微
	9			16	/	5.78	/	中等	/
厦门大学化学楼 110 号	7	含泥粗砂间夹薄淤泥 6.4～8.2	12	7	8	0.0	0	不液化	不液化
	8			10	12	0	0	不液化	临界
	9			16	/	3.5	/	轻微	/

续表

液化场点位置	烈度	液化层及深度（m）	N值	N_{cr} 近震	N_{cr} 远震	I_{IE} 近震	I_{IE} 远震	液化等级 近震	液化等级 远震
厦门大学化学楼101※（5个点）	7	含泥粗砂~亚粘土互层 5.8~9.6	8~32	6~7	8~9	0.0	0~0.9	不液化	不液化
	8			10~12	12~14	0~4.2	0~6	临界~轻微	临界~中等
	9			16~19.2	/	0~8.9	/	轻微~中等	/
厦门大学化学楼102※号（3个点）	7	含泥粗砂~亚粘土互层 6.5~9.2	6~17	6~7	8~9	0.0	3.0	临界	临界~中等
	8			10~12	12~14	0~8.7	0~10.9	临界~中等	临界~中等
	9			16~18	/	3.7~13.7	/	轻微~中等	/
厦门大学化学楼104※号（6个点）	7	含泥粗砂~亚粘土互层 6.5~10.1	12~17	6~7	8~10	0.0	0.0	不液化	不液化
	8			10~12	12~14	0.0	0~1.35	不液化	临界~轻微
	9			16~20	/	0.0~3.8	/	轻微	/
厦门大学化学楼106※号（1个点）	7	含泥粗砂~亚粘土互层 7.5~9.8	31	7	9	0.0	0.0	不液化	不液化
	8			12	14	0.0	0.0	不液化	不液化
	9			18	/	0.0	/	不液化	
厦门大学化学107※号	7	含泥粗砂~亚粘土互层 5.4~9.2	16~21	6~7	8~9	0.0	0.0	不液化	不液化
	8			10~12	12~14	0.0	0.0	不液化	不液化
	9			16~18	/	0.0	/	不液化	/
厦门大学化学108※号	7	含泥粗砂~亚粘土互层 6.5~12.8	13~23	6~8	8~11	0.0	0.0	不液化	不液化
	8			10~14	12~16	0.0	0~1.39	不液化	不轻微
	9			16~22	/	0~5.42	/	不~中等	/
厦门大学地震孔45号	7	粗砂 4.5~6.5	13	8	11	0.0	0.0	不液化	不液化
	8			14	16	1.43	3.75	轻微	轻微
	9			22.4	/	8.4	/	轻微	轻微

续表

液化场点位置	烈度	液化层及深度（m）	N值	N_{cr} 近震	N_{cr} 远震	I_{IE} 近震	I_{IE} 远震	液化等级 近震	液化等级 远震
厦门大学国家海洋三所 3个孔	7	中粗砂 1.4～9.1	10～33	7～9	9～12	0.0	0.0	不液化	不液化
	8			11～15	13～18	0～3.2	0～8.1	不～轻微	不～中等
	9			17.6～24	/	0～15	/	不～中等	/
湖里华美烟草公司 1个孔	7	中粗砂 11～12.6	45	12	16	0.0	0.0	不液化	不液化
	8			20	24	0.0	0.0	不液化	不液化
	9			32	/	0.0	0.0	不液化	/
鼓浪屿灯泡厂 1个孔	7	中粗砂 0.8～4.4	27	6	8	0.0	0.0	不液化	不液化
	8			9	11	0.0	0.0	不液化	不液化
	9			16	/	0.0	/	不液化	/
鼓浪屿灯泡厂 1个孔	7	粗砂 3.0～5.5	16	6	8	0.0	0.0	不液化	不液化
	8			10	11	0.0	0.0	不液化	不液化
	9			16	/	0.0	/	临界	/
鼓浪屿公园内 1个孔	7	粗砂 2.0～5.5	18	6	8	0.0	0.0	不液化	不液化
	8			11	13	0.0	0.0	不液化	不液化
	9			17.6	/	0.0	/	不液化	/
鼓浪屿军区疗养院 4个孔	7	中粗砂 1.2～7.4	8～20	6～7	8～10	0.0	0～2.8	不液化	不～轻微
	8			10～12	11～15	0～6.82	0～10.7	不～中等	不～中等
	9			16～20	/	0～19.2	/	不～中等	/
鼓浪屿海滨浴场 1个孔	7	粗砂 1.5～5.0	11	6	8	0.0	0.0	不液化	不液化
	8			10～12	11～15	0～6.82	0～10.7	不～中等	不～中等
	9			16～20	/	0.192	/	不～中等	/
海关1号码头 1个孔	7	粗砂 2.6～4.9	10	7	9	0.0	0.0	不液化	不液化
	8			11	13	2.09	5.3	轻微	中等
	9			17.6	/	9.93	/	中等	/
海关大楼工地 1个孔	7	中粗砂 7.5～9.5	16～26	10	13	0.0	1.08	不液化	轻微
	8			16	19	3.5	5.16	轻微	中等
	9			25.6	/	1.3～5	/	轻微～中等	/

续表

液化场点位置	烈度	液化层及深度（m）	N值	N_{cr} 近震	N_{cr} 远震	I_{IE} 近震	I_{IE} 远震	液化等级 近震	液化等级 远震
笱笠港嘉禾苍园 3个孔	7	中粗砂 9.8~13.2	16~26	11~12	15~16	0.0	0.0	不液化	不液化
	8			18~20	22~23	0~1.53	0~3.75	不~轻微	不~轻微
	9			30~32	/	1.3~5	/	轻微~中等	/
嘉禾酒家（木材厂）1个孔	7	中粗砂 9.9~13.4	10~11	11	15	0.0	4.3	不液化	轻微
	8			18	22	6.3	8.05	中等	中等
	9			28.8	/	9.95	/	中等	/
高崎（机场仓库）1个孔	7	中粗砂 1.2~5.1	8	6	8	0.0	0.0	不液化	不液化
	8			10	12	7.8	13.0	中等	中等
	9			16.0	/	19.5	/	中等	/
救助站院内 1个孔	7	粗砂 1.2~4.0	10	6	8	0.0	0.0	不液化	不液化
	8			11	13	2.55	6.5	轻微	中等
	9			17.6	/	12.1	/	中等	/
曾厝安 1个孔	7	粗砂 0.8~7.5	12	6	7	0.0	0.0	不液化	不液化
	8			9	11	0.0	0.0	不液化	不液化
	9			14.4	/	11.2	/	中等	/
厦门西伯电子有限公司车间 10个孔	7	含泥砾砂 3.0~8.6	11~13	5.7	7.6	0	0	不液化	不液化
	8			9.5	11.4	0	0.38	不液化	轻微
	9			15.2	/	3.04	/	轻微	/
厦门邮电大厦（笱笠港）6个孔	7	中细砂~细砂 5.3~11.0	5~9	6.1~9.2	8.1~12.3	0~2.4	1.1~5	不~轻微	轻微
	8			10.2~15.4	12.2~18.4	1.96~6.8	2.6~7.8	轻微~中等	轻微~中等
	9			16.3~24.6	/	3.3—9.2	/	轻微~中等	/
厦门邮电大厦（笱笠港）4个点	7	中细砂 4~10	11~19	5.4~8.5	7.2~11.3	0	0	不液化	不液化
	8			9~14.2	10.8~17	0	0	不液化	不液化
	9			14.4~22.7	/	5.9~6.7	/	中等	/

续表

液化场点位置	烈度	液化层及深度（m）	N值	N_{cr}		I_{IE}		液化等级	
				近震	远震	近震	远震	近震	远震
集美后溪镇碧溪小学7个孔	7	含泥粗砂2~4	6~8	5.8	7.8	0	0.69	不液化	轻微
	8			9.7	11.7	1.86	2.69	轻微	轻微
	9			15.5	/	3.67	/	轻微	/
集美儿童乐园15个孔	7	含泥砾砂4.14~7.13	20~31	/	/	/	/	不液化	不液化
	8								
	9								
集美后溪镇东宅村2个孔国徽软公	7	含泥粗砂2~6	6~8	6.75~8.03	9~10.7	0.07~1.83	4.8~5.5	轻微	轻微~中等
	8			11.3~13.4	13.5~16.1	7.7	9.2~9.63	中等	中等
	9			18~21.4	/	11~12	/	中等	/
集美后溪镇孙坂路1个孔	7	含泥粗砂1.5~4.0	5	5.87	7.83	3.55	8.67	轻微	红灯
	8			9.79	11.75	11.74	13.79	中等	中等
	9			15.66	/	16.34	/	严重	/
集美三惠真菌实业公司厂房2个孔	7	含泥粗砂1.7~4.2	5~6	6.3~7.5	8.4~9.9	0.4~6.6	2.8~9.9	轻微~中等	轻微~中等
	8			10.4~12.4	12.5~14.9	4.3~11.9	5.2~13.3	轻微~中等	中等
	9			16.7~19.9	/	6.4~15	/	中等~严重	/
集美后溪小学教学楼综合楼4个孔	7	含泥含砾粗砂4.7~7.3	21	8.31	11.08	0	0	不液化	不液化
	8			13.85	16.62	0	0	不液化	不液化
	9			22.16	/	1	/	轻微	/
集美附小3个孔	7	中粗砂	32~40	9	11~12	0	0	不液化	不液化
	8			14	17	0	0	不液化	不液化
	9			22.4	/	0	/	不液化	/
杏南中学杏林区曾营镇南路5个孔	7	中粗砂8.2~8.8	6	9.4	12.5	1.34	1.93	轻微	轻微
	8			15.6	18.7	2.29	2.53	轻微	轻微
	9			25	/	2.83	/	轻微	/

续表

液化场点位置	烈度	液化层及深度（m）	N值	N_{cr}		I_{IE}		液化等级	
				近震	远震	近震	远震	近震	远震
厦门杏南中学二期10个孔	7	中粗砂8～10	6	9.2	12.2	1.35	1.99	轻微	轻微
	8			15.3	18.4	2.37	2.63	轻微	轻微
	9			24.5	/	2.94	/	轻微	/
杏林区碑头路润滑油基地10个孔	7	含泥中粗砂5.4～8.3	17	8.77	11.69	0	0	不液化	不液化
	8			14.61	17.53	0	0.7	不液化	轻微
	9			23.4	/	6.33	/	中等	/
杏林西滨1个孔	7	中砂5.65～7.3	12	8	11	0	0	不液化	不液化
	8			14	17	2.09	4.29	轻微	轻微
	9			23.4	/	6.33	/	中等	/
杏林电厂（曾营）1个孔	7	中粗砂5.0～8.6	14	8	11	0	0	不液化	不液化
	8			14	16	0	4.3	临界	轻微
	9			22.4	/	12.8	/	中等	/
杏林杏东东路建南商城西7个孔	7	含泥粗砾砂12.2～14.3	13	12.9	17.2	0	0.55	不液化	轻微
	8			21.5	25.8	0.89	1.12	轻微	轻微
	9			34.4	/	1.4	/	轻微	/
杏林东孚5个孔	7	含泥粗砾砂5.1～6.1	13	8.7	11.5	0	0	不液化	不液化
	8			14.4	17.3	0	0	不液化	不液化
	9			23.1	/	0	/	不液化	/

表6-13　饱和砂土地震液化判别表（波速法）

液化场点位置	烈度	液化土层	深度（m）	厚度（m）	实测波速值（m/s）	临界波速值（m/s）	液化指数	液化等级
厦门海沧镇九龙江下游北岸1757号孔	7	粗砂	11.1	5.6	249	194	0	不液化
	8					274	2	轻微
	9					384	7.7	中等
厦门海沧镇九龙江下游北岸51号孔	7	粗砂	11.5	4.1	294	197	0	不液化
	8					278	0	不液化
	9					390	3.5	轻微

液化场点位置	烈度	液化土层	深度（m）	厚度（m）	实测波速值（m/s）	临界波速值（m/s）	液化指数	液化等级
厦门海沧镇九龙江下游北岸1673号孔	7	粗砂	13	5.6	331	207	0	不液化
	8					292	0	不液化
	9					409	2.1	轻微
厦门海沧镇九龙江下游北岸74号孔	7	中粗砂	9.9	4.2	199	185	0	不液化
	8					261	5	轻微
	9					366	9.8	中等
厦门海沧镇九龙江下游北岸1144号孔	7	粗砂	5.0～13	3.7～4.0	209～221	136～207	0～0	不液化
	8					192～292	1.9～2.8	轻微
	9					270～409	8.3～9.6	中等
厦门海沧镇九龙江下游北岸1109号孔	7	粗砂	13	4.3	266	207	0	不液化
	8					292	0.8	轻微
	9					409	3	轻微
厦门海沧镇九龙江下游北岸1744号孔	7	粗砂	10.3	4.8	285	188	0	不液化
	8					265	0	不液化
	9					373	5.3	中等
厦门海沧镇九龙江下游北岸1411号孔	7	粗砂	10.8	5	305	191	0	不液化
	8					270	0	不液化
	9					380	4.1	轻微
厦门海沧镇九龙江下游北岸1419号孔	7	粗砂	12	5	285	200	0	不液化
	8					283	0	不液化
	9					397	4.2	轻微
厦门海沧镇九龙江下游北岸2017号孔	7	粗砂	11	2	331	194	0	不液化
	8					274	0	不液化
	9					384	1.1	轻微

续表

液化场点位置	烈度	液化土层	深度（m）	厚度（m）	实测波速值（m/s）	临界波速值（m/s）	液化指数	液化等级
厦门海沧镇九龙江下游北岸1114号孔	7	粗砂	4.5～	1.1～2.3	180～264	129～180	0	不液化
	8					183～254	0.18	轻微
	9					257～357	6.7	中等
厦门海沧镇九龙江下游北岸1460号孔	7	粗砂	12	4	249.3	200	0	不液化
	8					283	1.4	轻微
	9					397	4.5	轻微
厦门海沧镇九龙江下游北岸1264号孔	7	中细砂	13	4.5	185	207	1	轻微
	8					292	3.3	轻微
	9					409	4.9	轻微
厦门海沧镇九龙江下游北岸568号孔	7	中粗砂	6.3～14	2.0～6.7	169～227	151～213	1.4	轻微
	8					214～300	2.9	轻微
	9					300～422	8.2	中等
厦门海沧镇九龙江下游北岸796号孔	7	粗砂	12.4	5.1	266	203	0	不液化
	8					286	0.9	轻微
	9					402	4.5	轻微

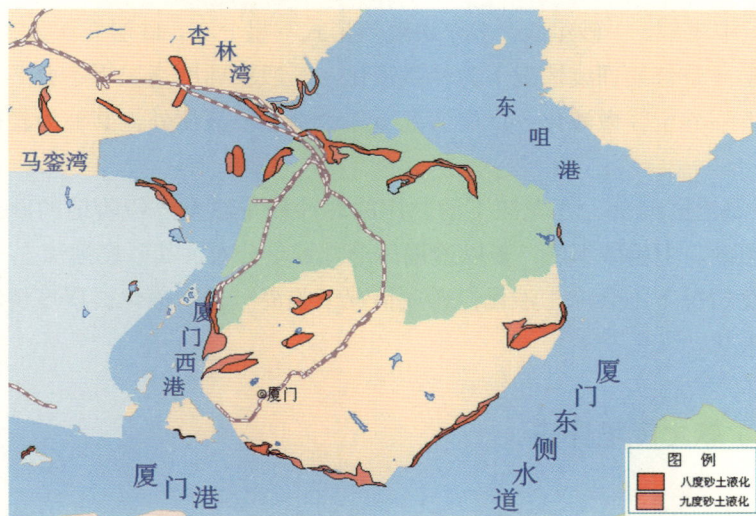

图6-8　厦门市地震砂土液化分布图

需要说明一点的是：厦大化学楼场地中的地层为含泥粗砂间夹薄层淤泥和含泥粗砂与亚粘土互层，均十分复杂，并非纯砂或粉土，其液化判别尚待进一步研究。

通过对工作区砂土层分布区代表性场点的地震液化评判，并结合以往工作成果表明：

（1）集美区许溪两岸的河流相及海湾小平原的冲海积阶地，饱和砂土由含泥粗砂、中粗砂组成，多以透镜体形式零星分布，其砂层埋深较浅，为 1.5～8 m，除后溪镇三惠真菌实业公司厂房、孙坂路、后溪镇东宅村工程场地在Ⅶ度为轻微至中等液化外，其他 4 个地方均为不液化。在Ⅷ度情况下后溪镇三惠真菌实业公司厂房、孙坂路、后溪镇东宅村工程场地为轻微至中等液化，后溪镇碧溪小学为轻微液化，其他 3 个地方均为不液化。

在Ⅸ度情况下后溪镇三惠真菌实业公司厂房、孙坂路、后溪镇东宅村工程场地为中等至严重液化，后溪镇碧溪小学为轻微液化，其他两个地方均为不液化。

（2）厦门市（岛）不存在大面积分布的饱和砂土层，其砂层多以透镜体形式零星分布于岛内各地的滨海、滨岸砂堤等，如在黄厝、厦大、高崎、海美，西港的石塘、湖滨南路九州大厦、筼筜港等地，由海积砂层、洪积砂层组成，且数量不多，其饱和砂土主要由含泥粗砂、粗砂、中粗砂及中砂、中细砂、细砂组成，其砂层埋深为 4～11 m。除个别点（如厦大），Ⅶ度情况下不会产生液化；Ⅷ度情况下大部分不液化，少数临界至轻微液化；Ⅸ度除少数点不液化外，其他点为轻微至中等液化。

（3）杏林区的海滨滩地、Ⅱ级冲积阶地（如曾营、东孚、西滨等地）的含泥中粗砂、中粗砂、中砂组成，多以透镜体形式零星分布，砂层埋深为 5～10 m，除杏南中学（曾营）Ⅶ度情况下为轻微液化，一般在Ⅶ度情况下不会产生液化；Ⅷ度情况下临界至轻微液化；Ⅸ度情况下除个别点不液化外，其他为轻微至中等液化。

（4）海沧区南部、九龙江下游北岸的海冲积平原及一级阶地的砂土层，主要由饱和粗砂、中粗砂组成，多以透镜体形式零星分布，其砂层埋深 5～13 m，一般在Ⅶ度情况下不会产生液化；Ⅷ度情况下临界—轻微液化；Ⅸ度情况下为轻微至中等液化。

（二）软土震陷评估

厦门市软土主要为全新统海积淤泥、淤泥质粘土，在工作区内分布范围小，主要分布在筼筜湖、冲海积Ⅰ级阶地及近海滩涂地带，厚度最大的为厦门筼筜湖一带。根据厦门地区全新统淤泥、淤泥质土的土工试验，表明淤泥的天然含水量为 57.2%，天然孔隙比为 1.55%，液限为 50.2%，f_k=55～65 kpa；淤泥质粘土的天然含水量为 37.4%，天然孔隙比为 1.18%，压缩系数平均值 a_{1-2}=0.67 Mpa－1，f_k=80 kpa。其剪切波速平均值分别为 116～132 m/s 和 151～159 m/s。因此，在Ⅶ、Ⅷ、Ⅸ度地震作用下，均可发生不等程度的震陷。其评判标准可按表 6-14 评估。

对于软土震陷量大小，采用《软土地区工程地质勘探规》（JGJ83—91）规范中规定，按表 6-15 所列的标准进行评估。

表 6-14 软土震陷评估表

抗震设防烈度	Ⅶ度	Ⅷ度	Ⅸ度
承载力标准值 f_k（kpa）	＜ 80	120	＜ 160
平均剪切波速（m/s）	＜ 90	＜ 140	＜ 200

表 6-15 软土震陷评估表

地基土条件	基本烈度		
	7	8	9
	震陷估算值（mm）		
地基主要受力层深度内软土厚度＞3 m 地基土承载力标准值 70 kpa	≤ 30	150	＞ 350

从上述标准分析，本报告对厦门市软土震陷的评估可得出如下几点认识：

1. 当采用天然地基的建筑物座落在淤泥厚度大于 3 m 地段时，在Ⅶ度地震下，震陷量为轻度，大约≤ 30 mm 左右；在Ⅷ度地震下，震陷量为 150 mm 左右；在Ⅸ度地震下，震陷量可大于 350 mm。

2. 厦门市区冲淤积平原地区由于存在淤泥软土层，因此基本上均存在软土震陷可能，软土震陷量较大地段为筼筜湖及杏林南端近海滩涂地区一带。

（三）滑坡、崩塌的预测

受地震力的影响引起高边坡岩石体产生滑坡，岩石崩塌现象是常见的地震破坏效应之一。厦门地区除西北部中低山、高丘陵地带"V"型沟谷深切，陡坡比较发育（坡度 20°～30°）外，大部分地区则为低丘陵，红土台地及滨海平原，其坡度和缓一般为 10°～20°，因此，较强地震力作用下能够产生地震滑坡或崩塌破坏现象，与该区地貌类型、断裂构造展布及基岩性质有关。其中，在厦门地区西北部、北部中低山及高丘陵带，由于大多为火山岩中比较坚硬的熔岩和变质凝灰岩构成，沟谷切割深度 100～300 m，而且存在软硬相间的岩层，构造破碎明显，所以在这些地带潜在滑坡、崩塌破坏效应，诸如针项尾山、天柱山、大帽山、文圃山、天马山等地。在厦门岛上仙岳山、乌石埔一带的 T_3-J 变质岩，在坡麓地带断层发育，岩石破碎，坡度大于 30°，在地震作用 F 下也易于产生滑坡或崩塌破坏。从野外调查可见，在本区花岗岩出露的低山丘陵地区，由于岩石破碎、风化强烈，陡崖上的大量石块、碎屑物或土体经倾卸式的崩塌，往往在其山麓或坡脚地带形成倒石堆。因此，在倒石堆或石蛋地貌发育地带也易于产生地震崩塌破坏。此外，在厦门断崖和海岸侵蚀地貌发育的地带也易于产生崩塌破坏。在筼筜港海湾周边地带由于淤积了较厚的全新统流塑性淤泥层，在下伏基岩坡度较大地段，受地震水平力的触发作用，也潜在发生侧向滑移破坏因素。如在 80 年代中期因地基础机坑开挖不当，曾造成了淤泥土侧向滑移破坏现象。

（四）地震断层破坏效应

地震断层破坏现象通常是在强震、极震区，由穿透至地表的地震断层位错而产生地面垂直与水平变形，引起了建筑场地基失效而被破坏，这是一种破坏力很大的地震灾害。从国内外地震现场调查资料可以看出，能够引起地表地震断层破坏的震级一般是 $Ms \geqslant 6.0$ 级的强震。对本区而言，由于主要的地震断裂是北东向断裂，其中，可发生 6～7 级强烈地震断裂位于滨海或滨岸断裂，该断裂距厦门岛有 25～55 km，所以发生上述断裂强震所引起海底地面变形对厦门影响不大。至于在九龙江下游槽地可能潜在 $Ms \geqslant 6.0$ 级地震，因距厦门岛南侧较近，对厦门岛南侧或九龙江沿岸潜在轻度的破坏影响。

（五）地震地质灾害小区划分

从上述对厦门地区地震地质灾害的论述，可以预测在厦门市及其郊区的地震地质环境下，首先主要以软土震陷、地震砂土液化为主，其次是高边坡地带滑坡、崩塌与地震断层效应。根据这些预测结果及其空间分布特征，可对厦门市（含集美、杏林、海沧）地震地质灾害进行小区划分。

Ⅰ区：地震地质灾害较小区

在厦门地区西北部、西部构造侵蚀中低山、高丘陵山地，在厦门岛内则分布在仙岳山、乌石埔山、云顶岩等山地地震地质灾害较小。该区系由火山岩、花岗岩的基岩和残坡积土层组成，覆盖层厚度小于 10 m，剪切波速值 $V_{sm} \geqslant 500$ m/s 或 $250 \leqslant V_{sm} < 500$ m/s，属坚硬土或中硬场地土，Ⅰ、Ⅱ类场地。该场地多为基岩裸露和风化壳出露区，不存在地震砂土液化和软土震陷灾害；但在高边坡山麓地段或断层陡崖，岩石破碎地段，潜在滑坡、崩塌效应，历史上曾遭过Ⅵ～Ⅶ度，最大影响。在同样震级或（烈度）影响下，其地震地质灾害综合效应相对较小。

Ⅱ区：地震地质灾害中等区

该区主要分布在厦门市集美、杏林、海沧和厦门岛内北部、中部的侵蚀—剥蚀低丘陵和海蚀阶地（台地）。该区占厦门市面积大部分，主要由火山岩和花岗岩强风化层和早、中更新统坡残积及晚更新统侵蚀—堆积阶地，台地、冲洪积层组成。其第四纪覆盖层厚度大约在 10 ～ 25 m，无淤泥层分布和砂土液化条件。土层剪切波速 V_{sm} 值为 $250 \leqslant V_{sm} < 500$ m/s，属中硬场地土，Ⅱ类场地。因而，在同样震级（或烈度）影响下，潜在地震地质灾害中等，历史上曾遭受过Ⅶ度为主，局部Ⅷ度的最大影响。

Ⅲ区：地震地质灾害较重区

主要分布在厦门市集美、杏林、海沧和厦门岛西南部深入陆域海湾的海积平原和河流冲积平原区，如苎溪沿岸漫滩带和杏林湾、马銮湾、海沧平原以及厦门岛筼筜港淤积平原等地。该区场地主要由晚更新统至全新统河流相冲洪积土层和海相淤积土层组成，覆盖层厚度变化较大，因地而异，一般厚度为 20 ～ 35 m，可达 50 多米，如厦门筼筜湖、海沧平原等地。剪切波速值 $140 < V_{sm} \leqslant 250$ m/s，局部为 $V_{sm} < 140$ m/s，其地势低平（海拔 2 ～ 5 m），主要由亚砂土、粘土、淤泥、砂砾层组成，以中软场地土，Ⅲ类场地为主，局部有软弱土，处于Ⅲ至Ⅳ类场地过渡带。该区存在厚度不等的全新统淤泥和中、细砂层，故在强震作用下，潜在发生软土震陷和砂土液化灾害，应为地震地质灾害较重区，历史上曾遭受过Ⅷ度的最大影响。

Ⅳ区：地震地质灾害严重区

地震地质灾害严重区主要分布在厦门市西港沿岸、杏林湾、集美半岛海滩带和厦门岛周边滩涂带、砂洲、砂堤及筼筜港淤积湾口等地。该区主要由全新统和现代海相沙质和淤泥质土层组成，其土层松软或松散，尚未成岩，并且富含水，剪切波速值 $V_{sm} < 140$ m/s，属软弱土，Ⅳ类场地。因而，在强震作用下潜在地

裂缝涌泥砂水、砂土液化及软土震陷，以及地震断层附近地面变形的波及影响、历史上曾遭受过Ⅷ度的最大影响，故该区为地震地质灾害严重区。

　　厦门市地处福建省武夷—戴云隆褶带与台湾海峡沉降带之间的断隆带南段的厦门断块区。区内主要分布燕山期花岗岩侵入体和晚侏罗世凝灰质火山岩，以及T_3-J动力变质岩。第四系地层只分布在区内海湾、溺谷和侵蚀台地之上，厚度仅20～30多米。本区断裂构造以北东向和北西向断裂为主要骨架，形成于燕山晚期，是近东西向断裂形迹。在新构造运动期以继承性断裂差异升降运动为特征，形成间歇性升降运动的断块岛、红土台地、海湾、谷地等地貌景观。近区域内地震活动主要受北东向滨海断裂、滨岸断裂、晋江—厦门—漳浦断裂和北西向九龙江下游断裂所控制，形成7级潜在震源区。根据厦门市工程地质条件综合分析，在厦门市地区存在Ⅰ～Ⅲ类建筑场地，其中大部分地区为Ⅱ类场地。通过对历史地震震害调查和第四系地层地貌类型、水文地质等研究，我们认为区内的地震地质灾害主要潜在地震砂土液化、软土震陷灾害，其次是高边坡滑坡、崩塌效应、局部潜在地震断层效应。通过上述资料的综合研究，本文将厦门市地震地质灾害划分为四个小区，即地震地质较小区、中等区、较重区、严重区。应当指出上述地震地质灾害小区划分是基于场地工程地质条件的差异性而产生的结果，它具有相对概念。

　　需要注意的是城市活断层探测和地震小区划的相似相同之处及其区别。近年来中国许多城市积极地开展了城市活断层探测和地震小区划的研究工作，而且做完了前者再做后者，而对于它们之间的联系和区别细致研究的少。人们认为城市活断层探测和地震小区划虽然名称上有别，但其研究的地区或城市相同、研究内容和技术方法在很大程度上是一样的，研究的目的和服务的对象又有许多重复性。从专业方面讲，一个地区或一个城市的地震小区划的研究内容完全可以替代城市活断层的研究。换句话说，城市活断层的研究内容是地震小区划工作的一部分，是地震小区划的基础性工作。

七、活断层地震地表破裂"避让带"宽度确定的依据与方法

　　基于不同类型活断层产生的地震地表破裂带宽度和跨断层探槽地质剖面的地层强变形带宽度等观测事实，结合地面建筑设施毁坏带与活断层密切的空间位置关系，采用统计分析方法，确定了活断层"避让带"宽度为30 m。各活断层更为准确的避让带宽度可通过分析跨断层探槽地质剖面上地层的变形特征加以验证

或修订；活断层斜列阶区、平行次级断层围限区、走向弯曲区等特殊地域的避让带宽度为这些地域与其两外侧各 15 m。建议有关部门进行活断层"避让带"立法与执法管理，并加强活断层鉴定及其地表活动线几何结构形态的准确定位工作，积极而有效地减轻地震灾害。

如果人们能做到"避开活动断层"和"建房按照一定抗震等级"，就可以有效减轻地震断层的同震错动破坏和震动对房屋的破坏，进而有效减轻地震带来的人员伤亡。确定活动断层的准确位置，可以为城市重要建筑设施、生命线工程合理"避让"活动断层提供依据。

必须通过活动断层带的建筑设施，可采取针对性的防灾措施，以期降低地震造成的经济损失。徐锡伟说，"无活动断层即不具有发生 6.5 级以上地震的能力。"但不排除发生中等强度或更小的地震，但这些地震不会沿这些断层产生同震地表破裂和错动，地面上建（构）筑物也不需要避让这些断裂。

地震灾区内的城镇和乡村完全毁损，存在重大安全隐患或者人口规模超出环境承载能力，需要异地新建的，重新选址时，应当避开地震活动断层或者生态脆弱和可能发生洪灾、山体滑坡、崩塌、泥石流、地面塌陷等灾害的区域以及传染病自然疫源地。

断层活动对建筑物存在一定程度的破坏作用（包括活断层活动方式以及地震造成断层的重新活动等；对建筑物的破坏形式），如何防范断层对建筑物的破坏（提供详尽的地质图，在城市规划设计时避让断层；开展地震小区划研究，为建筑物抗震设计提供地震动参数），地震部门为城市抗震设防建设提供哪些服务及其标准。

断层错动及地震震动是断层地震的两种表现形式，断层断错性地表断裂必须通过避让来解决。大断层控制区域地质结构的演化，而数量多、分布广泛、隐蔽性强的小断层则威胁着城市地表建筑和地下生命线系统，其危害性更大，不容忽视。中国"十五"重大工程项目"城市活断层探测与地震危险性评价"对全国 21 个城市进行活断层探测，为城市活断层设防提供了可能性。但是，现阶段中国的断层场地评价体系还不健全，对断层地震的发生规律及影响因素的了解还不够全面。

在此以 1900—2009 年的伴有地表断裂的断层地震数据为依据，进行统计分析。主要工作包括：①统计数据。中国大陆（包括台湾地区）1900—2009 年的伴有地表断裂的 42 条强震断层数据表明，西部的地震频率和强度都高于东部，但西部的地震记录和描述都不如东部详尽；现有的统计数据反映的特性，可能对东部偏大、对西部偏小；对中国的断层设防应分区进行，不应一概而论。中国伴有构造性地表断裂的最小震级为 6.4 级。②主要研究了断层错动类型、震级、震源深度、震中烈度、覆盖土层等方面对断层场地地表断裂特性的影响。回归分析得到了中国的断层场地地表断裂长度与震级关系的模型，测算认为 7 度设防地区的隐伏断层地震可能产生构造性地表断错，应加强 7 度设防区隐伏断层的探测工作；断错地震的震源深度集中在地下 5 ～ 30 km 之间，分布规律不明显；地表断裂长度和宽度均与阵中烈度密切相关，阵中烈度达到Ⅺ度时，长度达到最大，宽度饱和；覆盖层土体特性及厚度对断错有直接影响，作者提出用场地类型来反映覆盖层对破裂的影响，提出了场地类别—断裂地表形变影响指数。一般来讲，Ⅰ类场地的断层断裂会直通地表，需要直接避让；Ⅳ类场地的断层断裂不会错断上覆土体，不会直通地表，无需避让；Ⅱ类和Ⅲ类场地，随场地类别的不同其断错的危险性不同，相同震级的断层错动Ⅱ类场地比Ⅲ类场地危险，相同场地条件下随震级的增大断错系数增大。③充分论证了实施避让的可行性。回归分析得出了地表断裂带宽度与震级关系的模型，由于数据的离散性较大，用模型计算的 8 级以上地震地表破裂带宽度值偏小；提出了中国现行建筑抗震设计规范中对断层避让距离规定的不足，没有考虑东西部地震频度和强度的差异；完善了断裂两侧危险区域划分体系，并分别给出了东部和西部的避让距离取值。东部的最大断裂带宽度可取 70 m，西部取值离散性较大，需要具体评估。

第六节　厦门市地震局防震减灾网页

随着中国互联网的普及及其技术的高速发展，网络科普在提高中国公众科学素养方面扮演着越来越重要的角色。相对于传统的科普而言，它是一种新的科学普及方式和科学传播手段，通过互联网海量信息、多媒体表现方式、平等的交互功能和便捷的查询检索，克服了传统科普手段信息量小、传播范围窄、互动能力差的缺点，能够在更广的范围、更长的时间和以更新的方式开展科普。

厦门市地震局地震信息网创建于 2001 年 12 月，是由厦门市地震局自主建设的地震信息科普网站，如图 6-5 所示。

图 6-5　厦门市地震局地震信息网

　　该网站服务对象面向广大群众，由"震情灾情"、"地震科普"、"应急救援"、"法律法规"、"震灾纵横"等多个版块组成，为广大群众提供地震科普知识和震情信息，在厦门市地震局地震宣传工作和日常工作中发挥了重要的作用。

　　1. 提供准确、及时的震情信息，便于群众第一时间获取所需的震情信息。特别是有感地震发生时，能起到安定民心的作用，避免造成社会秩序混乱。最新的震情信息都会及时公布在网站的"震情灾情"版块上。有感地震发生时，最容易造成群众恐慌，以往获取震情信息的唯一途径就只有打电话咨询地震部门，往往造成电话繁忙，群众无法及时获取震情信息。网站建立以后很多群众可以迅速在网站上了解到地震最新消息，并根据所得到的地震资讯采取应对措施。2009年12月19日台湾花莲海域发生 $Ms6.7$ 级地震，厦门市民有感，很多市民通过访问厦门市地震局网站（http://www.xmdzj.com），获取地震信息：台湾花莲海域（北纬24.1°，东经122.2°）发生6.7级地震，距离厦门300多千米。市民及时、准确地了解地震资讯，避免了恐慌，这同时也极大地减轻了地震部门的工作压力。

2. 提供地震科普知识。在"地震科普"版块里面，介绍了地震基础知识、地震监测预报、地震灾害、防震减灾和科普宣传等几个方面的知识。

（1）地震基础知识：详细介绍了地震的概念、成因、分类、参数、震级等，让人们充分了解地震。

（2）地震监测预报：介绍了地震的前兆，摒弃了传统的认为天气突然发生变化、动物的生活习性发生异常就是地震前兆的错误观念，科学地阐述了微观前兆和宏观前兆，以及中国的地震预报水平和地震预报的相关规定。

（3）地震灾害知识：介绍了地震可能引发的自然和社会灾害，解答了"我国沿海会有海啸发生吗？厦门是否具备发生海啸的条件？"等方面的问题，使市民了解地震的危害。

（4）防震减灾：介绍了个人防震的准备工作，介绍"怎样识别地震谣传？在家庭怎样避震？"等地震常识。让群众具备一定的地震的基础知识，能有效地识别地震谣传，抓住时机科学避震。

（5）科普宣传：在这个板块里详细地介绍了厦门市地球科学普及教育基地和厦门市的科普示范学校的建设情况。

3. 提供应急救援的相关常识：介绍了厦门市的地震应急指挥系统的各个组成部分和厦门市的地震应急救援能力，详细介绍了厦门市已建成的42处应急避难指挥场所。

4. 提供地震相关的法律法规，让群众了解自己的权利和义务，便于更好地配合地震相关部门工作。在"地震法规"版块中，列出了一些重要地震法规，如《中华人民共和国防震减灾法》、《福建省地震安全性评价管理办法》、《地震监测管理条例》、《破坏性地震应急条例》，地震工作者有法可依，群众必须履行自己的权利和义务配合地震部门工作。

5. 提供大地震的专题综述。在"震灾纵横"既罗列了当代重大地震事件，如2008年5月12日汶川8.0级地震、1999年9月21日台湾集集7.6级地震、1976年7月28日唐山7.8级地震的专题综述，又列出了历史灾害地震，让群众进一步了解地震，知道地震的危害性，不再无视地震，促使群众能自觉地去获取地震相关知识，自觉地做好必要的避震准备。

随着大众传媒的不断发展和科学技术的日新月异，现代科普传播也呈现出许多重要的新特征。以互联网为核心的新媒体技术的发展和知识经济的崛起，直接冲击着传统的科普观念和科普方法。过去那种运用挂图、板报、图册、报刊、广播、电视等科普宣传方法，已不能完全适应科普对象的需求；传统的"说教式"、"灌输式"等科普办法，显然跟不上时代前进的步伐。人们要把人类研究开发的科学知识、科学方法以及融于其中的科学思想和科学精神，有意识、有组织地通过多种方法、多种途径传播到社会各地，使之为公众所理解，用以开发智力、提高素质、培养人才、发展生产力，并使公众有能力参与科技政策的决策活动，促进社会的物质文明和精神文明建设。

厦门市地震局地震信息网的地震科普宣传相对于报纸、电视、科普教育基地等传统地震科普宣传方式，具有显著的优势和特点：

1. 传播范围广、影响面大。网络服务的传播不受时间和空间的限制，通过国际互联网把地震科普知识24小时不间断地传播到世界各地，只要具备上网条件，任何人在任何地点都可以浏览，这是传统地震科普宣传无可比拟的优势。

2. 信息更新便捷、灵活多样。传统地震科普宣传主要通过报纸、电视、社区宣传栏、小册子等进行科普宣传，发版后很难更改，即使可以改动也须付出很大的经济代价。而在网站上发布信息能按照需要及时变更内容，提供最新的震情信息、最新的地震法规等。

3. 群众获取地震科普知识、震情信息更加便捷。无需驻足社区宣传栏前，无需在报纸的字里行间特意寻找，可轻松在网站上找到自己所需的地震科普信息；有感地震发生时，无需抢线拨通地震局电话查询震情信息，在网站上第一时间就能获知最新震情信息。

网络会在将来的地震工作中发挥越来越重要的作用，厦门市地震局也将及时对网站进行更新、完善，在网络这条信息的高速公路上更好地宣传自己的工作。

第七章　科学应对有感和破坏性地震

第一节　应对"7.5"厦门4.4级地震

2008年7月5日，厦门市与龙海市交界处发生了4.4级地震，厦门市民普遍有感。地震发生后，引发众多市民的热议，省、市相关领导高度重视，厦门市地震局立即启动地震应急预案；会同省地震局召开地震会商会议，分析判断地震趋势；加密地震监测；开展地震现场破坏调查；及时公开地震信息；媒体宣传报道；专家对广大群众的答疑解惑等各项工作，在7月8日16时地震应急状态顺利结束。

在这次地震应急工作中，厦门市委市政府十分重视，福建省省委常委、厦门市委书记何立峰，厦门市长刘赐贵在第一时间做出重要批示，在随后的进展中及时做出一系列指示，并亲自到厦门市地震局调研工作，为做好此次地震应急和稳定社会起到了统领作用；厦门市詹沧州副市长、裴金佳副市长，市委宣传部领导和市政府办公厅领导深入一线靠前指挥、多方协调，保证了媒体正面宣传的引导性和及时性，保证了人民群众的知情权；厦门市政府和科技局领导及时到厦门市地震遥测中心查看地震监测数据，指导编写地震简报，有力地保障了地震应急各项工作的顺利进行。

一、基本情况

1. 2008年7月5日厦门市与龙海市交界处发生4.4级地震

2008年7月5日9时36分，在福建省厦门市与龙海市交界发生4.4级地震，距离厦门市区直线距离30 km，厦门市市民普遍有感，个别群众反映听到地声，此次地震发生在九龙江断裂带上（图7-1）。

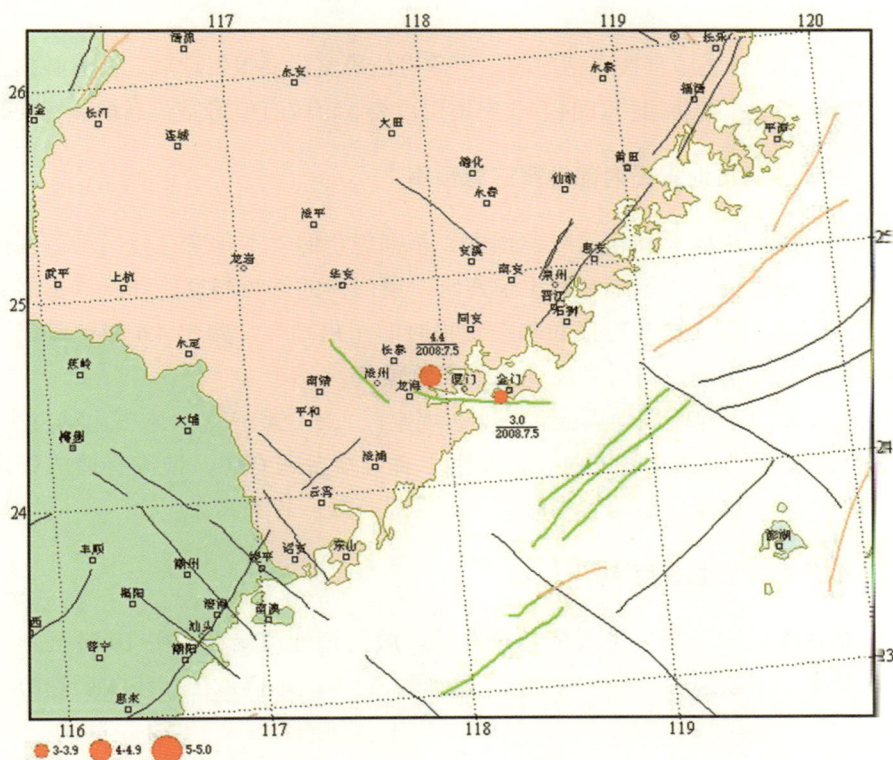

图7-1 "7.5"震中分布图

2. 厦门海域发生3.0级地震

2008年7月5日23时12分，在厦门海域发生3.0级地震，距离厦门市区直线距离25 km，厦门市市民少数人有感，个别群众反映听到地声。此次地震依然发生在九龙江断裂带上。

二、地震应急工作

1. 地震速报

厦门市地震遥测台网，在2008年7月5日9时38分及23时14分对两个地震及时给出地震三要素（发震时间、发震地点、发震震级），当即通过手机短信方式将其发送到厦门市地震局和地震遥测中心全体工作人员以及厦门市主要领导的手机上。

5 分钟后，首先用直拨电话向厦门市政府值班室简要报告地震三要素数据及厦门市民有感情况；随后用传真的方式向厦门市委、市政府值班室传真地震三要素。

2. 启动厦门市地震局内部地震应急预案

根据《厦门市破坏性地震应急预案》总则规定的"本预案在厦门市范围内发生 5 级以上地震或者邻近地区发生地震时，厦门市的影响烈度达Ⅶ度以上的破坏性地震或国家、省人民政府发布临震预报时即予启动"，判定 4.4 级地震属于有感地震，不需要启动厦门市破坏性地震应急预案。

根据《厦门市地震局地震应急预案》规定，"3. 三级应急：本省内陆发生 4.0 级（M_L4.5 级）以上 5.0 以下地震。发生本省公众普遍有感，但没有造成灾害的地震……"，所以厦门市地震局启动了地震局三级应急预案。

3. 召开地震应急会商会

根据《厦门市地震局地震应急预案》，厦门市地震局在上午 10 时召开了由技术人员参加的紧急会商会。经过紧张会商，对本次地震做出初步震后趋势判定意见：

（1）震区位于福建省北西向九龙江断裂带，历史上曾发生的最大地震为 1185 年 6 月 8 日漳州 6.5 级地震。另外，1445 年 12 月 12 日发生一次 6.2 级地震；1601 年 11 月发生一次 5.2 级地震；1067 年 11 月 10 日发生一次 5.2 级地震；1549 年 11 月 1 日发生一次 5.0 级地震。震区历史地震属中强地震活动区，历史地震多为主余型，但余震偏少。

（2）截止 2008 年 7 月 5 日 10 点钟，仅记录到余震两次，发生 4.0 ~ 4.9 级地震 1 次。根据震区历史地震活动规律和发震结构部位，认为后续发生更大地震的可能性不大。

在综合分析了该震发生的原因、历史地震情况，以及对今后趋势进行简要判断后，认为发生在该地区的地震多为孤立型地震或余震较少的主余震型，近期内该震区再次发生更大地震的可能性不大。

4. 奔赴现场调查评估震害

厦门市地震局现场工作队于 7 月 5 日 10 时 40 分赶赴地震现场。现场工作队由陈江驰副局长带队，出动现场调查组。调查组在东孚汤岸村与厦门地震勘测研究中心调查组会合，经协商，厦门市地震局调查组负责同安至马巷一带进行震害情况调查。

厦门市地震局调查组分别到海沧、集美灌口、同安阳翟、同安洪塘康浔、马巷附近了解情况。群众普遍反映有震感，但未发现建筑物破坏及人员伤亡，建筑物内无悬挂物坠落，震前未发现宏观异常。马巷湖厝一带群众反映听到地声。广大群众生活秩序井然，社会稳定，未出现恐慌情绪，表现出厦门市民具有较高的科学素养和社会责任感。

5. 接受媒体采访和群众电话咨询

利用电视、报纸记者、短信群发、群众来电咨询等进行舆论正面引导。针对当时正在群众中传播的一条短信"据中国地震台网消息，7月5日9时36分厦门龙海交界发生4.4级地震，随后将发生更大地震"，在请示市委宣传部同意后立即通过厦门移动公司以短信群发的方式，向群众发布了"据中国地震台网消息，7月5日9时36分厦门龙海交界发生4.4级地震"。

6. 加强地震跟踪监视，研究地震发展趋势

7月5日厦门龙海交界发生4.4级地震后，厦门市地震局地震遥测中心加强值班，局领导亲自带班，密切跟踪震情。

7. 及时编报地震简报，为市委市政府提供科学决策依据

7月5日厦门龙海交界发生4.4级地震后，厦门市地震局及时编写关于厦门龙海交界4.4级地震简报，共四期，以及7月5日23时12分厦门海域3级地震简报，及时报送厦门市市委市政府，为厦门市市委市政府领导决策提供科学依据。

8. 与记者联手，全方位连续报道震情，解除群众疑惑

为消除群众疑惑，厦门市地震局与厦门电视台、厦门日报、厦门晚振、厦门商报、海峡导报、东南导报、东南早报、厦门小鱼网等多家媒体合作，联合接受采访，在媒体上正面宣传地震有关常识，据实报道实际震情，发布震区近期内再次发生更大地震的可能性不大，消除群众疑惑。

第二节　应对台湾及其近海海域强有感地震

一、台湾地区地震地质构造背景

台湾地质构造如图 7-2 所示。

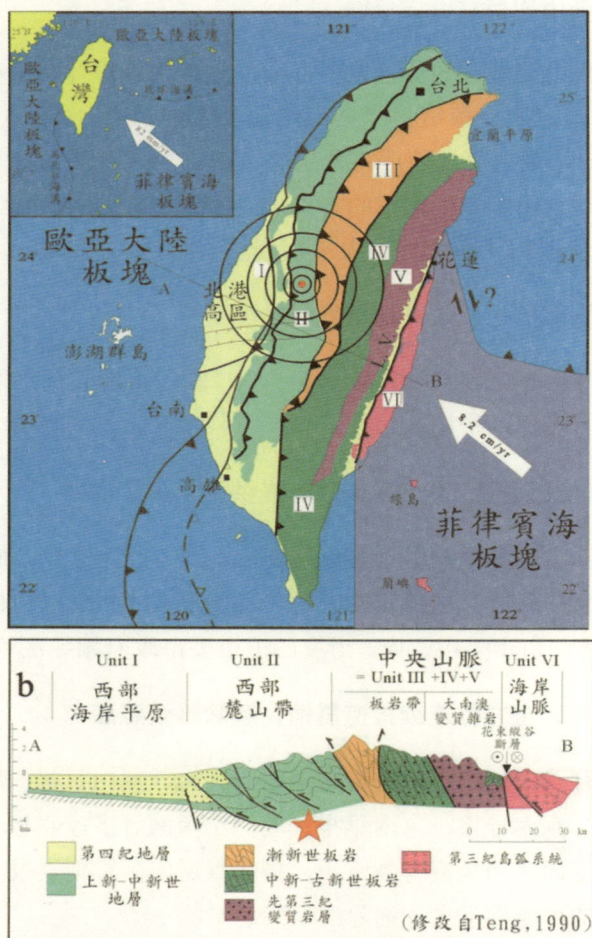

图 7-2　台湾地质构造图

（据台湾"中央"研究院地球科学研究所）

台湾地处菲律宾海板块和欧亚板块边界。菲律宾海板块向北西方向以 7.8 cm/a 的速率运动（据台湾新地质构造图，1997），俯冲于欧亚板块之下。为此，台湾地质构造在岛的长轴方向（北北东—南南西），以向东倾斜的反复活动形成逆冲褶皱带为特征。根据台湾"中央"研究院的研究结果，台湾的地质构造分为四个大带，自西向东为单元Ⅰ：西部海岸平原；单元Ⅱ：西部山麓带；单元Ⅲ、Ⅳ、Ⅴ：中央山脉；单元Ⅵ：海岸山脉。

中央山脉以西以逆冲断层为边界，向西地层年代变得年轻。西部海岸平原由未受到变形的欧亚板块上部地层组成，第四系厚约 2 km。西部山麓带主要由上第三系中新统及上新统组成，第四系中也含有褶曲，被众多逆冲断层切断。中央山脉主要由前第三系的变质岩及下第三系组成。海岸山脉由第三系（岛弧的岩石）组成。

台湾岛作为西太平洋岛弧系中的一个岛弧，是菲律宾海板块在约 4.0 Ma 前（上新世早期）与欧亚板块边缘碰撞的产物。在这次碰撞之前，吕宋岛弧北部下面出现南中国海的洋壳向东俯冲事件，导致亚洲东部大陆架上的沉积物被刮下来并经压缩、加厚、上升，形成了台湾岛西半部。这时候又在此沉积契上加积火山弧，便形成了台湾东海岸山脉。台湾东西部间形成被称为纵谷的沿北北东方向延长，长约 150 km，谷底宽约 6～7 km 的狭长地带（纵谷断裂带）。地震资料表明纵谷断裂带实际上是大陆边缘沉积层与吕宋岛间的接触带或缝合带。与此同时，台湾岛东北面的菲律宾板块也沿琉球海沟往北西以 7.8 cm/a 的速度朝欧亚大陆板块下面俯冲形成琉球岛弧。台湾岛处于北吕宋俯冲带、琉球俯冲带和冲绳岛海沟汇聚处，这也正是台湾地震频发的原因。

二、台湾地区地震活动性

根据台湾地震震中图（图 7-3）分析显示台湾东部从兰屿以北经台东、花莲到宜兰，包括陆上及近海地区浅源地震相当频繁，其中以花莲至宜兰一段尤其活跃。在台湾本岛则以雪山山脉、阿里山山脉、西部的嘉南平原及中苗地区较为活跃；而深源地震多数发生在台湾东北部的陆上及海域，有些则发生在台湾东南海域。

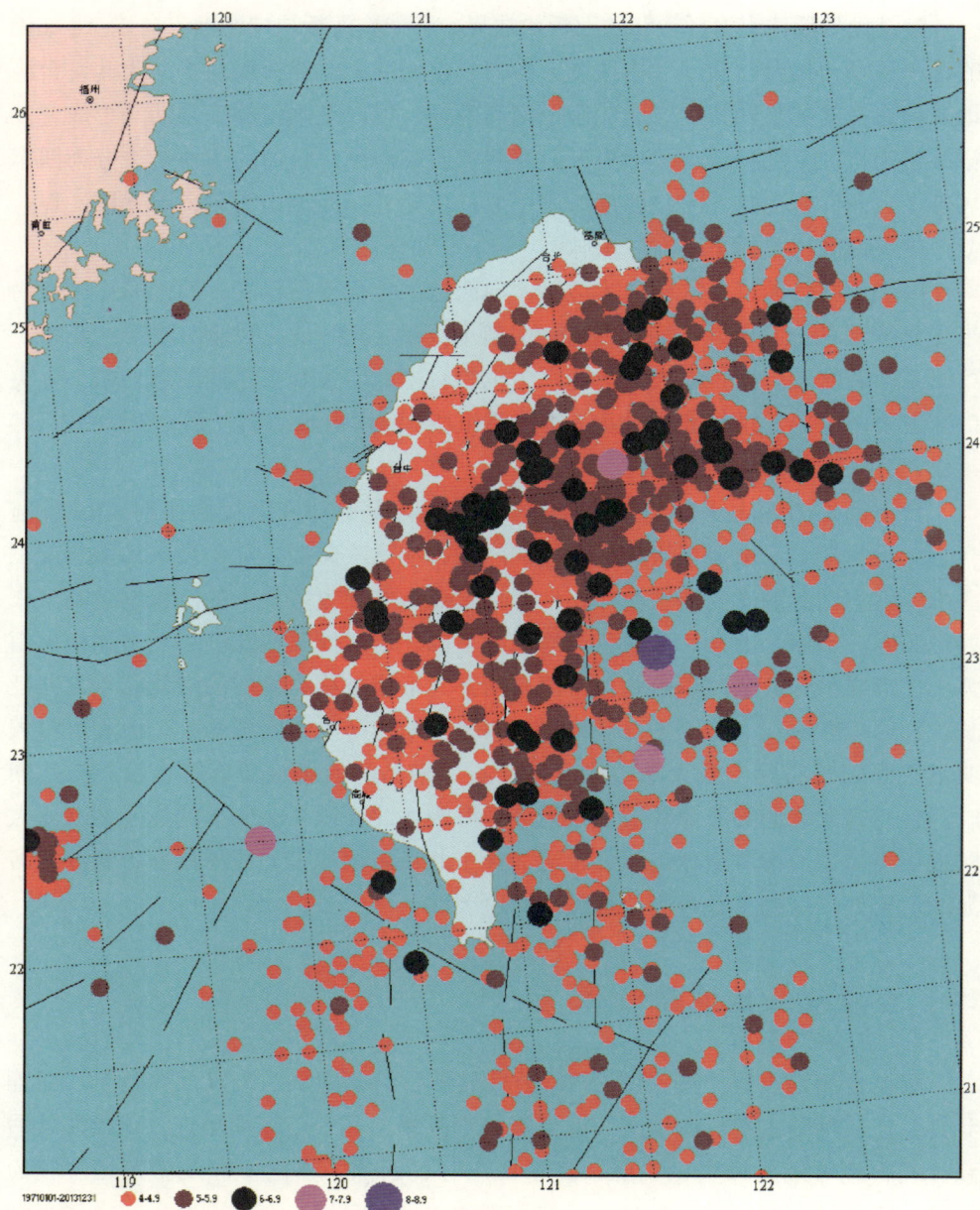

图7-3 台湾地震震中图

台湾岛处于北吕宋俯冲带、琉球俯冲带和冲绳岛海沟汇聚处，这也正是台湾地震频发的原因。台东纵谷是一条地震和构造活动的分界带，它将台湾岛明显地划分为东、西两部分。此外，宜兰平原及其以东的海域亦是属于一个在地震和构造上区别于其他区的地带。为此，台湾岛及其周围地区可划分为三个地震带（图7-4）。

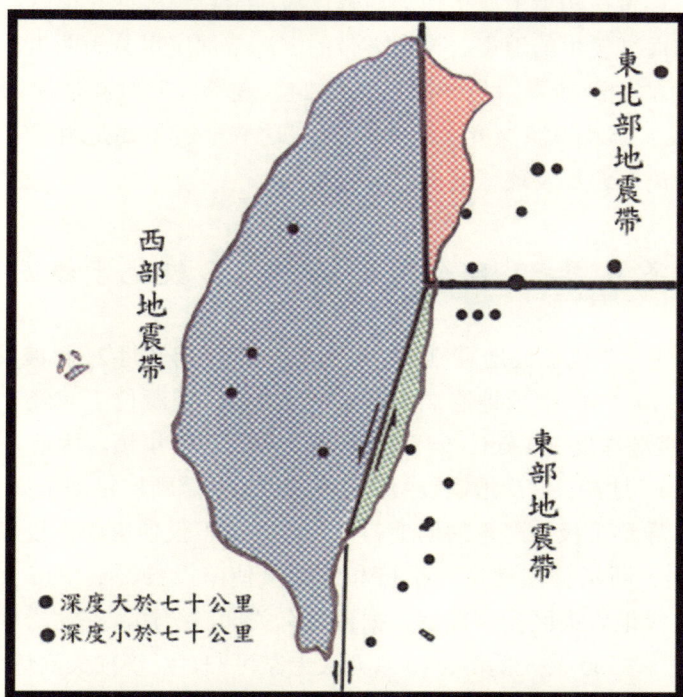

图 7-4　台湾地区东北部地震带、东部地震带及西部地震带

（据台湾"中央"研究院）

1. 东部地震带

东部地震带在构造上属菲律宾海板块与欧亚大陆板块的碰撞带，包括北纬24°以南，台东纵谷东侧及台东至鹅銮鼻海岸以东的地区。此地震带具有地震活动强度大、频度高的特征。地震主要集中发生在纵谷地带、兰屿—火烧岛一带以及花莲以东海域，呈北北东向分布。

2. 西部地震带

西部地震带在构造上属新生代褶皱的岛弧带，包括沿着中央山脉山麓带、滨海平原区以及台湾海峡发生的地震。西部地震构造带内发生的地震属岛弧型地震，地震活动的强度和频度比东带要低得多。绝大部分地震主要分布在山麓带和滨海平原的分界带附近，呈北北东向展布。

3. 东北部地震带

东北部地震带在构造上属于琉球岛弧、海沟与台湾弧的相交区，包括沿宜兰平原及其以东海域发生的地震。该地震带的震源依深度可分为两类，一是接近地面 20 km 以内的浅源地震，另一则是北纬 24° 逐渐向北倾斜加深的贝尼奥夫带（Benioff zone），其震源深度可达 300 km。这些地震主要是由于菲律宾海板块向北隐没于台湾东北部及琉球群岛之下引起的。

三、1999 年 9 月 21 日台湾集集 Ms7.6 级地震概述

据台湾"中央"气象局地震测报中心公布，1999 年 9 月 21 日凌晨 1 点 47 分，台湾中部发生 $M_L7.3$（中国地震局 $Ms7.6$）级地震，震源位于东经 120.75°、北纬 23.87°，震源深度 7.0 km。宏观震中位于南投县集集镇，因此，此次地震亦称为集集"9.21"地震。这次地震震级大，震源浅，发震断层错动量大（7～8 m），且穿城而过，导致了极为严重的场地、地基灾害。不仅使震中南投集集镇被夷为废墟，而且由于断层猛烈地逆冲推挤和错动，使南投县、台中市、台中县、苗栗县和云林县等地震灾区受到重创。据台湾有关部门统计，在这次地震中，共有 2300 多人死亡，8700 余人受伤，10 多万人无家可归，经济损失高达上千亿台币。

这次地震的发震断层是车笼埔断层。车笼埔断层呈南北向延伸，为台湾中部西界之前锋逆断层，断面倾向东，倾角在 25°～40° 之间（图 7-5）。地震中，车笼埔断层由东向西往上逆冲，但南北两段上冲距离并不一致，南边 1～2 m，北边 7～8 m。车笼埔断层在抵达丰原后，即以 70° 大转弯向右沿大甲溪延伸至石冈乡，再穿过大安溪到卓兰镇内湾村。该段长约 15 km，为北东向的逆断层。

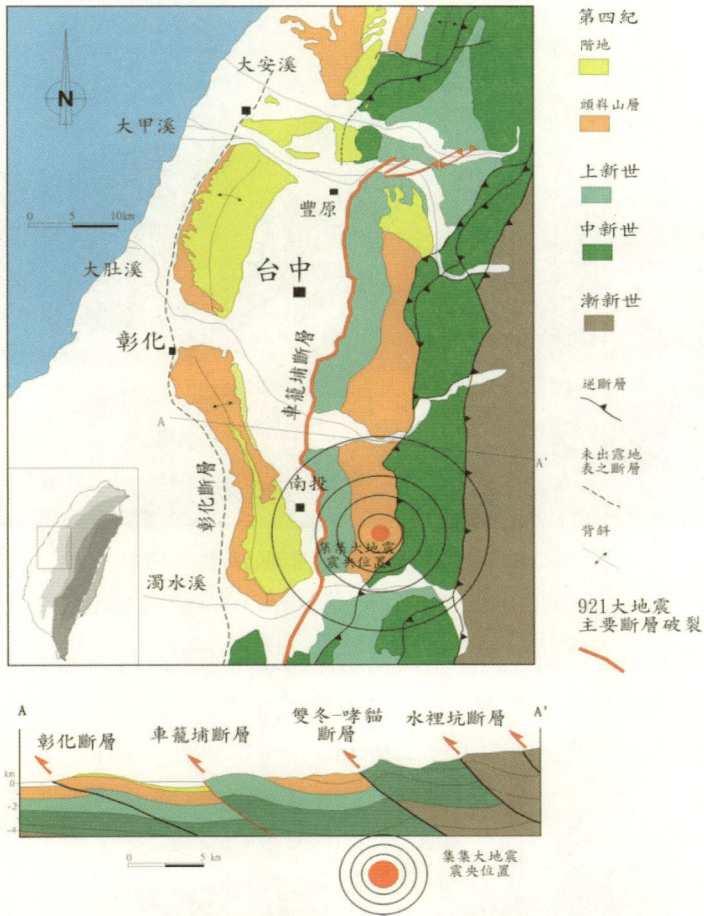

图 7-5　车笼埔断层及邻近地区地质图

（据台湾"中央"研究院地球科学研究所）

　　地震对结构物的破坏，既包括地震波产生的振动破坏，也包括地震时发生的地面变形产生的破坏，比如地震断裂造成地面的撕裂和抬升、张开和挤压，都会摧毁位于地震断裂上及其紧邻的建筑物。集集地震，沿车笼埔断层的北端又出现新的断裂分支和转向，并切穿石冈水坝（图 7-6）。沿车笼埔断层由于地震断层上盘的逆冲，上盘上的建筑物发生倾倒、倒平或严重的倾斜，远离断层面的建筑物则倾斜程度越来越小。

图 7-6　集集地震中遭到破坏的石冈坝

（引自 http://wrm.hre.ntou.edu.tw/wrm/921/sge）

　　地震时的地面运动，在震中促使建筑物发生垂直座落。如集集镇的武昌宫，宫殿式大屋顶因垂直地震力而使一楼毁没了（图 7-7），随之而来的地震水平力又使已经座落的屋顶盖向西错位了 9 cm。

图 7-7　集集地震中座落的武昌宫

　　台湾学者利用多种手段如全球卫星定位、大地测量，从地震加速度计计算地震位移、断裂两旁以及山区裂隙错位的实测数据等综合手段，综合总结了集集地震具有以下 3 个特点：

　　1. 地震产生的水平位移和垂直位移的数值，上盘远远大于下盘，下盘可以视作静止盘，因为它处于逆冲断层的被动盘上。

　　2. 水平位移的方向指向北西或北北西向，与菲律宾板块运动方向相一致。特别是水平位移量以北端最大，水平量 9.2 m，垂直量 2.2 m，石冈水坝抬升达 10 m，而在震中区的位移量水平 5.0 m，垂直 2.3 m，最大达 3.4 m。这是因为地震破裂的过程中，从震中开始沿着过去已经存在的车笼埔断裂向南特别是向北前进，在北端遇到了较大深部构造的阻挡，而出现增大的现象。这个深部构造体就是北岗高基底。这个突起的存在起了顶撞的作用，使得车笼埔断裂发生转向，由 NS 向转为 EW 向，并发生了分支断层，因而地震断层横切石岗大坝造成了严重的破坏。

　　3. 断层两盘的破坏程度相差很大。上盘（东南盘）远远大于下盘（西北盘），即断层两侧的位移量是主动盘大于被动盘。

　　集集地震震中距离厦门不到 300 km，根据遥测中心测定的基岩强震震动记录烈度为 0.30 m/s²，达 Ⅴ 度。软土地基住宅区震感强烈，多数人逃至空地，多层楼房摇晃，门窗作响，宏观烈度达 Ⅴ 度。

四、2006 年 12 月 26 日恒春海域 Ms7.2 级地震概述

　　2006 年 12 月 26 日 20 时 26 分在台湾恒春海域发生了 Ms7.2 级地震，8 分钟后在震中附近再次发生 Ms6.7 级强余震（图 7-8），之后在震中附近海域又发生了一系列 Ms5.0 级以上余震。此次地震震中虽然位于海中，但由于距离陆地较近，在台湾造成了一定的人员伤亡和建筑物损毁，并导致天然气外泄、火警、停电等次生灾害的发生。这次地震极为突出的特点是，地震发生在有大量国际海底光缆经过的海域，造成 14 条海底光缆断裂，使东亚、东南亚等地区国际间通信中断，导致了世界几十年来最大的通讯事故，间接损失难以估计。

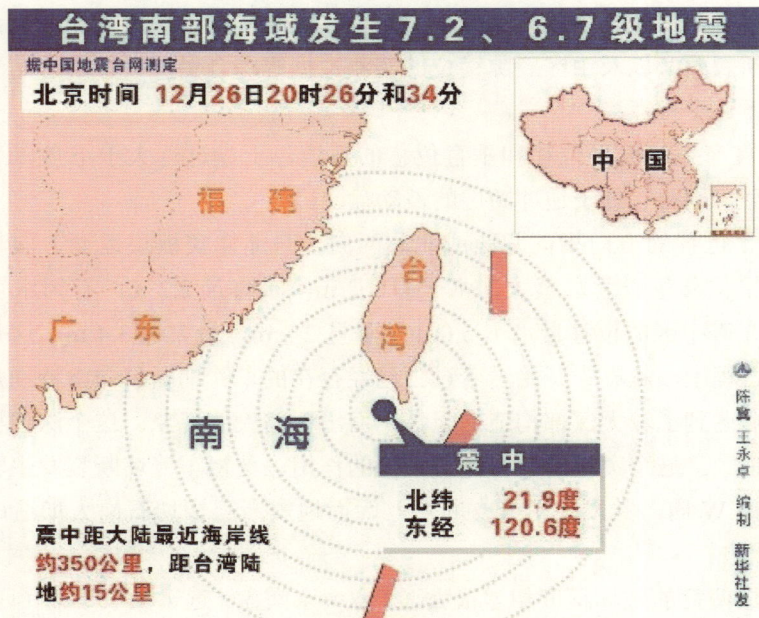

图 7-8 2006 年 12 月 26 日恒春海域 Ms7.2、Ms6.7 级地震震中示意图（据新华社）

由于菲律宾海板块与欧亚板块在台湾东部的强烈碰撞与俯冲作用，造成台湾地区地震活动非常强烈。由台湾中央山脉以东地区的地震活动构成的台湾东地震带是环太平洋地震带西支重要的组成部分，地震活动强度大、频度高，具有板块边界地震活动特征，本次恒春海域地震就属于台湾东地震带内的板块边界地震活动。根据中国地震台网中心资料，恒春海域地震的震源机制解为正兼走滑性质，而最大的余震为正断层地震性质。

五、2009 年 12 月 19 日台湾花莲海域 6.7 级地震概述

2009 年 12 月 19 日 21 时 02 分，台湾花莲海域发生 Ms6.7 级地震（图 7-9）。据台湾地震部门监测，截至 12 月 20 日共监测到余震 155 次，最大的一次为 20 日上午 10 时 12 分的 4.9 级地震。震区位于台湾东部地震带上，该地震带是菲律宾板块与欧亚板块直接碰撞的地带，也是我国地震活动性最高的板间地震带，历史地震多为主余震型或双震型。据台当局"消防署"和台湾《苹果日报》访查，全台共有 1 死 12 伤，伤者多是被大楼掉落的磁砖或落石砸中（图 7-10）。

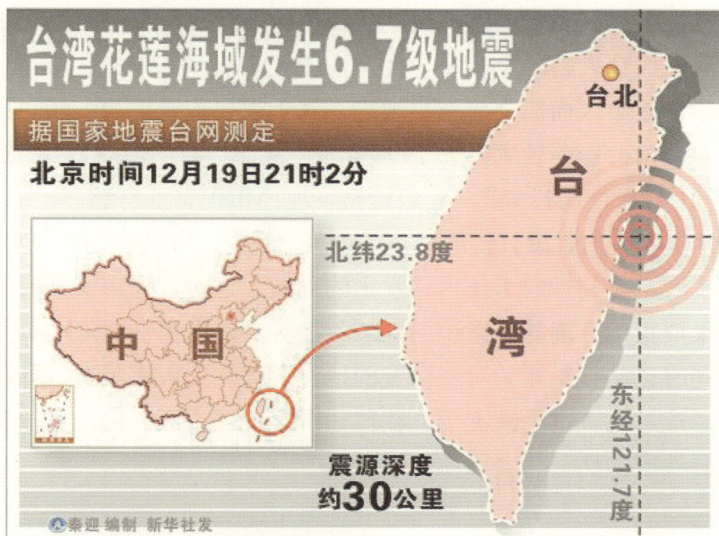

图 7-9 2009 年 12 月 19 日台湾花莲海域 *M*s6.7 级地震震中示意图（据新华社）

图 7-10 台北市复兴南路二段 180 巷内一处高楼水塔震落，砸坏隔壁公寓一楼雨棚及一辆汽车。

（据央视网 记者屠惠刚／摄影）

六、科学应对台湾的强有感地震

从台湾构造地震特点分析表明，台湾发生的地震主要分为三类：一是台湾东部海域由于菲律宾板块俯冲于欧亚大陆板块造成的地震；二是台湾中央山脉以西板块内部构造地震；三是台湾海峡发生的板内构造地震。其中台湾山脉以东的俯冲带地震虽然震级较大，如 2002 年 3 月 31 日台湾花莲海域 7.3 地震，虽然震级大，但对厦门的影响较小。而二类、三类地震，属于板内构造地震，相对而言距离厦门也较近，对厦门的影响较大。如 1994 年的"9.16"台湾海峡南部 7.3 级地震和 1999 年 9 月 21 日台湾南投集集 7.6 级地震，厦门市民普遍有感。

强有感地震发生时，最直接的受体是市民。但是，市民目击的信息是局部的，缺乏全面的了解，尤其是缺乏技术科学上的判断。这时，让市民及时掌握震情信息，有利于采取正确合理的有组织的应急救援行动，在第一时间内最大限度地减少灾害损失同时也将杜绝随后可能引发的地震谣传。灾害来临时，如果不尊重市民的知情权，疏忽或有意隐瞒灾情，往往适得其反，造成市民的猜测和误解，引发更大的社会秩序动乱。

（一）2006 年 12 月 26 日恒春海域 Ms7.2 级地震

2006 年 12 月 26 日恒春海域 Ms7.2 级地震，根据仪器测定，对厦门的烈度仅Ⅳ度，但社会反应却十分强烈，很多市民到户外空旷地避震。其主要原因有两个方面：一是时间因素，地震发生在 20 时 30 分左右，这一时段多数家庭已吃完晚饭，正在看电视，对震动较为敏感，楼层人员相对集中，信息相互告知，行为相互影响，容易造成互动反应；二是发震形式，此次恒春地震序列，表现为主—余类型（或双震型），前后两个震震级仅差 0.5 级，时间间隔仅 8 分钟。我们调查几幢高层公寓居民，他们反映第一次前震波及时，仅少数人有感，相互间咨询"刚才是否有晃动？是地震吗？还是工程爆破？"多数人询问后并不深究结果，但 8 分钟后的地震再次到来，挂灯晃动，玻璃哗哗作响，多数人确实感受到了。当他们把这次震动与前面发生的地震的晃动联系起来时，马上就造成较大的心理冲击，甚至认为会不会有更大的第三次。因此，他们相互呼唤，跑到户外空地避震。

据此，市地震局根据市委宣传部指示，21 时起在电视台播出滚动文字，电台同步广播，安民告示对市民的安定起了很好的作用。21 时 20 分后，户外避震的群众陆续回家，生活秩序回复正常。

（二）2009 年 12 月 19 日台湾花莲海域 Ms6.7 级地震

2009 年 12 月 19 日 21 时 02 分，台湾花莲海域发生 Ms6.7 级地震，震中距离厦门直线距离 320 km。厦门市市民普遍有感，地震虽未造成破坏，但一时间市民咨询电话蜂拥而至，市地震局按照《厦门市地震应急预案》相关程序，及时开展应急处理工作，通过信息发布、电台插播、电视滚动播出、记者采访、解答群众来电等多种方式，积极应对了地震对厦门的影响，解除群众的忧患，电话量在 21 时 40 分之后骤减，只有零星咨询电话。

但 22 时 30 分起，一些市民的手机收到了内容为"根据国家地理学家刚刚发布最新消息，晚上大家感觉如果有地震第一反映就是先跑，地震带将会在今晚分裂，估计将在凌晨 1～5 时发生，将会发生剧烈震感，大家一定注意"。及"中央地震台网消息，北京时间 21：06 台湾花莲海域发生里氏 8.0 级特大地震，福建省今晚 23 时左右也将会（发生）5 级以上地震。"的短信。市地震局的电话再次齐响，咨询电话不断。

针对这些谣传，市地震局准备了相关回答注意事项，对来自不同渠道的疑问进行了统一科学的回答。

1. 针对"根据国家地理学家刚刚发布最新消息，晚上大家感觉如果有地震第一反映就是先跑，地震带将会在今晚分裂，估计将在凌晨 1～5 时发生，将会发生剧烈震感，大家一定注意。"

市地震局准备了两点回答：（1）如果感觉是地震，应坚持先躲避再疏散的原则，不要先跑。（2）地震的发生是由于地壳应力集中超过岩石抵抗力破裂而产生的，地球上的地震带就是一个应力挤压带，它不但不会分裂，即使裂开也不会产生大地震，所以上述说法是谣传，不可信。

2. 针对谣传"中央地震台网消息，北京时间 21：06 台湾花莲海域发生里氏 8.0 级特大地震，福建省今晚 23 时左右也将会（发生）5 级以上地震。"

市地震局准备了三点相关回答：（1）按照科学仪器的记录，21 点 02 分发生在台湾花莲海域的地震是 6.7 级，而不是 8.0 级。（2）大地震过后余震的发生都是在大地震附近地区，不会到相距几百公里外的福建发生 5 级余震。（3）按照《防震减灾法》，任何个人不允许发布地震预报，只有政府才可以发布。厦门市地震局将 24 小时不间断密切监视这次地震的后续发展，请市民放心。

（三）科学应对强有感地震，形成行之有效的工作机制

对于台湾及台湾海峡发生的强有感地震，厦门市地震局形成了一套行之有效的工作程序和方法。

面对厦门市委市政府：地震三要素及时测定，根据强有感地震对厦门的影响烈度，建议厦门市委市政府启动地震应急预案。

面对广大市民：一是通过广播、电视、网络、电话等媒体及时向市民报告地震三要素（发震时间、发震地点、震级大小）；二是对台湾强有感地震发生的原因、发生构造、历史地震、我市的震感和破坏情况、如何做好防范等民众关注的所有问题，一一给出明确且易懂的答案，整理成问答题，分发给全局人员，以统一模式向外界宣传，并做到科学、完整；三是科学耐心回答市民问题，为民众答疑解惑。

第三节　应对"5.12"四川汶川 8.0 级大地震

2008 年 5 月 12 日 14 时 28 分发生的汶川 $Ms8.0$ 级地震震惊世界，是新中国成立以来破坏性最强、影响范围最广的一次地震。据中国地震台网测定，"5.12"汶川地震震源深度为 19 km，发生在青藏高原东南缘南北地震带中部龙门山断裂带。地震使四川省汶川、北川和晴川等县城受到毁灭性打击，波及四川、甘肃、陕西、重庆等 10 个省、市，灾区总面积约 50 万平方公里，受灾的群众达 4625 万多人，地震死亡 6.9 万人，受伤 3.7 万人，失踪 1.7 万余人。房屋大量倒塌损坏，基础设施大面积损毁，直接经济损失 8451 亿多元。地震引发的崩塌、滑坡、泥石流、堰塞湖等次生灾害举世罕见。

一、地震基本参数

发震时间：2008 年 5 月 12 日 14 时 28 分 04 秒

震级：$Ms8.0$ 级

震源深度：约 19 km（起始破裂点）

地震破裂持续时间：地震破裂过程持续了 120 s，主破裂持续时间约 90 s

中国地震台网测定，"5.12"汶川地震震中位于汶川县的映秀镇附近，里氏震级为 8.0 级，震源深度约 19 km，余震 3 万多次，其中最大余震震级 6.4 级。

吕坚等利用龙门山推覆构造带北西和南东两侧不同的速度结构模型和双差定位方法，对主震和余震进行了精定位（图 7-11）。

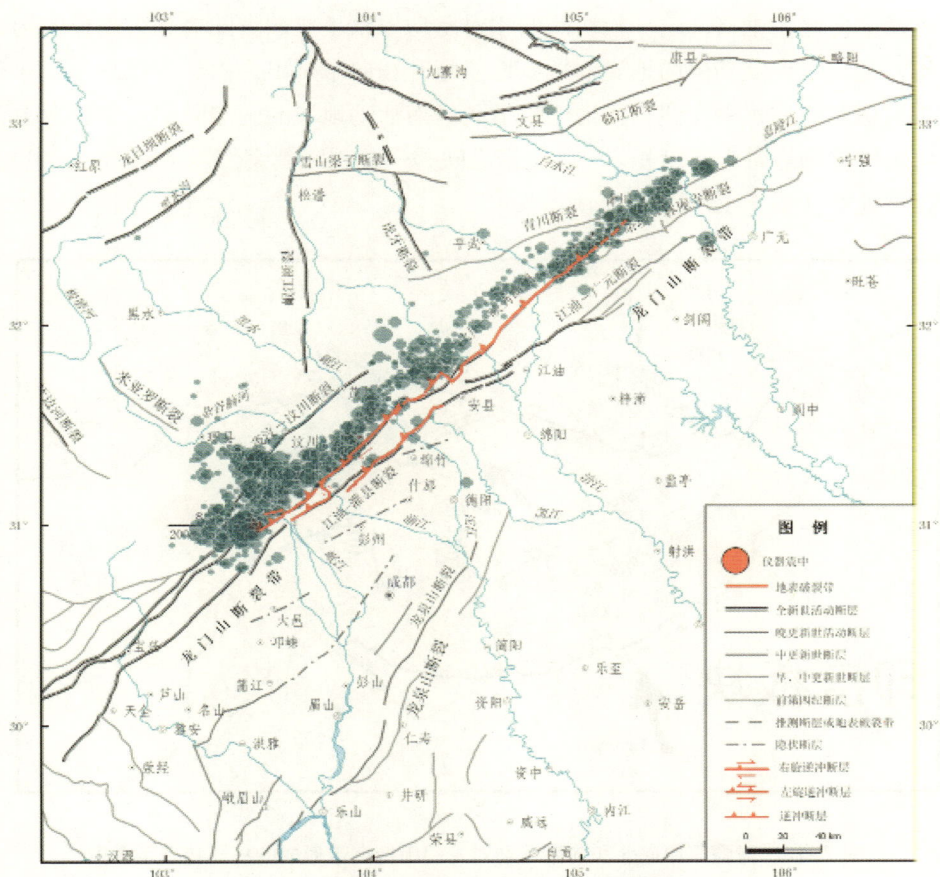

图 7-11　重新定位的 $M_L \geqslant 2.8$ 级余震资料（据吕坚）

主震和余震重新定位结果表明：

（1）平武南坝以南，余震分布在龙门山中央断裂的北西侧、南坝以北。余震分布离开中央断裂，沿次要断裂分布，且穿过青川断裂；

（2）沿前山断裂的地表破裂段，也有少量余震；

（3）成都平原之下的隐伏断层基本无余震；

（4）主要余震带分布南宽（30～40 km）北窄（10～25 km）；

（5）汶川草坡—理县一带余震分布向北西凸出。

二、汶川地震的成因分析

汶川地震的发生及龙门山向东南方向推覆的动力来源是印度板块与欧亚大陆

碰撞及其向北的推挤，这一板块间的相对运动导致了亚洲大陆内部大规模的构造变形，造成了青藏高原的地壳缩短、地貌隆升和向东挤出。由于青藏高原在向东北方向运动的过程中在四川盆地一带遭到华南活动地块的强烈阻挡，使得应力在龙门山推覆构造带上高度积累，以至于沿映秀—北川断裂突然发生错动，产生 8.0 级强烈地震（图 7-12）。

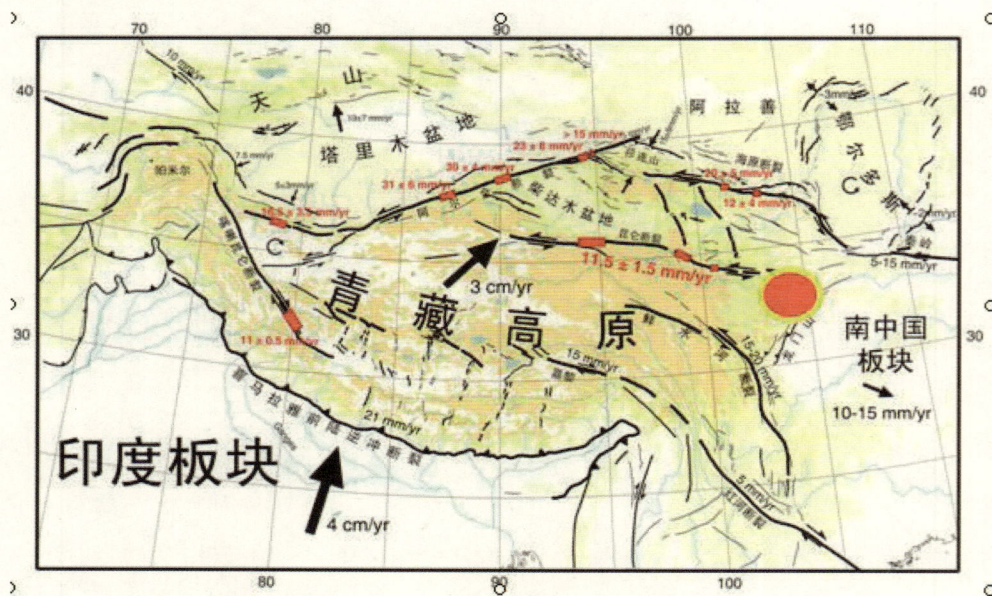

图 7-12　青藏高原向北和向南运动对龙门山构造带形成的挤压构造示意图

（资料来源：中国地质调查局）

龙门山断裂带位于青藏高原东部巴颜喀拉地块与华南地块之间，为巴颜喀拉地块南东端边界，西接鲜水河—安宁河断裂带，南临四川盆地，北部为龙门山区，东部与秦岭南缘相接，是我国大陆南北地震构造带中段的重要组成部分。汶川地震发生在龙门山断裂带上，如图 7-13 所示。

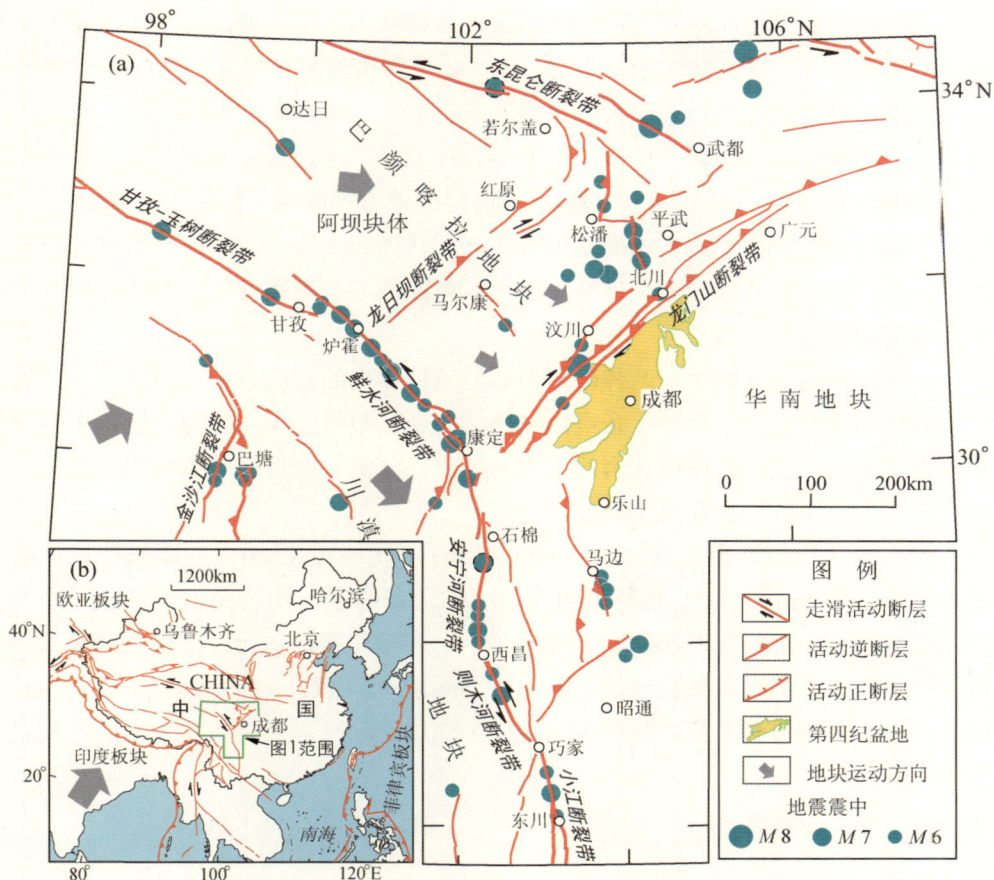

图 7-13 "5.12"汶川地震区地震构造图（据闻学泽）

综合多个研究机构得到的汶川 8 级地震的震源机制解表明，地震破裂面南段以逆冲为主兼具右旋走滑分量，北段以右旋走滑为主兼具逆冲分量。该破裂面从震中汶川县开始破裂，并且破裂以 3.1 km/s 的平均速度向北偏东 49°方向传播，破裂长度约 300 km，破裂过程总持续时间近 120 s。地震的主要能量于前 80 s 内释放，最大错动量达 9 m，震源深度约 10 多千米，矩震级 7.9，面波震级 8.0。5 月 12 日 20 时 5.7 级强余震以逆冲破裂并具有明显右旋走滑分量，破裂面走向与主震相近，震源深约 10 km。5 月 13 日 7 时 6.1 级强余震以逆冲为主具有少量右旋走滑分量，破裂面走向较主震破裂面走向逆时针旋转约 25°，震源深约 10 km。

依据上述震源机制解和实测地震结果，分析认为，汶川地震前发震断裂面上存在一较大凸体，受区域地应力作用，该凸体受到压剪并在震源处（12 km 深处）开始破裂，破裂的方向以震源为源点向北东偏向上（地面）的方向发展。由于该凸体并非薄厚均匀，断裂所释放的应变能存在差异。因此，在破裂过程中表现出凸体厚的地方，释放能量多，震级就大；而薄的地方释放的应变能少，震级就小，构成了破裂过程中大小地震相间的地震序列。从陈运泰院士所作的破裂过程模拟结果分析，在凸体薄的地方，破裂速度快，厚的地方破裂速度慢（凸体阻碍继续破裂所需力更多）。

汶川地震的余震则是在凸体破裂形成的透镜体内的再次破裂。因此，余震的大小同样与透镜体大小有关；余震的空间分布及其数量多少，也与透镜体大小有关。不仅如此，发生在透镜体内的地震—余震，其破裂面理应与主震破裂存在一定夹角，分析结果与计算结果十分吻合。

映秀—北川断裂全新世（10000 a）以来具有明显的活动性，其长期地质滑动速率小于 1 mm/a。GPS 观测表明龙门山构造带的现今构造变形也是以逆冲右旋压剪性为特征，但变形速度不大（图 7-14）。受印度板块持续推挤欧亚大陆，我国青藏高原东部巴颜喀拉地块不断向东方向运动，而且，这种运动将是长久的。因而，龙门山构造带及其内部断裂也将处于地震活动性强且具有发生大地震危险的地震活跃时期。

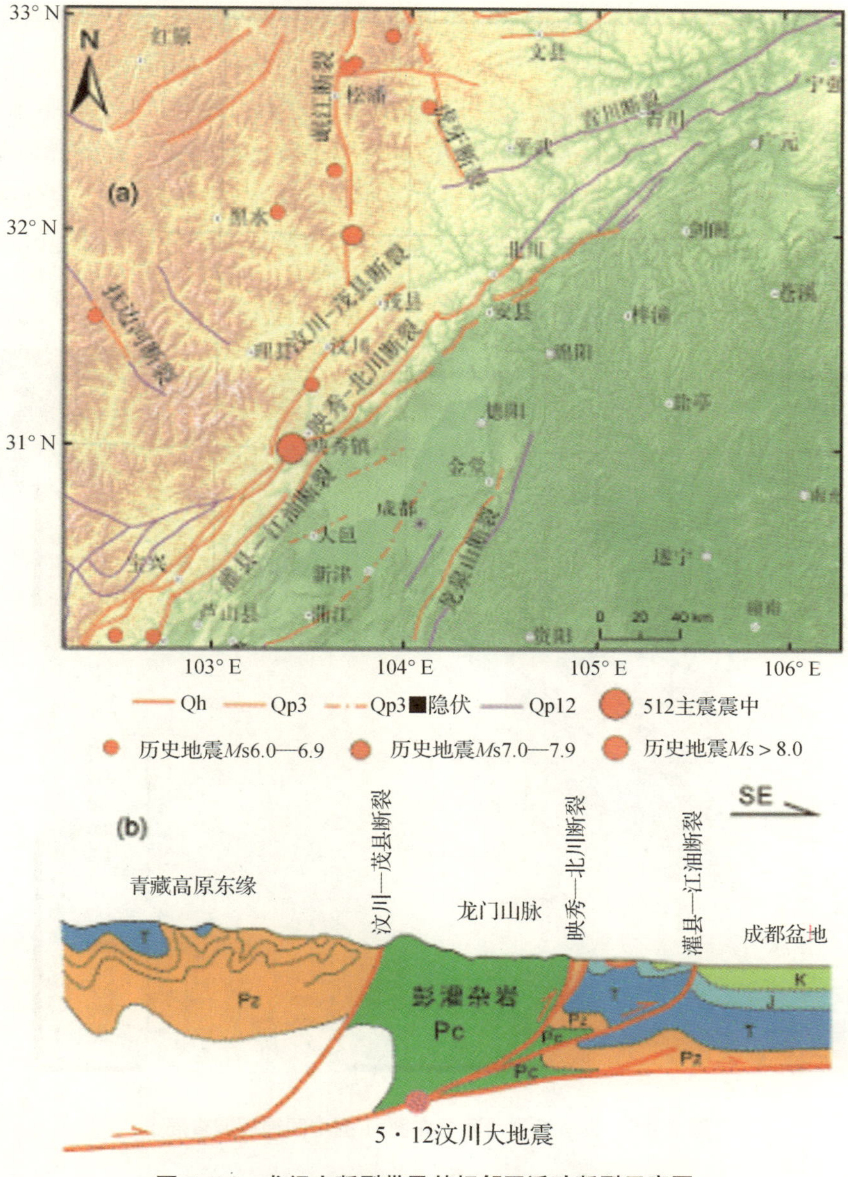

图7-14 龙门山断裂带及其相邻区活动断裂示意图

（资料来源：地球物理学报 2008.7）

三、汶川地震的显著特征

其一，这是逆冲型地震。世界上许多大陆地震为平移断裂地震或正断层地震，也就是说，地震发生在两个地块平行边界或一个地块相对另一个下落的断面上。而汶川地震运动是一个地块逆冲到另一个地块之上。这种地震类型主要发生在板块汇聚边界带上，如喜马拉雅构造带、台湾地震带、天山构造带等。在中国大陆，大部分地震构造为平移断裂或正断裂型。逆冲型地震主要沿青藏高原东北缘和东缘分布。震源机制分析表明，龙门山向东逆冲作用伴有向北的滑移，致使余震明显地向北东方向扩展，使茂县、绵竹、北川、青川等县市，甚至陕甘地区遭受重大损失（图7-15）。

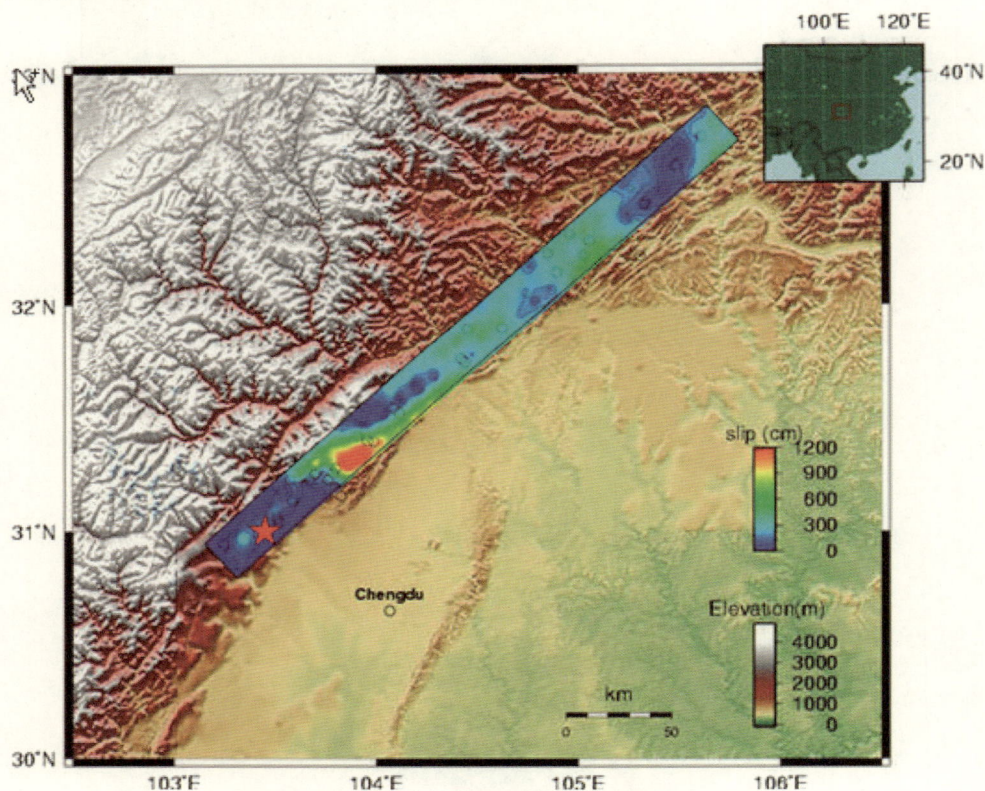

图7-15　发震断裂滑移分布图（据中国地质调查局）

其二，震源浅，破坏性巨大。汶川地震的另一个特征是震源深度浅，属于浅震。关于震源深度，美国地质调查局开始认为位于10 km，后来定在19 km。中国国家数字地震台网确定的震源深度为10 km。浅层地震具有巨大的破坏性，1995年神户7.2级地震的震源深度约10 km，1976年唐山7.8级地震深度为22 km，也属浅源地震。

四、汶川地震灾情综合分析

5 月 12 日发生的四川汶川 8.0 级特大地震，造成了历史空前的损失和灾难，使我国人民生命财产遭受重创，设施设备受到严重破坏，文化遗产遭受重大损毁，抗震救灾和灾后重建工作面临前所未有的巨大困难，影响深远。

（一）灾害范围广

以四川为中心，涉及甘肃、陕西、重庆等 10 省市。四川省 21 个市（州）就有 19 个市州不同程度受灾。重灾区面积超过 10 万平方公里，涉及 6 个市州、88 个县市区、1204 个乡镇、2792 万人。

（二）人员伤亡惨重

据民政部报告，截至 2008 年 9 月 25 日 12 时，四川汶川地震已确认有69227 人遇难，374643 人受伤，17923 人失踪。

（三）基础设施严重损毁

交通、供水、供电、通讯等基础设施遭受严重损毁。据遥感解译，四川省 7 条高速公路、5 条国道和 10 条省道公路的路段路基、桥梁、隧道等结构物严重受损，超过 1.7 万多公里农村公路损毁，断道大面积出现（图 7-16）。

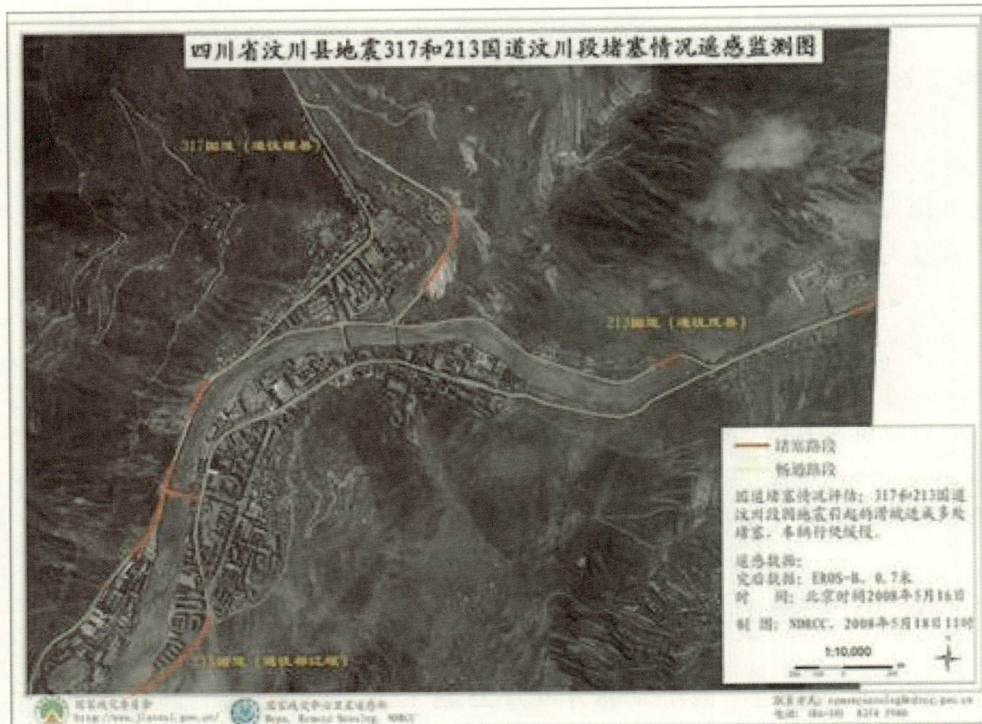

图 7-16　四川汶川地震 317 和 213 国道汶川段堵塞情况遥感监测图

（引自 http://scitech.people.com.cn/GB/7323158.html）

（四）次生灾害频发

根据航空遥感资料和专家实地调查初步分析，截至 2008 年 5 月 22 日，灾区发现 34 处堰塞湖，其中，被水利部抗震救灾指挥部前方专家列为 1 号风险的唐家山堰塞湖。蓄水近 1 亿 m^3，严重威胁下游近 7 万名群众的安危。另外，水量在 300 万 m^3 以上的大型堰塞湖有 8 处，100 万 m^3 至 300 万 m^3 的中型堰塞湖 11 处，100 万 m^3 以下的小型堰塞湖 15 处。汶川地震形成堰塞湖如图 7-17 所示。

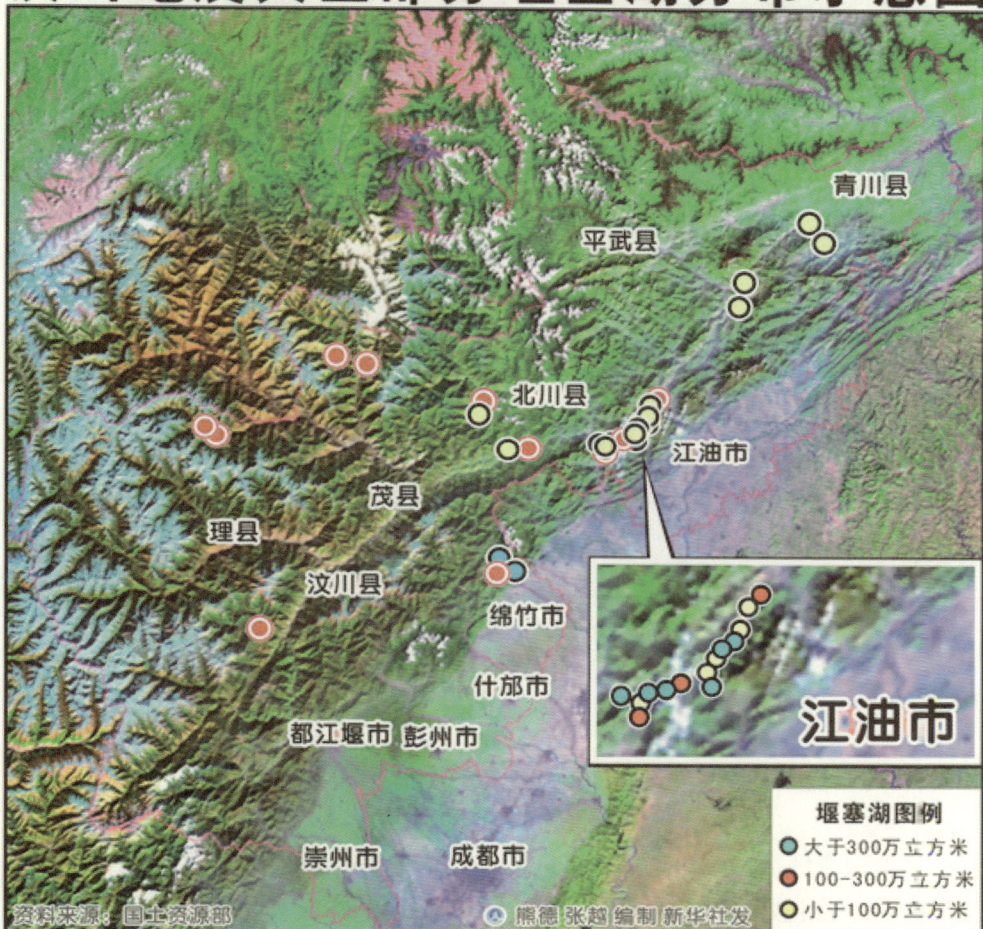

图 7-17 汶川地震形成 34 处堰塞湖

（引自 http://news.xinhuanet.com/photo/2008-05/22/content_8233226.htm）

（五）基本生活生产设施丧失

据不完全统计，严重损坏的房屋有 593.25 万间，倒塌房屋有 546.19 万间，近千万人无家可归。工业基础受到毁灭性打击，四川省 14207 家工业企业生产设施受损，德阳、广元、绵阳等重灾区大部分工业设施几乎完全被毁（图 7-18）。

图 7-18　灾区城镇震后俯拍图景

（引自 http://scitech.people.com.cn/GB/7323203.html）

（六）直接经济损失巨大

根据调查评估，汶川地震造成的直接经济损失为 8451 亿元人民币，其中四川最严重，占到总损失的 91.3％，甘肃占到总损失的 5.8％，陕西占总损失的 2.9％。

五、科学应对汶川大地震

（一）积极应对灾害，加强地震监测

地震发生后，市地震局立即召开紧急会商，传达了省地震局对此次地震的指示，同时对加强我市地震震情跟踪工作作出部署：

1. 遥测中心加强地震监测预报工作，对我市地震活动性及前兆资料进行紧急会商，会商结果显示我市近期未出现地震前兆异常。

2. 加强地震应急值班，局领导亲自带班，遥测中心人员 24 小时值班，密切关注我市及周边地区震情发展趋势，切实落实异常变化，有情况及时报告、及时会商。

3. 积极应对，做好社会稳定工作。认真回答群众关心的问题，切实发挥局政务信息网站的作用，做好接待媒体、采访等相关宣传工作，普及地震科普知识。一旦发现地震谣传，要立即采取措施予以平息。

（二）认真回答群众问题，消除群众疑惑

汶川地震虽然未对厦门市造成灾害，但是却引起了厦门市市民对地震灾害的广大关注。他们纷纷通过邮件、电话、传真及市长专线咨询地震的相关知识，以及如何科学防震。

2008 年 7 月 23 日，厦门市地震局接到了厦门市政府办公厅转发的"厦门市湖滨中路 11 号 404 室郑××关于预制板房"等内容的来信，市地震局十分重视。在细致研读了郑先生和众多住户来信的基础上，市地震局立即组织相关专家和技术人员对群众反映的厦门市湖滨中路 11 号和 13 号居民楼通过现场调查、拍照、描绘、咨询等方式，进行了解和核实，及时宣传地震科普知识，提出几点意见和建议：

1. 群众来信所反映的问题基本属实。根据厦门市地震局技术人员的现场调查和核实，湖滨中路 11 ～ 13 号居民楼存在走廊、楼梯口、阳台等多处混凝土脱落现象；墙体多处出现张剪性斜裂缝；墙体与墙体之间出现连续性裂缝；屋顶预制板暴露并有漏水痕迹以及部分地面拱起等现象。郑先生和众多住户所反映的现象基本存在，描述基本客观，存在的问题基本属实。

2. 湖滨中路 11 ～ 13 号居民楼为预制板房结构，始建于 1978 年，当时国家还未出台一般工民建筑物抗震设防标准或要求。根据市建设局提供的资料，我市在 1980 年以前建设的房屋建筑和其他工程均未进行抗震设防，因此，该居民楼应属于未进行抗震设防的建筑。

3. 对于全市目前尚存的预制板房屋，市建设局调查结果统计为 316 栋。这类建筑厦门市地震局同意建设局的意见，即"由于使用年限大多超过 30 年，使用功能较差，进行大规模的抗震加固技术经济上不合算，建议通过旧城改造，尽快拆除重建"。

4. 由于全市预制板房目前尚存较多，且抗震能力也存在较大差异，建议分

轻重缓急进行拆除重建，尤其是像湖滨中路 11～13 号居民楼破损较严重的预制板房，应优先进行。同时，地震局正在了解我市农村民居中大量现存的石条板房的现状，建议厦门市政府给予重视。

（三）与时俱进，强化防震减灾知识宣传

汶川地震发生后，市民渴望了解地震的基本常识，迫切希望了解"地震来了怎么办？"等问题。针对市民的需求，市地震局以国家级地球科学教育基地为载体，通过广泛开展内容丰富、形式多样的地震科普知识宣传活动，进一步建立起市、区、街道、社区全方位多渠道的科学的宣传体系（表 7-1）。

表 7-1　厦门市地震局 2008 年 5 月 12 日至 31 日宣传工作统计

序号	活动项目	时间	地点	形式及内容	参加人数
1	参加市科技活动周	5 月 17 日	市文化艺术中心	咨询、观看录像、有奖知识问答、赠送宣传材料	1200 人，资料分发 700 份
2	参加市科技局生态奥运活动	5 月 18 日	万石植物园	咨询、观看录像、有奖知识问答、赠送宣传材料	1500 人，资料分发 800 份
3	科普知识讲座	5 月 12 日～5 月 31 日	大学、中小学、幼儿园、街道、社区、企事业单位、商场、科普教育基地等	课堂讲座形式、分发宣传材料	讲座 43 次，约 9000 人，资料 900 多份
4	市民来电咨询	5 月 12 日～5 月 31 日	地震局	咨询	450 个
5	市长专线电话办理	5 月 12 日～5 月 31 日	地震局	书面答复、电话答复	18 个
6	基层科普宣传	5 月 12 日～5 月 31 日	思明区、湖里区、集美区、同安区、海沧区、翔安区	分发《蝉童》宣传片、张贴宣传画、分发宣传资料、群众咨询	《蝉童》宣传片发到全市 1087 所中小学（含幼儿园），科普宣传挂图 400 份（一份 7 张）、科普宣传资料 5000 份、咨询 1200 人
7	社区宣传	5 月 12 日～5 月 31 日	全市	分发宣传资料	1000 份

续表

序号	活动项目	时间	地点	形式及内容	参加人数
8	厦门市地震局科普教育基地参观	5月12日～5月31日	市地震局科普教育基地	体验"震动台"、观看科普录像、参观展室及遥测台网、举办地震科普讲座、分发宣传资料	1000多人，分发科普宣传资料2000多份
9	报纸	5月12日～5月31日		连载、系列报道	12次（厦门商报报道6次，厦门晚报报道6次）
10	电视、广播	5月12日～5月31日	沟通栏目、厦广演播室、厦广电台	现场直播（6次）、现场连线（4次）	10次
11	记者采访	5月12日～5月31日	地震局	采访	18次
12	厦门日报社接听民众968820热线	5月16日	厦门日报社	接听群众968820热线咨询	13人次

第四节　莆田仙游震群型地震特点及地震发生的机理分析

2013 年 9 月 4 日 06 时 23 分，莆田仙游发生 M_L 5.0（M4.8）级地震，震中位于北西向沙县—南日岛断裂带附近（图 7-19）。该地震是 2010 年 8 月以来，发生在仙游的震群型地震活动中最大的一次，也是 2013 年发生在福建省内的最大地震。

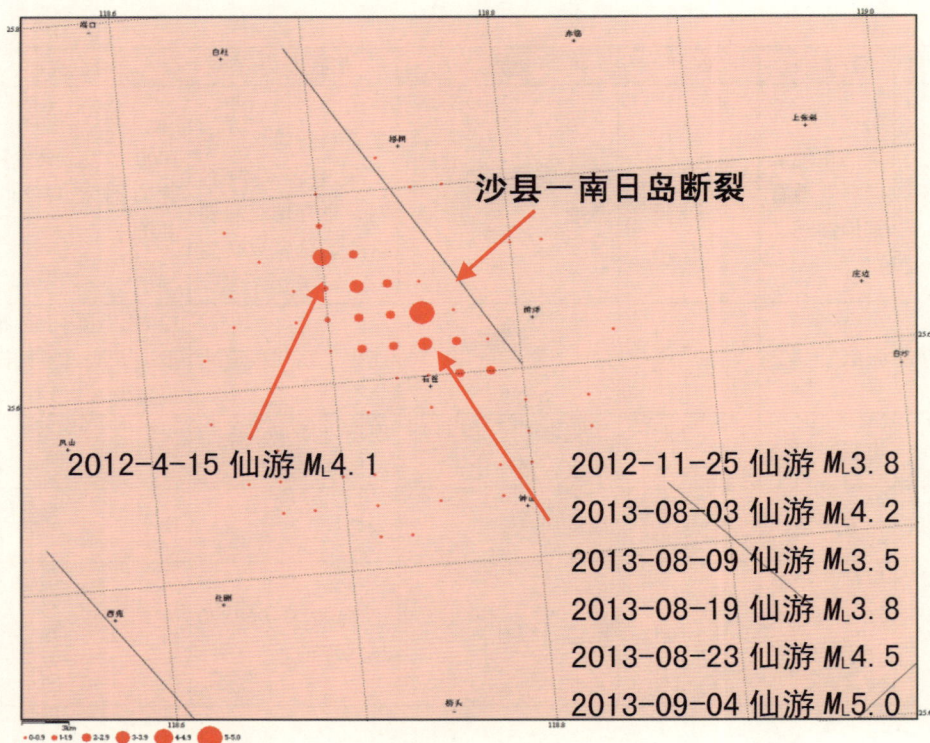

沙县—南日岛断裂

2012-4-15 仙游 $M_L4.1$

2012-11-25 仙游 $M_L3.8$
2013-08-03 仙游 $M_L4.2$
2013-08-09 仙游 $M_L3.5$
2013-08-19 仙游 $M_L3.8$
2013-08-23 仙游 $M_L4.5$
2013-09-04 仙游 $M_L5.0$

图 7-19　仙游地震序列震中分布图（2010 年 8 月 4 日至 2013 年 12 月 31 日）

一、地震序列及其特点

以震中（北纬 25.63°，东经 118.75°）为中心，半径 10 km，对该区域 1971 年以来福建台网记录的小震进行分析统计，结果显示：该区域自 2010 年 8 月 4 日发生 $M_L1.3$ 级地震以来，共记录 M_L（下同）0 级以上地震 1496 次。震中分布（图 1）显示，1000 多次小震在空间分布上呈现北西向分布的态势，与通过该区域的北西向沙县—南日岛断裂走向一致，北西长度最长达 13 km。对这些小震进一步分析显示，时间上大致可分为四组活动（表 7-2，图 7-20）：

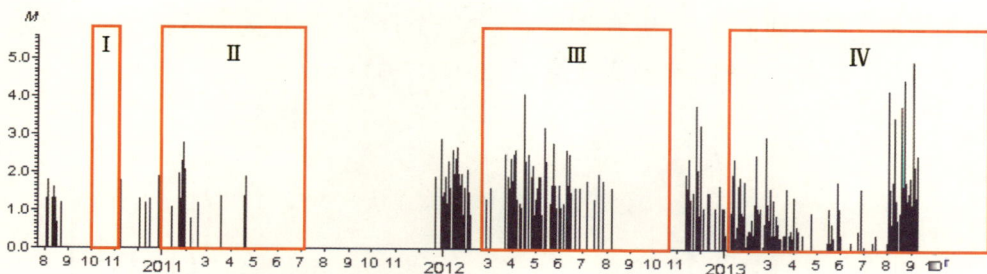

图 7-20　仙游地震序列 *M-T* 图（2010 年 8 月 4 日—2013 年 12 月 31 日，$M_L \geq 0$）

表 7-2　莆田仙游地区地震分时段统计分析表

统计时间段	地震频次							最大地震
	总频次	其中						
		0.0～0.9	1.0～1.9	2.0～2.9	3.0～3.9	4.0～4.9	5.0～5.9	
2010.8.4—2010.8.23	20	17	3	0	0	0	0	2010 年 8 月 5 日 M_L1.8
2010.11.7—2011.4.30	49	8	35	6	0	0	0	2011 年 1 月 29 日 M_L2.8
2011.12.23—2012.8.7	231	31	165	32	2	1	0	2012 年 4 月 5 日 M_L4.1
2012.11.11—2013.12.31	1196	892	248	39	13	3	1	2013 年 9 月 4 日 M_L5.0

（1）第Ⅰ组活动，发生在 2010 年 8 月至 9 月，最大震级为 2010 年 8 月 6 日的 1.8 级震；

（2）第Ⅱ组活动，从 2010 年 11 月至 2011 年 4 月 30 日，最大震级为 2011 年 1 月 29 日 2.8 级震；

随后，该地区进入相对平静，长达 247 天，该地区未记录到 0 级以上小震。

（3）第Ⅲ组活动，从 2011 年 12 月 23 日至 2012 年 8 月 7 日，最大地震为 2012 年 4 月 15 日的 4.1 级震。

2012 年 8 月 8 日至 11 月 11 日，仙游地区，再次异常平静，持续时间 95 天。

（4）第Ⅳ组活动，从 2012 年 11 月 11 日起，仙游地区的活动再次加剧，持续已达 13 个月，最大地震为 2013 年 9 月 4 日的 M_L5.0（M4.8）级地震。

对震群活动进一步分析，*M-T* 图（图 7-21）显示，该组活动在 2013 年 8 月 3 日起震群活动加剧，2013 年 8 月 3 日至 2013 年 9 月 3 日的地震序列参数计算结果显示，在9月4日5.0级地震震发生前一个月，仙游地区的小震序列的前兆性质明显，具有一定的指示意义（图7-22，表7-3）。

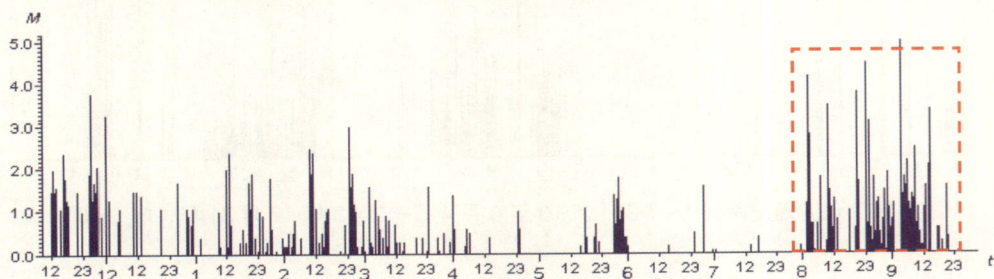

图 7-21　仙游地震序列 M-T 图（2012 年 11 月 11 日至 2013 年 12 月 31 日，$M_L \geq 0$）

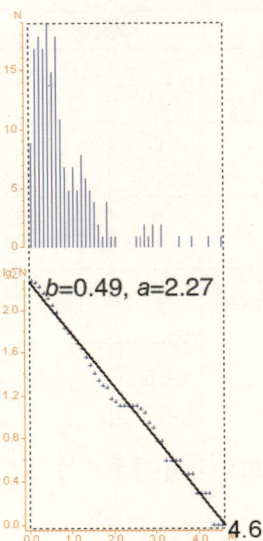

$b=0.49,\ a=2.27$

图 7-22　仙游地震序列 lg$N$-M 图（2013 年 08 月 03 日至 2013 年 9 月 3 日，$M_L \geq 0$）

表 7-3　地震序列判定（2013 年 08 月 03 日至 2013 年 9 月 3 日，$M_L \geq 0$）

前兆震群判定标准，满足其中一项即可		实际计算结果	判定结果
h	< 1.0	0.30	三项异常，符合前兆震群判断结果，9 月 4 日发生 M_L5.0（M4.8）级震。
U	> 0.5	0.6887	
K	> 0.7	0.5518	
ρ	< 0.55	0.3495	
b	> 0.65	0.59	

二、地震序列震源深度分析

仙游地震序列的震源深度时变图（图 7-23）显示，地震序列的震源深度在 2010 年 8 月至 2011 年 4 月 30 日，震级较小，最大地震仅为 M_L2.8 级，震源深度主要集中在 4～15 km 范围内分布，且震源深度有加深趋势。2011 年 11 月 11 日起，仙游地震序列震级加大，发生 16 次 3 级以上地震，最大地震达到 M_L5.0（M4.8）级，且震源深度随时间逐渐变浅。

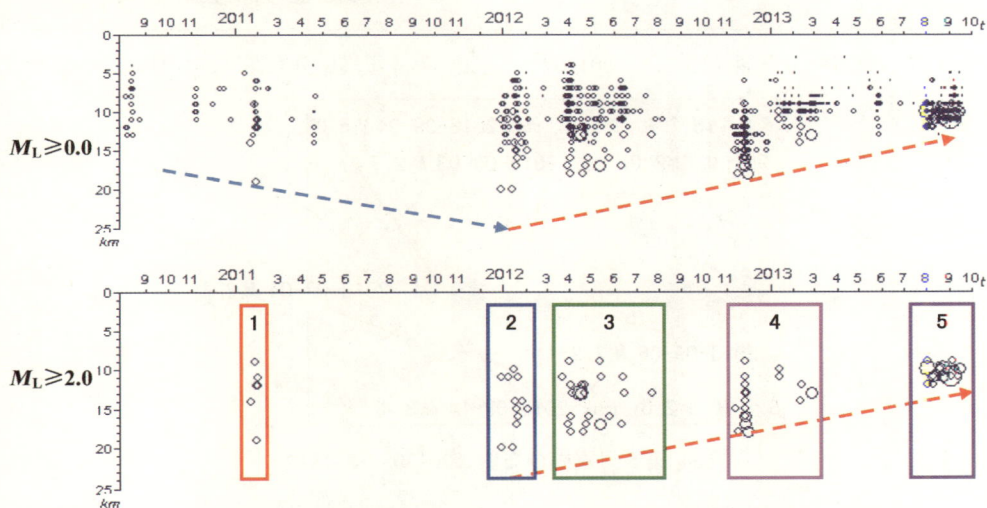

图 7-23　仙游地震序列震源深度时变图（2010 年 8 月 4 日—2013 年 12 月 31 日）

根据仙游地震（$M_L \geqslant 2.0$）震源深度时变图，对仙游地震序列（$M_L \geqslant 2.0$）做进一步分析，可把它们分为 5 组活动（图 7-23），这五组活动在空间上的分布如图 7-24 所示。

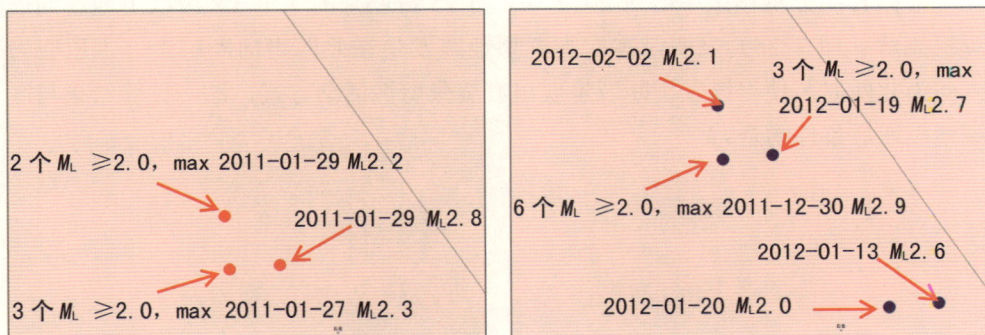

（a）第 1 组震中分布图（201101—201102）

（b）第 2 组震中分布图（201112—201202）

(c) 第 3 组震中分布图（201203—201207）　(d) 第 4 组震中分布图（201211—201302）

（e）第 5 组震中分布图（201308—201312）

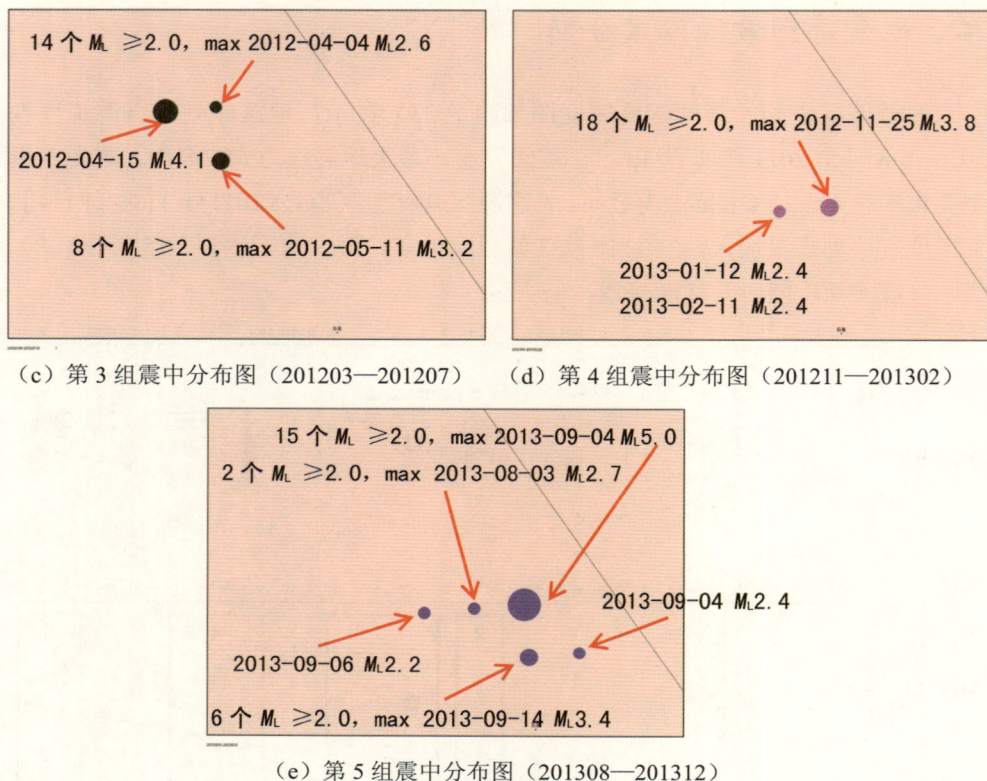

图 7-24　仙游地震序列震中分布图（2010 年 8 月 4 日至 2013 年 12 月 31 日）

三、地震序列震源机制解

根据省局分析预报中心对 2012 年 4 月 15 日以来的 7 个 3.8 级以上地震的震源机制解（图 7-25）表明，本次震群型地震发生在北西走向断层上，主压应力方向为北西向，使得该发震断裂呈现出右旋张剪性活动方式，这一计算结果与区域地震地质条件吻合。

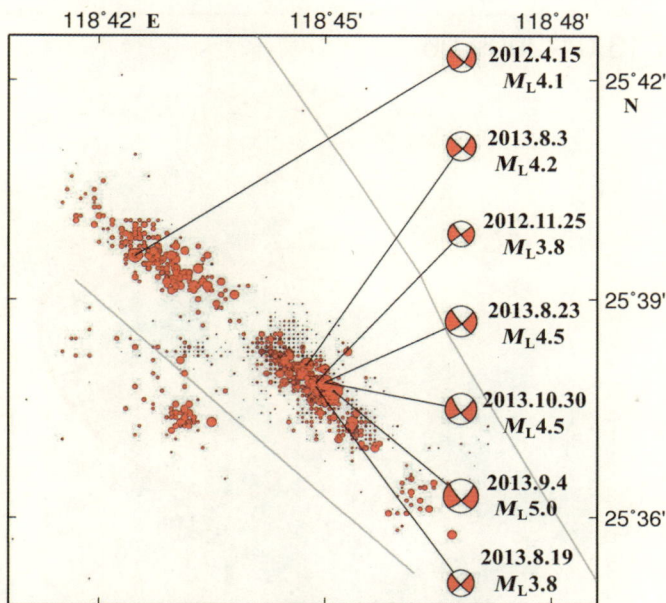

图7-25　仙游地震震源机制解（省局分析预报中心邱毅制作）

四、莆田环线重力复测

重力复测结果映射出长诏断裂带及其与北西向断裂带的地应力概况和地球物理场的变化情况，指出了未来地震发生的可能地带。福建流动重力累积变化趋势图（2009.06—2013.04）（图7-26）显示，正负差异变化较为明显的出现在长乐—诏安断裂带北段以西地区，即莆田西北地区。2013年8月至9月，莆田仙游发生最大地震为$M_L5.0$（$M4.8$）级的震群活动，其震中位置落于此区域内。

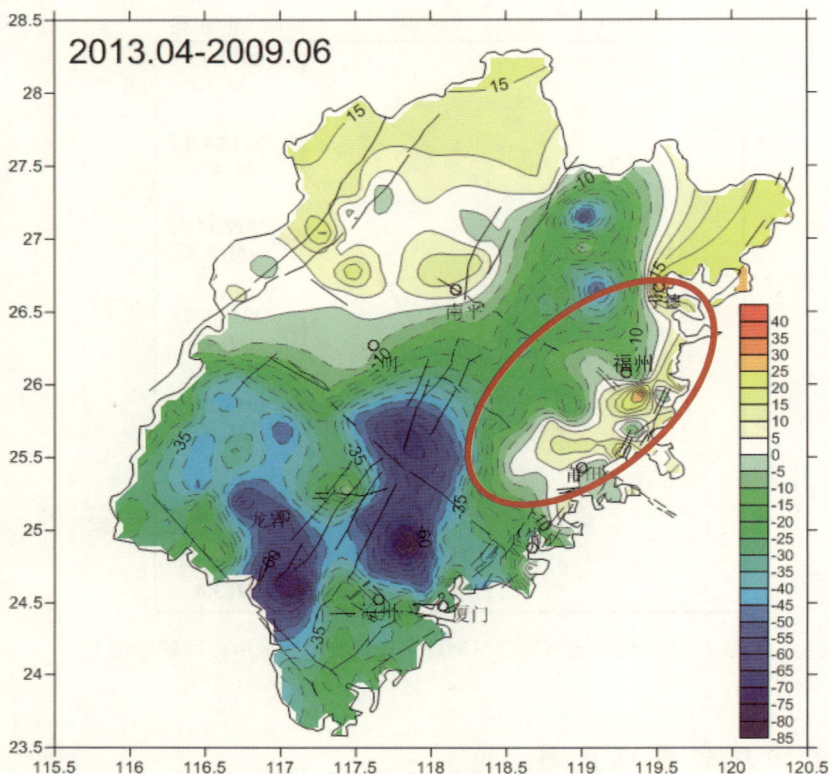

图 7-26 福建流动重力累积变化趋势图（2009.06—2013.04）

　　对莆田环线的重力复测资料分析，得出莆田环线的段差年变化情况（图7-27）。分析显示，各段段差年变都在正常范围之内（±30 μGal），其中较大变化量出现在雷锋镇水口镇（+31 μGal）之间。相对而言，在莆田地区西部，即永泰—德化沿线出现正负异常变化，表明近期该地区活动相对较为活跃，需进一步关注永泰—仙游—德化环线区域。

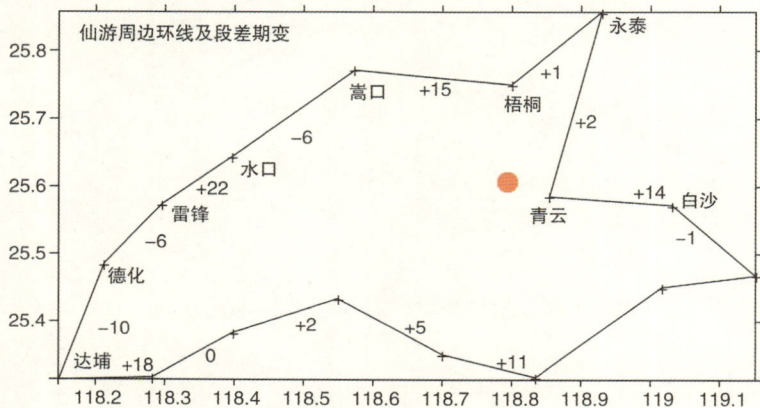

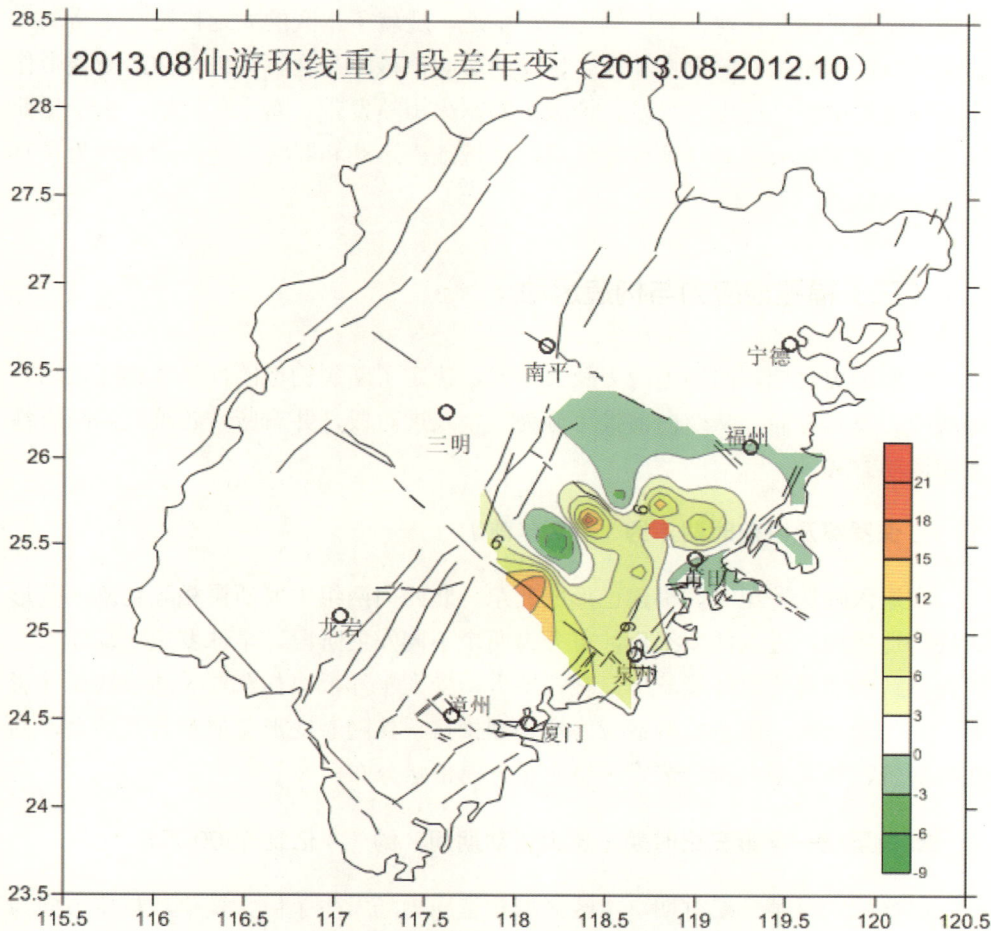

图 7-27　莆田环线重力段差年变图

五、地震机理地质分析

（一）福建构造格局的形成

福建自晚元古代以来，经历前泥盆纪优地槽发展阶段。泥盆纪至三叠纪时期，整体抬升进入准地台发展阶段，这一时期处于长期隆起剥蚀环境之下。晚三叠世开始至晚侏罗世，受太平洋板块向欧亚板块的俯冲作用，构造运动进入了濒太平洋大陆边缘活动带的发展阶段，这一时期形成了滨海断裂（含长乐一诏安）压剪性断裂以及北西向张剪性等区域性断裂构造，造就了本区的大地构造基本格局。由于区域性断裂构造的发育和地壳运动的影响，该隆起区解体破碎并沿断裂带伴有大规模的中酸性火山岩喷发，构成了闽东火山喷发带。新生代时期，由于受菲律宾板块对欧亚板块的持续俯冲作用，区域地壳运动和断裂构造活动表现为具有继承性的特点。

（二）福建地应力与构造运动

地质历史时期不同的地应力及其方向，决定了断裂构造的性质和相互运动。按地应力及其方向，从今向前推可分为三个发展阶段，并对应着各阶段的断裂性质和运动方式。

1. 侏罗纪及以前时期（约 1.4 亿年前）

在进入晚侏罗纪时，福建已形成北东、北西向两组主要断层相互切割的菱形断块构造格局。进入侏罗纪后，可分为两个不同发展阶段。早侏罗纪，福建处于较为活跃的断陷构造环境。中、晚侏罗世，受太平洋板块与欧亚大陆板块碰撞影响，地壳受北西—南东古构造应力场强烈推挤，伴随着变形变质和岩浆活动，韧性剪切带、变质相带和岩浆岩带呈北东方向带状分布。

2. 白垩纪—早第三纪时期（燕山运动期间，约 1.4 亿到 6500 万年）

白垩纪—早第三纪时期，本区区域构造应力场发生了巨大变化，挤压方向为北东—南西向，致使前白垩纪区域性北东向压（剪）性断层和北西向张性断层，分别转化为张（剪）性和压（剪）性；在已形成的北东、北西向两组主要断层相互切割的菱形断块构造格局基础上，致使北东向断裂产生左旋剪切运动，并切割北西向断裂，运动的结果给北西向断裂面造成了凸体，如图 7-30 所示。这一构造发展时期的另一特色是岩浆侵入活动较强烈，同时，混合岩化进一步加强，表现为近海域一侧的小金门岛混合岩十分发育。

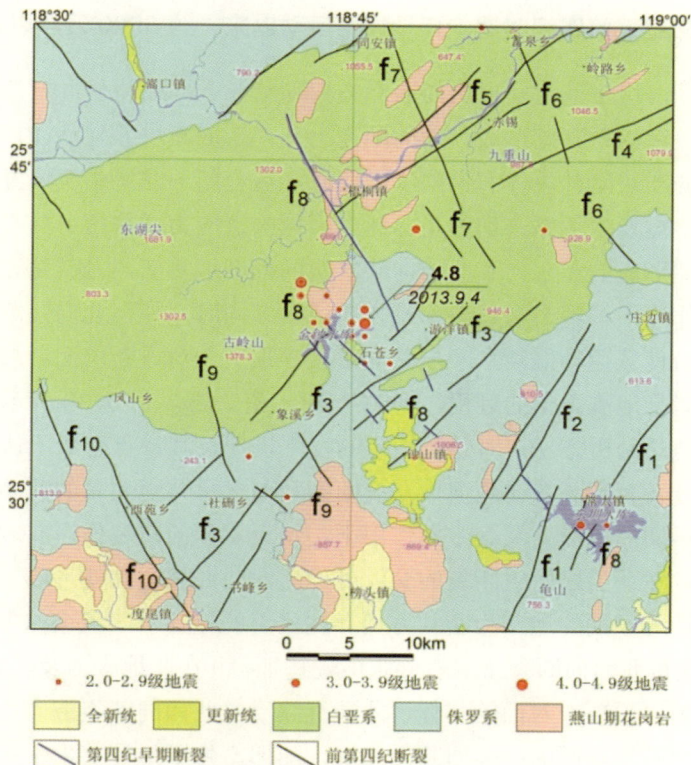

图 7-28　福建仙游震群型地震附近地质图

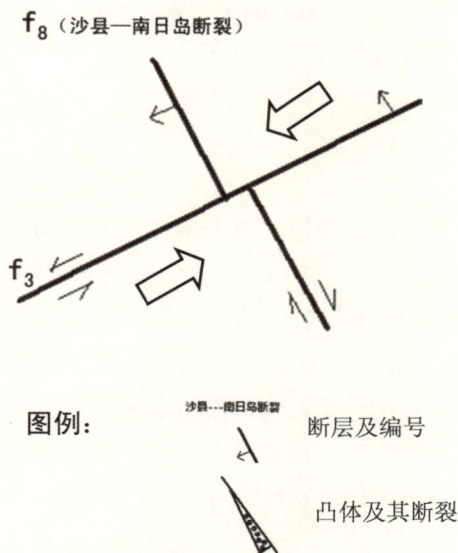

图 7-29　早期的地应力及其方向造成的
　　　　断裂构造运动示意图

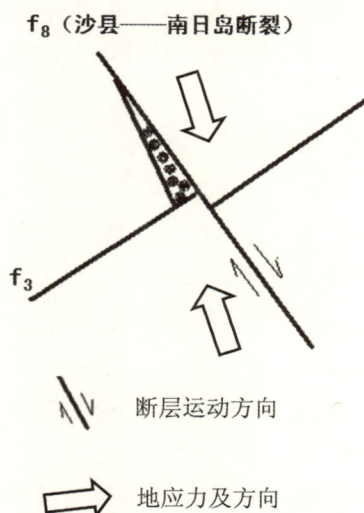

图 7-30　现今的地应力及其方
　　　　向造成的断裂构造运动示意图

3. 晚第三纪—第四纪时期（喜马拉雅运动以来，约 6500 万年以来）

这一时期，由于菲律宾板块向西北方向朝欧亚大陆板块俯冲，亚洲大陆边缘典型的岛弧—海沟系开始形成。期间地壳上升并造成断块差异活动，形成了一系列大小不等的断块隆升块体和拗陷区，同时，在金门—龙海牛头山发育有基性火山岩带。与地震发生关系密切的是，此时区域构造应力场挤压方向复转为北西—南东向，早期形成的北东向和北西向断层不同程度地复活，尤其是在北西—南东向主压应力作用下，整个福建向南东方向运动。同时，使得北向西断裂产生右旋剪切运动，为使其运动继续，断层两盘必须"顶破"对方断层面上的凸体，"顶破"的过程即是地震发生的过程，如图 7-28、图 7-29、图 7-30 所示。

按地震地质分析方法，对仙游地震的发生机理及其特点有如下认识：

震中附近发育着北东向压剪性左旋断裂和与之呈共轭关系的北西向张剪性右旋断裂，在早期的地应力及其方向作用下，使得北东向断裂作右旋运动并切割北西向断裂。显然在上述两组断裂的交汇处，北西向断裂面上便形成了凸体，而现今的地应力场与早期的地应力及其方向存在显著的差异。即现今的主压应力方向为北西向，使得北西向断裂呈现右旋张剪性特征，并在此地应力及其方向作用下，断裂两盘必须"顶破"对面的凸体，才能继续沿着北西向断裂方向作右旋剪切运动，这种"顶破"对面的凸体即断面凸破，随即产生了地震。由于这种断层运动所产生的断面凸体分布在断层的倾向方向上，并沿着断层倾角向下延伸，因此，凸体的破裂是多次的。如果凸体破裂发生在近地表处，由于岩体中的应变能较低，所以地震震级较小；越往地下深处，凸体破裂产生的地震震级越大。

（六）小结

通过仙游地震的震中分析、震源深度、震源机制，以及地震地质和构造等的综合分析认为：

1. 福建地质历史演化表明，福建省陆域被北东向三组断裂和北西向多组断裂切割成菱块状。当今 GPS 和地应力监测指示，全省及台湾海峡受到北西向主压应力作用，使得北西向断裂呈现出右旋张剪性质，与震源机制解结果吻合。由此推断，本次发生在沙县—南日岛张剪性断裂带上的震群型地震，断层的性质决定了地震震级应当不会很大（截至目前，最大地震震级为 4.8 级）。

2. 震群内的地震均发生在沙县—南日岛断裂与一条北东向断裂交汇处。

3. 总体上看，仙游地震发生在同一地点。实质上各个地震的震中位置发映出沙县—南日岛断裂（向南东倾斜）和北东向断裂（向北西倾斜）共同切割所构成的岩体内。从 2010 年 8 月至 2013 年 10 月，断层的其中一盘每次"顶破"断层另一盘凸出岩体形成岩块，即发生一次地震，破裂下来的岩块进一步破裂，便形成一系列小震（余震）。因此，图 7-24 展示的 5 组地震，即为 5 次岩块的破裂，其震源在空间上呈团块状，震中位置在地面上呈集中的片状。由于震源位置的不同，震中在地表表现出震源越深，震中位置越向西南（即沙县—南日岛断层倾向方向）偏移的规律。通过两次较大震级地震相关数据的计算，获得沙县—南日岛断裂倾角约为 76°。

4. 2012 年 4 月 15 日 4.0 级和 2013 年 8 月 23 日 4.2 级地震的震源机制解表明，本次震群型地震发生在张剪性断层上，主应力方向为北西向，这一计算结果与区域地震地质条件吻合。

5. 从断面凸破模型即本次震群型地震发生机理分析，所谓震群型地震只是对震级统计分析的表面描述，本质上是断裂构造的性质和岩块破裂的大小与所释放的应力决定了震级的相近性。本文一方面仍然采用省地震局确认的震群型地震称谓；另一方面，按照断面凸破模型对仙游震群型地震的发生机理作了分析，虽非地震预测，但可为进一步预测预报地震提供支持。按此断面凸破模型分析，凸体在不同深度上（4 ~ 23 km）的破裂造成一系列对应深度的小地震。依次推测，未来不排除该深度范围内的凸体或有更多次破裂引起震群型地震的可能。

6. 仙游震群型地震震中位于福建仙游县金钟水库附近，金钟水库库容 1.06 亿 m³，坝高 97.5 m，2010 年开始蓄水，8 月库区附近出现地震活动。有关分析认为，地震与水库蓄水有一定关系。"水库对地震发生的贡献或作用的本质是什么？有哪些因素影响并决定着水库地震的发生及其大小？"对于这些问题，从调查分析和实验结果综合来看，水库对地震发生的作用或贡献，本质上是库水被压入地下岩体之中，使岩石处于饱和状态，随之显著地降低了岩石的强度，在地应力增强或相对不变的情况下，岩石破裂，产生地震。由此可进一步推测，正是由于未达到正常构造地震发生时应具备的地应力和应变能，所以，这类地震的震级不应很大。总结水库诱发或触发地震的决定性因素主要包括：①库区断裂构造格局、规模和性质；②地应力大小及其变化；③水库坝高和库容；④岩石及其强度等。

7. 需要进一步研究的问题：一是按照时间顺序，一簇里震级大小之间是什么关系？二是采用地球物理方法探测并绘制一簇震源处破碎岩块体的大小和形状。

第八章　地震安全岛

第一节　国内外城市防震减灾现状与展望

我国是一个多地震的国家，全世界历史记载死亡超 20 万人的地震共有 6 次，我国就占有 4 次。20 世纪死亡人数超过 20 万人的大地震，两次都发生在我国。全球 1/3 的大陆地震也发生在中国。由此可见，我国是全球地震灾害最为严重的国家之一。

我国城市地震危险度高，50％城市、67％特大城市位于Ⅶ度以上高危险区，即 23 个省会城市、2/3 百万以上人口的大城市位于Ⅶ度或以上的高危险区。城市是一个国家或地区政治、经济、文化、交通、通讯的中心，又是人口、财富、信息最聚集、最活跃的地区。

城市一旦遭受大地震灾害，很可能酿成人员群死群伤，并使城市生命线工程遭到致命破坏，如交通、通讯、信息中断，供水、供电、供气停止，城市基本功能失效甚至瘫痪，造成巨大经济损失，引起次生灾害连发给社会造成广泛而深远的影响。

因此，城市是防震减灾工作的重心。

一、日本城市应对地震灾害的措施

（一）建立完备的法律体系

通过对灾害认知程度的提高以及历次救灾得失的总结，日本逐步建立了一系列的抗震救灾法律体系。主要有：《灾害救助法》（1947年）、《建筑基准法》（1950年）、《灾害对策基本法》（1961年）、《地震保险法》（1965年）、《地震财特发》（1980年）、《地震防灾对策特别措置法》（1995年）、《建筑物耐震改修促进法》（1995年）、《受灾者生活再建法》（1998年）等等。这些法律既是救灾工作的行动指南，又是救灾经验的总结，对救灾的及时性、成效性都提供了基本保障。

（二）日本的地震灾害救助体系完备、法规健全

日本的灾害救助体系涵盖政府救助、社会救助和自救三大部分。其中，以政府救助和自救为主，社会救助为辅。

（三）建筑物抗震标准不断提高，学校是最佳的避难场所

日本政府不断提高建筑物的抗震标准，特别是1982年《建筑基准法》的修订，大幅地提高了建筑物的设计、施工标准。

虽然日本是地震多发国家，但每次地震伤亡不大，这在很大程度上得益于日本严格的抗震标准以及从设计到施工全过程的质量监控与管理。日本一向重视学校建筑的抗震性能，学校必须成为抗震"第一避难所"是日本防备地震灾害的一个基本原则。

（四）重视防灾减灾基础工程设施建设

为确保地震等灾害发生时能够对灾区给予及时的救助，保证城市不至于陷入瘫痪状态，日本一直十分重视防灾减灾基础工程设施、生命线工程、救灾物资储备体系的建设。

（五）普及防灾减灾，提高国民防灾减灾意识

日本非常重视普及和加强民众的防灾意识。政府通过广播、报纸、电视等多渠道普及和宣传防灾减灾知识，学校都开设有灾害预防教育课。在地震预警方面，内阁府的"中央防灾会议"还通过不定期公布地震预报信息的形式，提高和推进

国民的防灾意识和技能。地震预报信息不仅预测出未来地震可能发生的地域，同时还详细标明可能引发海啸时最先淹没的地区和城市最容易引发火灾等次生灾害的地区。根据地震预报信息，各个企业和机构都应制定职员疏散和救助方案等。

（六）加大针对地震及其相关学科的科学研究，利用各领域科研最新成果，提高地震灾害预防及施救的效率

利用数字化、信息化、网络化等高新技术所具有的特点，为防震减灾服务。首先，利用卫星、固定摄像、远距离小型图像传送仪等技术，确保对地震等突发事件的图像、影像、情报的收集。其次，灵活运用地图信息以及 GIS、GPS 等技术构建操作性强的重要情报汇集系统、受灾预测系统、救助与搜索支持系统。再次，率先开发出在短时间内实现快速通报地震信息的地震速报系统。目前日本的地震台网非常密，每隔 7～10 km 就有一个，有力支撑了地震监测和速报。

二、美国应对地震灾害的措施

美国处于环太平洋地震带边缘，也是一个多地震国家。发生于 1906 年 4 月 18 日清晨 5 点 12 分左右的旧金山 7.8 级大地震，震中位于接近旧金山的圣安德列斯断层上，造成全市 5.3 万座房屋中 2.8 万座被摧毁，全市近 40 万居民中有 22.5 万人失去家园。由于天气干燥导致大火连烧 3 天，保守估计死亡人数在 3000 人以上，对旧金山造成了严重的破坏，可以说是美国历史上主要城市所遭受到的最严重的自然灾害之一。

1964 年阿拉斯加大地震后，美国开始重视并逐渐加强地震预测研究。1977 年美国国会通过了《减轻地震灾害法案》，把地震预测工作列为美国政府地震研究的正式目标。在震害防御方面，美国非常注重地震灾害的有效预防，加强平时的训练与演习，合理规划设置城市的避难场所，最重要的是强化建筑物的抗震性能。其成效显而易见，美国近一个世纪以来的大地震死亡人数均未超过 1000 人。

美国针对地震灾害采取的措施主要有：

1. 加强科学研究与引导，以高科技水平的提高作为最大限度地减轻地震灾害的有效途径，以高科技技术装备提高防震减灾能力，依靠科学技术控制灾害影响是美国抗震减灾的核心理念。

2. 特别注重建筑物的抗震性能，始终把提高建筑物抗震性能作为有效降低地震灾害的最重要途径。利用减轻地震灾害的多种科学技术手段，提高建筑物尤其是生命线工程的抗震性能，确保已有建筑物的地震安全。美国开展了大量研究，开发新技术，在保持经济性的前提下对危险建筑物进行加固和修复。

3. 重视地震基础性研究工作，建立大型现场实验室，提供众多实验研究方法，以提高地震预报与减灾水平。在过去的几十年里，美国一直致力于提高对地震的预测预报水平。其重点在于加强基础科学研究和基础性工作，注重发展广泛的技术合作和交流，增进对地震过程和影响的认识，培养大批专业人才。

4. 美国也与日本相同，注重全民抗震救灾知识的普及与抗震救灾演练，加强政府各部门抗震救灾的管理协调，不断提高应急工作效率。

三、我国城市防震减灾的工作现状与展望

近几年来，我国连续发生的破坏性地震给人民生命财产造成了巨大损失。在当今地震预报还处于研究摸索阶段之时，我们不得不面对今后可能的严重地震灾害，尤其是对于不断扩张的城市而言，更应主动汲取国外经验和发展趋势，不断探索减轻地震灾害的途径和对策。我国《防震减灾法》明确把"预防为主，防御与求助相结合"作为防震减灾工作方针和总体思路，在全面建设小康社会和实现"中国梦"的进程中，城市的地震安全具有极其重要的地位和影响。为此，在城市化和区域经济带的规划、建设与发展过程中，同时开展地震灾害的防御体系建设、提高城市防御地震灾害能力，是保障城市可持续发展的关键。

中国地震局提出了到 2020 年，我国基本具备综合抗御 6 级左右、相当于各地区地震基本烈度的地震的能力，大中城市、经济发达地区的防震减灾能力力争达到中等发达国家水平的奋斗目标，城市建设地震安全的重点任务主要包括以下几项：

1. 城市活断层探测。我国正处于大规模建设时期，而我国很多城市地下都存在活断层。目前中央和地方财政已投资数亿元在北京、上海、天津、福州等 20 多个大中城市开展了城市活断层探测。但对于中国地震局圈定的 100 个重点监视防御区的大中城市，目前只有少数城市开展了此项工作。

2. 城市震害预测和地震小区划。经验证明不同的地质结构拥有不同的地震灾害危险。中国地震局鼓励重点监视防御区县级以上城市开展震害预测和地震小区划研究工作。全国地震重点监视防御区县级以上城市共有 616 个，而目前只有

100 多个城市开展了此项工作。

3. 城市抗震性能鉴定与加固。校舍安全直接关系到广大师生的生命安全，关系到社会和谐稳定。为此，国务院于 2009 年召开常务会议，决定正式启动全国中小学校舍安全工程，对地震重点监视防御区、七度以上地震高烈度区、洪涝灾害易发地区、山体滑坡和泥石流等地质灾害易发地区的各级各类城乡中小学存在安全隐患的校舍进行抗震加固、迁移避险，提高综合防灾能力，使学校校舍达到重点设防类抗震设防标准，并符合其他防灾避险安全要求。对于地震重点监视防御区城市的建筑物抗震性能开展普查工作，搞好抗震加固或改造；对水库（包括水电站）特别是病险水库、城镇上游或位置重要的水库、易燃易爆易泄漏有害物质的重大建设工程、生命线工程，必须进行抗震性能鉴定和查险加固。

4. 城市重大基础设施和生命线工程。建设服务于我国城市重大基础设施和城市轨道交通、燃气系统等生命线工程的地震紧急处置基础平台和示范工程，减轻地震灾害对国家经济和社会秩序的破坏和影响，维护社会稳定。

5. 强化防御措施，提升整体综合防御能力，重点采取以下措施：建立多功能的防震减灾管理中心和防震减灾管理技术平台以及先进的社会管理和公共服务技术系统；通过制定地震安全规划、编制法规标准、开展示范城市、示范社区和示范学校建设等手段规范全社会防震减灾行为和行动；利用高新技术手段，加强防震减灾科普教育系统的建设，提高政府和全社会防震减灾意识；建设综合性深井观测系统，提高地震监测数据质量；建设烈度速报系统和地震预警系统，提升对地震事件的监测能力和预警预测能力，开展城市重大活动时段的防震对策、地震安全保障和地震预警工作。

几十年来我国地震科技取得了长足进步，更清醒地认识到我国目前防震减灾科技能力与全社会减轻地震灾害和地震对社会经济生活影响的强烈要求之间仍存在很大差距。而且随着经济的发展，社会文明的进步，地震灾害对社会经济生活的影响正呈迅速增长的趋势。因此，在新世纪我国防震减灾的任务更加艰巨。

当前和今后一段时期我国防震减灾工作的指导思想是："坚持经济建设同减灾工作一起抓，实行防御为主、防御与救助相结合，动员全社会各方面的力量，依靠法制和科技，大力加强地震监测预报，特别是短期和临震预报工作，提高大中城市、人口稠密和经济发达地区，尤其是地震重点监视防御区的抗震和应急救助能力，有效减轻地震灾害，保护人民生命安全，维护社会稳定。"

总体要求是：以加速我国地震科技发展，全面推进我国地震科技现代化为主线，围绕提高大中城市、人口稠密和经济发达地区及西部重点开发地区，尤其是地震重点监视防御区的地震监测预报、抗震和应急救助能力，用高新技术改造和建设防震减灾技术系统；并大力加强地震科学和地球科学有关领域的研究、改进和发展地震预报预防的理论、技术、方法，不断增强我国防震减灾的科技能力，争取把地震给国家和人民造成的损失降到最低限度。

我国地震科技发展应以相互密切关联的防震减灾技术系统和科学研究这两大部分，共计 10 个方面的问题为重点。

1. 地震观测台网的数字化改造与建设

加强技术研究，走"三网融合"之路，并适当加大观测台网中台站的密度。主要任务是：建立由宽频带地震计，24 位 A/D 转换数据采集器，并通过卫星传送波形数据的台站组成的国家数字化地震基本台网，最终实现中国地震观测台网的监测能力的提高，且在多数地区地震观测台网较精确地测定地震的震源深度。同时配备大批的宽频带数字化流动地震台的仪器设备，以服务地震现场监测和地震科学专项研究。

2. 地震前兆观测台网的改造与建设

（1）加强行业管理，科学筛选前兆观测技术方法，强化基础理论和技术方法的物理原理研究，优化台网布局，增加台网的台站密度；

（2）在适当增加台网台站密度的同时，继续对陈旧老化的仪器设备进行更新，对观测环境进行改造；

（3）着眼于未来地震前兆观测台网的现代化建设，组织优秀科技力量加强新的地震前兆传感器的研制。

3. 强地震动观测台网的建设

加强强地震观测，获取不同震源机制、不同距离、不同场地条件下的地震动参数和各类结构的地震反应，以便更科学地确定工作的抗震设防要求和修改各类工作结构抗震设计规范，提高抗震高防和科学水平、减轻地震灾害。争取经过努力，实现中国大陆地区近场主震、大震的强地震动记录资料有明显的增加，为深入研究中国大陆地区近场强地震动衰减关系和各类工程结构对地震动的反应，进而更科学、更合理地为确定工程的抗震设防要求和修改各类工程结构抗震设计规范奠定基础。

4.地震实验室的建设

加强地震工程、构造地质、黄土动力学和新年代学等重点实验室的技术改造和建设，使其成为仪器设备先进、功能基本齐全、满足开展深入的地震预报预防研究需要的先进实验室。

5.地震信息和应急指挥与紧急救援技术系统的建设

由于地震短临前兆的突变性和地震灾害的突发性，要求不论是地震通讯信息系统，还是与之紧密联系的应急指挥及紧急救援等技术系统都应具备反应快速、准确、高效等功能。主要任务归纳为以下几个方面：

一是抓紧地震应急指挥技术系统的建设。

二是加强地震信息网络系统的改造和建设，包括建立中国地震局、省（区、市）地震局和地震重点监视防御区的地（市）、县三级地震通讯网络平台及地震监测台站的通讯网络使用多种通讯信道，适应不断发展的计算机网络平台。

三是为国家地震灾害紧急救援队配备先进的救援技术设备，完成训练基地的建设，并根据需要及时更新现有设备。

6.地震短临预报的研究

主要是重视矛盾的剖析，以改进常用的分析预报方法；重视重要现象的研究，以探索新的短临预报指标；重视高新技术观测资料的应用，以提取新的短临前兆信息；重视孕震过程的研究，以增强综合预报的科学性。

7.地震中长期预报的研究

一是对发生不同强度地震的构造条件研究。在加强断裂活动习性、动态深化的研究之际，必须充分利用数字化地震观测资料，加强壳幔结构的研究。同时，选择一些历史上发生过强震的地区和活动地块的边角地带，有计划地开展数字化流动地震观测，必要时辅之以适当的其他深部地球物理探测，以探明强震发生的深部构造环境。

二是选择未来几十年内强震危险区的研究。对危险区必须加强活动地块及其边界运动状态和地震活动时序起伏过程的研究，同时运用地质学方法开展晚更新世以来断层滑动速率研究，充分利用 GPS 等观测资料开展活动地块边界地带最新运动状态和相互关系的研究。

8. 地震动衰减和震害机理与震害控制的研究

城市越来越成为防震减灾工作的重点，而城市地震活动断层则是城市地震灾害的元凶。因此，查明城市地震活动断层的分布，为城市改造与建设规划的选定提供科学依据，使城市生命线工程、市民集中居住区可能避开地震活动断层一定的距离，对于减轻城市地震灾害是至关重要的。所以，必须加强城市地震活动断层探测技术与方法的研究，努力推进大中城市地震活动断层的探测工作，编制大比例尺的城市地震活动断层分布图，对城市未来地震灾害进行预测。

9. 城市地震活动断层控测与震害预测的研究

首先必须切实大力加强我国强地震观测，争取在一定时间内获得一批近场强地面运动的记录资料。同时，从震源理论出发探讨震源过程对地震动参数衰减特征的影响，以及量规函数与地震动参数衰减特征的对应关系，加强地震动衰减的数值模拟。此外，把现场调查、实验模拟和理论分析结合起来，进一步加强土动力性能、砂土液化、地基地震反应和工程结构震害机理的研究。

10. 地震科学和地球科学有关领域的基础研究

主要集中在如下四个方面：地震震源与地震破裂的研究及有关参数的测定，建立起地震发生机理的地震理论体系；地壳结构的研究；地震前兆地球物理场、地球化学场的研究；大地构造格局和现代地壳运动的研究。

第二节　海西建设的地震安全保障

国务院《关于加快建设海西的意见》，是党中央、国务院从战略全局出发，着眼于促进全国区域协调发展、推动两岸关系和平发展、促进海峡西岸地区特别是福建繁荣发展做出的重大战略决策，对于海西建设具有里程碑的意义，是推进福建经济社会又好又快发展的强大动力，也倾注着中央对福建的殷切期望与重托。在新的历史时期，我们要准确把握《意见》提出的关于加快海西建设的重大意义、总体要求和发展目标，要在总结防震减灾事业发展的实践经验，分析防震减灾面临的新要求、新情况和新问题基础上，明确海西建设发展时期防震减灾的总体目标和主要任务，推动防震减灾与经济社会融合式发展，为实现全面建设小康社会宏伟目标提供更为有利的地震安全保障。

防震减灾是一项社会事务性很强的系统工程，是有效保护人民群众生命财产安全不可或缺的首要条件，是经济社会发展不可替代的基础支撑，是生态文明不可割的一部分，具有很强的公益性，基础性、战略性。做好防震减灾工作，对构建平安和谐社会、促进经济社会发展具有重要的现实意义。

中华民族有着悠久的文明历史，早在公元132年，张衡就发明了地动仪，为人类认识地震做出了巨大贡献。而防震减灾的观念渗透于各个历史阶段，创造并组成中华民族文明历史的一部分，如出自《左传·襄公十一年》之中的"居安要思危"和"有备才无患"，出自《汉书·贾谊传》之中的"长治能久安"以及出自《诗·幽·风·鸱》之中的"未雨也绸缪"等，这些都是中华民族生存和发展过程中积累的宝贵思想，对我们认识防震减灾重要性具有重要启示意义。

厦门地理位置靠近长三角与珠三角，位于台海经济圈的中心，自经济特区建立以来充分利用近台区位优势，发展对台经济合作，并转化对内与长三角与珠三角的近临区位优势，产生了许多令世人瞩目的历史性变化：从两岸对峙的海防前线变为两岸交流合作的前沿平台，从偏居东南的海岛小城变为海峡西岸的中心城市，从落后匮乏的弹丸之地变为文明和谐的美好家园。今后还将继续发挥厦门特区在闽粤赣13地市经济协作圈中的积极作用，进一步拓展协作圈，扩大合作范围，积极参与内地建设，参与西部大开发。在这一现实背景下，尽快增强地震防御能力，对构建厦门地震安全保障显得尤其重要。

地震防御能力主要包括群众防震避险与自救互救能力、建筑物抗震设防能力和政府地震应急管理能力三个方面，是构成地震安全保障的重要内容。增强地震防御能力，构建地震安全保障需要努力做好以下四项工作：

第一，不断增强群众的防震减灾意识、应急避险与自救互救能力。国内外很多震例表明，群众防震避险与自救互救能力的强弱，直接与人员逃生和自救互救成功率相关联。如四川安县的桑枣中学，平时重视对师生的安全防灾教育，每学期全校都要组织应急疏散演练，在"5.12"地震发生后，该校2200多名学生和上百名教师按照平时演练掌握的疏散要领，从不同的教学楼和不同的教室紧急撤离到操场，仅仅用时1分36秒，无一人伤亡，为学校地震应急避险做出了榜样。

第二，大力增强建筑物的抗震能力。破坏性地震的发生虽然是小概率事件，但是建筑物如果忽视对震害的防御，一旦发生破坏性地震，造成的人员伤亡和经济损失将是巨大的。要把增强建筑物抗震能力，作为增强地震防御能力最重要的环节来抓。首先，学校、医院、体育场馆、博物馆、文化馆、图书馆、影剧院、商场、交通枢纽等人员密集的公共建筑项目，其建设标准要高于我市抗震设防要求。同时，要鼓励、引导业主单位积极采用国际上通行并成熟的减隔震技术，使一般工民建建设高于我市抗震设防要求，增强抗震能力。其次，要积极推进农村民居防震保安工作。再次要分期分批搞好大、中、小学校舍和能源、交通、水利、通信等重要基础设施及生命线工程的抗震性能评价，搞好除险加固，消除地震安全隐患。复次，要严格建筑物抗震设防要求和标准的落实责任，依靠行政和法律手段使新建各类建筑物达到或超过我市抗震设防水平。

第三，进一步增强政府的地震应急管理能力。四川汶川"5.12"大地震后，群众对地震安全的关注达到了前所未有的程度，这也对增强政府的地震应急管理能力提出了更高的要求。厦门市已成立了厦门市防震减灾工作领导小组，并依托消防支队建立了"响尾蛇"应急救援队，队伍、力量都在不断壮大，但仍需进一步加强地震应急预案体系的完善，特别是全面加强志愿者队伍建设，如"三网一员"的培训等。此外，还需要加强地震应急避难场所和地震应急物资储备保障体系的建设。

第四，显著增强防震减灾基础能力。以项目促进基础建设，以创新驱动发展，在海西建设的宏伟蓝图中，防震减灾既是保障又是组成部分。为此，应大力加强我市的防震减灾基础能力建设，重点从以下几个方面开展：①鼓励开展地震发生机理研究；②积极推进"三网融合"建设，即地震监测、预警系统和烈度速报系统的融合；③开展地震前兆监测技术方法的原理研究，并结合我市地震地质条件，建立有效的前兆技术体系（如深井地震前兆监测系统）；④进一步创新地震会商思路和技术方法；⑤积极开展防震减灾文化建设和宣教理论体系研究等。

第三节　地震安全岛

一、地震安全岛

目前地震的准确预报做不到，又不能阻止地震发生。

依据防震减灾法，围绕最大限度减轻地震灾害损失的根本宗旨，坚持防震减灾与经济社会融合的发展方式，借鉴国内外优秀的理念和做法，我们提出了厦门市防震减灾工作的总体目标，即把厦门打造成地震安全岛。

地震安全岛就是能够最大限度地减轻地震灾害的地震安全示范地区。

具体10项指标如下：

（1）一般工民建和重大工程100%达到抗震设防要求（地上结实）；

（2）完成地震小区划，为规划部门提供基础地质资料（地下清楚）；

（3）民众防震减灾知识普及率和地震应急避险技能达到85%以上；

（4）系统的地震社会服务体系；

（5）现代化的地震监测系统；

（6）准确的地震烈度速报系统；

（7）完善的防震减灾法律法规体系及其实施措施；

（8）有效的地震预警系统；

（9）强有力的地震应急救援体系；

（10）完成地震危险性长期预测并建立科学的地震趋势分析思路和方法。

二、打造地震安全岛的可行性

厦门地处中国福建省东海沿海，靠近欧亚板块与菲律宾海板块的会聚边界——中国台湾地震带，属中国东南沿海地震带，长乐—诏安地震断裂呈北东—南西方向穿过厦门市，具有发生中强度以上地震的地质构造背景，厦门是中国地震局划定的地震重点监视防御区之一。

新时期编制防震减灾规划是《中华人民共和国防震减灾法》赋予地震行政主管部门的重要职责，在"构筑海西经济区，发挥龙头作用"进程中，具有特殊重要的意义。

根据《中华人民共和国防震减灾法》、《福建省防震减灾条例》及国务院对新时期防震减灾工作"突出重点、全民防御、健全体系、强化管理、社会参与、共同抵御"的要求，为切实履行政府防震减灾社会管理和公共服务职能，加强对防震减灾工作的指导，有计划、有步骤地做好厦门市的防震减灾工作，使打造地震安全岛成为可能。

（一）现状分析

1. 发展现状

厦门市的防震减灾工作在厦门市委市政府的领导下和福建省地震局的指导下，通过"九五"、"十五"和"十一五"重点项目建设，地震监测能力分析水平得到加强，广大民众的防震减灾意识、地震科普知识和自救互救能力得到进一步提高，地震应急救援体系及社会管理和公众服务能力得到进一步完善，厦门市作为全国的地震重点监视防御区的基础设施建设得到加强，城市综合防震减灾能力显著提升。

（1）地位和作用

①防震减灾是公共安全的重要组成部分

随着海峡西岸经济区建设的加快，各类公共安全问题面临的形式愈发严峻，公共安全战略逐渐成为一项国家的基本国策。地震灾害直接关系到人民生命财产安全。防震减灾是人民最重要的社会需求之一，是国家必须开展的公共安全事业，是政府的基本职责。

②防震减灾是经济社会可持续发展的重要保障

实现可持续发展是当今世界共同关注的重大课题，地震灾害对经济社会的可持续发展往往造成严重影响。随着近年来经济的迅速发展，地震造成的经济损失也随之增大，2008 年 5 月 12 日汶川 8.0 级地震就造成 8000 多亿元的巨大损失。除直接经济损失外，地震灾害对经济运行、社会稳定、环境问题、公众心理等方面还有巨大的间接损害。因此，高度重视并进一步发展防震减灾事业，对保障经济建设、促进社会可持续发展十分重要。

（2）对防震减灾需求的分析

①经济社会发展的防震减灾需求

地震作为一种突发性灾害，对经济社会的稳定和发展构成严重威胁。城市化进程和重大工程建设不断加快，社会财富快速积累，国民经济的地震易损度也随之不断增加，需要地震区划、建筑物抗震设防、地震预警与紧急处置等地震安全保障措施降低灾害损失。发展防震建筑事业，全面提升社会抗御地震灾害能力，是经济社会发展的迫切需求。

②民众的防震减灾需求

福建省目前正在加快海峡西岸经济区建设，人民群众的生活质量逐步提高。

与此同时，公众对政府高效应对地震灾害也有很大的期望，对防震减灾科学普及宣传有强烈需求，参与应急演练、参与志愿者工作、组织民间救援团体等防震减灾活动的积极性空前高涨。必须顺应民众的减灾需求，做好防震减灾工作。

（3）厦门市防震减灾工作进展

①地震监测

《中华人民共和国防震减灾法》和《地震监测管理条例》确定了地震监测工作的管理体制；形成了多学科相结合、专群互补的地震监测体系；地震监测技术管理水平不断提升，观测资料连续完整，质量逐步提高；地震监测实现了数字化、网络化和自动化。建立了由 5 个遥测子台和一个监测中心构成的覆盖全市的地震台网，先后建立了基岩和土层 4 个强震台和水氡、电磁波以及动物宏观观测等地震前兆多学科地震观测系统，积累了大量的观测资料和科学数据。

地震监测及台网速报能力显著提高，本区地震监控能力达 1.5 级，周边地区 100 km 范围内达 2.5 级，台湾及其以东海域 3.5 级；在福建及其邻近的台湾地区等多次中强度地震突发时，地震实时分析系统实现 1 min 内快速定位，速报地震三要素（时间、地点、震级）；震后趋势判断水平不断提升，应用新技术、新方法加强了震后震情监测跟踪和趋势判定；在多种地震监测数据资料上，采用地震地质分析、统计分析和模型分析等手段，地震趋势会商水平进一步提高，年度地震会商报告连续十多年福建省评比第一名。

②震害防御

以《中华人民共和国防震减灾法》、《福建省防震减灾条例》为基本框架的国家和地方防震减灾法规体系初步建立，全社会依法参与防震减灾活动的意识逐步增强；国家和行业地震标准体系逐步建立，为防震减灾社会管理和公共服务提供了重要的技术支撑；城市防震减灾工作基本纳入法制化管理轨道，新建房屋抗震设防监管得到落实；大力开展防震减灾科普宣传教育，全社会防震减灾意识逐步提升。开展了城市活断层探测和地震危险性评价。

③地震应急与救援

《中华人民共和国防震减灾法》、《破坏性地震应急条例》等法律法规健全；由各级人民政府、专业部门、企事业单位、社会组织、军队以及社会公众构成的地震应急救援工作体系已基本形成；应急预案体系、应急指挥体系、应急救援队伍等方面的能力不断完善和充实；地震应急指挥技术系统基本实现了全国一体化和可视化。

地震应急预案和应急指挥技术系统进一步完善，结合汶川地震的总结和反思经验，积极推进厦门市以及抗震救灾指挥部成员单位地震应急预案的制定和修订；及时对地震应急基础数据库进行更新，建成了平战结合的地震应急指挥技术系统，并于福建省地震局应急指挥中心实现了互联互通。地震应急救援联动单位及其救援装备、社区志愿者和"三网一员"共同构成了厦门市地震应急救援力量，依托消防建立了"响尾蛇"应急救援队，成立了由地震、武警消防、31集团军、交警、武警支队、武警水电部队、通讯、供水、供电、供气、120急救中心、交通运输部东海第二救助飞行队以及社会自愿者等10多个单位组成的地震应急救援联动小组；应用计算机网络和数据库技术，融合地震观测、地震灾害评估、分析预报与震后趋势判断各系统资源形成了厦门市地震应急指挥技术系统，为震后应急快速响应决策提供科学依据，建立抗震救灾指挥部现场指挥所，为指挥部领导提供了靠前指挥和现场指挥的平台。

2. 存在的主要问题

（1）社会管理

厦门市城区（含农村）、重大基础设施的抗御地震能力有待进一步加强，尤其是农村居民石结构房屋不抗震的现实未得到根本改善，医院学校等人群密集的公共重要设施设防水平应适当增加。专业救援队伍的力量需进一步加强，地震应急救援联动机制有待进一步完善，地震应急演练尚未常态化。防震减灾工作存在着人员少和机构不健全的问题。

（2）公共服务

防震减灾公共服务意识亟待加强，服务领域亟待拓展，服务方式、手段需要改革和创新。防震减灾宣传教育、抗震设防、应急救援、灾后重建等防震减灾各领域公共产品和服务的体系架构、原则和发展方向尚需进一步完善，产品和服务的需求分析、技术标准、应用方式等方面的研究和实践不足。防震减灾宣传投入和科普教育普及率还需进一步提高，工作机制不完善，利用现代媒体的程度不高，缺乏优秀的宣传和科普材料。

（3）业务能力建设

地震监测系统为防震减灾事业提供全方位服务的能力不足，测震台网和前兆监测的整体效能和高端数据产品的常态化服务有待进一步加强。地震预报的探索和实践需要更加科学理性的态度和思路方法。地震预报的理论基础尚不明晰，亟待推进从经验预报向物理预报转变。

分析认为，市县地震监测台网由于以下几个因素，单一的地震监测台网已经走到尽头了。一是中国地震局、省地震局的监测网已经完全覆盖了各个市县；二是从技术能力（地震速报等）和资金支持上远远赶不上省地震台网；三是地震信息最终必须以省地震局发布的为准。因此市县地震监测台网必须走出一条新时期的发展之路，我们在近几年的不断探索中，认为比较合理的发展是走"三网融合"之路，即地震监测、烈度速报和地震预警为一体。

（4）一般公民建筑抗震能力现状

厦门市 1990 年以前建设的建筑工程有的未进行抗震设防，有的设防标准偏低，大都未达到国家现行的抗震设防标准，一旦发生Ⅶ度以上地震，这些房屋将首先被破坏。这些房屋，大多属砖石、砖混结构，层数不高，一般在 8 层以下，其中以老城区的旧民房和预制板房屋居多。据调查，厦门市现有的预制板房屋，尚有 316 幢，总建筑面积约为 544451 m^2，其承重墙体主要采用煤渣砖，厚度一般为 180 mm，基础一般采用条石基础；建于 1981 年以前的约占总数的 67%，建于 1981 年以后的约占总数的 33%；在各个行政区均有分布，主要分布在思明区的湖滨一里至四里；该种房屋的用途有住宅、教学楼、办公楼、餐厅、医院、娱乐城、体育馆看台、厂房和仓库等，绝大多数是住宅。另外，厦门市农村居民建筑量大面广，直到目前为止，大都未进行正规的抗震设计和施工，也是一个潜在的可能遭受地震破坏的危险源。据统计，厦门市各区石条板房累计共 43258 幢，其中集美区 2015 幢，翔安区 32490 幢，同安区 6393 幢，海沧区 1360 幢。

（二）指导思想和原则

1. 指导思想

"十二五"期间厦门市防震减灾工作的指导思想是以邓小平理论和"三个代表"重要思想为指导，认真贯彻党的十七大精神，全面落实科学发展观，坚持以人为本，把人民群众的生命安全放在首位，坚持预防为主、防御与救助相结合，依靠法制，依靠群众，全面提高地震监测预报和灾害防御、应急救援能力，形成政府主导、军地协调、专群结合、全社会参与的防震减灾工作格局，最大限度减轻地震灾害损失，为经济社会发展创造良好条件。

2. 发展目标

到 2015 年，基本形成多学科、多手段的覆盖中国大陆及海域的综合观测系统，人口稠密和经济发达地区能够监测 2.0 级以上地震，其他地区能够监测 3.0 级以上地震；在人口稠密和经济发达地区初步建成地震烈度速报网，20 min 内完成地震烈度速报；地震预测预报能力不断提高，对防震减灾贡献率进一步提升；基本完成抗震能力不足的重要建设工程的加固改造，新建、改扩建工程全部达到抗震设防要求；地震重点监视防御区建立比较完善的抗震救援队伍体系，破坏性地震发生后，2 h 内救援队伍能赶赴灾区开展救援，24 h 内受灾群众生活得到安置；地震重点监视防御区社会公众基本掌握防震减灾知识和应急避险技能。

到 2020 年，建成覆盖中国大陆及海域的立体地震监测网络和较为完善的预警系统，地震监测能力、速报能力、预测预警能力显著增强，力争做出有减灾实效的短期预报或临震预报。城乡建筑、重大工程和基础设施能抗御相当于当地地震基本烈度的地震；建成完备的地震应急救援体系和救助保障体系；地震科技基本达到国家同期水平。

3. 基本原则

（1）依法管理，明确职责

依靠法制管理防震减灾工作，制定切实可行的措施和行之有效的责任制度，明确和强化政府及其职能部门的防震减灾管理职责，健全工作机构，做好防震减灾各项工作。

（2）贯彻要求，统一建设

贯彻落实国务院和福建省防震减灾工作会议精神和具体要求，结合厦门市经济社会和防震减灾现有工作基础与福建省防震减灾能力要求，工作部署和台网建设融为一体，适当超前。

（3）重点突出，逐步拓展

同步推进城乡地震安全工作，提高医院、学校等重要公共建筑的设防水平，加强对重大基础设施的抗震设防和抗震加固力度的监管。加强城市公园等避难场所建设。开展测震台网与前兆监测台网以及数据分析中心共同构成完整的地震监测体系建设。加强防震减灾宣传和科学知识普及工作，鼓励和支持社会团体、企事业单位和个人参与防震减灾活动，形成全社会共同抗御地震灾害的局面。

（三）工作任务

1. 主要任务

（1）进一步做好震情跟踪和监测预报工作，增强地震监测预报能力

①强化震情跟踪监视工作。依法加强对地震监测设施和地震观测环境的保护，保证地震监测台网的连续有效运行，完善地震会商制度。建立厦门地区地震前兆数据网络平台，密切跟踪闽粤交界地震重点危险区的震情动态。

②切实提高地震速报能力，积极配合福建省地震局建成覆盖福建省的地震烈度速报台网，10 min 内完成地震烈度速报。继续深入研究和探索地震速报的新技术、新方法，不断提高地震速报的准确性、科学性和时效性，力求做到又快又准。

③推进地震预测预警探索研究。加大对地震预测预警基础研究的投入力度，积极配合福建省地震局建成面向全省、服务于民众和各有关行业的地震预警系统，建成深井（1000 m）地震前兆综合观测系统。不断提高地震会商水平，力争对某些类型的地震作出具有一定减灾实效的短临预报和震后趋势判定。

（2）进一步加强城乡建设工程抗震设防的监管，着力提升抵御地震灾害的能力

①提高城乡建设工程抗震设防能力。严格按照建筑工程抗震设防分类标准、建筑抗震设计规范进行设计、施工、监理，推广应用成熟可行的抗震新技术，加强对学校、医院、超限高层和大跨度建筑结构等大型公共建筑抗震设防管理，加强城市桥梁、供水、供气、排污等生命线工程抗震防震防灾能力建设，确保新建、扩建、改建建设工程达到抗震设防要求。学校、医院等人群密集场所的建设工程要高于 7 度抗震设防要求进行设计和施工。加大厦门市危旧房改造力度，逐步消除抗震设防达不到要求、结构抗震存在安全隐患的房屋建筑，完成厦门市石结构房屋的拆迁重建或加固改造工作，提升城乡建筑工程抗震防灾能力。

②加快推进校安工程和农村居民防震保安工作。要按照福建省校安办的统一部署，多渠道筹措校安工程资金，加快工程建设进度，确保按期完成厦门市校安工程建设任务。加强对农村建房抗震减灾的政策引导和技术指导，结合新农村建设推广应用《镇（乡）村建筑抗震技术规程》，按照建筑设计规范进行设计和施工，使农村抗震居民比例有大幅度提高。

③加快编制厦门市地震小区划和抗震防灾专项规划，并纳入城市总体规划统一实施。

（3）进一步完善地震应急救援体系，增强应对地震灾害的能力

①提升地震灾害应急救援能力。按照"一专多能"的要求，依托消防武警、部队和地震应急联动单位加大地震灾害应急救援队力量；加强地震应急志愿者队伍建设，逐步形成较为完善的地震应急救援体系。

②完善地震应急指挥的组织体系和技术系统。加强地震应急指挥平台建设；严格落实管理各项制度和工作程序，确保地震应急预案的修订与完善；细化地震应急联动单位的应急联动机制，适时开展有针对性的地震应急演练，确保地震应急指挥有效、反应迅速、保障有力。

③推进地震应急避难场所建设，完善应急物资储备体系。为进一步提高城市综合防灾能力，保障人民群众生命财产安全，根据《福建省人民政府关于自然灾害避灾点建设的实施意见》（闽政〔2010〕29号）和《福建省地震局关于印发〈全省地震应急避难场所建设方案〉的函》（闽震函〔2010〕287号的要求，2011年厦门市应建设42处地震应急避难场所。充分利用城市绿地、公园等休闲广场规划、建设地震应急避难、疏散场所和应急疏散通道，在人员密集场所配置必要的救生避险工具和设备，编印《地震应急避难场所指南》，完善跨部门、跨地区、跨行业的物资生产、储备、调拨和紧急配送机制，优化储备布局和方式。

（4）进一步规划建设"十二五"防震减灾重点项目，深化地震科技创新和地震科技交流合作

①认真组织编制"十二五"防震减灾重点项目。以项目带动防震减灾事业的发展，为海峡西岸经济区建设提供更有力的地震安全保障。

②积极推进闽台地震科技交流与合作。充分发挥厦门市的区位优势，协助福建省地震局建立两岸地震监测观测网及地震综合防范、应急救援的互动机制和资源共享机制，联合开展台湾深部构造探测研究工作，加强闽台地震科技人才交流，通过交流合作增强海西防震减灾综合能力。

（5）进一步强化防震减灾宣传，切实加强对防震减灾工作的组织领导

①大力开展防震减灾宣传教育培训。完善防震减灾宣传长效机制，将防震减灾知识宣传教育纳入中小学安全教育和各级领导干部、职工培训教育计划。加大对农村地区的防震减灾知识宣传力度，扎实推进厦门市防震减灾科普展览馆建设和防震减灾科普示范学校建设，引导全社会民众普遍掌握防震减灾基本知识和应急避险技能。

②做好信息发布和舆论引导。地震、新闻宣传等部门要密切配合，规范震情灾情及相关信息管理，完善地震突发新闻快速反应机制、舆论收集和分析机制，畅通信息报送及发布渠道。充分发挥主流新闻媒体的舆论引导作用，及时处置地

震谣传，保持社会安定稳定。

③大力推进市、区防震减灾工作。各级政府要加强对市、区防震减灾工作的监督、检查，加大对市、区防震减灾工作的投入力度，并依法纳入本级财政预算。在福建省地震局的业务指导和技术支持下做好"三网一员"建设，即地震宏观观测网、地震灾情速报网、地震知识宣传网和防震减灾助理员建设，夯实厦门市防震减灾工作基础。

2. 重点工程计划和指标要求

根据打造地震安全岛指标要求中的重点工程任务和厦门市防震减灾工作的现状，规划实施以下几个重点工程，各项指标要求和经费预算见表 8-1 所示。

表 8-1 重点工程计划和指标要求（单位：万元）

序号	名称	简要说明	年度计划	经费预算	备注
1	深井地震综合观测台网	拟在天马（长乐—诏安发震断裂带横穿）钻深井进行综合地震观测，孔径 Φ130 mm，孔深 1000 m，监测项目主要有微震监测、地应力、地磁、地热、GPS 等。	2014—2016	1300	主要完成单位厦门市地震局
2	地震烈度速报台网	建成福建省地震烈度速报台网，10 min 内完成地震烈度速报。	2016	800	主要完成单位厦门市地震局
3	地震预警系统	初步建成地震预警系统，形成对台湾地区及福建省周边地区 6.5 级以上大震的预警能力。	2016		主要完成单位厦门市地震局
4	提高城乡建设工程抗震设防能力	学校、医院等人群密集场所的建设工程要高于Ⅶ度抗震设防要求进行和施工。5 年完成厦门市石结构房屋的拆迁重建或加固改造工作。			市相关单位
5	厦门市地震应急避难场所指南	编制《厦门市地震应急避难场所指南》，为市民提供地震应急避难场所指南服务，包括为市民提供地震应急避难场所的设置及其地理位置、面积大小、场所周边可直接提供应急救援的机构以及救援项目，各应急避难场所涵盖的居民区及各居民区达到应急避难场所的最短路线，以及受灾民众达到避难场所后政府可提供（如医疗、食品、住宿、衣物、水、电供给等）的救助服务；同时为市政府开展地震应急救援提供辅助决策信息和决策依据。	2011—2012	36	主要完成单位厦门市地震局

续表

序号	名称	简要说明	年度计划	经费预算	备注
6	厦门市防震减灾科普展览馆	建设厦门市防震减灾科普展览馆，使社会公众应对地震的能力明显增强，普遍掌握防震减灾基本知识和防震避险技能。	2014—2016	1000	主要完成单位厦门市地震局
7	厦门及其邻区地震数据中心	建设厦门市防震减灾数据中心，包括服务器、电子影像系统、资料存储系统（光盘、磁带机等）、数据分析软件等。	2012	76	主要完成单位厦门市地震局
8	编著《地震安全岛》	通过收集整理历史资料，参考汶川地震经验教训与反思，结合厦门市实际，编纂《地震安全岛》一书，它既总结回顾了厦门市防震减灾工作取得的成果和认识，又在保障海西建设的视野上，明确新形势下面临的机遇和挑战，认清自身的职责和优势，展望地震工作未来，为构建厦门特区和谐社会服务。	2011—2014	10	主要完成单位厦门市地震局
9	地震应急避难场所	在全市境内选址、建设并挂牌42处地震应急避难场所，具体为：思明区13处，湖里区8处，集美区6处，海沧区、同安区、翔安区各5处。避难场所建设按照《地震应急避难场所场址及配套设施》（GB21734—2008）国家标准，建设至少一处Ⅰ类标准的地震应急避难场所。	2011—2012	2200	主要完成单位厦门市地震局
		第二期拟再建40处，优先选择学校、文化体育场馆建设应急避难场所。	2014	2100	
10	地震应急救援队伍和装备建设	拟建两支重型地震应急救援队，一只市政地震应急救援队，6支（各区）轻型地震应急救援队。	2014	3600	主要完成单位应急救援队

3. 地震灾害预防措施

（1）新建、扩建、改建建设工程达到抗震设防要求

中国是一个多地震国家，地震活动频度高、强度大、分布广、灾害重。

据统计，中国因地震灾害造成的死亡人数占全部自然死亡人数的54%。厦门市属国家重点抗震设防城市，人口稠密、经济发达，一旦发生中强地震，会给人民生命和财产造成重大损失。提高地震综合防御能力，最大限度地减轻地震灾

害影响，是一项十分艰巨且迫切的任务。按照《中华人民共和国防震减灾法》的规定：新建、扩建、改建建设工程必须达到抗震减灾要求。重大建设工程和可能发生严重次生灾害的建设工程，必须进行地震安全性评价；并根据地震安全性评价结果，确定合法、科学、安全、经济的抗震设防要求，进行抗震设防。

（2）做好地震安全性评价工作

工程场地地震安全性评价就是对场地未来可能遭受的地震影响作出评价，为场地抗震设防和抗震设计提供更加合理的地震烈度值、地震动参数和场地地震地质灾害评价。建设工程通过地震安全性评价，科学合理地确定抗震设防要求，并按抗震设防要求及有关规范进行抗震设计、精心施工，是防御和减轻地震灾害的有效措施，可有效地防御和减轻地震对建设工程的破坏，保护人民生命和财产安全，保障社会主义现代化建设顺利进行。

（3）强化建设工程抗震设防的管理与监督

确保一般的新建、改建、扩建工程达到地震动参数区划图确定的抗震设防要求，重大工程和重要设施按照有关法律要求进行抗震设防，进一步推进农村地震安居工程的建设。开展农村居民抗震能力现状调查，加强对农村居民建造和加固农居的指导。

（4）开展地震监测管理

开展地震监测管理，加强监测能力是为了研究震源机制、地震动衰减规律、场地和活断层对地震动的影响、土与结构的相互作用、典型结构的地震反应特性等提供可靠的基础资料。同时，也为各种重要工程结构的地震反应时程分析提供典型的输入地震动时程，从而使建设工程的抗震设防要求和抗震设计更为科学、合理。有效地减小未来地震时各类结构的破坏程度，减轻地震造成的生命财产损失。

4. 地震应急救援措施

地震应急救援措施旨在提高福建省政府对地震应急响应、紧急处置、紧急救援和灾后重建的能力。具体目标：应急救援体系覆盖全市，破坏性地震发生后，震后 15 ～ 30 min 省级地震应急指挥系统全面运行。1 h 内本地救援力量到达现场，2 ～ 3 h 外地首批救援力量到达现场，开展救援。充分发挥社会力量在震后第一时间开展自救互救，壮大地震灾害救助力量。全市地震应急预案制定率 100%，重点监视防御区应急预案演练率 70%。

（1）建立地震应急救援组织机构

建立健全市、区（县、市）两级防震减灾领导小组组织机构，完善各成员单位的职责任务，建立经常性的工作通信联络机制，提高防震减灾组织机构的协调指挥能力和抢险救援能力。

（2）建立健全防震减灾社会动员机制

市、县两级人民政府，各部门及大中型企业要进一步完善地震应急预案。通过全社会共同努力，逐步建立一套预案完善、机构健全、反应迅速、救助有效的防震社会动员机制。

（3）加强地震应急指挥技术系统建设

加强地震应急指挥系统、灾情速报系统和全市应急救援基础数据库系统建设，制作厦门市三维电子地图，完善地震应急指挥技术系统，为地震应急工作提供强有力的技术支持和信息保障。

（4）建立抗震救助青年志愿者队伍

积极联系市、区（县、市）两级共青团组织，征得支持，建立市、区（县、市）两级抗震救灾青年志愿者队伍。青年志愿者队伍要一队多用，一专多能。对已建立的市级志愿者队伍，要适时进行培训，稳定和更新志愿人员。志愿者队伍建设要经常化、制度化、知识化、专业化，要掌握必要的地震知识和专业救援技能，一旦发生破坏性地震，要成为救援的生力军。

5. 农村居民地震安全工程

20世纪中国发生的破坏性地震死亡人数接近60％为农村人口。近年来中国对地震灾害损失统计表明，每一次5级地震和6级地震因房屋倒塌造成的经济损失大约分别为1亿元和5亿元。根据甘肃、新疆和山西的经验，灾后重建地区在遭受5级地震时可以达到零死亡，遭受6级地震可以减少直接经济损失60％以上。自2010年开始，全市新建的房屋建筑工程均按国家最新标准《建筑抗震设计规范》（GB50011—2010）进行抗震设防，即抗震防烈度为Ⅶ度和Ⅷ度的设计基本地震加速度值为0.15 g和0.30 g，简称为"7.5"，能够满足"小震不坏、中震可修、大震不倒"的设防目标。

6. 开展防震减灾宣传教育

防震减灾宣传是防震减灾工作的重要组成部分，也是奠定防震减灾工作的社会基础，推进全市防震减灾事业发展和减轻地震灾害的重要手段与途径。

防震减灾宣传教育的主要内容是：当前和今后一个时期中国地震活动的基本

形势，本地区地震环境和地震活动特点，地震及其主要次生灾害的防止措施，地震科学基本知识，地震监测预报、震灾预防和紧急避险的有关知识和方法，工程地震和建设工程抗震设防知识与措施，国家有关防震减灾的方针、政策和法律法规，中国地震科学水平和防震减灾工作成果与现状，各级政府部门地震宏观异常现象的观察、识别和异常信息的上报，有关识别和预防地震谣传的知识等。

宣传的方法：一是建立健全防震减灾科普宣传网。各区政府要依托科技馆、文化馆、地震科普示范学校等场所建立防震减灾科普教育基地；各街道办事处（镇）要充分利用社区文化活动场所和宣传设施，组织开展防震减灾宣传活动；各级地震部门要充分利用广播、电视、报纸等新闻媒体，面向机关、企业、学校、社区、村镇、军营广泛开展防震减灾法律法规和地震科普知识宣传，增强全社会的防震减灾意识，提高公民防震避震和自救互救能力。二是联系教育、科协、宣传等部门，进一步完善防震减灾科普示范学校的功能，确保全市学生在中学阶段都能入驻基地接受防震减灾科普教育。要将防震减灾知识纳入中小学安全教育地方课程和课外读物，通过举办科普讲座、散发科普资料等多种形式，组织学生开展地震避灾疏散和自救互救演练。三是要充分利用网络、媒体优势，在防震减灾宣传教育方面发挥正面指导作用。

地震部门要主动和科技部门联系将地震科普知识宣传纳入"科技周"和科技"三下乡"活动中，将防震减灾宣传融入科技普及活动之中。组织开展防震减灾知识进校园、进社区、进厂矿、进乡村活动，"十二五"期间厦门市城区和各区要逐步建立1～2处防震减灾科普教育示范基地。

（四）保障措施

1. 推进管理改革，完善工作体制机制

健全与完善防震减灾管理机制，推进决策科学、高效有力的防震减灾工作机构建设，拓宽渠道，完善工作体制机制，充分体现福建省地震局的指导作用。建立地震、宣传和教育部门，新闻媒体及社会团体的协助机制，健全防震减灾宣传教育网络。建立健全防震减灾工作责任追究制度，依法加强对防震减灾工作落实情况的督促检查。

2. 建立和完善地震科技投入机制

作为公益性防灾事业，为社会公众提供防震减灾服务，地震科技必须纳入防震减灾发展规划并作为重要组成部分，在防震减灾事业经费中提取一定比例作为其年度研究经费基数，在此基础上按照相应比例递增，建立起较为完善的地震科技发展与国民经济社会发展相适应的投入机制。应用现代科技加强地震科技工作，积蓄地震科技发展的后劲，促进地震科技的全面发展，不断推动厦门市防震减灾事业的持续发展。经济社会发展与防灾建设相融合，充分体现以人为本和全面、协调、可持续发展的科学发展观，为建设"海峡西岸经济区"和实现和谐社会提供防灾支撑。

3. 深入贯彻落实《中华人民共和国防震减灾法》，营造全社会共同抵御地震灾害的新局面

深入贯彻落实《中华人民共和国防震减灾法》，加强地震监测预报，地震烈度速报和地震预警系统建设，即"三网融合"建设，突出抓好"地下清楚，地上结实"，不断增强地震职能部门和专业队伍开展地震减灾研究和地震机理研究的工作条件和能力，建立健全由政府、地震局等职能部门和社会公众共同构成的地震灾害防御体系。同时，积极协调宣传、教育、科协，新闻等部门，研究制定提高民众防震减灾意识的政策和措施，增强地震社会服务领域和深度。开展中小学生防震减灾实践活动等，形成全社会共同抗御地震灾害的新局面。

一个国际化港口风景旅游城市——美丽厦门，像一颗璀璨的明珠，镶嵌在祖国的东南沿海。

附录　厦门市地震局历史沿革

1971年8月，为防治自然灾害，厦门市成立临时机构"三防指挥部"，由厦门市"革命委员会"主任刘茂堂任总指挥，麻善官任办公室主任。1973年该机构撤销。

1972年12月，成立厦门市地震办公室，归口厦门市"革命委员会"生产指挥处，是厦门市政府管理和指导全市地震预防预测工作的职能部门。主要任务是筹建厦门地震台，建立群测群防网点并开展群测群防工作，协助有关部门做好防震抗震及有关工程地震等相关工作。刚成立时编制两人。

1973年6月成立厦门市地震工作领导小组，厦门市"革命委员会"副主任张继中任组长，厦门市科技局副局长张福仁任副组长兼办公室主任。

1979年厦门市地震办公室增至5人，1983年5月起编制增至7人。1973年周飞任办公室主任；1984年6月严为善任办公室主任。

1992年2月，撤销厦门市地震办公室，成立厦门市地震局，定格为二级局，编制7人，由厦门市科学技术委员会代管，是厦门市政府管理和指导全市地震预防预测、地震减灾与评估工作的行政主管部门。严为善任局长。

1992年6月，严为善局长调离，由叶振民副局长负责全局工作。1993年7月正式任命叶振民为局长。

1996年成立厦门市地震遥测中心，编制6人，定格事业单位，叶振民局长兼遥测中心主任。主要任务是：依据《中华人民共和国防震减灾法》及相关的法规条例，负责厦门地区地震监测工作，在灾害发生时负责灾情信息传输任务，提供地震预测和救灾决策意见。

2001年1月任命蔡欣欣为遥测中心法人代表、副主任，负责遥测中心全面工作。2002年10月，任命蔡欣欣为遥测中心主任至今。

2007年9月，任命毛松林（部队转业）为副局长。

2008年3月，叶振民退休，毛松林副局长负责全局工作。2008年7月任命毛松林为局长、陈江驰为副局长至今。

参考文献

[1] 朱凤鸣，吴戈，等．一九七五年海城地震［M］．北京：地震出版社，1982.

[2]国家地震局，《一九七六年唐山地震》编辑组．一九七六年唐山地震[M]．北京：地质出版社，1982.

[3] 朱皆佐，江在雄．松潘地震［M］．北京：地震出版社，1978.

[4] 《盐源—宁蒗地震》编辑部．一九七六年盐源—宁蒗地震［M］．北京：地震出版社，1988.

[5] 陈立德，赵维城．一九七六年龙陵地震［M］．北京：地震出版社，1979.

[6] 四川省地震局．一九八一年道孚地震［M］．北京：地震出版社，1986.

[7] 国家地震局科研处．唐山地震考察与研究［M］．北京：地震出版社，1981.

[8] 中国地震局监测预报司编．地壳形变数字观测技术［M］．北京：地震出版社，2003.

[9] 张国民，傅征祥，等．地震预报引论［M］．北京：科学出版社，2001.

[10] 中国地震局．地震及前兆数值观测技术规范［M］．北京：地震出版社，2001.

[11] 陈化然，徐锡伟，等．断层相互作用与地震活动［M］．北京：科学出版社，2005.

[12] 河北省地震局．一九六六年邢台地震［M］．北京：地震出版社，1986.

[13] 刘恢先主编．唐山大地震震害（一）［M］．北京：地震出版社，1985.

[14]马宗晋，傅征祥．1966—1976年中国九大地震[M]．北京：地震出版社，1982.

[15] 胡聿贤.地震工程学［M］.北京：地震出版社，2006.

[16] 刘恢先主编.唐山大地震震害（四）［M］.北京：地震出版社，1986.

[17] 郝建国，张云福.地震静电预测学［M］.东营：石油大学出版社，2001.

[18] 中国地震局监测预报司.强地震短期预测综合预报方法与方案［M］.北京：地震出版社，2006.

[19] 郭增建，秦保燕.震源物理［M］.北京：地震出版社，1979.

[20] 李四光.论地震［M］.北京：地质出版社，1977.

[21] 谢毓寿.地震与抗震［M］.北京：科学出版社，1977.

[22] 中国地震局测报司编.地震电磁数值观测技术［M］.北京：地震出版社，2002.

[23] 陈非北，张建华，等.唐山地震.地震出版社，1979.

[24] 钱家栋，陈有发.地电阻率法在地震预测中的应用［M］.北京：地震出版社，1985.

[25] 陈福.中国震例（1995—1996）［M］.北京：地震出版社，2002.

[26] 陈园田.新构造运动与泉州海外 8 级地震［J］.地震，1984（1）.

[27] 林锦华.长乐—诏安断裂带活动特征与继承性活动［J］.华南地震，1999，19（2）：57-61.

[28] 刘玉森，陈玉仁，肖献林.漳州盆地断裂活动与地震［J］.福建地震，1983，4（3）：24-32.

[29] 广东省地震局.广东省地震监测志［G］.北京：地震出版社，2005.

[30] 福建省地震局.福建省地震监测志［G］.北京：地震出版社，2005.

[31] 马宗晋，王乾盈，徐杰，等.台湾海峡两岸横向构造的对比研究［J］.中国科学 D 辑，2002，32（6）.

[32] 张虎男.闽粤一带沿海地区北西向断裂的活动性［J］.地震地质，1982，4（3）：17-25.

[43] 熊仲华.地震观测技术［M］.北京：地震出版社，2006.

[34] 陈宝华，黄声明，等.闽台地区震前电磁辐射和自然电位特征的研究［J］.地震学报，1996，18（3）：404-408.

[35] 徐纪人，赵志新.汶川 8.0 级大地震震源机制与构造运动特征［J］.中国地质，2010，37（4）：967-977.

［36］陈学忠，赵晓燕，李艳娥，等．从 2008 年 5 月 12 日四川汶川地震看地震的成因［J］.防灾科技学院学报，2009，11（2）：7-12.

［37］葛肖虹，王敏沛．玉树 Ms7.1 地震成因及背景的分析与思考［J］.地质力学学报，2011，17（1）：55-63.

［38］赵荣国，魏富胜，曹学峰，等．20 世纪全球地震活动性［M］.北京：地震出版社，2012.

［39］傅征祥，刘桂萍，邵志钢，等．板块构造和地震活动性［M］.北京：地震出版社，2009.

［40］仇勇海，戴塔根，刘继顺，等．地震的成因与解释［M］.长沙：中南大学出版社，2012.

［41］吴云，台湾集集 921 地震地壳形变的简介与讨论［J］.地壳形变与地震，2001，21（2）：59-63.

［42］马宗晋，杜品仁．地球的非对称性［M］.合肥：安徽教育出版社，2007.

［43］许忠淮．东亚地区现今构造应力图的编制［J］.地震学报，2001，23（5）：492-501.

［44］王妙月．板内地震成因研究，学科发展与研究．［M］.地震科学进表，1988，31（6）16-18.

［45］埃德蒙德・A. 马瑟兹，詹姆斯・D. 韦伯斯特著．地球机器［M］.姚锦镕，译．北京．华文出版社，2008.

［46］仇勇海，刘继顺，柳建新，等．地震预测与预警［M］.长沙：中南大学出版社，2010.

［47］赵荣国，魏富胜，曹学峰，等．20 世纪全球地震活动性［M］.北京：地震出版社，2012.

［48］傅征祥，刘桂萍，邵志钢，等．板块构造和地震活动性［M］.北京：地震出版社，2009.

［49］岛村英纪著．探索地球的奥秘［M］.王安邦，译．北京：地震出版社，1986.

［50］吴凤鸣．20 世纪地质科学发展历史的回顾及 21 世纪地质科学的展望［J］.吉林地质，1998，17（1）：9-22.

［51］马宗晋，杜品仁．地球的非对称性［M］.合肥：安徽教育出版社，2007.

［52］仇勇海，刘春生，戴前伟.自然电场法预测地震［M］.长沙：中南大学出版社，2010.

［53］马宗晋，杜品仁，高祥林.地震知识问答［M］.北京：科学出版社，2008.

［54］谢礼立，曹飒，张景发.颤抖的地球——图说地震［M］.北京：地震出版社，2008.

［55］蔡爱智，石谦.台湾海峡成因探讨［M］.厦门：厦门大学出版社，2009.

［56］廖永岩.地球科学原理［M］.北京：海洋出版社，2007.

［57］任建业.海洋底构造导论［M］.武汉：中国地质大学出版社，2008.

［58］金煜等.岩石圈动力学［M］.北京：科学出版社，2002.

［59］李根祥.中国地震构造运动［M］.北京：地震出版社，2009.

［60］福建省地震历史资料组.福建省地震历史资料汇编［G］.北京：地震出版社，1979.

［61］彭承光，李运贵.台湾海峡7.3级地震的构造环境［J］.华南地震，1996，16（3）：17-19.

［62］魏柏林，等.东南沿海地震活动特征［M］.北京：地震出版社，2001.

［63］冯绚敏，等.台湾海峡7.3级地震序列特征［J］.华南地震，1996，16（3）：9-16.

［64］丁祥焕，等.福建东南沿海活动断裂与地震［M］.福州：福建科学技术出版社，1998.

［65］福建省地质矿产局.福建省区域地质志［G］.北京：地质出版社，1985

［66］野外实习指导书，长安大学，http://jpkc.chd.edu.cn/dqkxgl/ywsxzds/2.htm.

［67］唐云江.汶川大地震——是谁撼动了巴蜀大地［J］.科学世界，2008，（6）：4-15.

［68］张培震，徐锡伟，闻学泽，等.2008年汶川8.0级地震发震断裂的滑动速率、复发周期和构造成因［J］.地球物理学报，2008，51（4）：1066-1073.

［69］张淑亮，刘瑞春，等.汶川Ms8.0地震前山西前兆低频前驱波特征分析［J］.大地测量与地球动力学，2009，29（6）：35-39.

[70] 朱元清，罗祥麟，等.岩石破裂时电磁辐射的机理研究 [J].地球物理学报，1991，34（5）：594-601.

[71]（苏）M.A.萨多夫斯基主编.地震的电磁前兆 [M].北京：地震出版社，1986.

[72] 黄清华，地震电磁观测研究简述 [J].国际地震动态，2005，323（11）：1-3.

[73] 徐玉芬，李桂莲.日美等国利用电磁波预报地震 [J].地震科技情报，1993（12）：6.

[74] 撒占友，何学秋，等.煤岩破坏电磁辐射记忆效应特性及产生机制 [J].辽宁工程技术大学学报，2005，24（2）：153-156.

[75] 宋锦，孙旻，等.MDCB 电磁波仪器在地震短临预报中的应用 [J].中国水运（学术版），2006，6（11）：65-66.

[76] 汪江田，赵志光，等.长江口以东 6.1 级地震前后的电磁辐射现象探讨 [J].地震地磁观测与研究，1998，19（5）：58-63.

[77] 肖武军，关华平.地震"ULF"电磁扰动接收原理及异常特征 [J].地震地磁观测与研究，2006，27（5）：53-59.

[78] 陆鸣，等.农村民居抗震指南 [M].北京：地震出版社，2006.

[79] 中国地震局监测预报司编，地震地下流体理论基础与观测技术 [M].北京：地震出版社，2007.

[80] 中国地震局监测预报司编.地震地质学 [M].北京：地震出版社，2007.

[81] 中国地震局监测预报司编.地震学与地震观测 [M].北京：地震出版社，2007.

[82] 中国地震局监测预报司编.地形变测量 [M].北京：地震出版社，2007.

[83] 朱金芳，谢志招，曲国胜，等.闽南地区城市活动构造与地震 [M].北京：科学出版社，2008.

[84] 中国地震局.中国地震动参数区划图 [M].北京：地震出版社，2001.

[85] 傅征祥，金学申，邵辉成，等.近代亚洲巨大灾害地震选编 [M].北京：地震出版社，2011.

[86] 国家地震局震害防御司编.中国历史强震目录 [M].北京：地震出版社，

1995.

[87] 闻学泽，徐锡伟，等.汶川 *M*s8.0 地震地表破裂带及其发震构造［J］.地震地质，2008，30（3）：597-629.

[88] 福建省地震学会编.1994 年 9 月 16 日台湾海峡南部 *M*s7.3 级地震专辑［J］.福建地震，1995.

[89] 修济刚，胡平，杨国宾.地震应急避难场所的规划建设与城市防灾［J］.防灾技术高等专科学校学报，2006，8（1）：1-5.

[90] 姜立新，聂高众，帅向华，等.我国地震应急指挥技术体系初探［J］.自然灾害学报，2003，12（2）：1-6.

[91] 候建盛，李洋，米宏亮.中国应急救援体系发震与展望［C］// 邢台地震 40 周年学术研讨会文集.（3），2006.

[92] 陈运泰.地震预测研究概况［J］.地震学刊，1993，1：17-23.

[93] 陈运泰.地震预测现状与前景［D］.北京：科学出版社，2007：173-182.

[94] 陈运泰.地震预测——进展、困难与前景［J］.地震地磁观测与研究，2007，28（2）：1-24.

[95] 陈运泰.地震预测要知难而进［J］.求是，2008，（15）：58-60.

[96] 熊仲华.地震观测技术［M］.北京：地震出版社，2006.

[97] 陈章立，李志雄，对地震预报的科学思考（二）——前兆观测研究及加强地震综合预报研究的方向和重点［J］.地震，2008，28（2）：1-16.

[98] 吴忠良，蒋长胜.地震前兆检验的地球动力学问题——对地震预测问题争论的评述（之三）［J］.中国地震，2006，22（3）：236-241.

[99] 吴忠良，朱传福，等.统计地震学的基本问题［J］.中国地震，2008，24（3）：197-206.

[100] 梅世蓉，冯德益，张国民.中国地震预报概论［M］.北京：地震出版社，1993.

[101] 吴忠良，蒋长胜，等.与地震预测预报有关的几个物理问题［J］.物理，2009，38（4）：233-237.

[102] 吴忠良.地震前兆统计检验的地震学问题——对目前地震预测问题争论的评述（之二）［J］.中国地震，1999，15（1）：15-22.

[103] 吴忠良近期国际地震预测预报研究进展的几个侧面［J］.中国地震，2005，21（1）：103-112.

[104] 陈颙,刘杰.地震灾害损失预测(综述)[M].北京:地震出版社,1995.

[105] 苗崇刚.地震灾害损失评估[J].自然灾害学报,2000,9(1):105-108.

[106] 徐德诗,黄建发.我国地震应急与救援发展的思考[J].国际地震动态,2006,10:1-8.

[107] 许建东,黄建发.地震紧急救援数据库与指挥决策系统现状综述[J].国际地震动态,2005,(3):8-12.

[108] 聂高众,高建国,马宗晋等,中国未来10~15年地震灾害的风险评估[J].自然灾害学报,2002,11(1):68-73.

[109] 李成日,孙文欣.中国国内救援队和国际地震灾害救援行动的简介与展望[J].防灾科技学院学报,2006,8(3):8-14.

[110] 杨懋源,新中国地震应急工作历程(一)~(六)[J].国际地震动态,(6),(7),(8),(9),(10),(11),2004.

[111] 高建国,贾燕,李保俊,等.国家救灾物资储备体系的历史和现状[J].国际地震动态,2005(4):5-12.

[112] 赵振东,郑向远.地震人员伤亡研究的回顾与进展[J].自然灾害学报,2000,9(1):93-99.

[113] 李先梅,GIS在防震减灾中应用的发展趋势研究[J].防灾科技学院学报,2006,8(2):73-76.

[114] 汤爱平,陶夏新,谢礼立,等.GIS在震后应急反应中的应用[J].自然灾害学报,1998,7(3):77-83.

[115] 张景发,王晓青,等.卫星遥感技术应用于减轻地震灾害[J].地壳构造与地壳应力文集,2000(13).

[116] 柳稼航,杨建峰,魏成阶等,震害信息遥感获取技术历史、现状和趋势[J].自然灾害学报,2004,13(6):46-52.

[117] 李永强,聂高众,姜立新,等.意大利地震紧急事务处置与应急响应系统简介[J].国际地震动态,2006,10(334):33-38.

[118] 门福录.关于灾害、灾害学和灾害研究方法若干问题的浅见[J].自然灾害学报,2002,11(4):149-152.

[119] 邓海潮,王文利,中国灾害的军事救援及其机制研究[J].自然灾害学报,2003,2(1):84-90.

图书在版编目(CIP)数据

地震安全岛/毛松林,蔡欣欣,谢志招等编著.—厦门:厦门大学出版社,2013.12
ISBN 978-7-5615-4147-0

I.①地… II.①毛… ②蔡… ③谢… III.①地震灾害-灾害防治-厦门市
IV.①P315.9

中国版本图书馆 CIP 数据核字(2013)第 315080 号

厦门大学出版社出版发行

(地址:厦门市软件园二期望海路 39 号 邮编:361008)

http://www.xmupress.com

xmup @ xmupress.com

厦门金百汇印刷有限公司印刷

2013 年 12 月第 1 版 2013 年 12 月第 1 次印刷

开本:787×1092 1/16 印张:27.75

插页:2 字数:500 千字

定价:80.00 元

如有印装质量问题请寄本社营销中心调换